U0162847

Linux 快速入门与实战

——基础知识、容器与容器编排、大数据系统运维

艾 叔 编著

机械工业出版社

本书基于 CentOS 8 编写，共分 9 章，分别是：Linux 基础，快速上手 Linux，Linux 进阶，Shell 编程，使用 Docker 实现 Linux 应用容器化，Kubernetes 容器编排与运维，Hadoop 集群构建与运维，Spark 集群构建、配置及运维，使用 Zabbix 进行系统监控。此外，本书还提供配套的《Linux 快速入门与实战——扩展阅读与实践》免费电子书，以及介绍虚拟机使用方法的免费高清视频资源。

本书精选 Linux 知识点，以容器和大数据等 Linux 热点应用方向为切入点，帮助读者快速入门 Linux 的使用，扎实掌握 Linux 在系统运维、容器、容器编排和大数据等应用方向的实用技术。

本书既可作为 Linux 学习者、云计算和大数据从业者的技术参考书，也可以作为高等院校云计算和大数据相关专业的教材。

图书在版编目（CIP）数据

Linux 快速入门与实战：基础知识、容器与容器编排、大数据系统运维 / 艾叔编著. —北京：机械工业出版社，2021.9（2023.1 重印）
ISBN 978-7-111-69171-6

Ⅰ. ①L… Ⅱ. ①艾… Ⅲ. ①Linux 操作系统 Ⅳ. ①TP316.85

中国版本图书馆 CIP 数据核字（2021）第 191075 号

机械工业出版社（北京市百万庄大街 22 号 邮政编码 100037）
策划编辑：王 斌 责任编辑：王 斌 李培培
责任校对：张艳霞 责任印制：常天培
北京机工印刷厂有限公司印刷

2023 年 1 月第 1 版·第 2 次印刷
184mm×260mm·20 印张·490 千字
标准书号：ISBN 978-7-111-69171-6
定价：119.00 元

电话服务   网络服务
客服电话：010-88361066   机 工 官 网：www.cmpbook.com
          010-88379833   机 工 官 博：weibo.com/cmp1952
          010-68326294   金 书 网：www.golden-book.com
封底无防伪标均为盗版   机工教育服务网：www.cmpedu.com

前言

2002 年艾叔第一次接触到了 Linux，当时基于 Red Hat 设计了操作系统课程实验，包括信号量、消息队列、共享内存和 Shell 等，还用 QT 编写了生产者和消费者问题的 GUI 程序，可以动态地显示资源竞争的情况，这些实验还被编写成了一本实验指导书，现在回想起来，还有点小小的成就感呢。

后面因为学习和工作的关系，艾叔便和 Linux 结下了不解之缘：在 Linux 下实现了高性能的网络传输；曾花几个月的时间，从工具链开始构建 Linux 发行版；用自己定制的 Linux 桌面发行版替换了 Windows，并完全用 Linux 工作；将 Linux 裁剪成一个 5MB 左右的小系统，放在嵌入式设备上运行；还在 Linux 下完成了一系列的云计算和大数据相关的项目研发，并带领团队获得多次国家级竞赛奖项。

在这个过程中，有很多人和艾叔交流 Linux 学习的问题，其中问得最多的是"艾叔，要学好 Linux，是不是需要把所有的 Linux 命令都学习一遍啊"。对于这个问题，艾叔总是"语重心长"地说："Linux 下最重要、最常用的命令也就几十个，掌握好它们就够了，其他的命令，用到的时候再学就行。"

那么，哪些是最重要和最常用的命令呢？为此，艾叔制作了免费高清视频教程"零基础 2 小时会用 Linux"，放在网易云课堂上，至今已经帮助了 1 万多名学习者快速入门 Linux，大家的评价很高，是网易云课堂中最受欢迎的 Linux 课程之一。

但是，要真正学好 Linux，仅仅学习命令还不够，还要结合一个个的项目，在项目中利用这些命令去深入了解 Linux 系统的使用和运行机制，同时在项目实践中强化这些命令的使用。两者相结合，才能真正地掌握好 Linux。

为此，艾叔精选 Linux 知识点，选取容器、容器编排和大数据等 Linux 热点应用方向的实用技能编写了本书，帮助学习者快速入门 Linux 的使用，扎实掌握 Linux 在系统运维、容器、容器编排和大数据等应用方向的实用技术。

本书不是一本大而全的字典书，它只讲解 Linux 基础中的硬核知识，其他知识都可以基于这些硬核知识来获取。Linux 硬核知识共涉及 4 章，便于学习者快速掌握轻装上阵，剩下的 5 章为 Linux 在容器、容器编排和大数据方向的项目实践，所涉及的知识点覆盖容器和大数据运维工程师岗位要求。如果把学习 Linux 比作穿越丛林，那么本书将给学习者最精简和有用的装备，同时指出了一条可行的路径，为学习者在有限的时间内穿越丛林提供保证。待学习者在本书的指导下穿越一次丛林后，后续就可以利用这些装备，自行去开发和探索新的路线了。

本书基于 CentOS 8 编写，共分 9 章，分别是 Linux 基础，快速上手 Linux，Linux 进阶，Shell 编程，使用 Docker 实现 Linux 应用容器化，Kubernetes 容器编排与运维，Hadoop 集群构建与运维，Spark 集群构建、配置及运维，使用 Zabbix 进行系统监控。此外，本书还提供配套的《Linux 快速入门与实战——扩展阅读与实践》免费电子书，以及介绍虚拟机使用方法的免费高清视频资源。

本书既可作为 Linux 学习者、云计算和大数据从业者的技术参考书，也可以作为高等院校云计算和大数据相关专业的教材。

感谢机械工业出版社的策划编辑王斌（IT 大公鸡），他从专业的角度对本书的整体结构和内容细节提出了很多中肯的建议。在此特别表示感谢！

感谢一直以来，关心帮助我成长的家人、老师、领导、同学和朋友们！

书中难免有疏漏之处，如果您在阅读过程中有任何疑问，可以通过下面的方式联系作者。

- 扫码添加作者**微信**，和作者交流。

- 扫码关注本书公众号："**艾叔编程**"，获取本书配套学习资料。

- 作者邮箱：**spark_aishu@126.com**

艾 叔

2021.10

目录

第1章
Linux 基础

本章介绍 Linux 的相关基础，主要有两个目的：首先是让读者对 Linux 的基础概念和理论有一个清晰的认识，并从宏观的角度对 Linux 有一个初步印象；其次是帮助读者在脑海中逐渐构建一个动态运行的 Linux 系统，为后续深入学习和掌握 Linux 打下基础，具体内容如下。

- Linux 是什么？
- Linux、Linux 系统、Linux 内核以及 Linux 发行版分别指什么？
- Linux 同 UNIX、GNU、GPL 以及开源软件之间的关系是怎样的？
- Linux 的应用领域有哪些？
- Linux 由哪几部分组成，各自的功能
- 是怎样的？
- Linux 启动的过程是怎样的？
- Linux 用户登录的过程是怎样的？
- Linux 交互的过程是怎样的？
- Linux 学习要注意哪些问题？
- 如何快速学习 Linux？
- 如何利用本书资源更高效地学习 Linux？

1.1 初识 Linux

本节内容包括 3 个部分：Linux 简介，包括 Linux 是什么、Linux 技术特性等内容；Linux 的相关术语，包括操作系统、UNIX、GNU 等 Linux 相关术语的说明；Linux 的应用领域。本节内容将有助于读者从外部构建对 Linux 的基本印象。

1.1.1 Linux 简介

1991 年芬兰大学生林纳斯·托瓦兹（Linus Torvalds）发布了开源操作系统 Linux 0.01。经过近 30 年的发展，Linux 已经成为世界上使用最为广泛的操作系统之一：安卓手机使用的是 Linux；世界 500 强的超级计算机全部使用的是 Linux；网站服务器大部分都是使用 Linux；而云计算、大数据、物联网和人工智能等新兴技术也都依赖 Linux；就连新版本的 Windows 也能支持 Linux 的运行。因此，对于 IT 从业人员来说，Linux 是必须要学习和掌握的，越早接触就可以获得更多的机会。

Linus 算得上是技术人员的超级偶像，他技术超群，除了 Linux 外，Git 也是他的作品。他是卓越的领导者，为 Linux 构建了独特的生态，依托全球数万名开发者来协作开发 Linux 内核。他也从不缺乏个性，他会对看不上的代码直接"开火"，"Talk is cheap, show me the code"是他的口头禅，维基百科上还有专门一页来记录他的经典语录。

---

1. Linux 是一个开源的类 UNIX 操作系统

"开源"指每个人都可以获取 Linux 的源码，免费使用并修改，同时也要遵守 GPL 协议（GNU General Public License 后续会有详细解释）的约束。UNIX 操作系统间接口的标准是 POSIX，Linux 支持 POSIX，也就意味着兼容 UNIX 上的应用，这些应用重新编译后，可以在 Linux 上运行，此外 Linux 的设计也处处借鉴了 UNIX，但是 Linux 的实现是完全独立于 UNIX 的，并未直接使用 UNIX 的代码，因此称 Linux 是"类 UNIX"操作系统。

2. Linux 是一个多用户、多任务的操作系统

多用户意味着多个用户可以同时在一个 Linux 上操作，多任务则说明 Linux 可以同时运行多个程序，并行处理。

3. Linux 是一个高度兼容的系统

Linux 支持 x86、MIPS、ARM 和 PowerPC 多种 CPU 体系架构，对同一体系架构的 32 位或 64 位 CPU 也能很好的支持。

总之，Linux 具有高可靠性、高稳定性、高度伸缩、高性能和高安全性等技术特点，同时它又是一个庞大而又快速发展的操作系统，由分布在全世界 2 万多名的操作系统极客协作开发，不断吸收当前的最新技术。因此，Linux 是一个既成熟而又快速发展的现代操作系统。

1.1.2　Linux 的相关术语

Linux 有很多的术语，如 Linux 系统、Linux 发行版、Linux 内核、UNIX 和 GNU 等，它们各自表示什么意思？它们之间的关系又是怎样的？初学者往往分不清楚。本节将详细介绍 Linux 相关的术语，为进一步学习 Linux 打下坚实的理论基础。

1. 操作系统（Operating System，OS）

从专业的角度，操作系统是配置在计算机硬件上的第一层软件，是对硬件系统的首次扩充，在这个定义中，操作系统仅指实现了硬件抽象、管理和扩展的核心，是**不包含周围应用**的。

但是，从普通用户的角度，操作系统是指机器出厂时，在硬件上所安装的软件系统。例如笔记本计算机上预装的 Windows 系统，手机上预装的 Android 或 iOS 系统等。这些操作系统不仅包含硬件抽象、管理和扩展的核心，还**包含周围应用**。

因此，操作系统的含义需要结合上下文去分析。本书遵循普通用户的使用习惯，如果不做特殊说明，操作系统均是指机器出厂时，在硬件上所安装的软件系统，是包含周围应用的。对于专业角度所定义的操作系统，本书使用**操作系统内核**来代称，以作区分。

2. Linux 和 Linux 内核

Linux 有多种含义，从专业的角度，Linux 指操作系统内核，又称 Linux 内核。而口头上所说的 Linux，则指基于 Linux 内核的操作系统，是包含周围应用的。

Linux 的含义需要结合语境分析，例如"Linux 是一个开源软件"，这里的 Linux 指的是 Linux 内核；而"学好 Linux"，这里的 Linux 则指基于 Linux 内核的操作系统。

为明确区分，本书后续内容中的 Linux 统一指基于 Linux 内核的操作系统，包括内核和周围应用。同时，Linux 和 Linux 系统以及 Linux 操作系统，这 3 个名词的含义等同。

对于 Linux 系统的核心，即专业角度上的操作系统，使用 Linux 内核（简称内核）一词来指代。Linux 内核的标识是一只可爱的小企鹅🐧。目前的 Linux 内核已经非常庞大和复杂，代码超过 2600 万行。

3．Linux 发行版

Linux 发行版由 Linux 内核和若干周围应用组合而成。周围应用有很多，如桌面环境（如GNOME、KDE 和 Xfce 等）、办公套件（如 OpenOffice 和 WPS 等）、开发工具（如 Eclipse 和IDEA 等），不同的组合决定了这个 Linux 系统的用途和特点，从而衍生出不同的发行版。

常见的发行版有 Ubuntu、RedHat 和 CentOS 等。Ubuntu 的特点是对用户友好，其口号就是"Linux For Human Being"；RedHat 的特点是稳定可靠、硬件兼容性好，主要应用在服务器领域，使用 RedHat 需要付费购买其服务；CentOS 是在 RedHat 源码基础上改进后，重新编译生成的版本，它既继承了 RedHat 的特点，同时又可以免费使用，因此，不管是个人还是生产环境，CentOS 的占有率都很高。

艾叔基于 CentOS 定制了一个 Linux 系统，它包含完整的桌面、办公和开发软件，每个应用都是根据需要来定制的，整个系统非常精简，还不到 3GB。如果把定制的 Linux 系统做成安装盘，发布出来就是一个发行版。

4．开源

所谓开源，就是公开"源码"，这样开发者可以完全掌握程序的实现细节，获得技术上最大的自由。Linux 内核就是开源的，它的源码可以通过 https://www.kernel.org/这个网址下载。

如果一个项目的创意足够好，技术门槛足够高，又有很大的实用性，而且还开放源码。那么这个项目对那些狂热追求技术的开发者来说，是有致命的吸引力的。

Linux 内核就是这样的一个项目，当 Linus 将 Linux 0.01 发布到网络上后，尽管他还只是个学生，Linux 也非常不完善，但这些都不影响圈内操作系统狂热者们对此项目的兴趣，他们给出了很多的反馈和建议，进一步推动 Linux 内核不断完善。

与此同时，随着内核功能的不断强大和完善，越来越多的开发者加入进来，慢慢就形成了星火燎原之势。当然，整个项目 Linus 投入最多，而且他有绝对的技术实力和敏锐性，这些都是确保 Linux 内核这个开源项目能够成功的必要条件。

开放源码并不意味着无限制的使用，使用者在享受权利的同时也要担负责任。因此，每个开源软件通常都会附加一个开源许可证，来明确开发者的权利。Linux 内核同样如此，它的开源许可证是 GPL（GNU General Public License）（现在是 GPLv2）。

以 Linux 内核为例，GPL 的主要思想是：任何人都可以获得 Linux 内核的源码并做修改，同时其衍生产品也需要遵循 GPL 协议。也就是说，如果基于内核做了工作，那么根据 GPL 协议，这部分工作也要遵循 GPL 协议，对外共享源码。因此，GPL 很好地保证了 Linux 内核的开源特性，开发者在内核上的开发成果必须要分享出来，就如同滚雪球一般，推动内核开发迅速发展。

GPL 和软件商业化之间并不是对立的。采用 GPL 协议的软件可以商用，可以出售，但必须开放源码。

Linux 内核采用 GPL 协议，根据 GPL 的传播性，基于 Linux 内核之上开发的应用是否都需要遵循 GPL 协议呢？又或者说，是不是整个 Linux 系统中的软件都需要遵循 GPL 协议？

Linux 内核以系统调用的方式对外提供接口，Linus 曾多次声明，外部程序使用普通系统调用不需要遵循 GPL 协议，甚至将该声明写在 Linux 内核源码的 COPING 文件中。

因此，如果一个程序是直接通过系统调用同 Linux 内核交互的话，那么该程序是不需要遵守 GPL 协议的。当然，绝大部分情况下，普通的应用程序并不直接同 Linux 内核交互，它们中间还有一个 C 语言库：glibc（GNU C Library），glibc 向上为应用程序提供调用接口，向下通过系统调用来实现这些接口，因此 glibc 也不需要遵循 GPL，它遵循的是 LGPL（Lesser GPL），这是一种比 GPL 相对宽松一些的协议，如果应用只是使用 glibc，而不修改 glibc 源码，应用是不需要遵守 LGPL 的。这样，基于 glibc 开发的应用就不需要开源了。

5. Linux 和 UNIX

初学者对 Linux 和 UNIX 的关系往往感到迷惑，本小节将进行说明。在说明之前，先明确一点，这里比较的对象是 Linux 的内核和 UNIX 的内核，即操作系统核心的对比，外围的应用两者可以通用，没有对比的意义。

UNIX 产生于 20 世纪 70 年代初美国 AT&T 的贝尔实验室，Ken Thompson 用汇编语言实现了 UNIX 内核的第一版，后来 Dennis Ritchie 加入，共同开发 UNIX。由于 UNIX 内核是用汇编语言编写的，和硬件平台高度耦合，要移植到其他的平台上，就要用对应平台的汇编语言重写内核，工作量很大且非常麻烦。为此，Dennis Ritchie 开发了 C 语言。C 语言的可移植性很好，使用 C 语言编写的程序，如果要移植到其他的平台，几乎不需要修改代码，只需使用对应平台的编译器重新编译，就可以在该平台上运行。C 语言发明后，Ken Thompson 和 Dennis Ritchie 用 C 语言重写了 UNIX 内核。此后，UNIX 被顺利地移植到多种平台架构下，从此在超级计算机和服务器中占据着统治地位。

UNIX 最初是一个自发项目，源码是开放的。到了 20 世纪 80 年代，在其大获成功后，AT&T 意识到 UNIX 存在巨大的商业价值，从而将后续的 UNIX 版本私有化，不再开放源码。

20 世纪 90 年代初，Linus 借钱买了第一台 386 计算机，并安装了一个类 UNIX 系统——MINIX，MINIX 是荷兰 Andrew S. Tanenbaum 教授开发的一个用于教学的类 UNIX 系统。

在 UNIX 闭源后，Andrew S. Tanenbaum 决定重新开发一个与 UNIX 兼容的全新的操作系统，并开放源码供大家学习和使用，这就是 MINIX 的由来。

正如 MINIX 自身的名字一样，它是一个迷你型的类 UNIX 系统，主要用做教学辅助，和安装在超级计算机上的 UNIX 功能相差很多。因此，Linus 在使用时，发现了诸多的问题。而当他尝试在 MINIX 上做修改来解决这些问题时，却发现 MINIX 在版权保护上有诸多限制，例如必须得先买一个正版的 MINIX。Linus 本身是一个极客，在技术上有着自己的一套见解和认识，尤其是之前还接触了真正的 UNIX 系统，从一个设计者的角度再来审视 MINIX 时，发现 MINIX 在很多设计理念上也与自己存在很大的分歧。与其痛苦地改进，还不如自己从头开发一个系统，正是这种初生牛犊不怕虎的精神，促使 Linus 重新编写在 386 计算机上运行的操作系统，也就是 Linux。

Linus 最主要的工作是：编写 Linux 内核，移植周围应用，使得它们能够基于 Linux 内核运行。Linux 的第一个版本 Linux 0.01 非常简陋，除了内核外，周围应用只有一个 bash 程序和 GCC 编译器，但这毕竟是为数不多的可以在 386 系列 CPU 上运行的开源操作系统。其中，Linux 内核是完全从零开始编写的，并没有使用 MINIX 或其他 UNIX 版本的代码，而周围应用则是移植过来的，使用的是别人编写好的代码。虽然在代码上没有关联，但是 Linux 内核的开发借鉴了很多 UNIX 的技术和思想，举例如下。

（1）Linux 支持 POSIX（Portable Operating System Interface of UNIX）标准

POSIX 标准定义了操作系统为应用程序提供的接口标准，它统一了各个版本的 UNIX 操作系统的 API 接口。支持 POSIX，使得在 UNIX 上运行的应用程序，只需要使用 Linux 上的编译器，重新编译程序代码，就可以在 Linux 上直接运行了。

（2）借鉴了 UNIX 中最重要的两个抽象：文件和进程

UNIX 将操作系统中的一切对象都抽象成文件，记录在硬盘上的数据是文件，目录是文件，设备也是文件，各种通信的对象也是文件，Linus 将这些完完全全照搬了过来。此外，进程也是一个了不起的抽象，进程表示一个运行着的程序。因此，在计算机上做任何事，任何一个程序的执行，最终都可以抽象成一个进程。进程是多任务并行处理的基础，是实现 CPU 资源更细粒度管理的基础。因此，Linus 对进程的概念也是照收不误，后续的工作就简单了，它要做的就是在 Linux 内核中实现进程，为上层应用提供进程操作的接口。

（3）借鉴了 UNIX 的开发哲学

在 Linux 内核的开发中，借鉴了 UNIX 的开发哲学，典型的如 KISS（Keep it Simple and Stupid）原则、各善原则、策略与机制分离等。

总之，Linux 是一个符合 UNIX 接口标准的操作系统，虽然它的内核并没有直接使用 UNIX 代码，但是天然包含着 UNIX 的基因，它们之间有千丝万缕的联系。因此称 Linux 为类 UNIX 系统。

按道理来说，UNIX 出身名门（贝尔实验室和伯克利大学），而且早已是服务器和超级计算机操作系统领域的王者。为何没有竞争过晚 20 年出现的一个大学生所写的 Linux 呢？细思一下，这种逆袭还真是偶然中的必然，具体说明如下。

（1）PC 操作系统需求激增

20 世纪 90 年代初，PC 开始普及，普通人能够接触计算机，因此用户激增。然而，此时 PC 上的操作系统并不好用，尤其是对那些曾经使用过 UNIX 的极客，感受尤为明显。因此 PC 操作系统的需求快速增长。

（2）UNIX 厂商的短视与缺陷

在 Linux 诞生的最初几年，UNIX 厂商们正忙着争夺势力范围，无暇顾及，而且此时的 UNIX 主要面向服务器和超级计算机领域，并没有看到 PC 一块的巨大潜力。此外，UNIX 的拥有者大多数是商业公司，都想依靠 UNIX 来获利，从根源上决定了，他们不可能从技术和利益上与他人共享，这也注定了他们是以一己之力来战斗的。

（3）Linux 在开发和组织上的优势

Linux 内核既 100%分享技术又是免费的，直接命中开发者和使用者的痛点。再加上采用 Linux 内核 GPL 协议，具有巨大的传染性。因此，Linux 是聚集了全球的潜在用户和开发者来战斗，再加上 Linus 自身超强的技术能力和开发中的强势主导，因此，尽管一开始 Linux 很弱小，但是成长速度惊人。

总之，Linus 很好地抓住了当时操作系统在 PC 上的空窗期机遇。

6．Linux 和 GNU

Linux 严格意义上应该称为 GNU/Linux，在介绍 Linux 时经常会和 GNU 关联起来。那么

GNU 是什么，它和 Linux 的关系又是怎样的呢？

GNU 的全称是 GNU is Not UNIX，由美国大名鼎鼎的计算机黑客 Richard Matthew Stallman（理查德·马修·斯托曼）1983 年发起。GNU 计划的核心目标就是构建一套完全自由的操作系统，这个操作系统的名字就是 GNU，以示和 UNIX 划清界限。为了确保 GNU 软件的自由，Stallman 拟制了 GPL 为其保驾护航，GPL 就是前面介绍的 GNU 通用公共许可证，它是 GNU General Public License 首字母的缩写。

Stallman 是自由软件的精神领袖，他坚持软件的使用者应当拥有不受限制地使用、复制、修改和分发此软件的权利，其中就包括获取软件源码的权利。自由的英文是 free，而 free 在英语中有"自由"和"免费"两个意思，Stallman 认为应该将 free software 理解成 free speech，即自由言论中的自由，而不应理解为 free beer，即免费啤酒中的免费。

尽管 Stallman 反复强调，人们还是容易弄混自由软件中 free 的含义。因此，后续人们试图使用"开源"这个名词来替换"自由"，这也是"开源软件"的由来。Stallman 认可"开源"一词会给技术交流带来便利，同时，他也认为"开源"会弱化"自由"所强调的重点，即软件自由的权利。因此，他对"开源"替换"自由"是持反对意见的。

此外，自由软件捍卫的是使用者对软件的处理拥有完全自由的权利，并不反对软件商业化，自由软件也可以卖钱。但是，自由软件除了提供二进制程序外，还提供源代码，并确保使用者能完全自由地处理它。

Stallman 所信仰的自由软件精神，是一种典型的黑客文化，它可以最大程度的促进技术的交流和积累。确实，在 20 世纪 80 年代以前，这种黑客文化还是有坚实的阵地的，当时的计算机软件大多是科研的产物，在黑客之间自由地传播，基于源码，大家可以自由地学到最新的编程技术，还可以对源码进行改进，进而将自己的成果再分享给他人。这种自由开放的氛围感染了一代代的技术爱好者。

但是，进入 20 世纪 80 年代后，越来越多的软件被商业化，越来越多的软件不再提供源码，因为这是构建商业壁垒最简单的方式，其中最有名的就属 UNIX 了。看着自由软件的阵地一点点沦陷，技术界越来越多地充斥着封闭的味道。于是"最后一个真正的黑客"Stallman 奋起反击，发起了这个 GNU 计划。

操作系统最重要的就是内核和周围应用两大部分，对于 GNU 来说，周围应用的开发进展顺利，到 20 世纪 90 年代初，已经出现了一系列有名的 GNU 软件，包括 Emacs 文本编辑器、BASH 和 GCC 编译器等。但是，操作系统的核心却一直进展不顺，这就导致 GNU 由于"缺心"而迟迟不能发布。

到了 1991 年，Linus 开发了 Linux 内核，除了自身技术过硬外，Linus 还做了两个非常关键而又聪明的决定：第一个决定是拥抱 GNU 的周围应用，将 GCC 编译器和 GNU BASH 移植到 Linux 内核；第二个决定是 Linux 内核也采用 GPL 协议。这样，操作系统的两大主力：内核和周围应用，就完成了历史性的大会师，而且两者的三观完全一致，都采用 GPL 协议。GNU 应用因为有了 Linux 内核，而能够运行起来供人使用；而 Linux 内核因为有这些专业的 GNU 应用的加入，迅速成为一个实用的内核。两者相得益彰，互相推动着对方快速发展。

对于每一个 Linux 发行版，其核心都是 Linux 内核，绝大多数的周围应用都是由 GNU 计划所开发的软件，如引导程序是 GNU GRUB、编译器是 GCC、文本编辑器是 Emacs 等。因此，严格意义上来说，Linux 的完整名称应该为 GNU/Linux，这也是 Stallman 一直以来所坚持和强调的观点。

1.1.3　Linux 的应用领域

Linux 作为信息系统的基础设施，在 Web 服务、移动设备、数据库、高性能计算、云计算、大数据和人工智能等方面都有广泛的应用，具体说明如表 1-1 所示。

表 1-1　Linux 应用领域及说明

应用领域	说明
Web 服务	LAMP 是 Linux、Apache、MySQL 和 PHP 的缩写。LAMP 是 Web 服务经典架构，在 Web 服务器的技术选型中，LAMP 的占有率非常高
移动设备	安卓手机采用的就是 Linux 内核，此外大量的嵌入式设备也采用 Linux 作为其操作系统
数据库	经典的开源数据库 MySQL 就是在 Linux 下开发的，其他经典关系数据库如 Oracle、DB2 和 Sybase 等都有 Linux 下的版本；NoSQL 数据库如 HBase 和 MongoDB 等都是部署在 Linux 下的；NewSQL 数据库 VoltDB 也是部署在 Linux 下的
高性能计算	世界 500 强的超级计算机全部采用 Linux 操作系统，高性能计算中使用的高性能分布式文件系统 Lustre 是基于 Linux 开发的，MPI 并行编程环境也是部署在 Linux 下的
云计算	Google、亚马逊、阿里、腾讯等云计算数据中心的服务器操作系统都是 Linux，常用的虚拟化技术 Xen、KVM 以及当前火热的 Docker 和 Kubernetes 等都是基于 Linux 开发的
大数据	主流的大数据采集工具 Flume、消息组件 Kafka、大数据分布式文件系统 HDFS、大数据处理平台 Spark 都在 Linux 上运行
人工智能	目前主流的深度学习框架，如 TensorFlow、Theano、Keras 等都可以在 Linux 下部署

表 1-1 中只是列出了 Linux 在部分领域的应用，其他的领域如桌面、高性能网络、游戏和图形图像等领域，Linux 也有广泛的应用。由于上述应用领域之间并不是孤立的，例如人工智能通常就会和大数据、云计算等领域结合在一起，因此，在这种跨多个领域的应用中无论是从技术上还是经济上，Linux 都是最好的选择。

1.2　走进 Linux

本节将走进 Linux 的内部，从静态和动态两个方面来深入了解 Linux。静态方面，将剖析 Linux 的组成，从功能的角度将 Linux 划分成三大部分，后续不管是和哪个 Linux 发行版打交道，都可以使用本节的划分方法。动态方面，将详细介绍计算机从上电到 Linux 系统启动，再到 Linux 用户登录的整个过程。本节内容对于读者了解 Linux 的系统组成和运行机制非常有帮助，继而为后续深度使用 Linux 打下基础。

本节是 Linux 的理论基础，是 Linux 学习的重难点，内容会涉及大量的概念和技术细节，需要读者反复学习和理解，建议先通读一遍，不明白的地方反复看几遍。

1.2.1　Linux 的组成

从用户的角度来说，Linux 包括 Linux 内核和周围应用两部分，普通用户主要和周围应用打交道，而开发者，特别是内核或驱动的开发者则主要和 Linux 内核打交道。但是，一个正常工作的 Linux 系统，其实际组成更加复杂。从功能的角度，可以将 Linux 系统划分为三大部分，分别是引导程序、内核和 root 文件系统，如图 1-1 所示。

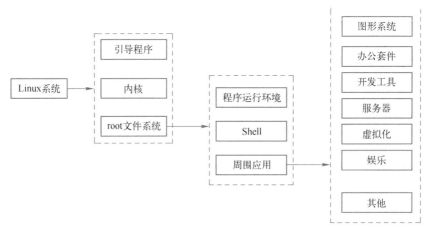

图 1-1　Linux 系统组成图

1. 引导程序

引导程序负责内核启动之前的准备工作。CPU 上电后，会以固定的动作来执行上电后的第一个程序。不同的 CPU 会有不同的固定动作。例如 x86 系列的 CPU 会将硬盘的第一个扇区（512 个字节）读入内存来执行；ARM 系列 CPU 则会根据配置，选择将 NAND Flash 的前 4K 数据复制到 CPU 的 RAM 中执行，或者直接在 NOR Flash 的 0 地址开始执行。

由上可知，CPU 执行的第一个程序的大小是严格受限的，内核的体积远超其限制。因此，内核无法作为 CPU 上电执行的第一个程序；此外，计算机是支持安装多个操作系统的，如 Windows 和 Linux，或是多个 Linux 发行版等。因此，操作系统启动之前，要给用户提供选择菜单，指定所要启动的操作系统。

基于以上因素，内核启动之前，需要先运行一个引导程序。这个程序很小，它可以初始化各种硬件资源，为后续加载大体积的内核准备物质条件；同时还提供交互界面，如选择启动 Linux 还是启动 Windows、设置 Linux 内核启动参数等；最后将内核加载到内存，将控制权交给内核后，内核的启动就开始了。总的来说，引导程序的主要工作就是：硬件初始化、启动配置和加载内核等。

不同的 CPU 体系架构对应不同的 Linux 引导程序，例如 ARM 架构下通常使用 uboot 作为引导程序，而 x86 架构下则通常使用 GRUB（GRand Unified Bootloader）作为引导程序，之前的版本是 GRUB1，现在升级到 GRUB2。不管是哪个具体的引导程序，目前只需要记住以下两点即可：引导程序是 Linux 系统的组成部分之一；引导程序的运行在 Linux 内核运行之前。

有关引导程序 GRUB 的作用，在 GRUB 的官网上引用了一个 GRUB 狂热粉丝 Gordon Matzigkeit 的一段话。他说："有些人在谈论他们的计算机时喜欢同时承认操作系统和内核，所以他们可能会说他们使用 GNU/Linux 或 GNU/Hurd。而其他人似乎认为内核是系统最重要的部分，所以他们喜欢把自己的 GNU 操作系统称为'Linux 系统'。我个人认为这严重的不公平，因为引导加载程序是最重要的软件。我以前把上面的系统称为"Lilo"或"GRUB"系统。不幸的是，没人明白我在说什么；现在我只是用 GNU 这个词作为 GRUB 的假名。所以，如果你曾经听到人们谈论他们所谓的 GNU 系统，记住他们实际上是在向最好的引导加载程序致敬…GRUB!"

GRUB 官网在下面给出了他们的看法"我们，GRUB 的维护者，并不（通常）鼓励 Gordon 的狂热程度，但它有助于记住引导加载程序应该得到认可。我们希望您像我们编写者一样喜欢使用 GNU GRUB。"

2．Linux 内核

Linux 内核是 Linux 系统的核心，如图 1-2 所示，Linux 内核在整个软件层次体系中是最贴近硬件的一层，它向下实现硬件的驱动和管理，向上将硬件抽象成操作系统中的资源供上层应用使用。

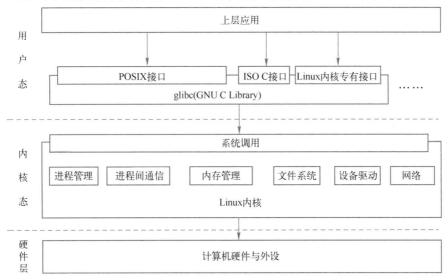

图 1-2　Linux 内核系统架构图

如图 1-2 所示，Linux 内核主要由 6 大功能模块组成，分别是进程管理、进程间通信、内存管理、文件系统、设备驱动和网络，依次说明如下。

（1）Linux 内核的组成部分

1）进程管理。进程管理模块将程序的每次运行抽象成一个进程。CPU 的执行则划分成时间片，进程管理模块会根据相应的策略，将时间片分配给符合条件的进程，这个分配的过程就称为进程调度。进程得到时间片后，将进行进程的上下文切换，开始新的执行，一旦该时间片耗尽，再次进行进程的上下文切换，当前进程被挂起等待下次被调度。因为时间片都是毫秒级别，即使是在单核 CPU 上，也能够使得多个程序的执行呈现并行的效果。为了缩短高优先级的任务响应时间，Linux 内核还支持抢占式内核的特性，它可以使得高优先级的进程不必等待正在运行的低优先级进程执行完时间片后释放 CPU，而是直接剥夺低优先级进程的 CPU 使用权，立即执行。

2）进程间通信（Inter-Process Communication，IPC）。Linux 的设计哲学（源于 UNIX 哲学）中有一条是：一个程序只做好一件事，多个程序共同协作完成复杂的任务。进程间的相互协作离不开进程间通信机制。Linux 内核支持多种进程间通信机制，如信号（Signal）、消息队列（Message Queue）、共享内存（Share Memory）、管道（Pipe）、信号量（Semaphore）和套接字（Socket）等。

3）内存管理。内存管理模块实现了对内存资源的管理和控制。在内存管理单元（Memory Management Unit，MMU）硬件的支持下，内存管理模块实现了进程的虚拟地址到物理地址的映射，即虚拟内存的功能。这样，每个进程的寻址范围可以超出物理地址范围，不再受物理内存空间的限制。而且每个程序都可以从相同的地址开始编址，相互独立互不影响，这样就构成了一个统一的程序虚拟地址空间，可以大幅简化编译器的开发。Linux 还基于 MMU 实现了分页机制，分页简化了物理内存的管理。同时，程序运行时，根据程序的局部性原理，并不需要一次性将它所需的全部内存分配好，只需要将当前程序所在的分页加载进去即可，因此，该机制可以使得有限的物理内存能够运行大型的程序。此外，利用分页机制，还可以很方便地实现交换分区，将暂时用不到的内存分页存储到磁盘上，待到需要时再从磁盘加载，以性能换空间，有利于进一步提升物理内存的利用率。

4）文件系统。文件系统模块实现了两个方面的功能：第一个方面是虚拟文件系统（Virtual File System，VFS），VFS 向上提供统一的文件操作接口，向下将 Linux 系统中的操作对象抽象成文件，除了存储在硬盘上的普通文件外，像目录、符号链接、管道、套接字以及各类设备等都被抽象成文件，皆可通过 VFS 所提供的接口统一操作；第二个方面是实现传统意义上的文件系统，此处的文件系统是指文件在存储设备的组织方式和数据结构，如 Windows 中的 NTFS。硬盘第一次使用前，所做的格式化操作，就是在硬盘/分区上创建文件系统。Linux 内核实现的标准文件系统是 Ext2、Ext3 和 Ext4。

5）设备驱动。设备管理模块将计算机硬件及其外设分成三大类：字符设备、块设备以及网络设备。其中，字符设备通常指能够提供连续的数据流，支持以字节为单位按序读取，不支持随机读取的设备，典型的字符设备如键盘和串口等；块设备则是指支持寻址，以块为单位读取数据的设备，典型的块设备如硬盘等；网络设备则是指网卡等设备。不管是哪种设备，向上都是抽象成文件，以文件的方式进行操作。每种设备都有对应的驱动程序，因此，设备管理模块还提供了统一的框架，以供这些驱动如同积木一样插入到该框架中，然后提供统一的接口供上层使用。

6）网络。网络模块主要是实现了对网络硬件的支持，即各种网卡驱动；其次还实现了各类网络协议，典型的如 TCP/IP 等；此外，网络模块还实现了网络包的处理机制，如 Netfilter 通过 hook 捕获网络包等。

（2）Linux 内核的接口：系统调用

以上 6 个模块只是 Linux 内核的主要组成部分，除此之外还有很多其他的功能模块，如安全模块等。这些模块之间互相作用，并以系统调用的方式对外提供接口，如图 1-2 所示。系统调用和 C 语言的函数调用不太一样，C 语言中函数调用只需要指明函数名，传入参数即可。而系统调用则需要用汇编实现，每个系统调用对应一个唯一的编号，调用时要将编号和参数填入指定的寄存器，然后使用 INT 80 来产生软中断。内核响应 80 中断，读取寄存器中的值，就知道当前调用的是哪个系统调用，参数是什么，然后执行对应的操作，并将执行结果填入指定的寄存器，中断返回。在上层调用 80 中断前，程序是在 CPU 的低权限级别（如 x86 系列的 Ring3 级别）执行，此时称为用户态。而当内核陷入中断处理时，是在 CPU 的高权限（如 x86 系列的 Ring0 级别）级别执行，此时称为内核态。

（3）Linux C 标准库：glibc

综上所述，上层应用直接使用系统调用会非常麻烦。为此，glibc 将 Linux 内核的系统调用封装成了 C 语言直接可以调用的函数，供上层应用调用，这样大幅简化了上层应用的开发工作。

除了封装系统调用外，glibc 作为 Linux 下的 C 标准库，向上层应用提供三大类接口：第一类是符合 POSIX 规范的接口；第二类是符合 C 语言标准的接口；第三类是 Linux 操作系统的专有接口。这 3 类接口有的是基于系统调用来实现的，有的则是直接用 C 语言编程来实现的，但向上提供的都是 C 语言函数接口。因此，上层应用只要是使用 C/C++语言来编写程序，就可以直接调用这些接口，非常方便。而其他语言所编写的程序，如 Java 程序，它的最底层的执行也是基于 glibc 的，例如 Java 中 JVM 就是使用 C++语言开发的。因此，一般情况下，在周围应用和 Linux 内核之间，还隔着一个 glibc 库。

尽管 glibc 是周围应用同内核之间的桥梁，但它也并不是不可替代的。安卓系统就没有使用 glibc，而是开发了一个轻量级的 C 语言库 Bionic 来替换 glibc，上层的应用调用 Bionic 所提供的接口来工作。但即便是这样，Bionic 所提供的功能仍然和 glibc 类似，因此，不管是使用哪个 C 语言库，其功能总是类似的。

glibc 遵循的是 LGPL 协议，LGPL 比 GPL 宽松。如果上层应用直接调用 glibc 的接口，不修改 glibc 自身，则上层应用无须遵守 LGPL 协议，无须公开源码，这就满足了很大一部分希望闭源的开发者的需求。但有的情况下，一个应用需要同时开发内核驱动和上层应用，按照 GPL 协议，内核驱动必须遵守 GPL，要开放源码。但是，内核驱动往往和硬件紧密相连，包含了硬件厂商的诸多技术细节，从厂商的角度肯定是不愿意公开的。

那怎么办呢？安卓走出了一条让硬件驱动规避 GPL 的道路。它实现了一个通用驱动模块，该模块只负责上层应用与硬件设备之间的命令和数据的传输，不管具体传输的内容，也不实现具体的业务逻辑，业务逻辑放到上层的用户态应用程序去做。这样就将原来在内核中实现的驱动，提升到用户态程序来完成。

由于通用驱动模块增加了新的系统调用，上层应用要基于 glibc 来使用这些新的系统调用，会比较麻烦；同时 glibc 自身也比较庞大，在移动设备上的性能和效率并不令人满意，需要修改做适配；再加上 glibc 的 LGPL 协议对于商用来说，也还是有诸多限制。基于这三点原因，安卓的开发者 Google 就直接摒弃了 glibc，实现了一个新的 C 语言库 Bionic，Bionic 相对更轻量级，更适合在资源受限的设备上使用，并采用了限制更少的开源许可证的方法。

这样的话，安卓的上层应用可以基于 Bionic 来开发，硬件驱动则可以基于通用驱动模块和 Bionic 来开发。上层应用和硬件驱动都不需要遵守 GPL 和 LGPL，不需要开放源码，从而成功地绕开了 GPL 和 LGPL。

（4）CentOS 8 中的 Linux 内核

下面以 CentOS 8 为例，查看实际发行版中的内核信息。

1）打印内核名称，命令如下。

```
[root@localhost ~]# uname -s
Linux
```

2）打印内核 release 信息，命令如下。

```
[root@localhost ~]# uname -r
4.18.0-193.el8.x86_64
```

上述输出结果中，4.18.0 表示 4.18 内核系列的第 0 次修订版，其中 4 是主版本号，18 是次版本号，次版本号为偶数表示稳定版，为奇数表示开发中的版本，主版本和次版本号合在一起，表示内核的系列，此处为 4.18 系列，0 为修订次数；193 表示 4.18.0 内核的第 193 次微调 patch；el8 是发行版标识，表示 Red Hat Enterprise Linux 8；x86_64 为 CPU 信息，x86 架构下的 64 位 CPU。

3）打印内核 version，命令如下。

```
[root@localhost ~]# uname -v
#1 SMP Tue Jun 4 09:19:46 UTC 2019
```

```
[root@localhost ~]# uname -v
#1 SMP Fri May 8 10:59:10 UTC 2020
```

上述输出结果中，SMP 是 Symmetrical Multi-Processing 的缩写，中文翻译是"对称处理"技术。PC 上使用的多核处理器，或者服务器上的多 CPU 等，都属于 SMP。这里打印 SMP 信息，说明 Linux 内核支持多处理器（核）技术；Fri May 8 10:59:10 UTC 2020 是内核编译发布的时间，计时采用 UTC 时间，Fri 表示星期五（Friday），May 表示五月。

UTC 的全称是 Universal Time Coordinated，中文翻译是"世界统一时间"或"世界标准时间"，它和北京时间一样，是一种计时方法。

4）查看 CentOS 8 的内核文件，命令如下。

```
[root@localhost ~]# ls /boot/
```

系统打印内核文件名，如下所示。

```
vmlinuz-4.18.0-193.el8.x86_64
```

上述输出结果中，vmlinuz 表示可引导的、压缩的 Linux 内核，注意最后一个字母是 z，不是 x。后面的 4.18.0-193.el8.x86_64 是内核的 release 信息，前面已经解释过，不再赘述。该文件头部自带解压工具，因此它可以实现内核自解压，如果在外部使用 gunzip 等工具是无法对其进行解压的。

5）查看内核文件大小，大约 8.6MB 左右，命令如下。

```
[root@localhost ~]# ls -l /boot/vmlinuz-4.18.0-193.el8.x86_64
-rwxr-xr-x. 1 root root 8913656 May 8  2020 /boot/vmlin
```

为了防止 Linux 内核体积因为功能的增加而快速增大，同时为了节约资源，Linux 内核支持内核模块机制，可以将非必需的 Linux 内核功能制作成内核模块，这些内核模块是一个个的单独的文件，并不和 Linux 内核文件组合在一起，在 Linux 内核运行时，将内核模块文件动态加入 Linux 内核。

内核模块的目录位于/usr/lib/modules/目录下，会根据每个 release 的名字创建一个子目录，如 4.18.0-193.el8.x86_64，它保存了该 release 内核的所有内核模块文件。例如 e1000.ko.xz 是一个典型的内核模块压缩文件，它是虚拟机网卡驱动，其中 ko 是内核模块文件后缀，xz 表示这是一个采用 xz 压缩格式的压缩文件。

此外在 /boot 目录下，还有一个用于 rescue（救援）的内核 vmlinuz-0-rescue-c728625b6fee4703af663d7a424019c9。该文件的内容和 vmlinuz-4.18.0-193.el8.x86_64 是一样的。

```
[root@localhost ~]#
diff  /boot/vmlinuz-4.18.0-193.el8.x86_64  /boot/vmlinuz-0-rescue-c728625b6fee4703
af663d7a424019c9
```

为什么要放置两个同样的内核文件呢？这是因为，后续使用 CentOS 8 的过程中，很有可能会重新配置内核，并重新编译内核，这样就会重新生成 vmlinuz-4.18.0-193.el8.x86_64。但有的时候由于错误的内核配置会导致 CentOS 8 出问题，甚至启动不了，此时，可以在系统启动时，在 GRUB 菜单中选择使用 vmlinuz-0-rescue-c728625b6fee4703af663d7a424019c9 来作为 CentOS 8 的内核，这样就能回到原点，便于改正错误。

3．root 文件系统

Linux 将一切抽象成文件，因此，整个 Linux 系统就是由很多很多各种类型的文件组成的，包括普通文件、目录、符号链接、设备文件等。每个文件都有一个路径，在 Linux 中，所有路径都有一个共同的起点——root 目录（根目录），在命令中用一个斜杠/来表示。使用 ls 命令可以查看/目录的所有内容，如下所示。

```
[root@localhost ~]# ls /
bin  boot  dev  etc  home  lib  lib64  media  mnt  opt  proc  root  run  sbin  srv
sys  tmp  usr  var
```

/ 目录下分布着多个子目录，如果使用 ls 查看这些子目录，又可以看到它们下面还有子目录或者其他文件。因此，"**root 文件系统**"就是指：**/ 下所有的文件和目录的集合**。

root 文件系统包含哪些目录和文件呢？文件系统层次化标准（Filesystem Hierarchy Standard，FHS）做了明确的规定，大多数的 Linux 发行版都会遵守这个规定。FHS 的最新标准是 3.0，可以访问 http://refspecs.linuxfoundation.org/FHS_3.0/fhs/index.html 获得更多详细的信息。

按照 FHS 的规定，/boot 路径下要放置引导程序和内核。同时，根据 FHS 对 root 文件系统的定义，root 文件系统的内容必须足以引导、还原、恢复和/或修复系统。因此，从这个角度来说，root 文件系统是包含引导程序和内核的。

但是，从功能的角度来说，引导程序用于内核加载前的准备和配置、内核实现了操作系统的核心功能，文件系统则主要面向周围应用。从实现的角度来说，通常情况下，/boot 下的内容同 / 目录下其他目录的内容是分别存储在不同的分区上的。

此外，root 文件系统和 NTFS、Ext3 等文件系统，虽然都是文件系统，但它们的含义完全不同。前者是指文件的集合，后者则是指文件在存储设备上的组织方法及数据结构。

如图 1-1 所示，root 文件系统从功能划分上可以分为程序运行环境、Shell 以及周围应用这三大部分，具体说明如下。

（1）程序运行环境

程序运行环境是指运行该程序所需要的加载程序、动态链接库等。以 ls 程序为例，使用 ldd 查看 ls 的依赖库如下：

```
[root@localhost ~]# ldd /usr/bin/ls
        linux-vdso.so.1 (0x00007fffde90a000)
        libselinux.so.1 => /lib64/libselinux.so.1 (0x00007f06a9da1000)
        libcap.so.2 => /lib64/libcap.so.2 (0x00007f06a9b9c000)
```

如上所示，ls 命令除了自身程序外，还依赖很多的动态链接库，典型的如 libc.so.6 等，这些库都位于/lib64 下，主要是由 glibc 库所提供的，此外，ls 命令的运行还需要 ld-linux 这个动态加载器，它负责解析和加载 ls 命令所依赖的动态链接库。因此，上述动态链接库及相关配置文件等，就构成了 ls 命令的运行环境。

（2）Shell

Shell 是包裹在 Linux 内核及运行环境之外的一层"壳"，如图 1-3 所示。Shell 是用户同 Linux 系统交互的程序，用户要运行哪个程序，都是通过在 Shell 中输入命令来实现的。

（3）周围应用

周围应用是指 Linux 上的应用程序，如图 1-3 所示，按照功能可以分为图形系统、办公套件、开发工具、服务器、虚拟化、娱乐和其他等七大类，这些应用绝大多数是 GNU 项目，这也是为什么 Linux 严格意义上应该称为 GNU/Linux 的原因。Linux 充分相信用户，它给用户最大的自由，它是一个可以高度定制的系统，用户可以对内核进行配置，只开启必要的内核功能，从而进一步精简内核的体积；用户也可以对周围应用进行定制，选择是否需要图形界面，选择要安装哪些应用程序。

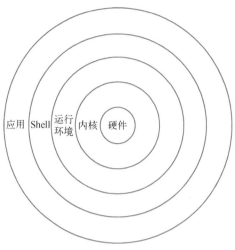

图 1-3　Linux 程序层次图

1.2.2　Linux 的启动过程

本节以 CentOS 8 启动为例，说明计算机上电后 Linux 的启动过程。了解 Linux 的启动过程有两个直接的好处：Linux 运行时出错时，可以很方便地定位是在哪个阶段出的问题；如果需要在 Linux 启动运行过程中加入自己的操作，如增加开机自启动等，可以很清楚地知道应该在哪个阶段加入。

CentOS 8 安装在 x86 架构 CPU 的计算机上，如无特殊说明，本书所涉及的计算机都是 x86 架构的计算机。

如图 1-4 所示，计算机上电后的启动顺序包括 4 个步骤：基本输入输出系统（Base Input & Output System，BIOS）自检、系统引导、内核运行和初始化程序运行。

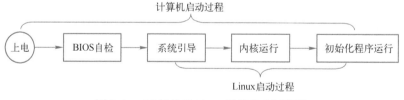

图 1-4　x86 架构下 Linux 系统启动过程图

BIOS 有两种系统引导方式，第一种是传统方式；第二种是基于统一的可扩展固件接口（Unified Extensible Firmware Interface，UEFI）方式。UEFI 相对较新，且需要主板支持。本书所使用的 VMware Workstation 9 创建的虚拟机 BIOS 中只支持传统方式，因此，本书以传统方式为例进行讲解。

BIOS 是固化在计算机主板芯片上的程序。BIOS 自检主要完成计算机硬件的检测和初始化，并且提供硬件配置界面，如修改 BIOS 设置，更改开机的引导顺序、查看硬件信息、设置系统时钟或者设置各种外设接口等。按〈Delete〉键或者根据开机的屏幕提示信息（VMware 中是按〈F2〉键），可以进入 BIOS 设置界面。因为 BIOS 属于计算机自带程序，因此把 BIOS 自检归类到计算机启动过程，而不归类到 Linux 启动过程。

BIOS 存储在 ROM 之中，该 ROM 是可以直接被 CPU 寻址的（如 ARM 中 Norflash），因此，BIOS 程序不需要加载到内存，而是直接在 ROM 中执行。有关 BIOS 的执行过程，可以参考下面的两篇文章。

1）https://blog.csdn.net/dahuichen/article/details/53183836。

2）http://www.360doc.com/content/06/0810/13/561_177979.shtml。

Linux 启动过程如图 1-4 中所示，共分三个阶段：**系统引导、内核运行和初始化程序运行**，具体描述如下。

由于 CPU 架构或者 Linux 发行版不同，因此，系统引导和初始化程序运行阶段所采用的程序和版本可能会不同，内核运行阶段所采用的 Linux 内核版本也可能会不同。例如 CentOS 8 在系统引导阶段采用的程序是 GRUB2，而之前的 CentOS 版本采用的则可能是 GRUB1；CentOS 8 在内核运行阶段采用的 Linux 内核版本是 4.18.0，而之前的 CentOS 版本则采用更低版本的 Linux 内核；CentOS 8 在初始化程序运行阶段采用的初始化程序是 systemd，而之前的 CentOS 版本则可能采用 init 程序。

1. 系统引导

如图 1-5 所示，系统引导分为 3 个阶段：初始准备阶段，主要是读入引导程序，为引导程序的运行做准备；内核启动前的配置和管理阶段，例如提供双系统或多内核的选择菜单、配置内核启动参数和修复引导程序等；加载内核阶段，包括准备加载的环境，找到内核，最后加载内核，将控制权交给内核。

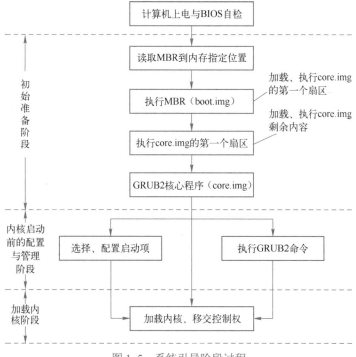

图 1-5　系统引导阶段过程

（1）初始准备阶段

BIOS 自检后，会根据引导顺序的设置，找到第一个可以引导的设备。如果这个引导设备是硬盘/U 盘（统称为启动盘）的话，BIOS 会将启动盘的第一个扇区（主引导扇区）加载到内存的 0x07c00 处，跳转到该地址执行。主引导扇区的大小只有 512 字节，结构如图 1-6 所示。主引导扇区的前 446 字节为主引导记录（Master Boot Record，MBR），即引导程序的代码，接下来的 64 字节为分区表，最后两个字节是结束标识，具体值为 0xaa55。

图 1-6　主引导扇区结构图

MBR 的大小只有 446 字节，不可能实现复杂的功能。它的主要任务是，读取 GRUB2 核心程序的第一个扇区到内存，并执行该扇区的代码。

MBR 主要来源于/boot/grub2/i386-pc/目录下的 boot.img 文件。GRUB2 安装时，会读取 boot.img 的内容，并将其写入 MBR。

GRUB2 核心程序的内容，主要来源于/boot/grub2/i386-pc/目录下的 core.img 文件。

MBR 体积有限，无法解析文件系统，因此，它不能通过文件系统接口读取 GRUB2 核心程序，只能按扇区去读取内容。那么 GRUB2 核心程序又存储在哪个扇区呢？

一般来说，在主引导扇区和硬盘的第一个分区之间，还有一块小小的空闲区域（MBR gap，又称保留扇区）。如图 1-7 所示，MBR gap 有 62 个扇区，共计 31744 字节。GRUB2 核心程序（core.img）就从 MBR gap 的第一个扇区开始依次存储，因为 core.img 的大小为 30385 字节，小于 MBR gap 的 31744 字节，因此空间是足够的。

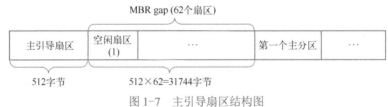

图 1-7　主引导扇区结构图

CentOS 8 安装 GRUB2 时，会将 MBR gap 第一个扇区的位置硬编码到 MBR 中。MBR 会从该位置开始读取一个扇区的内容（主要来源于 core.img 的前 512 字节）到内存并执行，此扇区代码会将 MBR gap 中 core.img 的剩余部分读入内存，由于文件系统尚不可用，因此它使用 Block List 格式对 core.img 的存储位置进行编码。

和 MBR 相比，core.img 功能强大，它包含了文件系统（如 Ext4）的驱动，因此 core.img 可以按照文件系统的接口来访问指定路径下的文件，而不用关心文件的存储是如何实现的。core.img 访问的文件中，最典型的有两类：一类是内核文件，Linux 内核文件 vmlinuz-4.18.0-193.el8.x86_64 存储在/dev/sda1 上，文件系统是 Ext4，挂载点是/boot，因此，core.img 就可以用路径 boot/vmlinuz-4.18.0-193.el8.x86_64 来访问内核文件，而不用管内核文件到底有多大，存储在哪些扇区上，这样既简化了访问机制，同时内核文件的存储也不用存储到指定位置的扇区；另一类是 GRUB 模块文件，它们是 GRUB2 功能的扩展，每个模块代表一个扩展功能。因为 core.img 可以访问文件系统，因此，每扩展一个 core.img 的功能，就可以将其写成一个模块文件，存储在 /boot/grub2/i386-pc/下，当要使用该功能时，GRUB2 直接到该路径下找到对应的模块文件，加载进来即可，这样，core.img 的功能就不再受 MBR gap 的限制了，而是可以通过放置在 /boot/grub2/i386-pc/下的模块文件来实现持续扩展。

（2）内核启动前的配置与管理阶段

core.img 执行后，会出现 GRUB2 启动菜单，如图 1-8 所示，第一项表示使用内核 vmlinuz-4.18.0-193.el8.x86_64 来启动 Linux；第二项表示使用 vmlinuz-0-rescue-c728625b6fee4703af663d7a424019c9 来启动 Linux。可以使用上下方向键进行选择，选中其中一项，按〈Enter〉键，core.img 就会准备好内核加载环境，然后将启动项中指定的内核加载到内存，并移交控制权给内核，引导程序的使命就完成了。

GRUB2 的启动菜单项是可以编辑的，可以增加/删除启动菜单项，也可以修改已有的启动菜单项。

```
CentOS Linux (4.18.0-193.el8.x86_64) 8 (Core)
CentOS Linux (0-rescue-c728625b6fee4703af663d7a424019c9) 8 (Core)
```

图 1-8　GRUB2 启动菜单

在加载内核之前，还可以使用 GRUB2 做一系列的操作，如编辑启动项、运行 GRUB2 命令等，具体操作说明如下。

1）编辑启动项，在 GRUB2 启动菜单选择一个启动项后，按〈E〉键，可以编辑该启动项的内容，如图 1-9 所示，可以配置启动的 Linux 内核文件名和内核参数等，按〈Esc〉键可以退回到 GRUB2 启动菜单。

```
load_video
set gfx_payload=keep
insmod gzio
linux ($root)/vmlinuz-4.18.0-193.el8.x86_64 root=/dev/mapper/cl-root ro crashk\
ernel=auto resume=/dev/mapper/cl-swap rd.lvm.lv=cl/root rd.lvm.lv=cl/swap rhgb\
 quiet
initrd    ($root)/initramfs-4.18.0-193.el8.x86_64.img $tuned_initrd
```

图 1-9　GRUB2 启动项编辑界面

2）运行 GRUB2 命令，在 GRUB2 启动菜单界面，按〈C〉键，可以进入 GRUB2 的命令模式，如图 1-10 所示。

```
grub> _
```

图 1-10　GRUB2 的命令模式

在 grub>命令提示符后，输入 help，按〈Enter〉键，可以列出 GRUB2 当前所支持的命令，如图 1-11 所示。

图 1-11 所示命令都是由/boot/grub2/i386-pc/下的模块文件实现的。GRUB2 命令提供了很多实用操作，例如很多情况会导致 GRUB2 不能正常引导（如/boot 分区损坏或者配置文件被删除等），此时可以使用 GRUB2 命令进行手动修复和引导；如果要实现多操作系统的引导（如 Linux+Windows），也可以使用 GRUB2 命令来完成；此外，还可以在不进入操作系统的情况下，使用 GRUB2 查看指定分区下文件的内容等。

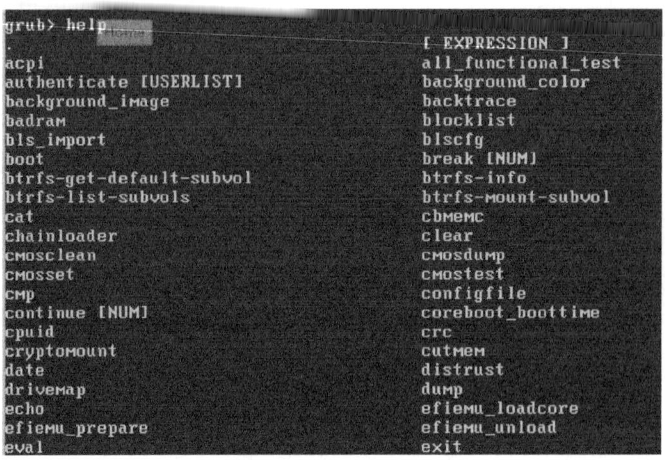

图 1-11 GRUB2 命令列表

（3）内核加载阶段

在 GRUB2 启动菜单中选择启动项后（正常情况下都是选择第一项），按〈Enter〉键，就进入系统引导的第三阶段：内核加载阶段。GRUB2 会准备好内核运行的环境，并将指定的内核文件加载到物理内存 0x100000 开始的位置，一切就绪后，就将控制权转交给内核，跳转到内核的指令开始执行。整个过程都是自动的，不需要人为干预。

2．内核运行

"内核运行"是 Linux 启动过程中的第二个阶段，该阶段主要完成两个任务：操作系统核心的运行；用户态程序运行环境的准备。具体过程如图 1-12 所示，分为三个阶段。

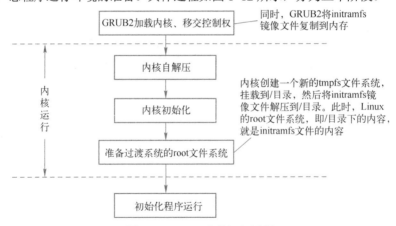

图 1-12 Linux 内核运行过程

（1）内核自解压

CentOS 8 内核文件路径是/boot/vmlinuz-4.18.0-80.el8.x86_64，这是一个自带解压模块的压缩内核。因此，内核运行要做的第一件事情就是利用自带的解压缩模块将内核文件的剩余内容解压缩到内存。

（2）内核初始化

内核自解压后要再次检测硬件并做初始化，然后完成操作系统各功能模块的初始化工作。

（3）准备过渡系统的 root 文件系统

任何一个正常工作的 Linux 操作系统都需要有 root 文件系统，因为所有的应用程序、内核模块以及其他文件都在 root 文件系统中，如果 root 文件系统不能正常访问，文件就不能访问，所有的应用就不能启动，CentOS 8 同样如此，也要准备一个 root 文件系统。不同的是，CentOS 8 会先使用一个临时的 root 文件系统（简称过渡 root 文件系统）作为过渡系统，在过渡系统中加载本机的硬件驱动内核模块，使得最终的 root 文件系统能够被顺利挂载。

过渡系统的 root 文件系统就来源于 /boot/initramfs-4.18.0-80.el8.x86_64.img 镜像文件（简称 initramfs 镜像），是一个 27MB 的文件。本阶段的任务就是要展开 initramfs 镜像作为过渡 root 文件系统，有关过渡 root 文件系统后续还有详细的解释。过渡 root 文件系统准备好后，Linux 内核就可以访问其中的应用程序和文件了，也就可以运行用户态程序了，这就为 Linux 启动的第三阶段"初始化程序运行"做好了准备。

CentOS 8 为什么要使用过渡系统，而不是直接挂载最终的 root 文件系统呢？

因为 root 文件系统的挂载至少取决于两个因素：第一个因素是存储设备，有的 root 文件系统使用 SATA 硬盘，有的使用 SCSI 硬盘，有的则使用网络存储，还有的使用逻辑卷，不同的存储设备需要不同的内核驱动来支持；第二个因素是文件系统的类型，有的采用 Ext 系列，有的采用 XFS 等，不同的文件系统也需要不同的内核驱动来支持。

CentOS 8 作为一个发行版，其内核是事先编译好的，也就是说不管在哪台机器上安装，其内核文件都是一样的，这就决定了内核配置也是一样的。CentOS 8 要支持在所有计算机上直接挂载所有的 root 文件系统，就要将挂载相关的所有驱动全部编译进内核，这样会导致内核文件的体积很大，占用资源，而具体到每个用户，它们又只用到了其中很少的一部分驱动，造成了浪费。

基于以上原因，CentOS 8 没有将所有的相关驱动编译进内核，而是选择性的将最常用的驱动编译进内核，其他的驱动则编译成内核模块，存储在 root 文件系统。CentOS 8 的这种做法，解决了内核体积大，资源占用多且浪费的问题。但是，如果某台计算机需要加载内核模块才能挂载 root 文件系统，就会遇到问题，因为要挂载 root 文件系统，必须要先加载内核模块，而这些内核模块又位于 root 文件系统中，需要先挂载 root 文件系统才能访问，这样就陷入了一个死循环。

为此 CentOS 8 引入了一个过渡系统，过渡系统的 root 文件系统（简称过渡 root 文件系统）类型是 tmpfs，这是一个基于内存的临时文件系统，内核可以直接访问，不需要内核模块的支持，也就是说这个过渡 root 文件系统在每台安装了 CentOS 8 的计算机上都可以直接挂载。

过渡 root 文件系统的内容来源于 initramfs 镜像文件，在系统引导阶段由 GRUB2 加载到内存，然后内核将 initramfs 镜像文件直接解压到内核所创建的 tmpfs 中，而 tmpfs 在创建时就挂载在过渡系统的 / 目录下，此时，过渡系统的 / 目录下就有内容了，即 initramfs 镜像文件的内容。initramfs 镜像文件包含了本机硬件相关的内核模块，在安装 CentOS 8 的过程中，这些内核模块会打包到 initramfs 镜像文件中，因此 initramfs 镜像文件是定制的，不同配置的机器上，initramfs 镜像文件可能不同。这样，过渡系统就可以将这些内核模块加载到内核之中，有了这些内核模块驱动的支持，最终的 root 文件系统就可以访问和挂载了，这样就解决了 CentOS 8 发行版在不同机器上安装的问题。

另外，tmpfs 是一个基于内存的临时文件系统，与其他内存文件系统相比，它有两个特点：tmpfs 效率更高，tmpfs 不是一个单独的块设备，这意味着对 tmpfs 的操作不需要用传统块设备的那些路径和层级，开销更小；tmpfs 更灵活，它可以动态调整大小，还可以交换分区的空间。

Linux 内核运行阶段会输出信息到屏幕，如图 1-13 所示。

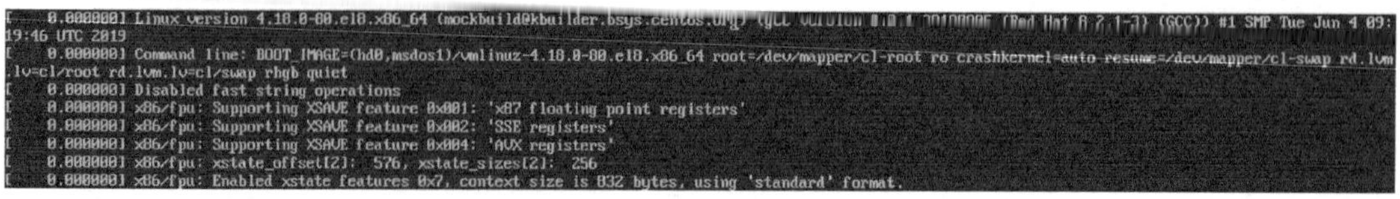

图 1-13　Linux 内核运行信息

使用 dmesg 命令可以打印内核运行阶段所输出的信息，如果内核运行阶段没来得及看屏幕上的输出，可以等 Linux 启动后输入 dmesg 就可以将之前的信息再输出一遍。

注意：内核运行阶段只会准备过渡 root 文件系统，准备好后，存储在过渡 root 文件系统上的内核模块文件是可以访问的，但此阶段并不加载这些内核模块，加载的动作是在 Linux 启动的第三个阶段完成的，后续会有详细说明。

在内核运行阶段，和用户最相关的就是内核配置：内核中哪些驱动需要，哪些不需要，哪些需要和内核编译在一起，哪些可以编译成模块动态加载，这些都是特别需要注意的地方。这些配置直接决定了该 Linux 系统能否在此计算机上正常运行，能否驱动该计算机上的硬件正常工作，也直接决定了 Linux 内核所占用的资源大小。如果后续从事嵌入式开发、系统性能调优相关的工作，就会经常和内核配置打交道。

3. 初始化程序运行

初始化程序是 Linux 内核运行后启动的第一个用户态程序，进程号（PID）是 1。初始化程序的功能主要有两个，具体说明如下。

- **系统初始化**：初始化程序将根据配置，确定当前系统的运行级，然后启动该运行级所对应的系统服务，同时启动用户所设置的服务，完成 Linux 系统使用前的一系列准备工作，等待用户登录。
- **服务管理**：初始化程序会在 Linux 系统使用过程中监控服务的状态，并且提供命令，供用户对这些服务进行关闭、启动、状态查看等操作。

Linux 下的服务通常指一个守护进程，在某个端口监听、接收并处理客户端从网络发送过来的请求，常见的服务如 firewalld、crond 和 sshd 服务等。

本书此处所指的服务，范围更大，它指由初始化程序启动和管理的程序，在这些程序中，有的完成任务后就退出了，有的则会常驻系统，监听请求。

不同的 Linux 发行版，甚至同一 Linux 发行版中不同版本的初始化程序都可能不同。例如 CentOS 5 采用的是 init 程序，CentOS 6 采用的是 upstart，CentOS 7/CentOS 8 采用的是 systemd。因此，CentOS 8 的初始化程序运行就是指 systemd 的运行。systemd 比较新，和传统的初始化程序（如 SysV 风格的 init 程序）相比，systemd 最大的特点是它实现了 **Linux 服务的并行启动**，大大缩短了 Linux 系统的启动时间。

可以在 CentOS 8 上使用命令 "man bootup" 查看 systemd 初始化时启动服务的顺序以及相关信息。

在功能上，systemd 除了管理服务外，还包含一系列的实用工具，用于记录日志、系统设置、简单网络管理、网络时间同步和名字解析等。在使用方式上，systemd 还兼容传统的 SysV 的

init 程序使用方式。由于 systemd 的诸多特性，已有越来越多的发行版（Red Hat/CentOS/Ubuntu 等）使用它来替代 init，作为新的初始化程序。

CentOS 8 中初始化程序（systemd）的运行过程分为两个阶段，如图 1-14 所示。具体说明如下。

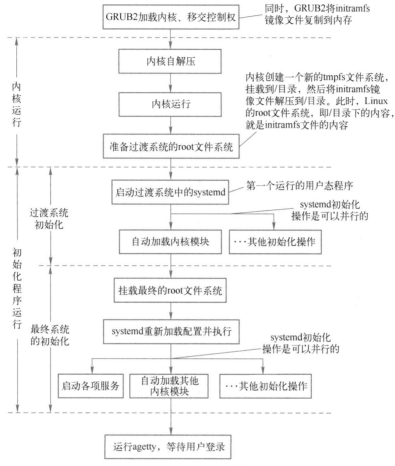

图 1-14　CentOS 8 初始化程序运行过程

（1）过渡系统初始化

此阶段位于"准备过渡系统的 root 文件系统"之后，systemd 程序存储在过渡 root 文件系统之中，当过渡 root 文件系统可以访问后，systemd 程序也就可以访问了。然后，内核就启动 systemd 程序，systemd 是第一个运行的程序，因此它的进程号 PID 为 1。systemd 启动后，会根据配置启动相关服务，如日志服务和 systemd-udevd 服务等。由于过渡系统初始化的主要目标是挂载最终的 root 文件系统，因此，要将过渡 root 文件系统中相关的内核驱动加载到内核中，例如本例中 CentOS 8 最终的 root 文件系统类型是 XFS，因此，在过渡系统的初始化中就要加载 XFS 的内核驱动模块。具体做法如下代码所示，systemd-fsck 先检查最终的 root 文件系统类型，得知是 XFS，从而加载 XFS 内核驱动模块。

```
   Oct 09 20:43:30 localhost.localdomain systemd-fsck[506]: /usr/sbin/fsck.xfs: XFS
file system.
   Oct 09 20:43:30 localhost.localdomain systemd[1]: Started File System Check on
/dev/mapper/cl-root.
```

在第一阶段和第二阶段都有"自动加载内核模块"的操作，通常情况下，内核模块的加载是需要手动运行 insmod 或者 modprobe 来手动添加的，为了方便起见，也可以编写自定义的 systemd 服务，然后将这些命令写入自定义服务中，由 systemd 在 Linux 系统启动时运行这些服务，从而实现加载内核模块的操作。

上述两种方式，都需要人为的干预或配置，而"自动加载内核模块"则是除以上两种方式外的另外一种方式，它无须人为干预，由 systemd 的服务自动判断，自动加载内核模块。例如 XFS 内核模块就是在挂载 root 文件系统时自动加载的，虚拟机网卡 e1000 的内核驱动模块就是由 systemd-udevd 服务在接收到网卡检测信息后自动加载的，这些内核模块都不需要用户做任何工作就能自动加载。

（2）最终系统的初始化

相关驱动都准备好后，就进入第二个阶段"最终系统的初始化"。首先挂载最终的 root 文件系统，如下代码所示，最终的 root 文件系统挂载在过渡 root 文件系统的 /sysroot 路径下。

```
Oct 09 20:43:30 localhost.localdomain systemd[1]: Mounting /sysroot...
Oct 09 20:43:30 localhost.localdomain kernel: SGI XFS with ACLs, security
attributes, no debug enabled
Oct 09 20:43:30 localhost.localdomain kernel: XFS (dm-0): Mounting V5 Filesystem
Oct 09 20:43:30 localhost.localdomain kernel: XFS (dm-0): Ending clean mount
Oct 09 20:43:30 localhost.localdomain systemd[1]: Mounted /sysroot.
```

接下来 systemd 会重新加载配置（initrd-parse-etc.service），如下代码所示。

```
Oct 09 20:43:30 localhost.localdomain systemd[1]: Starting Reload Configuration
from the Real Root...
Oct 09 20:43:30 localhost.localdomain systemd[1]: Reloading.
Oct 09 20:43:30 localhost.localdomain systemd[1]: Started Reload Configuration from
the Real Root.
```

systemd 还会做一些准备和处理工作（如启动 initrd-cleanup.service 服务），当 systemd 的初始化工作达到一个同步点（initrd-switch-root.target 目标）后，日志会显示："systemd[1]: Reached target Switch Root."，systemd 会启动 initrd-switch-root.service 服务，该服务会调用 /usr/bin/systemctl --no-block switch-root /sysroot 将 /sysroot 切换为最终系统的根（/）目录。

initrd-switch-root.service 除了切换根目录外，还会运行新的初始化程序 systemd（该程序位于最终 root 文件系统中）且进程号为 1。

因为 CentOS 8 中老的初始化程序（位于过渡系统）和新的初始化程序（位于最终系统的 root 文件系统中）都是 systemd 且路径相同。因此，initrd-switch-root.service 会将老的 systemd 进程状态传递给新运行的 systemd 进程，这样，新的 systemd 进程就获得了过渡系统中所启动的服务的状态信息，便于后续对这些服务进行管理。

新 systemd 会找到 /etc/systemd/system/default.target 以此决定 CentOS 8 运行级，default.target 是一个软链接（类似 Windows 的快捷方式）文件，链接的文件不同，运行级也不同。以本书为例，default.target 链接到了 /lib/systemd/system/multi-user.target 文件，这样 systemd 就会将 CentOS 8 初始化成"多用户字符界面"，对应传统的 SysVinit 的 runlevel3 运行级。systemd 会根据运行级做不同的初始化工作，例如本例 multi-user.target 的初始化工作包括：重新加载 SELinux 的策略、重启日志服务、挂载 /dev/sda1 分区到 /boot、自动加载内核模块、启动 NetworkManager 服务、启动 sshd 服务等，如图 1-14 所示。

不管是在哪个阶段，systemd 的初始化工作都是可以并行的。

在 基 本 的 初 始 化 服 务 完 成 后， systemd 会 启 动
getty@tty1.service 服务，该服务会运行 agetty 程序，agetty 程
序的界面如图 1-15 所示，即登录界面。

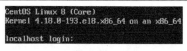

图 1-15　CentOS 8 登录界面

使用命令 systemctl -a 列出 sytemd 的服务及状态，包括要加载但没有找到的服务、已经加载
正在运行的服务、已经加载但已经退出的服务等。

1.2.3　Linux 的登录过程（扩展阅读 1）

Linux 启动后运行 agetty 程序，显示登录界面，等待用户输入。那么当用户输入用户名和密
码，按〈Enter〉键后，CentOS 8 会做哪些动作？在这个过程中 CentOS 8 会启动哪些程序，它们
各自的作用又是怎样的呢？

这就是本节要介绍的内容——Linux 登录过程。这部分内容会有助于进一步理解 Linux 内部
的运行机制，为读者在脑海中构建一个运行着的 Linux 打下基础。

此部分内容请参考本书配套免费电子书《Linux 快速入门与实战——扩展阅读与实践教程》
中的"扩展阅读 1：Linux 登录过程"。

1.2.4　Linux 的交互过程（扩展阅读 2）

上一节介绍了 Linux 的登录过程，其中一个小细节是，输入用户名时，在键盘上每按下一个
键，计算机屏幕就会显示该按键对应的字母。后续在 bash 中输入命令也是如此，键盘上的输入
都能够准确无误地在屏幕上显示出来。

这是如何实现的？背后的原理是怎样的？中间经历了那些过程呢？这就是本节要介绍的
内容——Linux 的交互过程，具体内容包括：Linux 的三类重要终端（Terminal），即虚拟终
端、串行终端和伪终端；Linux 终端架构，分为终端设备、内核驱动、设备文件和进程四个层
次；虚拟终端上从按键到显示的过程。

此部分内容请参考本书配套免费电子书《Linux 快速入门与实战——扩展阅读与实践教程》
中的"扩展阅读 2：Linux 交互过程"部分。

1.3　高效学习 Linux

Linux 非常复杂，因此对学习者而言，学习方法非常重要。本节将介绍 Linux 学习中的关键点、
Linux 快速学习路线图，以及如何利用本书资源更高效地学习 Linux，帮助读者又快又好地掌握 Linux。

1.3.1　Linux 学习中的关键点

Linux 学习中的关键点如下所示，这些都是艾叔多年 Linux 使用和开发的经验。在 Linux 的
学习过程中注重这几点，就一定能够取得事半功倍的效果。

- **暂时理解不了的原理，或者找不到原因的问题，可以先放下。**后续随着实践经验的增多，
  对 Linux 理解的加深，很多原理会自然明白，很多问题会迎刃而解。
- **动手比看书更重要。**Linux 的学习大多是所见即所得，看 10 遍书，不如动手运行一遍，很
  多结果自然就可得到。

- 即时验证是确保操作正确和高效的唯一手段。对初学者而言，使用〈Tab〉键就是一个即时验证的好手段，它用补全的方式进行验证，如果输入错误，〈Tab〉键就无法补全，常用〈Tab〉键可以极大地提升初学者的操作效率。
- 学习 Linux 命令切忌求全，掌握最常使用的 Linux 命令即可。Linux 命令同样遵循二八原则，掌握最常用的 Linux 命令即可应对 80%以上的使用场景，其余命令待到需要时现学即可。
- 将 Linux 学习和 Linux 的应用紧密结合起来，切忌漫无目的地学。结合 Linux 的应用方向，如云计算、大数据等方向来学习 Linux，可以将所学的 Linux 知识点像串珠子一样串起来，构建系统的知识架构，这样所学的 Linux 知识不容易忘，而且会运用。
- 养成良好的 Linux 使用习惯，切忌各种图方便的操作。例如很多学习者图方便，在 root 用户下操作，一个误操作就可能造成无可挽回的损失；还有的学习者，通常是一长串命令输入后才运行，极易出错，这些都是不好的 Linux 使用习惯，初学者一定要引起重视。

1.3.2　Linux 快速学习路线图

目前，Linux 已经变得非常的庞大和复杂。Linux 内核由最初的不到 1 万行代码，到现在超过 2600 万行代码，除了内核外，还有数量众多的周围应用。这就给 Linux 学习带来了很大的困难。图 1-16 所示的 Linux 快速学习路线图可以帮助读者高效率地学习 Linux。

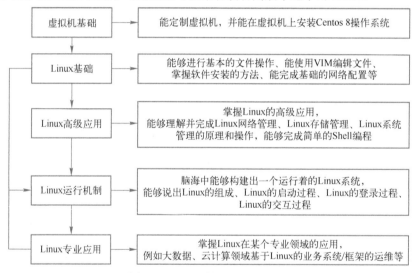

图 1-16　Linux 快速学习路线图

如图 1-16 所示，Linux 快速学习路线图按照从易到难、从简单到复杂、从通用到专业的顺序分为 5 个阶段，每个阶段都有明确的要求。总的设计思路是：学习者沿着路线图完成从 Linux 基础到 Linux 实战的完整过程，在此过程中学习 Linux 命令的使用，总结 Linux 的使用经验，累积基于 Linux 的典型云计算、大数据系统/平台的运维经验，从各个角度加深对 Linux 系统的认识，最终在脑海中构建起静态和动态的 Linux 系统。学习者可以根据自身情况，对照各阶段的要求进行学习。

路线图中的"Linux 运行机制"阶段是最终掌握 Linux 的一个非常关键的阶段，相当于武术之中的内功心法，学习者在路线图中的各个阶段，要特别加深对 Linux 运行机制的理解，最终在脑海中构建出一个运行着的 Linux 系统。这样，后续不管从事哪个 Linux 应用领域的工作，都可以以此为基础来展开。

1.3.3　利用本书资源高效学习 Linux

本书提供了相当丰富的配套资源，这些资源按照 Linux 的学习阶段分为 3 类，分别是 Linux 学习**前置资源**、**随书资源**和**进阶资源**，如图 1-17 所示。

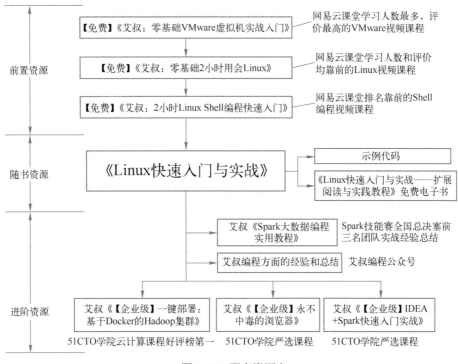

图 1-17　配套资源表

1．配套资源的说明

（1）前置资源

前置资源指 Linux 前置课程的学习资源，主要包括艾叔主讲的 VMware 虚拟机、Linux 和 Shell 编程免费高清视频课程，这些课程都是艾叔多年经验的总结，只讲最有用和使用最频繁的知识点，既有原理又有实操，在网易云课堂上深受学习者好评。

（2）随书资源

随书资源是指本书学习中的配套资源，包括示例代码和《Linux 快速入门与实战——扩展阅读与实践教程》免费电子书，它们可以帮助读者更快、更全面地掌握本书内容。

（3）进阶资源

进阶资源用于进一步提升读者的 Linux 应用水平，它包括艾叔主讲的三个 Linux 相关的企业级实战项目课程《一键部署：基于 Docker 的 Hadoop 集群》《永不中毒的浏览器》和《IDEA+Spark 快速入门实战》，以及艾叔主编的《Spark 大数据编程实用教程》，这些资源对读者加深 Linux 的理解，提升 Linux 实战能力和迅速累积项目经验非常有帮助。上述资源的获取方法，后面会列表说明。

2．配套资源的获取

（1）随书资源的获取

随书资源是一个 zip 压缩包，文件名是"**Linux 快速入门与实战配套资料.zip**"，该压缩包中的资料如表 1-2 所示，包括本书的示例代码和免费电子书。

表 1-2　本书配套资料包（Linux 快速入门与实战配套资料.zip）内容列表

序号	资源名称	文件名	下载地址
1	示例代码	01-prog.tar.gz	关注本书公众号"艾叔编程"，在后台输入
2	免费电子书	Linux 快速入门与实战——扩展阅读与实践教程.pdf	"linux"即可获得 Linux 快速入门与实战配套资料.zip 的下载地址

（2）前置资源、进阶资源以及其他资源的获取

前置资源可以在网易云课堂的"艾叔编程"中获取，获取方法如表 1-3 的第 3 项所示；进阶资源可以在 51CTO 学院中搜索"文艾"中获取，获取方法如表 1-3 的第 4～7 项所示。其他资源包括作者微信号、本书公众号和大数据学习网站，获取方法如表 1-2 的第 1、2、8 项所示。

表 1-3　本书其他资源列表

序号	资源名称	获取方式
1	作者微信号	添加作者微信号 aishu_prog，和作者直接交流
2	本书公众号	关注公众号"艾叔编程"，在后台输入"linux"获取 Linux 快速入门与实战配套资料.zip 下载地址
3	免费高清视频课程 ● 《零基础 VMware 虚拟机实战入门》 ● 《零基础 2 小时用会 Linux》 ● 《2 小时 Linux Shell 编程快速入门》	在网易云课堂搜索"艾叔编程"获取课程
4	企业级实战视频课程 《一键部署：基于 Docker 的 Hadoop 集群》	在 51CTO 学院搜索"文艾"
5	企业级实战视频课程 《Docker 实战：永不中毒的浏览器》	在 51CTO 学院搜索"文艾"
6	企业级实战视频课程 《IDEA+Spark 快速入门实战》	在 51CTO 学院搜索"文艾"
7	企业级实战视频课程 《Spark 大数据编程实用教程》（纸质书）	在京东或当当中搜索书名
8	更多 Linux 学习资源	访问 www.bigdatastudy.net，获取更多的 Linux 学习资源

1.3.4　本书所使用的软件和版本（重要，必看）

注意：表 1-4 中列出了本书实验所使用的主要软件及版本，在完成实验时，所使用的软件和版本请和表 1-4 保持一致，这样可以避免很多不必要的麻烦。

表 1-4　本书软件及版本表

软件名	版本	说明和下载地址
Windows7 64bit 旗舰版	7	Host 操作系统
VMware Workstation 9	9	虚拟机软件
CentOS 8	8.2	https://mirrors.aliyun.com/centos-vault/8.2.2004/isos/x86_64/CentOS-8.2.2004-x86_64-dvd1.iso
Docker	19.03.13	docker-ce-3:19.03.13-3.el8.x86_64
Kubernetes	1.20.1	kubeadm-1.20.1-0.x86_64
Hadoop	3.2.1	https://archive.apache.org/dist/hadoop/common/hadoop-3.2.1/hadoop-3.2.1.tar.gz
Ozone	1.0.0	https://mirrors.tuna.tsinghua.edu.cn/apache/hadoop/ozone/ozone-1.0.0/hadoop-ozone-1.0.0.tar.gz
Spark	3.0.1	https://archive.apache.org/dist/spark/spark-3.0.1/spark-3.0.1-bin-hadoop3.2.tgz
Zabbix	5.2.3	https://repo.zabbix.com/zabbix/5.2/rhel/8/x86_64/

第2章
快速上手 Linux

本章以 CentOS 8 为例，介绍 Linux 使用中的核心知识和最常用的操作，帮助读者快速掌握 Linux 的使用，具体内容如下。

- 定制 VMware 虚拟机。
- 安装 CentOS 8 操作系统。
- 理解 Linux 使用中的基本概念，如重定向、Linux 用户、文件和环境变量等。
- Linux 下最常用和最重要的快捷键。
- Linux 用户管理常用操作。

- Linux 文件常用操作。
- 查看 Linux 帮助。
- Linux 下的压缩打包工具 tar 的基本使用。
- Linux 下的搜索工具 find 的基本使用。
- Linux 文本编辑器 VIM 的基本使用。

2.1 安装 Linux

本节介绍如何安装 CentOS 8。由于大多数读者的计算机安装的是 Windows 操作系统，为了既能安装 CentOS 8，又不更换计算机，可以在这台计算机上安装虚拟机软件（如"VMware Workstation 9"），通过该软件虚拟出一台计算机，然后将 CentOS 8 安装到这个虚拟机上，实现在现有 Windows 环境中安装 Linux 的目标。双击"VMware Workstation 9"图标，其程序主界面如图 2-1 所示。

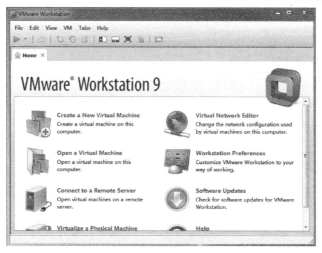

图 2-1　VMware Workstation 9 主界面

读者自行安装的虚拟机软件版本最好和本书保持一致，即"VMware Workstation 9"，或者安装版本大于 9 的 VMware 系列虚拟机软件，这样可以避免很多不必要的麻烦。

2.1.1　定制虚拟机（实践 1）

所谓定制虚拟机，就是利用虚拟机软件"VMware Workstation 9"来创建一台符合用户要求的虚拟机。这台虚拟机的名字为 centos 8，它和真实的物理机一样，有 CPU、内存、硬盘和网卡等，其 CPU 的核数、内存的大小、硬盘的大小和网卡的个数可以根据用户的要求定制。

本节属于实践内容，因为后续章节都会用到此部分内容所构建的虚拟机，**所以本实践必须完成**。请参考本书配套免费电子书《Linux 快速入门与实战——扩展阅读与实践教程》中的"实践 1：定制虚拟机"。

2.1.2　最小化安装 CentOS 8（实践 2）

上一节定制了虚拟机 centos 8，本小节将在该虚拟机上安装 CentOS 8。本节内容属于实践内容，因为后续章节都会用到此部分内容所安装的 CentOS 8，**所以本实践必须完成**。请参考本书配套免费电子书《Linux 快速入门与实战——扩展阅读与实践教程》中的"实践 2：最小化安装 CentOS 8"。

2.2　Linux 使用的基本概念

本节介绍 Linux 基本概念和知识点，包括重定向、Linux 用户、Linux 文件、环境变量和挂载等。

2.2.1　重定向

重定向是指改变进程输入/输出的对象。例如 Linux 中进程默认输出的对象是显示器，但很多时候，用户需要改变进程输出的对象，例如将它的输出保存到文件中，便于 debug 查错，此时就要用到重定向。一个进程的输入和输出有哪些，分别是和哪些设备关联的，如何改变进程的输入和输出，如何使得一个进程的输出成为另一个进程的输入，以及如何进行实际的重定向操作等等，这些都是本节要说明和解决的问题。

1．进程默认的标准 I/O 流文件

每个进程创建时都会打开 3 个**标准 I/O 流文件**。

- 标准输入流文件，使用 stdin 表示，通常对应键盘的输入，文件描述符为 0，C 语言中调用的 scanf 函数读取的就是 stdin。
- 标准输出文件，使用 stdout 表示，通常对应屏幕的输出，文件描述符为 1，C 语言中调用的 printf 函数就是向 stdout 写入数据。
- 标准错误输出文件，使用 stderr 表示，文件描述符为 2，C 语言中调用的 perror 函数就是向 stderr 写入数据。

默认情况下，stdin、stdout 和 stderr 会指向同一个文件，即**控制终端的设备文件**，具体示例说明如下。

Linux 使用控制终端（Control Terminal）来统一表示进程所关联的终端，具体内容参考本书配套免费电子书《Linux 快速入门与实战——扩展阅读与实践教程》中的"扩展阅读 2：Linux 交互过程"部分。

（1）运行在虚拟终端上的进程

1）打印虚拟终端信息，系统显示/dev/tty1，如图 2-2 所示。在该终端上运行 ping 程序，命令如图 2-2 所示，那么 ping 进程的控制终端对应的设备文件就是 /dev/tty1。

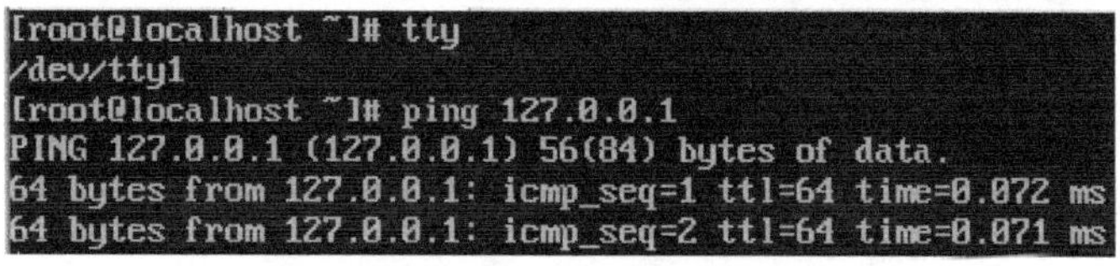

```
[root@localhost ~]# tty
/dev/tty1
[root@localhost ~]# ping 127.0.0.1
PING 127.0.0.1 (127.0.0.1) 56(84) bytes of data.
64 bytes from 127.0.0.1: icmp_seq=1 ttl=64 time=0.072 ms
64 bytes from 127.0.0.1: icmp_seq=2 ttl=64 time=0.071 ms
```

图 2-2　ping 运行图

2）使用 lsof 来查看 ping 所打开的文件，命令如下。

```
[root@localhost ~]# lsof -p $(pidof ping)
```

lsof 是一个 Linux 命令，它可以列出进程和文件之间的关系，例如列出某个进程打开的所有文件，或者是列出打开了某个文件的所有进程等。本书使用 lsof 只是为前面所述结论提供一种验证手段。CentOS 8 最小化安装中并没有自带 lsof 命令，如果要使用该命令，需要参考 3.2 节中的方法自行安装。

lsof 输出结果如下，可以看到 ping 进程的 stdin（对应文件描述符 0）、stdout（对应文件描述符 1）和 stderr（对应文件描述符 2）打开的文件都是/dev/tty1，即控制终端的设备文件。

```
ping    3654 user    0u   CHR    4,1      0t0    9299 /dev/tty1
ping    3654 user    1u   CHR    4,1      0t0    9299 /dev/tty1
ping    3654 user    2u   CHR    4,1      0t0    9299 /dev/tty1
```

（2）运行在伪终端上的进程

1）在伪终端上运行 ping 程序，命令如下，此时 ping 进程控制终端的设备文件是/dev/pts/0。

```
[root@localhost ~]# tty
/dev/pts/0
[root@localhost ~]# ping 127.0.0.1
PING 127.0.0.1 (127.0.0.1) 56(84) bytes of data.
64 bytes from 127.0.0.1: icmp_seq=1 ttl=64 time=0.062 ms
```

2）使用 lsof 来查看 ping 所打开的文件，命令如下。

```
[root@localhost user]# lsof -p $(pidof ping)
```

同样可以看到 ping 进程的 stdin（对应文件描述符 0）、stdout（对应文件描述符 1）和 stderr（对应文件描述符 2）打开的文件都是/dev/pts/0，即控制终端的设备文件。

```
ping    3664 user    0u   CHR 136,2      0t0       5 /dev/pts/0
ping    3664 user    1u   CHR 136,2      0t0       5 /dev/pts/0
ping    3664 user    2u   CHR 136,2      0t0       5 /dev/pts/0
```

综上所述，默认情况下，进程的 stdin、stdout 和 stderr 都同控制终端的设备文件相关联。

2．重定向操作示例。

综上所述，所谓重定向，就是解除**进程的 stdin、stdout 和 stderr 同控制终端的设备文件**的**关联，转而和其他文件相关联**。本小节将介绍典型的重定向操作示例，具体说明如下。

重定向可以带来很多好处：假如 stdin 变成普通文件，scanf 读取的就是普通文件，而不是键盘的输入，这样可以实现自动重复输入，在测试时特别有用；如果 stdout 是普通文件，printf 的内容就会输出到普通文件中存储起来，即使程序退出也可以看到之前程序所输出的信息。

（1）示例 1：使用 < 实现 stdin 重定向

1）使用 read 命令从 stdin 中读取一行数据，并将其保存在指定的变量 name 中。具体命令如下，此时 stdin 是控制终端的设备文件，read 读取的是键盘输入。

```
[root@localhost ~]# read name
```

2）在键盘上输入 hello，如下所示。

```
hello
```

3）按〈Enter〉键后，read 读取 hello，存储在变量 name 中并返回。使用 echo 显示变量 name 的值进行验证。

```
[root@localhost ~]# echo $name
hello
```

4）使用 < 将 read 的 stdin 和普通文件 /etc/hostname 相关联。命令如下，此时 read 命令不再读取键盘输入，而是以 /etc/hostname 文件的内容作为输入。

```
[root@localhost ~]# read name < /etc/hostname
```

5）该命令执行后，使用 echo 来显示变量 name 的值，进行验证，结果显示如下，name 中存储的是 /etc/hostname 的文件内容。

```
[root@localhost ~]# echo $name
localhost.localdomain
```

（2）示例 2：使用 > 实现 stdout 重定向

1）使用 echo 命令将字符串输出到 stdout，stdout 默认是控制终端的设备文件，本例中控制终端是虚拟终端，虚拟终端的输出对应显示器，因此，echo 命令执行后，会在计算机屏幕（显示器）上打印信息，如下所示。

```
[root@localhost ~]# echo "hello world"
hello world
```

2）使用 > 将 stdout 和普通文件 /tmp/a 关联，命令如下。此时 echo 向 stdout 的输出将不再打印在屏幕上，而是输出到 /tmp/a 文件中。

```
[root@localhost ~]# echo "hello world" > /tmp/a
```

3）打印 /tmp/a 的内容进行验证，命令如下，可以看到该文件存储的内容正是 echo 所输出的"hello world"。

```
[root@localhost ~]# cat /tmp/a
hello world
```

> 会清除重定向文件（如/tmp/a）的内容，如果不清除已有内容，而是要追加内容的话，可以使用 >>。

（3）示例 3：stderr 重定向

1）Linux 命令执行的错误信息将会输出到 stderr，stderr 默认是控制终端的设备文件，而本例中控制终端是虚拟终端，虚拟终端的输出对应显示器，因此错误信息会打印在虚拟终端所在的计算机的屏幕上。例如普通用户由于没有访问/root 的权限，"ls /root" 会报错，报错信息就打印在屏幕上，命令如下。

```
[user@localhost ~]$ ls /root/
ls: cannot open directory '/root/': Permission denied
```

2）使用 > 将 ls 的 stderr 和普通文件相关联，这样，ls 的报错信息会输出到 /tmp/a 文件中，而不是打印在屏幕上。注意 stderr 和 stdout 重定向的用法还有点区别，stdout 的重定向直接使用 > 即可，stderr 如果也直接使用 > 的话，就会和 stdout 混淆在一起。因此，bash 使用数字 2 来表示 stderr，再加上重定向输出符号 >，就可以表示 stderr 的重定向了。命令如下，注意数字 2 和 > 之间不能有空格， > 和 /tmp/a 之间可以有空格也可以没有空格，命令如下。

```
[user@localhost ~]$ ls /root/ 2>/tmp/a
```

bash 使用数字 1 表示 stdout，这样，分别用 1 和 2 就可以同时实现 stdout 和 stderr 的重定向了。由于 bash 默认的输出是 stdout，因此，一般情况下不需要用数字 1 来指定 stdout。

（4）示例 4：stdout 和 stderr 重定向混合使用

重定向中，2>&1 是常见的用法，例如下面的命令实现了将 stderr 和 stdout 都输出到 /dev/null 的功能。

```
[user@localhost ~]$ ls /root/ >/dev/null 2>&1
```

上述命令说明如下。

- >/dev/null 中 > 前面没有数字，默认是 stdout，即 stdout 是 /dev/null 文件，/dev/null 是一个特殊的字符设备文件，它会丢弃所有向它写入的内容，又称为空设备。
- 2>&1 中 2 表示 stderr，即 stderr 同&1 文件相关联， 那么&1 又表示什么文件呢？前面说过数字 1 表示 stdout，那是 1 在 > 的左边没有歧义。但此处 1 在 > 的右边，既可以表示名字为 1 的普通文件，也可以表示 stdout，因此，bash 在 1 前面加上一个&，那么&1 就表示 stout，这样就不会混淆。总之，2>&1 表示 stderr 就是 stdout，它们关联同一个文件。加上前面指定了 stdout 是 /dev/null，因此，stderr 也是 /dev/null。
- 因为/dev/null 是空文件，stdin 和 stdout 都是/dev/null，因此，该命令的标准输出信息和错误信息都会被丢弃。

（5）示例 5：使用管道 | 实现重定向

管道 | 可以使得进程 A 的输出，作为进程 B 的输入，这样，进程 A 的输出本来是要打印在屏幕上的，结果被重定向到进程 B，而进程 B 本来是要从键盘读取数据的，结果被重定向到 A。

管道有多个好处：首先，它可以实现多个命令的组合，每个命令完成一项工作，组合起来就可以完成复杂的工作；其次，命令之间数据的传输直接通过管道完成，而不用通过写入/读取硬盘上的文件来完成，这样可以大大降低 I/O 开销。

管道使用示例如下，ps -A 可以输出所有进程的信息，如果想知道哪个进程的控制终端是 tty1，就可以使用 grep 命令来过滤 ps -A 的输出信息，得到包含 tty1 的字符串，命令如下。

```
[root@localhost ~]# ps -A | grep tty1
   1453 tty1      00:00:00 bash
```

上述命令和参数说明如下。

- ps -A 输出所有进程的信息。
- 管道 | 将 ps -A 的输出作为 grep 命令的输入。
- grep tty1 以 ps -A 输出的内容作为输入，过滤得到所有包含 tty1 的字符串。

2.2.2 Linux 用户

"Linux 用户"非常重要：Linux 下的任何操作都是和用户相关，而用户又和权限紧密关联，例如常见的 Permission is denied 问题，就和用户密切相关。随着读者学习的深入，还会碰到一系列的用户相关的问题，例如普通用户和超级用户的区别是什么？它们是依据什么来划分的？超级用户的名字能否改变？什么是用户组，用户组 ID 和 gid 有什么区别？这些都是本节要介绍的内容。

1. Linux 用户分类

Linux 有两种类型的用户：超级用户和普通用户。超级用户默认的用户名是 root。当用户在 localhost login 后面输入 root，按〈Enter〉键后，可以看到 "Password："的提示和后面闪烁的指针，输入 root 的密码（如 123456），按〈Enter〉键，就可以看到如图 2-3 所示的登录界面了。

图 2-3　CentOS 8 登录界面图

按〈Ctrl + D〉组合键可以退出当前登录。

超级用户的权限最大，可以查看和删除任何文件。Linux 不像 Windows，Linux 下没有回收站机制，文件被命令删除之后，就很难找回。由于超级用户可以做所有的操作，因此很容易出现误操作，造成一些不可逆的损失；而普通用户由于权限受限，出现误操作相对较难。因此，平时尽量要在普通用户下工作，除非是那些必须要由超级用户完成的操作，才进行切换，完成后，要立即切换回普通用户。

无数个 Linux 操作的"血泪"故事告诉人们，除非万不得已，不要在超级用户下工作。

2. 登录提示符

`[root@localhost ~]#` 称为登录提示符，如图 2-4 所示，自左向右：root 为当前登录的用户名；@是地址符号，和邮箱地址中的@是一样的；localhost 是主机名，它和域名一样，也是一个字符串到 IP 地址的映射；～所在的位置表示当前目录（工作目录），而～符号自身表示当前用户的 home 目录，如当前用户为 root，root 的 home 目录就是/root，因此，当前目录就是/root。如果切换当前目录到/tmp，那么～

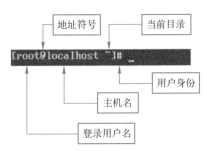

图 2-4　登录提示符说明图

就会被替换成 tmp；最后是用户身份符号，有#和$两种，#表示超级用户，$表示普通用户，图 2-4 中的身份符号为#，说明当前登录的用户为超级用户。

3. 用户的 home 目录

每个用户都有一个 home 目录，home 目录用来存储该用户自身的数据。通常情况下，root 用户的 home 目录是 /root，普通用户的 home 目录则是"/home/普通用户名"。

用户的 home 目录也可以修改，它由 /etc/passwd 中的设置决定，例如 root 用户的设置就是 root:x:0:0:root:/root:/bin/bash，各项设置之间用冒号（:）进行分隔，其中第 6 项设置就是 root 用户的 home 目录的设置，此处的设置是/root，也可以修改成其他路径，例如 /home/root，这样 root 用户的 home 目录就变成了 /home/root。

~表示当前用户的 home 目录，不管当前目录是什么，使用 cd ~，都能切换回当前用户的 home 目录。

4. 用户的 uid 和 gid

Linux 的每个用户都有 1 个 uid 和 1 个 gid，uid 和 gid 都是数字，其中 uid 是**用户编号**，相当于身份证号码，gid 则是**当前用户组编号**（Current Group ID）。

id 命令可以打印当前用户的信息，如图 2-5 所示，当前用户是 root，uid（用户编号）是 0；Current Group（当前用户组）是 root，gid（当前用户组编号）是 0；groups（用户组集合）只有 1 个元素，即 gid=0 的用户组。

0 是一个特殊的数字，它表示权限最大的用户，即 root 用户（超级用户），也表示权限最大的组，即 root 用户组。Linux 以 uid=0 来判断用户是否为超级用户，而不是以用户名是否为 root 来判断是否为超级用户。

```
[root@localhost user]# id
uid=0(root) gid=0(root) groups=0(root) context=unconfined_u:unconfined_r:unconfined_t:s0-s0:c0.c1023
```

图 2-5　当前用户身份信息图

一个 Linux 用户可以属于多个用户组，这个信息由 groups 来表示，groups 中的第一个元素即为当前用户组（Current Group），其编号是 gid。有关 gid 和 groups 的使用后续还有详细说明。

（1）Linux 的用户信息由数字编号（uid/gid）来记录

Linux 的用户信息是用数字编号（uid/gid）来记录的，用户名/组名只是根据编号查文件得到的结果。例如每个文件都有用户信息，ls -l /etc/profile 可以查看/etc 目录下 profile 文件的信息，如图 2-6 所示，profile 文件的 Owner 为 root，Group 也为 root。

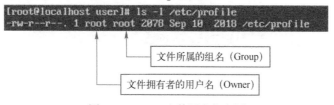

图 2-6　profile 文件用户信息图

但是，profile 存储的并不是 root 字符串信息，而是 uid/gid，其中用户名 root 是在

/etc/passwd 文件中根据 uid 查询到的，组名 root 是在/etc/group 文件中根据 gid 查询到的，可以用下面的示例进行验证。

1）将/etc/passwd 中的 uid=0 对应的用户名 root 修改成 admin，如图 2-7 所示。

2）再次查看/etc/profile 的文件信息，可以看到 Owner 的名字已经由 root 变成了 admin，如图 2-8 所示，这就验证了前面的结论，即 Linux 中用户的信息是以数字编号 uid/gid 来存储的，并不会直接存储名字信息。同样的，如果修改/etc/group 文件中 gid=0 对应的组名，再次查看/etc/profile 时，其用户组的名字也会改变。

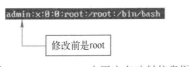

图 2-7　/etc/passwd 中用户名映射信息图

图 2-8　profile 文件拥有者信息图

修改/etc/passwd 文件中的用户名，可以修改用户名，例如将 root 修改为 admin；而修改/etc/group 文件中的组名，可以修改用户组的名字。因此，超级用户的名字（root）也是可以修改的，这个修改某种程度上会增强系统的安全性。

（2）不要轻易改变用户名同 uid 的对应关系

正常情况下，用户名和 uid 是一对一的。但是 CentOS 8 并不会阻止用户修改/etc/passwd，将用户名和 uid 变成多对一或者一对多。但是这种混乱的关系很容易出错，实际使用中，不要轻易改变用户名同 uid 的对应的关系，这个原则对于用户组同 gid 同样适用。

（3）gid 是 groups 的第一个元素

一个用户可以属于多个用户组，这些用户组的集合就是 groups，gid 是 groups 的第一个元素，使用示例说明如下。

```
[root@localhost ~]# useradd -m user
Creating mailbox file: File exists
[root@localhost ~]# ls /home/
user
```

图 2-9　普通用户创建命令图

1）先使用 useradd 命令创建一个普通用户 user，命令如图 2-9 所示，-m 选项表示创建 user 的 home 目录，其路径是/home/user，创建后，使用 ls 来验证 home 目录是否创建成功。

2）查看 user 用户信息，如图 2-10 所示，user 的 gid=1000，当前用户组名字也为 user，groups 中只有 1 个元素。

```
[root@localhost ~]# id user
uid=1000(user) gid=1000(user) groups=1000(user)
```

图 2-10　普通用户创建命令图

3）为 user 用户添加 root 用户组，如图 2-11 所示，使用的命令是 usermod，-a 表示 append 添加用户，-G 表示不删除该用户的原有用户组集合，root 是新添加的用户组名字，user 是用户名。

```
[root@localhost ~]# usermod -a -G root user
[root@localhost ~]# id user
```

图 2-11　user 用户组添加命令图

4）使用 id 查看 user 用户信息，如图 2-12 所示，user 的 groups 增加了 root 用户组。此时 gid 还是 1000，这是因为 groups 中的第一个元素的 id 就是 1000，如果 groups 中第一个元素的 id 是 0，gid 就会变成 0，后续还会详细说明。

```
[root@localhost ~]# id user
uid=1000(user) gid=1000(user) groups=1000(user),0(root)
```

图 2-12　user 用户信息图

由上面的操作可知，groups 可以有多个用户组，gid 是 groups 的第一个元素。

（4）新建文件会使用当前用户组作为文件的 Group

当用户创建一个文件时，会使用该用户的当前用户组作为文件的 Group，验证步骤如下。

1）使用 su 命令将当前用户由 root 切换到普通用户 user，如图 2-13 所示。

2）在 user 用户下使用 touch 命令创建一个文件 a，如图 2-14 所示。

```
[root@localhost ~]# su - user
```
图 2-13　用户切换命令图

```
[user@localhost ~]$ touch a
```
图 2-14　文件新建命令图

3）查看文件 a 的用户属性，可以看到文件的 Group 为 user，即当前用户组的名字，如图 2-15 所示。

4）将 user 用户的当前用户组修改为 root，命令如图 2-16 所示。

```
[user@localhost ~]$ ls -l
total 0
-rw-rw-r--. 1 user user 0 Oct 23 12:58 a
```
图 2-15　文件用户属性图

```
[user@localhost ~]$ newgrp root
```
图 2-16　当前用户组修改命令图

5）查看用户信息，命令如图 2-17 所示，gid 已经变成 0，当前用户组变成了 root，用户组集合 groups 中的第一个元素也变成了 0（root），这就验证了前面的结论：**groups 中的第一个元素就是当前用户组。**

```
[user@localhost ~]$ id
uid=1000(user) gid=0(root) groups=0(root),1000(user)
```
图 2-17　用户信息图

6）新建文件 b，并查看文件的用户信息，命令如图 2-18 所示，文件 b 的 Group 为 root，而之前创建的文件 a 的用户组则是 user。这就验证了前面的结论：**新建文件会采用当前用户组作为文件的 Group。**

（5）groups 的作用

groups 是用户组的集合，它用于用户操作文件时的权限判断。例如有一个文件/tmp/a，它的 Group 是 root，那么，所有属于 root 用户组的用户对该文件都拥有写权限，如图 2-19 所示。

```
[user@localhost ~]$ touch b
[user@localhost ~]$ ls -l
total 0
-rw-rw-r--. 1 user user 0 Oct 23 12:58 a
-rw-r--r--. 1 user root 0 Oct 23 12:58 b
```
图 2-18　文件信息图

```
[user@localhost ~]$ ls -l /tmp/a
-rw-rw-r--. 1 root root 10 Oct 23 07:31 /tmp/a
```
图 2-19　文件 a 权限信息图

虽然 user 是普通用户，但是它也属于 root 用户组，因此，user 也拥有对/tmp/a 的写权限。如图 2-20 所示，user 向/tmp/a 写入字符串 aa，输出/tmp/a 的内容，验证确实有 user 所写入的内容 aa，说明写入成功。

```
[user@localhost ~]$ echo "aa" >> /tmp/a
[user@localhost ~]$ cat /tmp/a
adfa
sdfs
aa
```
图 2-20　文件 a 内容图

>> 是重定向符号，它表示将标准输出 stdout 同一个文件关联起来，所有向 stdout 输出的内容，将不再在屏幕上打印，而是追加到/tmp/a 文件的末尾。

因此，如果 Linux 用户没有操作某个文件的权限，可以看一下该文件的 Group 是否有权限，如果有，则可以将该 Group 添加到该用户的 groups 中，此时用户就拥有操作该文件的权限了，从而避免在 root 用户下操作该文件。

2.2.3 Linux 文件

文件是 Linux 中最重要的部分，Linux 将所有对象都抽象成文件。Linux 中一切皆文件，除普通文件外，目录也是文件，设备也是文件，网络通信接口也是文件等。本节先从宏观的角度介绍 Linux 的文件组织和基本概念，即 Linux 目录结构和路径；再对 Linux 下的文件分类进行说明；最后介绍文件权限的相关知识。

1. Linux 目录结构和路径

（1）目录结构

Linux 目录结构是一个树状结构，总的起点是根（root）目录/。ls/可以列出/目录下的子目录，如 bin、dev、home、etc 等，这些子目录下又有子目录或文件。根目录下所有子目录和文件所构成的这种层次关系，就是 Linux 的目录结构。

```
[user@localhost ~]$ ls /
bin  dev  home  lib64  mnt  proc  run  srv  tmp  var boot  etc  lib  media  opt
root  sbin  sys  usr
```

路径用来表示从 Linux 目录结构的某个位置（目录）开始到指定文件所遍历的目录和文件信息。路径分为**绝对路径**和**相对路径**两种。

（2）绝对路径

绝对路径是以/为起点进行遍历的路径。例如/var/log/messages 就是一个绝对路径，起始位置是/，依次经过 var 和 log 两个子目录，最后到达 messages 文件本身，文件和目录之间用/进行分隔。绝对路径一定要注意的是以/作为开头。

```
[user@localhost ~]$ ls /var/log/messages
```

（3）相对路径

相对路径有两种，一种是以当前目录为起点进行遍历的路径，另一种是以父目录（当前目录的上一级目录）为起点进行遍历的路径，具体示例如下。

1）切换当前目录到/var，命令如下所示。

```
[user@localhost ~]$ cd /var/
[user@localhost var]$ pwd
/var
```

2）Linux 使用一个点（.）来表示当前目录，本例的当前目录对应的绝对路径是/var。因此，/var/log/messages 的相对路径可以描述为 ./log/messages，如下所示。

```
[user@localhost var]$ ls -l ./log/messages
-rw-------. 1 root root 569757 Oct 24 20:24 ./log/messages
```

3）Linux 使用两个点（..）来表示当前目录的父目录，本例的当前目录是/var，父目录就是

/，因此，相对路径可以描述为../var/log/messages，如下所示。

```
[user@localhost var]$ ls -l ../var/log/messages
-rw-------. 1 root root 569757 Oct 24 20:24 ../var/log/messages
```

和绝对路径相比，相对路径更加灵活，因此不要为了访问文件 A，将它的路径固定死，而是可以借用其他文件的位置，加上相对路径来描述 A 的位置。

初学者容易弄错相对路径，这里的关键是要先确定当前目录的位置，使用 pwd 可以打印当前目录的绝对路径；再用 "." 或者 ".." 为起点来表示路径；此外，在描述相对路径时，使用〈Tab〉键进行补全和验证是确保描述正确的关键。

2．文件分类

Linux 中一切对象皆文件，总共分为七大类，分别是：普通文件、目录、链接文件、字符设备文件、块设备文件、套接字文件、管道文件，详细说明如下。

（1）普通文件

普通文件用来存储数据，像文本文件、可执行文件、压缩文件、C 语言库文件等都是普通文件。从本质上讲，普通文件就是一段固定大小的连续字节流的集合，集合中字节的个数就是文件的大小。

普通文件又可以分为：文本文件和二进制文件两大类。文本文件是用户可以直接编辑的文件，它们采用特定的字符集编码，如 UTF8/Unicode/ASCII 码等，经过程序翻译后，可以转换成人能够读懂的文字，典型的文本文件如 /etc/profile 等；二进制文件是指除文本文件以外的普通文件，典型的二进制文件如可执行文件、C 语言库文件和压缩文件等。

bash 中不同的文件会有不同的颜色，例如文本文件是白色的、可执行文件是绿色的、压缩文件是红色的等。

使用 ls -l 可以查看文件的属性，其中文件类型位于属性信息的第一位，命令如下，普通文件使用一个横杠-来表示。

```
[user@localhost ~]$ ls -l /etc/profile
-rw-r--r--. 1 root root 2078 Sep 10  2018 /etc/profile
```

（2）目录

Linux 中目录也是一种特殊的文件，典型的目录如根目录/下的 boot、dev、etc、home 等，目录在 bash 中是蓝色的。

目录类型使用 d 来表示，示例如下，boot 是一个目录，其属性信息的第一位就是 d，即 directory 的缩写。

```
[user@localhost ~]$ ls -l /
dr-xr-xr-x.  6 root root 4096 Oct 22 04:53 boot
```

（3）链接文件

链接文件是指**软链接**文件，它相当于 Windows 下的快捷方式。可以使用 ln 来创建软链接，如下所示，-s 选项表示创建的是软链接，a 是源文件路径，即本身存在的文件，b 是软链接文件路径。

```
[user@localhost ~]$ ln -s a b
```

37

查看软链接文件 b 的信息，命令如下，软链接文件类型使用字母 l 来表示，在 bash 中软链接文件是蓝色的。还可以看到链接关系，是 b 指向 a，b 为链接文件，a 是源文件。

```
[user@localhost ~]$ ls -l
total 4
-rw-rw-r--.        1 user user 4 Oct 24 03:44 a
lrwxrwxrwx.  1 user user 1 Oct 24 08:41 b -> a
```

通过软链接文件 b，可以访问它所指向的源文件 a 的内容，示例如下，a 和 b 内容完全相同。

```
[user@localhost ~]$ cat b
123
[user@localhost ~]$ cat a
123
```

初学者容易混淆软链接和硬链接的概念，它们的区别说明如下。

在创建软链接时，如果不加-s 选项，创建的就是硬链接。硬链接相当于文件的文件名，文件可以分为两部分：文件名和文件内容。文件名可以有多个，文件内容只有一份，通过任何一个文件名，都可以读取/修改文件内容，删除任何一个文件名，只要还有其他的文件名，文件内容就不会删除，直到最后一个文件名被删除时，对应的文件内容也会被删除。因此，如果一个文件所有的硬链接都被删除，那么最后一个硬链接删除时，文件内容也将被删除。

软链接相当于快捷方式，即使所有的软链接都被删除，其源文件也不会被删除。

（4）字符设备文件

字符设备文件表示一个字符设备，例如/dev/tty、/dev/tty1、/dev/tty6 就是典型的字符设备文件（有关 tty 的说明请参考 1.2.4 节内容）。

字符设备文件类型使用 c 表示，示例如下。字符设备文件在 bash 中是黄色的。

```
[user@localhost ~]$ ls -l /dev/tty
crw-rw-rw-. 1 root tty 5, 0 Oct 23 11:36 /dev/tty
```

（5）块设备文件

块设备文件表示一个块设备，例如 /dev/sr0 表示光驱设备，/dev/sda1 表示硬盘上的一个分区，它们都是一个典型的块设备文件。块设备文件类型使用 b 表示，示例如下。块设备文件在 bash 中是黄色的。

```
[user@localhost ~]$ ls -l /dev/sr0
brw-rw----+ 1 root cdrom 11, 0 Oct 23 11:36 /dev/sr0
```

将块设备文件同某个目录关联后，就可以访问该设备文件了，这个关联的过程称为 mount（挂载），示例操作如下。

1）挂载之前，/media 目录是空的，如下所示。

```
[root@localhost user]# ls /media/
[root@localhost user]#
```

2）将光驱设备/dev/sr0 挂载到/media 目录，如下所示。

```
[root@localhost user]# mount /dev/sr0 /media/
mount: /media: WARNING: device write-protected, mounted read-only.
```

3）此时，/media 目录下就不为空了，它的内容就是光驱设备中光盘的内容。

```
[root@localhost user]# ls /media/
AppStream  BaseOS  EFI  images  isolinux  media.repo  TRANS.TBL
```

4）使用 umount（卸载）可以取消/dev/sr0 同/media 目录之间的管理，如下所示。

```
[root@localhost user]# umount /dev/sr0
```

（6）套接字文件

套接字文件用于进程间的网络通信，块设备文件类型使用 s 表示，在 bash 中是紫色的，如下所示。

```
[root@localhost user]# ls -l /var/run/udev/control
srw-------. 1 root root 0 Oct 23 11:36 /var/run/udev/control
```

（7）管道文件

管道文件用于进程间的通信，它就像一个先进先出的队列，一个进程向管道文件写入数据，另一个进程可以从该管道文件中读取写入的数据。

管道分为命名管道和匿名管道，其中管道文件属于命名管道，而之前使用的 | 则属于匿名管道。

使用 mkfifo 可以创建一个管道文件，示例如下，创建了一个名字为 f 的管道文件。

```
[user@localhost ~]$ mkfifo f
```

查看该文件信息，可以看到管道文件的类型使用 p 来表示，如下所示。管道文件在 bash 中是暗黄色的。

```
[user@localhost ~]$ ls -l
total 0
prw-rw-r--. 1 user user 0 Oct 24 09:44 f
```

使用 cat 读入 f 的内容，并打印，其中 < 是重定向符号，它会将 f 作为 cat 的 stdin。因为 f 是一个管道文件，此时 f 中没有内容，所以 cat 会等待。

```
[user@localhost ~]$ cat < f
```

在另一个虚拟终端上，使用 echo 命令，向 f 写入数据。

```
[user@localhost ~]$ echo "123" > f
```

可以看到，cat 从 f 中读到了 123，并依次输出。

```
[user@localhost ~]$ cat < f
123
```

体会普通文件同管道文件的区别。

再次执行 cat<f 时，cat 又会等待，并不会再输出 123，因为 123 已经从管道中被取出来了。

如果用一个普通文件 a 替代 f，执行 cat < a，可以看到 cat 会立即输出 a 的内容，并不会等待，而且再次执行 cat<a，还是会重复输出 a 的内容。

3．文件权限

本节介绍文件权限的基础知识，在 2.3.3 节会介绍常用的文件权限操作命令。

使用 ls -l 查看到指定文件的权限，命令如下。

```
[user@localhost ~]$ ls -l /etc/profile
-rw-r--r--. 1 root root 2078 Sep 10  2018 /etc/profile
```

Linux 文件的权限由一组权限位来表示，如上所示，/etc/profile 的权限位是 rw-r--r--，共分成 3 组：rw-、-r-、r--，自左向右分别代表文件的 Owner（拥有者）、Group（组用户）、Other（其他用户）的权限。每组又有 3 个权限位，第一位是读（read）权限位，如果有 read 权限，则显示 r 反之则是-；第二位是写（write）权限位，如果有 write 权限，则显示 w，反之则是-；第三位是可执行（execute）权限位，如果有执行权限，则显示 x，反之则是-。

本例中 Owner 的权限位是 rw-，说明 Owner 有读、写权限，没有可执行权限；Group 的权限位是 r--，说明 Group 用户有读权限，没有写权限和可执行权限；Other 的权限位是 r--，说明 Other 用户有读权限，没有写权限和可执行权限。

ls -l 除了打印权限位信息外，还打印了：文件的 Owner 信息，就是第一个 root 的位置，该文件的 Owner 是 root 用户；文件的 Group 信息，为第二个 root 的位置，该文件的组用户为 root。

注意：初学者刚开始接触 Linux 时，经常会碰到 Permission denied 的提示，这就是典型的权限问题。解决的办法是，先使用 id 显示当前用户信息，确定当前用户；再用 ls -l 查看文件的权限位、Owner 和 Group 信息，确定当前用户到底是属于哪一组权限位，是 Owner、Group，还是 Other，确定后，找到对应的那组权限，就可知当前用户是否有操作该文件的权限了。

目录也是文件，它的 x 权限位不是表示可执行，而是表示是否可以进入，即是否可以使用 cd 对其操作，如果有 x 权限，则可以 cd 切换到该目录，如果没有，则不允许 cd 切换到该目录。

2.2.4　环境变量

环境变量是指 bash 运行环境中的公共变量，这些变量的值在 bash 启动或运行时被设置，在该 bash 启动的程序可以读取这些变量的值，用作程序运行时的配置。环境变量非常有用，例如用户输入命令时用到的搜索路径、ls 文件时显示颜色、Hadoop、HBase 和 Spark 等各类系统的部署都要用到环境变量。本节将详细介绍环境变量的常用操作和设置方法。

1．查看环境变量

使用 printenv 打印 bash 的环境变量，命令如下。

```
[user@localhost ~]$ printenv
```

该命令的部分输出结果如下所示，每一行就是一个环境变量的设置，其中，"="的左侧是环境变量名，全部使用大写字母，如 PWD、HOME、PATH 全都是大写，如果一个环境变量名有很长，如 SELINUX_ROLE_REQUESTED，则可以使用下画线（_）进行分隔；"="的右侧是环境变量的值，例如 PWD 的值是 /home/user，HOME 的值是 /home/user。在该 bash 上启动的程序，可以访问这些环境变量的值，并根据它们的值做不同的动作。

```
PWD=/home/user
HOME=/home/user
PATH=/home/user/.local/bin:/home/user/bin:/usr/local/bin:/usr/bin:/usr/local/sbin
:/usr/sbin
```

使用 echo 直接输出指定的环境变量的值，示例如下，输出 PATH 环境变量的值，其中 $PATH 表示 PATH 变量。

```
[user@localhost ~]$ echo $PATH
/home/user/.local/bin:/home/user/bin:/usr/local/bin:/usr/bin:/usr/local/sbin:/usr
/sbin
```

2. 设置环境变量

（1）使用 export 设置环境变量

使用 export 命令设置环境变量的值，例如设置一个新的环境变量 MY_ENV，将它的值设置成 hello，命令如下。

```
[user@localhost ~]$ export MY_ENV=hello
```

可以用 echo 来打印变量 MY_ENV 的值，注意 MY_ENV 前面要加$。

```
[user@localhost ~]$ echo $MY_ENV
hello
```

如果要在已有的环境变量上增加内容，例如在 MY_ENV 变量后面增加新的字符串 world，中间使用冒号（:）作为分隔，则可以使用$MY_ENV 来表示该变量之前的值，示例如下。

```
[user@localhost ~]$ export MY_ENV=$MY_ENV:world
```

打印环境变量 MY_ENV 的值，命令如下。

```
[user@localhost ~]$ echo $MY_ENV
hello:world
```

直接运行 MY_ENV="hello"，也可以对 MY_ENV 赋值，那么使用 export 和不使用 export，有什么区别呢？

使用 export 设置的环境变量在 bash 的所有后代进程（不光是子进程，还有子进程的子进程等，世世代代下去）都可以访问到，而不使用 export 设置的环境变量则只能在 bash 的子进程中访问到，再下一代的进程就访问不到了。

可以做个简单的测试，先在 bash A 上使用 export 来设置 MY_ENV，再运行 bash 命令，启动一个 bash 子进程 B，在 bash B 上打印 printenv，此时 printenv 是 bash A 的孙子进程了，仍然会输出 MY_ENV 的值，说明可以访问 MY_ENV。同样的操作，如果不使用 export 来设置，直接用等于（=）来设置，则 printenv 打印出来的变量就没有 MY_ENV 了。

后续在 bash A 上使用 Shell 脚本编程，Shell 脚本运行时，就会启动一个 bash 子进程 B，Shell 脚本中的命令 C 就是 bash A 的孙进程。如果希望 Shell 脚本中的命令能够访问 bash A 的环境变量，那么在 bash A 中设置这些环境变量时，就一定要使用 export。

（2）使用 unset 去除环境变量的设置

使用 unset 命令，去除某个环境变量的设置，示例如下。

```
[user@localhost ~]$ unset MY_ENV
```

打印环境变量 MY_ENV 的值，可以看到不再有值输出。

```
[user@localhost ~]$ echo $MY_ENV
```

3. 自动设置环境变量

如果将环境变量的设置命令写入 Linux 运行时的初始化文件，可以实现环境变量的自动设置。常用的两个初始化文件是/etc/profie 和 ~/.bashrc，说明如下。

（1）/etc/profie

/etc/profile 用于全局设置，在该文件中设置的环境变量，不管这个 bash 的用户是谁，都会在每个 bash 中生效。环境变量设置通常添加在/etc/profile 末尾，如下第 87 行所示。

```
83              . /etc/bashrc
84         fi
85 fi
86
87 export MY_ENV=hello
```

（2）~/.bashrc

~/.bashrc 用于和特定用户相关的配置，该配置只会对特定的用户生效，对于其他身份的用户无效。例如配置 user 用户 ~/.bashrc，该文件的路径为 /home/user/.bashrc，示例如第 12 行所示。以 user 用户登录 bash，或者以 su - user 切换到 user 的 bash，或者以 user 身份直接运行 bash 时（非交互式登录），bash 都会读取 .bashrc 来设置环境变量。但是，如果以 root 用户登录或者切换到 root 用户时，这个环境变量就不会生效。

```
10 export PATH
11
12 export MY_ENV=aaa
```

在初始化顺序上，/etc/profile 在前，~/.bashrc 在后；在作用范围上，/etc/profile 对所有用户都生效，~/.bashrc 只对当前用户有效；此外~/.bash_profile 也有初始化功能，但是对于非交互式登录无效。

4. PATH 环境变量

PATH 环境变量非常重要，它用于 bash 中搜索路径的设置。PATH 的值如下所示，有很多路径，每个路径之间使用冒号（:）进行分隔。

```
[user@localhost ~]$ echo $PATH
/home/user/.local/bin:/home/user/bin:/usr/local/bin:/usr/bin:/usr/local/sbin:/usr/sbin
```

在 bash 上输入命令（如 date），为何不需要输入 date 的绝对路径，bash 就能够直接运行 date 命令呢？

这是因为有了 PATH 的设置，bash 会首先到 PATH 所设置的路径中，去查找是否有 date 这个可执行文件，如果有，则立即执行，如果没有，就会提示 Command not found。

2.2.5 挂载

挂载（Mount）是 Linux 中非常重要的一个概念，它用于挂载 Linux 下的存储设备。例如 Linux 下使用硬盘、U 盘、光盘或移动硬盘等，都要用到 mount。由于 mount 涉及分区和目录之间的关系，再加上 Windows 中并未涉及此概念，对于初学者而言，会稍有一点陌生和难理解。因此，本节就对比 Windows 和 Linux 两者存储设备的使用区别，来讲解挂载的概念。

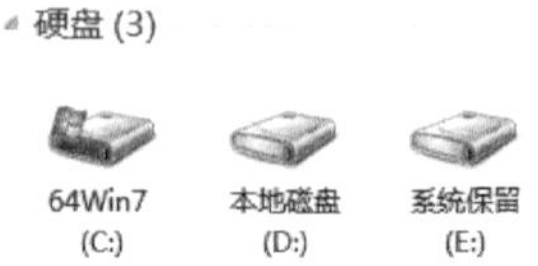

1. Windows 下的目录结构是以分区为导向

Windows 的目录结构如图 2-21 所示，有 C 盘、D 盘和 E 盘这

图 2-21 Windows 目录结构图

3 个分区（Partition），每个分区上可以创建不同的文件系统，例如 Fat32 或 NTFS，然后每个分区的文件系统上再创建目录。如果换一台计算机，它的分区不同，那么 Windows 下目录结构也会不同。当插入 U 盘或光盘时，对应的分区也会在这一级目录显示。因此说 Windows 下的目录结构是以**分区为导向**的。

2．Linux 下的目录结构是以目录为导向

而 Linux 下的目录结构则看不到分区，只有统一的目录结构，如下所示。不管当前计算机的分区情况是怎样的，Linux 的目录结构都是一样的。因此说 Linux 的目录结构是以**目录本身为导向**的。

```
[root@localhost ~]# ls /
bin  boot  dev  etc  home  lib  lib64  media  mnt  opt  proc  root  run  sbin  srv
sys  tmp
usr  var
```

那么问题就来了，Linux 根目录/是存储在哪呢？它总归要有一个存储的介质。使用 df -h 命令来查看，结果如下所示，根目录/和/dev/mapper/cl-root 是关联在一起的，/dev/mapper/cl-root 在 Linux 中称为逻辑卷（Logic Volume）设备，它的底层是由硬盘分区组成，这里也可以把它理解成硬盘分区，并称之为根分区（root 分区）。因此，Linux 是一定要有一个根分区的，在根分区上存储了 Linux 的目录结构。

```
[root@localhost ~]# df -h
Filesystem          Size  Used  Avail  Use%  Mounted on
/dev/mapper/cl-root  17G  1.4G   16G    9%    /
```

那么 Linux 下其他的分区如何使用呢？df -h 显示了其他分区的使用情况。如下所示，/dev/sda1 是硬盘 sda 的第一个分区，该分区同 /boot 相关联（本质上是/dev/sda1 上的文件系统同 /boot 关联），/boot 目录下存储的就是 /dev/sda1 的内容，向 /boot 写入文件，就会写入 /dev/sda1 的文件系统中。

```
[root@localhost ~]# df -h
Filesystem          Size   Used   Avail   Use%  Mounted on
devtmpfs            390M   0      390M    0%    /dev
tmpfs               405M   0      405M    0%    /dev/shm
tmpfs               405M   11M    395M    3%    /run
tmpfs               405M   0      405M    0%    /sys/fs/cgroup
/dev/mapper/cl-root 17G    1.4G   16G     9%    /
/dev/sda1           976M   127M   783M    14%   /boot
tmpfs               81M    0      81M     0%    /run/user/1000
```

3．理解 mount

Linux 系统启动之初，/boot 并未同 /dev/sda1 相关联，而是同 /dev/mapper/cl-root 相关联的，后来初始化时，才使用 mount 操作将 /dev/sda1 同 /boot 关联起来。因此，所谓 mount 就是**将文件系统同目录关联起来的一种操作**。

关联的目录（如/boot ）称之为**挂载点**（Mount Point）。这样，在一个统一的目录结构下，使用 mount 就可以将各个分区（对应各种存储设备）与不同的目录关联起来，从而形成一个以**目录为导向**的存储系统。

下面通过具体操作和说明，来更好地理解 mount。

（1）查看/boot 及对应分区

1）使用 ls 命令查看 /boot 的内容，如下所示。

```
[root@localhost ~]# ls /boot/
```

2）上述命令执行后，所显示的文件和目录，其实都是位于/dev/sda1 分区上的。

```
[root@localhost ~]# ls /boot/
config-4.18.0-80.el8.x86_64 loader efi lost+found
```

（2）重新挂载/boot

1）再使用 umount，来解除 /dev/sda1 同 /boot 之间的关联关系，命令如下。

```
[root@localhost ~]# umount /boot/
```

2）再次查看 /boot 的内容，命令如下，可以看到之前 /boot 下的那些文件和目录都不见了，这是因为此时不是 /dev/sda1 同 /boot 相关联了，而是 /dev/mapper/cl-root 同 /boot 相关联了。

```
[root@localhost ~]# ls /boot/
[root@localhost ~]#
```

（3）再次挂载/boot

1）使用 mount，再次将 /dev/sda1 同 /boot 关联起来，命令如下。

```
[root@localhost ~]# mount /dev/sda1  /boot/
```

2）再次查看/boot 的内容，命令如下，就又可以看到之前的目录和文件了。其实，将/dev/sda1 挂载到其他目录，例如/mnt，ls 该目录看到的内容是完全相同的，因为都是 /dev/sda1 上的内容。

```
[root@localhost ~]# ls /boot/
config-4.18.0-80.el8.x86_64 loader efi lost+found
```

如果要实现分区自动挂载，可以编辑/etc/fstab，Linux 启动后将自动挂载 fstab 中设置的分区。

2.3 常用的 Linux 命令

Linux 命令分为两类：通用命令和专用命令。通用命令指那些 Linux 自身操作的命令，如用户管理、文件操作和网络管理命令等，也可以理解为 Linux 发行版最小化安装后自带的命令；专用命令则是指 Linux 下专用软件的命令，如 Docker 命令、MySQL 命令等。

通用命令是 Linux 使用时经常用到的，不管在哪个 Linux 的应用领域。专用命令则和 Linux 的应用领域紧密相关：例如不使用 Docker 容器，那就不会用到 Docker 命令；如果不使用数据库，那就很少用到 MySQL 命令。因此，对于 Linux 学习而言，先要学习的是 Linux 通用命令，待后续进入到 Linux 的应用领域时，再学习对应的 Linux 专业命令。

Linux 的通用命令数量也是非常多的，例如最小化安装的 CentOS 8，就有近 1000 个通用命令。一个个去学习这些命令是不现实的，而且也没有必要。按照 2/8 原则，Linux 通用命令中，经常使用的只占很小的一部分。本节将根据艾叔在多个 Linux 应用领域的使用经验，选取最常使用的 Linux 通用命令，详细讲解其用法和注意事项，帮助读者快速学习 Linux 命令。

学习 Linux 命令时，不仅要注重命令的使用，更要注重命令后面的 Linux 机制。

2.3.1　快捷键

本节介绍 Linux 下高频使用的快捷键，这些快捷键不仅能大幅提升 Linux 操作的效率，还能检查用户输入并大幅降低命令出错的概率，这个对于初学者而言尤其重要。

本书以星号★的数量来表示命令的重要程度和使用频率。

1. 补全神键——〈Tab〉键（★★★★★）

如果 Linux 下只推荐一个快捷键的话，艾叔会毫不犹豫地推荐〈Tab〉键。〈Tab〉键用来补全命令、路径和文件名。用户只需要输入命令（路径/文件名）开头的字符串，按〈Tab〉键，bash 就会自动将命令剩余的部分补全。

（1）示例 1——运行命令 groupadd

如下所示，输入 group 后，按〈Tab〉键后，bash 会显示所有 group 开头的命令。

```
[user@localhost ~]$ group
groupadd   groupdel   groupmems   groupmod   groups
```

继续输入 a，按〈Tab〉键，就会补全 groupadd，如下所示。

```
[user@localhost ~]$ groupadd
```

（2）示例 2——列出 /var/log/messages 文件信息

输入/va，按〈Tab〉键，就会补全成/var/，接着输入 log/me，就会补全成/var/log/messages。

```
[user@localhost ~]$ ls /var/log/m
maillog   messages
[user@localhost ~]$ ls /var/log/messages
```

〈Tab〉键对初学者而言，更重要的作用是：验证。用户的输入如果〈Tab〉键能补全，就说明输入正确，如果无法补全，则要停下来，检查前面的输入哪里出了问题。因此，一定要从一开始就养成使用〈Tab〉键的习惯。

可以这么说，在 Linux 学习的初始阶段，〈Tab〉键的使用是决定用户操作能否成功的关键，使用〈Tab〉键和不使用〈Tab〉键的学习者之间的效率可能会有 10 倍以上的差距。

2. 遍历历史命令——上下方向键（★★★★★）

上下方向键可以遍历 bash 中所输入的命令。这样，再次运行某个命令时，就不需要重新输入了，只需要使用上下方向键，找到之前的输入即可。

这个快捷键也是 Linux 操作中使用相当频繁的快捷键，而且对初学者而言，也可以大幅减少每次重复输入容易出错的情况。一定要从一开始就养成使用上下方向键的习惯。

3. 中断当前进程——〈Ctrl + C〉（★★★☆☆）

使用〈Ctrl + C〉组合键可以杀掉前台进程，回到 bash 交互。例如运行 ping 127.0.0.1 时，这个 ping 程序会一直运行，以至于 bash 无法接受用户输入。

```
[user@localhost ~]$ ping 127.0.0.1
PING 127.0.0.1 (127.0.0.1) 56(84) bytes of data.
```

```
64 bytes from 127.0.0.1: icmp_seq=1 ttl=64 time=0.244 ms
```

使用〈Ctrl + C〉组合键，可以杀掉 ping 进程，如下所示。此时，bash 又重新成为前台进程，接受用户的输入了。

```
64 bytes from 127.0.0.1: icmp_seq=41 ttl=64 time=0.114 ms
^C
--- 127.0.0.1 ping statistics ---
41 packets transmitted, 41 received, 0% packet loss, time 1034ms
rtt min/avg/max/mdev = 0.050/0.113/0.273/0.048 ms
[user@localhost ~]$
```

4．翻屏——〈Shift+ Page Down/ Page Up〉（★★★★☆）

使用〈Shift+ PageDown/Page Up〉组合键可以遍历虚拟终端之前的输出。如图 2-22 所示，是虚拟终端当前屏幕的输出，如果要查看之前屏幕输出的内容，可以按〈Shift+Page Up〉组合键。

按〈Shift+ Page Up〉组合键后，bash 会在屏幕上显示之前的输出内容，如图 2-23 所示。

图 2-22　虚拟终端的屏幕输出图

图 2-23　虚拟终端的屏幕输出图

2.3.2　用户管理

从登录 Linux 开始就要和 Linux 下的用户打交道，用户管理是 Linux 中非常基础和重要的部分，本节就将详细介绍用户管理的常用命令。

1．用户管理的高频命令

用户管理的高频命令包括 useradd、id、passwd 和 su 等，具体说明如下。

（1）创建用户——useradd（★★★★☆）

使用 useradd 创建普通用户 user（如果要创建其他名字的普通用户，使用新的用户名替换 user 即可），命令如下所示，-m 选项表示自动创建该用户的 home 目录。

```
[root@localhost ~]# useradd -m user
```

如果能在/home 目录下看到 user 子目录，则说明 user 的 home 目录已经创建成功。

```
[root@localhost ~]# ls /home/
user
```

（2）查看用户信息——id（★★★★☆）

使用 id 查看当前用户的信息，如下所示，会显示当前登录的用户信息，包括 uid、gid、groups 等信息。

```
[root@localhost ~]# id
uid=0(root) gid=0(root) groups=0(root)context=unconfined_u:unconfined_r:unconfined_t:
s0-s0:c0.c1023
```

使用 id 查看指定用户的信息，如下所示，在 root 用户下查看普通用户 user 的信息。

```
[root@localhost ~]# id user
uid=1000(user) gid=1000(user) groups=1000(user)
```

（3）设置/修改用户密码——passwd（★★★★☆）

使用 passwd 设置/修改 user 的密码，如下所示。

```
[root@localhost ~]# passwd user
```

上述命令和参数说明如下。

- 如果不加用户名，直接运行 passwd，将设置/修改当前用户的密码。
- root 用户可以设置/修改普通用户的密码，普通用户只能设置/修改自己的密码。
- 设置密码的时候，不会有回显。

（4）切换用户——su（★★★★★）

使用 su 将当前用户切换到指定的用户，例如将 root 用户切换到普通用户 user，命令如下。

```
[root@localhost ~]# su - user
```

切换后用户名变成了 user，当前目录为~，~表示当前用户 user 的 home 目录，即 /home/user，用户提示符由#变成了$。

```
[user@localhost ~]$
```

上述命令和参数说明如下。

- su 和 user 中间还有一个横杠（-），横杠同 su、user 之间都有空格，一定要注意，命令、参数和选项之间都要有空格。
- 横杠（-）表示将当前目录切换到指定用户的 home 目录，本例中指定的用户是 user。如果不加横杠，直接运行 su user，这样只会切换用户，不会切换当前目录。
- 如果 su 直接运行 su 命令，不加任何参数，则会切换到 root 用户。

（5）退出当前用户登录——exit（★★★★☆）

使用 exit 命令，可以退出当前用户登录，返回到之前的登录用户，如下所示。

```
[user@localhost ~]$ exit
logout
[root@localhost ~]#
```

使用〈Ctrl＋D〉组合键同样可以退出当前登录。

（6）创建用户组——groupadd（★★★☆☆）

使用 groupadd 加上组名，可以创建用户组，如下所示，创建了 admin 用户组。

```
[root@localhost ~]# groupadd admin
```

查看/etc/group 文件，可以看到新建的 admin 组信息。

```
[root@localhost ~]# cat /etc/group
```

如果显示 admin 组信息，则说明 admin 组创建成功。

```
admin:x:1001:
```

（7）为用户添加用户组——usermod（★★★★☆）

使用 usermod 为 user 用户添加一个新的用户组 admin，并且不删除 user 原有的 groups。这样可以使得 user 用户同时属于多个用户组。

```
[root@localhost ~]# usermod -a -G admin user
```

上述命令和参数说明如下。
- -a 选项表示增加用户组。
- -G 选项表示增加用户组的同时，并不删除用户原来的 groups。
- admin 是待添加的用户组。
- user 是用户名。
- usermod 可以使得用户同时属于多个用户组，从而扩大用户的权限。

例如 Docker 命令默认是在 root 用户下运行的，这样风险很大，可以将普通用户加入 Docker 的 docker 用户组，这样，普通用户就可以运行 Docker 命令，无须切换到 root 用户。

注意： 可以使用 gpasswd -d user admin 移除 user 用户的用户组 admin。

（8）修改用户的当前用户组——newgrp（★★☆☆☆）

使用 newgrp 将当前用户组 user 修改成 admin，命令如下。

```
[user@localhost ~]$ newgrp admin
```

运行 id 命令查看 user 信息，可以看到当前用户组 gid 已经切换成 admin。

```
[user@localhost ~]$ id
uid=1000(user) gid=1001(admin) groups=1001(admin),1000(user)
```

要先切换到对应的用户，再来修改该用户的当前用户组。

2.3.3 文件操作

Linux 中一切皆文件，涉及文件的操作非常多，一一学习不现实也没有必要。本节将列出实际使用最为频繁的文件操作，帮助读者快速入门文件操作。

1. Linux 文件操作高频命令

（1）改变当前目录——cd（★★★★★）

如果要评选 Linux 下使用最为频繁的命令，那么 cd 绝对是位列其中的，cd 是 Change Directory 的缩写，它可以将当前目录切换到指定目录。cd 正常使用的方式是 cd Path，cd 和 Path 之间有空格，Path 可以是绝对路径，也可以是相对路径，示例如下。

```
[user@localhost ~]$ cd /tmp/
```

如果命令执行成功的话，会将当前目录切换到 Path，如下所示，登录提示符中当前目录由～变成了 tmp。

```
[user@localhost tmp]$
```

也可以执行 pwd 命令，打印当前路径进行验证。

```
[user@localhost tmp]$ pwd
/tmp
```

使用 cd ~，可以切换到当前用户的 home 目录，如下所示。

```
[user@localhost tmp]$ cd ~
[user@localhost ~]$
```

如果 cd 后面什么参数都不加，默认返回当前用户的 home 目录。

使用 cd -，可以退回到 cd 切换之前目录，如下所示，cd 切换之前的目录是 /tmp，后来使用 cd ~切换到了当前用户的 home 目录，再使用 cd -，会切换回/tmp。注意，如果再次运行 cd -，又会切换回 home 目录，并不会一路后退。

```
[user@localhost ~]$ cd -
/tmp
[user@localhost tmp]$
```

使用 cd ..，可以切换到当前目录的父目录，如下所示，当前目录是 /home/user，使用 cd .. 后，退回到父目录，即 /home。

```
[user@localhost ~]$ cd ..
[user@localhost home]$ pwd
/home
```

（2）列出文件信息——ls (★★★★★)

命令 ls 是 list 的缩写，它可以列出指定路径下目录和文件的信息。ls 和 cd 一样，也是 Linux 下使用最为频繁的命令之一。ls 的使用方法如下。

```
ls [OPTION]… [FILE]…
```

其中[OPTION]是选项，这是一个可选项，可以加也可以不加，常用的 OPTION 有-l、-a 等，[FILE]是路径，也是可选项，示例如下。

1）示例 1：列出/etc/profile 的详细文件信息。

示例命令如下，-l 表示列出详细信息。

```
[user@localhost ~]$ ls -l /etc/profile
```

文件详细信息的说明如图 2-24 所示。

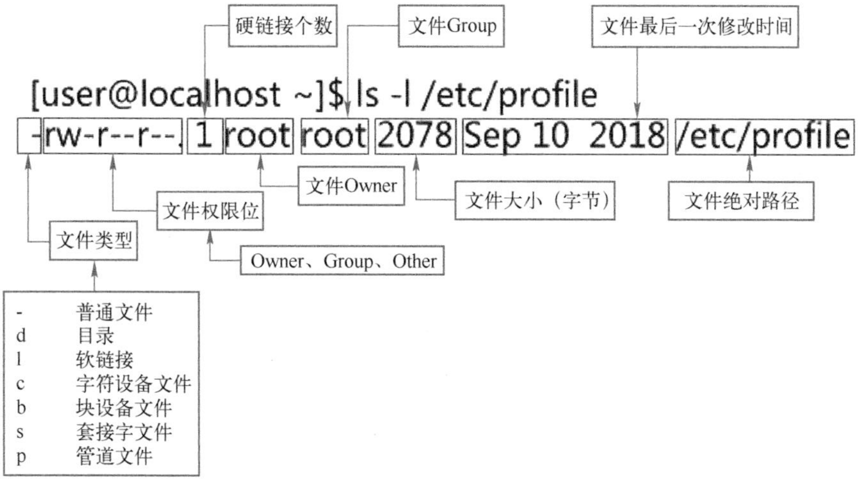

图 2-24　文件信息图

2）示例 2：列出/etc 目录下的所有文件。

示例命令如下，其中-a 表示列出所有文件，包括隐藏文件，如果不加-a，ls 只列出了 a 和 f 两个文件，加上-a 后，除了 a 和 f 外，还有很多以 "." 开头的文件，如.bash_history、.bash_profile 等，这些都是 Linux 下的隐藏文件，使用-a 选项就可以把它们都显示出来。此外，每个目录下都有两个特殊的目录：第一个是当前目录，用一个点（.）表示；第二个是父目录，用两个点（..）表示。

```
[user@localhost ~]$ ls
a  f
[user@localhost ~]$ ls -a
.  ..  a  .bash_history  .bash_logout  .bash_profile  .bashrc  f  .lesshst
```

3）示例 3：使用通配符列出指定的文件。

示例命令如下，* 可以匹配任意长度的字符串，例如 a* 就表示所有以 a 开头的字符串，使用 ls /etc/a*可以列出/etc 下所有 a 开头的文件（包括目录），如下所示。

```
[user@localhost ~]$ ls /etc/a*
```

? 可以匹配一个字符，且该字符不能为空，如下所示，ls /dev/tty?可以列出/dev 下所有开头为 tty，且后面还有 1 个字符的文件。

```
[user@localhost ~]$ ls /dev/tty?
/dev/tty0   /dev/tty1   /dev/tty2   /dev/tty3   /dev/tty4   /dev/tty5   /dev/tty6
/dev/tty7   /dev/tty8   /dev/tty9
```

4）示例 4：文件分类。

使用 -F 选项对文件分类，-F 选项会在相同类型的文件名后面加上相同的扩展名，例如可执行文件的扩展名是 *，管道文件的扩展名是 |，链接文件的扩展名是 @ 等。

使用 -F 选项，列出/bin 下所有文件，如下所示，所有可执行文件名后加了 * 扩展名，链接文件后面加了 @ 扩展名。

```
[user@localhost ~]$ ls -F /bin/
getkeycodes*          msgcomm*                rpmkeys*               sync*
rpmquery@
```

利用管道 |，将 ls 的输出作为 grep 命令的输入，过滤所有扩展名为 * 的文件，命令如下，可以得到 /bin/ 下所有的可执行文件。

```
[user@localhost ~]$ ls -F /bin/ | grep "*"
```

（3）打印当前目录——pwd（★★★★☆）

命令 pwd 是 Print Work Dierctory 的缩写，它可以打印当前目录，命令如下。

```
[user@localhost ~]$ pwd
/home/user
```

（4）复制文件——cp（★★★★★）

使用 cp 可以复制文件/目录，cp 命令的使用方式如下。

```
cp [OPTION]… SOURCE DEST
```

其中[OPTION]是可选项，用来指定 cp 的选项，SOURCE 用来指定 cp 的源路径，它可以是一个文件路径，也可以是目录路径，DEST 是目的路径，使用示例如下。

1）示例 1：复制文件到指定目录。

将/etc/profile 文件复制到/tmp，复制后的文件名字不变，命令如下，使用 ls 可以验证复制操作是否成功。

```
[user@localhost ~]$ cp /etc/profile /tmp/
[user@localhost ~]$ ls /tmp/profile -l
-rw-r--r--. 1 user user 2078 Oct 26 03:02 /tmp/profile
```

2）示例 2：复制文件并重命名。

复制/etc/profile 到/tmp，并重命名为 profile1，命令如下，使用 ls 可以验证复制操作是否成功。

```
[user@localhost ~]$ cp /etc/profile /tmp/profile1
[user@localhost ~]$ ls /tmp/profile1 -l
-rw-r--r--. 1 user user 2078 Oct 26 03:03 /tmp/profile1
```

3）示例 3：复制目录。

复制/home/user 目录到/tmp，复制后的目录保留原有名字 user，命令如下。

```
[user@localhost ~]$ cp -r /home/user/ /tmp/
```

4）示例 4：复制目录并重命名。

复制/home/user 目录到/tmp，复制后的目录名为 user1，命令如下。

```
[user@localhost ~]$ cp -r /home/user/ /tmp/user1
```

（5）删除/移动文件——rm/mv（★★★★☆）

使用 rm 删除文件/目录，示例如下。

1）示例 1：删除文件。

删除/tmp/profile，命令如下，如果命令执行后，没有任何提示，则说明执行成功。

```
[user@localhost ~]$ rm /tmp/profile
```

2）示例 2：删除目录。

删除目录/tmp/user，命令如下，如果命令执行后，没有任何提示，则说明执行成功。-r 选项表示删除目录，-f 选项不给出提示，直接强制删除。

```
[user@localhost ~]$ rm -rf /tmp/user
```

使用 mv 移动文件/目录，或者重命名，使用示例如下。

3）示例 3：文件重命名。

将/tmp/profile1 重命名为/tmp/profile，命令如下。

```
[user@localhost ~]$ mv /tmp/profile1 /tmp/profile
```

（6）创建文件

创建文件有两种方法：使用 touch 创建一个空文件；使用 echo 将内容重定向到文件中，以此来创建一个文件，使用示例如下。

1）示例 1：创建空文件。

使用 touch 创建空文件，并使用 ls 验证，命令如下。

```
[user@localhost ~]$ touch b
```

```
[user@localhost ~]$ ls
a  b  f
```

2）示例 2：创建指定内容文件。

使用 echo 将内容 123 输出到文件 c 中，以此创建新文件 c，命令如下。

```
[user@localhost ~]$ echo "123" > c
```

如上所示，echo 将字符串 123 输出到 stdout，> 是重定向符号，它表示将 echo 的 stdout 的内容输出到文件 c 中，而不是打印在屏幕上。因此，上面的命令会生成新文件 c，内容是 123。使用 cat 命令输出 c 的内容，进行验证，如下所示。

```
[user@localhost ~]$ cat c
123
```

（7）创建目录

使用 mkdir 来创建目录，示例如下。

1）示例 1：创建普通目录。

在当前目录下创建名字为 mydir 的目录，命令如下。

```
[user@localhost ~]$ mkdir mydir
```

使用 ls 查看当前目录，进行验证，可以看到 mydir 已经创建。

```
[user@localhost ~]$ ls
mydir
```

2）示例 2：创建多级目录。

创建多级目录，使用-p 选项在当前目录下创建两级目录 mydir/newdir。

首先删除 mydir，命令如下。

```
[user@localhost ~]$ rm -rf mydir/
```

使用-p 选项创建 mydir/newdir，命令如下。

```
[user@localhost ~]$ mkdir -p mydir/newdir
```

使用 ls 查看当前目录，进行验证，可以看到 mydir/newdir 已经创建。

```
[user@localhost ~]$ ls -l mydir/
total 0
drwxrwxr-x. 2 user user 6 Oct 27 19:44 newdir
```

（8）修改文件权限——chmod（★★★★★）

使用 chmod 来修改文件/目录的权限，修改方法有两种：字母法和数字法，使用示例如下。

1）示例 1：使用字母法修改文件权限。

使用字母法去除 /home/user/c 文件 Owner 的 read 权限，操作如下。

首先查看文件 c 的权限，命令如下，可以看到 Owner 的权限位是 rw-，Group 的权限位是 rw-，Other 的权限位是 r--。

```
[user@localhost ~]$ ls -l
-rw-rw-r--. 1 user user 4 Oct 26 03:31 c
```

接下来使用字母法去除 Owner 的 read 权限，命令如下，其中 u 表示 user，- 表示去除，r 表示 read，c 是文件路径，因为 c 就在当前目录下，因此直接用文件名，不用加路径。

```
[user@localhost ~]$ chmod u-r c
```

如果增加 Owner 的 read 权限，将-修改成+即可，其余都不需要改变；如果修改 Group 的权限，将 u 修改成 g 即可；如果修改 Other 的权限，将 u 修改成 o 即可。

如果同时修改 Owner 和 Group 的权限，将 u 修改成 ug 即可，其他依此类推。

如果同时修改 3 者的权限，将 u 去掉，不指定用户即可。

如果修改 write 权限，将 r 修改成 w 即可。

如果修改 execute 权限，将 r 修改成 e 即可。

如下所示，文件 c 的 Owner（user）的 read 权限去掉后，在 user 用户下用 cat 命令打印文件 c 的内容，就会提示 Permission denied。

```
[user@localhost ~]$ cat c
cat: c: Permission denied
```

2）示例 2：使用数字法修改文件权限。

使用数字法增加 /home/user/c 文件 Owner 的 read 权限。一个文件有 3 组权限位，分别对应 Owner、Group 和 Other 用户的权限。每组权限又有 3 个权限位，分别是 read、write 和 execute。数字 0 和 1 表示每一个权限位上的状态，如果有这个权限，就用 1 表示，如果没有这个权限，就用 0 表示，因此，每组权限用 3 个二进制的位来表示，这 3 个二进制的位又可以换算成 1 个 8 进制的数，因此，3 组权限位最终对应 3 个 8 进制的数字。

例如，/home/user/c 的权限位信息如下。

```
[user@localhost ~]$ ls -l c
--w-rw-r--. 1 user user 4 Oct 26 03:31 c
```

转换成二进制表示，则为 010 110 100，再转换成 8 进制数字，则对应 264。如果要修改 c 的权限，则将修改后的权限计算成 8 进制数字，然后用 chmod 命令进行修改即可。例如要恢复 c 的 Owner 的 read 权限，那么它的权限位就是：rw- rw- r--，对应二进制表示：110 110 100，8 进制数字是 664，使用 chmod 修改权限命令如下。

```
[user@localhost ~]$ chmod 644 c
```

使用 ls 查看 c 的权限位进行验证，如下所示，c 的 Owner 的 read 权限已经恢复。

```
[user@localhost ~]$ ls -l c
-rw-rw-r--. 1 user user 4 Oct 26 03:31 c
```

（9）修改文件拥有者——chown（★★★★★）

使用 chown 可以修改文件/目录的 Owner 和 Group 信息，示例如下，

1）复制 /etc/profile 到 /home/user，命令如下，注意 /etc/profile 后面有空格，空格后面有一个点（.），表示当前目录。

```
[user@localhost ~]$ cp /etc/profile .
```

2）查看 profile 的 Owner 和 Group 信息，命令如下，可以看到 profile 的 Owner 和 Group 都是 user。

```
[user@localhost ~]$ ls -l profile
-rw-r--r--. 1 user user 2078 Oct 27 19:37 profile
```

3）切换到 root 用户，命令如下。

```
[user@localhost ~]$ su
Password:
[root@localhost user]#
```

4）然后使用 chown 修改 profile 的 Owner 和 Group 为 root，命令如下，root:root 中第一个 root 表示 Owner，第二个 root 为 Group，如果要修改成其他的 Owner 或者 Group，修改对应位置的名字即可。

```
[root@localhost user]# chown root:root profile
```

5）使用 ls 查看 profile 的 Owner 和 Group 进行验证，可以看到 profile 的 Owner 和 Group 都已经修改成了 root。

```
[root@localhost user]# ls -l
-rw-r--r--. 1 root root 2078 Oct 27 19:45 profile
```

如果修改一个目录下所有文件和子目录的 Owner 和 Group，加上 -R 选项即可，例如 chown -R root:root mydir/。

（10）统计目录总大小——du（★★★★★）

du 命令可以统计指定目录下所有文件总的占用空间大小，例如统计 /etc/yum.repos.d 目录下所有文件总的占用空间大小，如下所示，总的大小为 48K，其中 -s 选项用来统计总的占用空间大小，-h 表示使用可读的形式显示大小，如 2K、5M 或 8G 等。

```
[user@localhost ~]$ du -sh /etc/yum.repos.d/
48K     /etc/yum.repos.d/
```

（11）比较文件/目录——diff（★★★★★）

diff 命令可以比较两个文件是否相同，例如比较 /etc/profile 和当前目录下的 profile1 文件是否相同，命令如下。

首先，复制 /etc/profile 到当前目录，重命名为 profile1，并追加内容 123。

```
[user@localhost ~]$ cp /etc/profile profile1
[user@localhost ~]$ echo "123" >> profile1
```

使用 diff 来比较 /etc/profile 和当前目录下的 profile1，命令如下，如果没有任何输出，则说明两个文件完全相同，如果有输出，则说明两个文件不同，输出的部分就是两者不同的部分，如下所示：86 表示 profile1 的第 86 行，d85 表示 /etc/profile 的第 85 行，<后面的内容表示从 profile1 的第 86 行起始的内容，也就是和 /etc/profile 不同的部分。

```
[user@localhost ~]$ diff profile1 /etc/profile
86d85
< 123
```

如果要比较两个目录下文件是否相同，可以加上 -r 选项。

2.3.4　帮助查看

对于不熟悉的 Linux 命令，最方便的方法就是查看 Linux 的 man 帮助。

1．man 帮助分类

Linux 的 man 帮助文档的分类如表 2-1 所示。

表 2-1　帮助分类表

序号	类型	说明
1	Standard commands（标准命令）	可执行程序或 Shell 命令的帮助
2	System calls（系统调用）	系统调用帮助，如 open、write 等，可以查到函数的功能、参数、返回值、使用方法，以及使用它所需的头文件等
3	Library functions（库函数）	库函数帮助，如 printf、fread，可以查到函数的功能、参数、返回值、使用方法，以及使用它所需的头文件等
4	Special devices（设备说明）	/dev 下的各种设备文件的帮助，如 loop 设备、cpuid 设备的帮助等
5	File formats（文件格式）	文件格式、配置文件的帮助，如 Ext4 文件系统说明、fstab 配置文件说明
6	Games and toys（游戏和娱乐）	游戏相关的帮助，用于各类游戏自定义的帮助说明
7	Miscellaneous（杂项）	各类杂项的帮助，如 libc 的说明，IPv4 协议的说明等
8	Administrative Commands（管理员命令）	系统管理命令帮助，这些命令只能由 root 用户使用，如 ifconfig 等
9	Kernel routines	内核相关的文件帮助

2．man 基本使用

man 的基本使用非常简单，就是"man 命令+帮助类型+帮助查询对象"，例如查询 ls 命令的帮助，则可以输入下面的命令。

```
[user@localhost ~]$ man 1 ls
```

如果 ls 命令的帮助在所有类型中只有 1 种，那么查询时，可以省略"帮助类型"，即使用 man ls 即可。如果某个命令的帮助有多种，例如 open 既是命令、又是系统调用，则应当根据它们的类型进行区分，查看帮助的时候，就要加上"帮助类型"。

上述命令执行后，会显示 ls 命令的 man 帮助，如下所示。

```
SYNOPSIS
       ls [OPTION]… [FILE]…

DESCRIPTION
       List information about the FILEs (the current directory by default).  Sort
entries alphabetically if none of -cftuvSUX nor --sort is specified.
       Mandatory arguments to long options are mandatory for short options too.

       -a, --all
              do not ignore entries starting with .
```

用户查看 man 帮助中，要特别关注以下 4 点。

1）SYNOPSIS 是命令总的使用方式说明，本例中[OPTION]的 OPTION 表示选项，外部加上中括号[]表示可选项，即 OPTION 可以没有，也可以有多个，同样的，[FILE]表示可选的参数项。

2）DESCRIPTION 是总体功能说明。

3）选项和参数的说明，如 ls 中的 -a 就是选项，后面列出了它的说明。

4）参考示例，有的帮助说明结尾处还有参考示例，可以帮助快速上手。

用户有时并不能准确地写出"帮助类型"和"帮助查询对象"，这时可以直看 man 帮助的安装目录/usr/share/man，该目录包含 man1～man9 等多个目录，分别存储不同类型的 man 帮助。可以依次查看这些目录下的帮助文件，它们都以 gz 作为扩展名，例如/usr/share/man/ man1/ls.1.gz 就是 ls 命令的 man 帮助文件，其中的数字 1 就是"帮助类型"。这样就可以很方便地确定"帮助类型"和"帮助查询对象"，同时还能知道 Linux 下安装了哪些帮助。

3．man 帮助的安装

man 帮助有两种来源：在安装 Package 时一同安装；专门的 man 文档。第一种在安装 Package 时就一并安装了，它们包含了该 Package 的 man 帮助；第二种是安装 man-pages，它们包含了多个自由软件项目的 man 帮助，如系统调用、库函数的 man 帮助，具体安装方法如下。

```
yum -y install man-pages
```

此处请参考 3.2 节使用 yum 命令来安装 man-pages。

https://man.cx/提供了更加丰富的 man 帮助文档，如果安装了 man-pages 后还是找不到对应的帮助文档，可以访问 https://man.cx/进行查询。

2.3.5 Linux 下的 WinRAR——tar

本节将介绍 Linux 下非常重要的打包和压缩工具 tar。虽然从实现上来说，文件的压缩工作并不是由 tar 完成，而是由 tar 调用其他的压缩工具来完成的，但对于用户来说，使用 tar 命令就可以完成文件/目录的打包和压缩。因此，把 tar 统称为 Linux 下的打包和压缩工具，它就如同 Windows 下的 WinRAR 工具一样，使用频繁且非常重要。

1．示例 1：文件/目录打包

本示例使用 tar 将当前目录下的所有文件和子目录打包成 mytar.tar，命令如下所示。

```
[user@localhost ~]$ ls
mydir  profile  profile1
[user@localhost ~]$ tar cf mytar.tar mydir/ profile*
```

上述命令和参数说明如下。

- tar 是打包命令。
- cf 是选项，其中 c 表示 create，即创建 tar 包的意思；f 用来指定文件，f 后面跟的 mytar.tar 就是 tar 包文件名。
- mydir 是要打包的目录。
- profile*是要打包的文件，* 是通配符，表示所有以 profile 开头的文件。
- tar 命令、选项、参数之间都要用空格隔开。

命令执行后，如果没有任何显示信息，则说明执行成功，使用 ls 可以查看打包结果，如下所示，可以看到红色的 mytar.tar 文件。

```
[user@localhost ~]$ ls
mydir  mytar.tar  profile  profile1
```

2．示例 2：查看打包文件

本示例使用 tvf 选项，查看刚才打包的 mytar.tar 文件，命令如下。

```
[user@localhost ~]$ tar tvf mytar.tar
```

上述命令参数说明如下。

- t 选项表示列出 tar 包内容。
- v 选项表示列出详细信息。
- f 选项表示列出的对象，即 mytar.tar 文件。

命令执行后，可以看到 mytar.tar 的内容，即目录 mydir 下的所有文件和子目录，以及 profile 开头的文件。

```
drwxrwxr-x user/user          0    2019-10-27 20:12 mydir/
drwxrwxr-x user/user          0    2019-10-27 19:44 mydir/newdir/
-rw-r--r-- user/user       2078    2019-10-27 20:12 mydir/profile
-rw-r--r-- user/user       2078    2019-10-27 19:45 profile
-rw-r--r-- user/user       2086    2019-10-27 21:55 profile1
```

3．示例 3：压缩打包

本示例使用 tar 将当前目录下的 mydir 目录和 profile 开头的文件打包和压缩成 mytar.tar.gz，选项 c 表示 create 即创建 tar 包的意思，z 表示使用 gzip 工具进行压缩，f 用来指定文件，后面跟的 mytar.tar.gz 就是压缩包文件名。

```
[user@localhost ~]$ tar czf mytar.tar.gz mydir/ profile*
```

查询压缩文件大小的命令如下，可以看到压缩后的 tar 包 mytar.tar.gz 只有 1247 字节大小，而不压缩的 tar 包 mytar.tar 则有 20480 字节大小，相差近 20 倍。

```
[user@localhost ~]$ ls -l
-rw-rw-r--. 1 user user 20480 Oct 28 02:52 mytar.tar
-rw-rw-r--. 1 user user  1247 Oct 28 03:01 mytar.tar.gz
```

如果安装了 bzip2 压缩工具，那么还可以使用 j 选项来实现文件的压缩，命令如下：
tar cjf mytar.tar.bz2 mydir/ profile*

使用 tvf 选项，同样可以查看压缩打包文件，命令如下。

```
[user@localhost ~]$ tar tvf mytar.tar.gz
```

4．示例 4：解压缩

本示例将 mytar.tar.gz 解压缩到/tmp 目录下，命令如下，x 选项表示解压缩；f 用来指定解压缩的对象，即 mytar.tar.gz；-C 是 Change directory 的意思，指定解压缩的路径，即/tmp。

```
[user@localhost ~]$ tar xf mytar.tar.gz -C /tmp/
```

如果只是解压到当前目录，命令如下所示。

```
[user@localhost ~]$ tar xf mytar.tar.gz
```

解压缩和压缩不一样，压缩需要用选项指定压缩工具，解压缩则不需要指定，直接用 xf 即可。

2.3.6　Linux 下的搜索神器——find

本小节介绍 Linux 下的搜索神器 find 命令，find 功能强大且使用非常频繁，如果能够很好地使用 find 命令，将大大提升 Linux 下的工作效率。本小节将通过多个示例来介绍 find 的典型用法。

1．示例 1：查找名字确定的文件/目录

假设用户要查找文件 year.c，仅知道该文件位于 /usr/local 目录下，但具体位于哪个子目录下不清楚。因此，需要使用 find 命令，来确定 year.c 的完整路径，具体命令如下，/usr/share 是要查找的路径，-name 指定查找对象的名字，即 year.c。注意命令、选项和参数之间都要有空格。

```
[user@localhost ~]$ find /usr/share/ -name "year.c"
```

结果显示如下，可以看到 year.c 的绝对路径。

```
/usr/share/doc/python3-pycparser/examples/c_files/year.c
```

2．示例 2：查找名字不确定的文件/目录

如果不确定查找对象的名字，例如记不清楚要查找的文件是 year.c，只记得该文件是一个 C 语言代码文件，以 c 作为扩展名。那么可以使用通配符 * 进行查询匹配，示例如下。

```
[user@localhost ~]$ find /usr/share/ name "* c"
```

结果会显示 /usr/share 目录下所有以 c 为扩展名的文件的绝对路径，可以在结果中筛选出想要的结果。

```
/usr/share/doc/python3-pycparser/examples/c_files/funky.c
/usr/share/doc/python3-pycparser/examples/c_files/hash.c
/usr/share/doc/python3-pycparser/examples/c_files/memmgr.c
/usr/share/doc/python3-pycparser/examples/c_files/year.c
```

---

find 支持通配符，其中*表示任意字符串，? 表示单个字符。

find 也支持范围表示，例如使用[a-z]可以表示从 a～z 的单个字符，[0-9]表示从 0～9 的单个数字。

3．示例 3：按照类型查找的文件/目录

-type 选项可以实现按文件类型查找，例如查找 /dev/ 目录下所有的块设备文件，命令如下，其中-type 指定文件类型，b 表示块设备文件，注意-type 和 b 之间有空格。

```
[user@localhost ~]$ find /dev/ -type b -name "*"
```

---

find 后面要跟查找路径/dev/，-type b 不能放到/dev/的前面。

如果不需要进行文件名的匹配，可以省略 -name "*"。

文件类型中，b 表示块设备文件，c 表示字符设备文件，d 表示 directory，p 表示命名管道，f 表示普通文件，l 表示符号链接/软链接，s 表示套接字文件，D 表示 door 类型文件（Solaris）。

4．示例 4：命令组合（一）

-exec 选项可以将查找命令和其他命令结合起来，对查找的结果做二次处理。例如将/etc/下所有的 sh 文件复制到当前目录 mysh 下，步骤说明如下。

创建目录 mysh，命令如下。

```
[user@localhost ~]$ mkdir mysh
```

使用 find 将/etc/下所有扩展名为 sh 的文件复制到 mysh 目录，命令如下。

```
[user@localhost ~]$ find /etc/ -name "*.sh" -exec cp {} mysh \;
```

上述命令和参数说明如下。

- find /etc/ -name "*.sh"表示查找/etc/目录下所有扩展名为 sh 的文件。
- -exec 指定处理 find 结果的命令为 cp。
- {}表示 find 的搜索结果，即 sh 文件的绝对路径将作为 cp 的源文件参数。
- mysh 是 cp 的目的路径。
- \; 中的 \ 是一个转义字符，它告诉 bash 不要再把 ; 当作分隔符处理，而是当作一个普通的字符，那么，此时 ; 就是一个普通的字符，它将作为 exec 的最后一个参数，即结束标识。如果不加 \，那么 ; 会被 bash 当成特殊符号（即语句的分隔符）进行处理，而不会作为 exec 的参数。因此，不管-exec 后面连接的是什么命令，最后都要以 \; 结尾。

也可以用另外一种方式实现以上示例的功能，命令如下，其中$(find /etc/ -name "*.sh")会将 find 的结果转换成 cp 命令的输入参数。

```
[user@localhost ~]$ cp $(find /etc/ -name "*.sh") mysh/
```

5. 示例 5：命令组合（二）

本例使用 find + -exec 统计/etc 下扩展名为 sh 的文件的代码行数，命令如下，wc 用来统计文本文件中的行数，-l 是选项，表示打印行数。

```
[user@localhost mysh]$ find /etc/ -name "*.sh" -exec wc -l {} \;
```

也可以采用下面的命令。

```
[user@localhost mysh]$ wc -l $(find /etc/ -name "*.sh")
```

执行结果如下，会打印每个 sh 文件的行数。

```
68 /etc/kernel/postinst.d/51-dracut-rescue-postinst.sh
65 /etc/profile.d/lang.sh
 7 /etc/profile.d/which2.sh
```

换一种实现方法，使用管道将 find 的输出（stdout）作为 wc 的输入，命令如下。

```
[user@localhost mysh]$ find /etc/ -name "*.sh" | wc -l
```

执行结果是 10，如下所示。

```
10
```

为什么输出结果不是每个文件的行数呢？这是因为，find 的输出是一个整体，其中包含了 10 个 sh 文件的绝对路径，以此作为 wc 的输入（这个输入可以认为是一个文件，该文件包含了 10 条绝对路径），因此，wc 的输出就是 10。而在前面的-exec 或$(find /etc/ -name "*.sh")中，find 的输出被分解成了一个个的参数（共 10 个），wc 会对每个参数进行处理，从而输出每个文件的行数。

2.3.7　Linux 高手的编辑神器——VIM

Linux 下有各种各样的文本文件，如 C 语言、Java 和 PHP 的代码文件，各种配置文件，脚本文件和各种文档，这些都是文本文件。可以说，文本编辑工具是 Linux 开发和运维人员使用最为频繁的一个工具，而 VIM 则是文本编辑工具中的神器，它在文本编辑工具中的地位相当于 Windows 或 Linux 在操作系统中的地位。本小节将介绍 VIM 的三个特点、VIM 的工作状态、

VIM 的基本使用和 VIM 高级使用，帮助读者最短的时间内入门 VIM。

1. VIM 的三个特点

和其他文本编辑器相比，VIM 有三个特点，说明如下。

（1）通用

Linux 有很多发行版，每个发行版预装的软件是不一样的，但不管是哪个发行版，通常都会预装 VIM，因此，在做开发时不用担心 VIM 没有安装。

（2）轻量级

程序体积小，VIM 程序的大小不到 2MB，与此相对的是 Windows 下的文本编辑工具，如 Word、WPS 等，至少都是几十 MB，甚至达到几百 MB 或者上 GB。

（3）高度支持开发

高度支持开发是通用文本编辑器所不具备的，例如语法高亮、代码自动补和自动缩进等。

VIM 的全称是 Vi IMproved，它是 Vi 的改进版。

2. VIM 工作状态

VIM 是字符界面下的文本编辑器，它不像 Windows 的记事本有图形界面，VIM 有 3 种工作状态（State），其转换关系如图 2-25 所示。

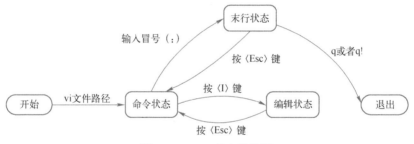

图 2-25　VIM 状态转换图

VIM 工作状态说明如下。

（1）命令状态

命令状态下可以输入文本操作命令，例如选中、复制、粘贴、剪切等，但不能直接编辑。

（2）编辑状态

编辑状态下可以直接对文本进行编辑，插入、删除字符等，编辑状态又称插入状态。

（3）末行状态

末行状态下可以运行文本编辑之外的命令，例如保存、退出、显示行号等。

3. VIM 基本使用

下面介绍 VIM 的基本使用和 3 种工作状态，具体步骤说明如下。

（1）打开文件

1）运行 vi 命令，后面跟要编辑的文件路径，如下所示。

```
[user@localhost ~]$ vi myfile
```

2）按〈Enter〉键后，VIM 进入第一个工作状态"命令状态"，如下所示，在屏幕下方的显示如下。

```
"myfile" [New File]
```

"命令状态"下不能直接编辑文件，也就是说，用户不能直接输入要编辑的内容。

（2）编辑文件

1）按〈I〉键后，VIM 就进入了"编辑状态"，屏幕下方显示如下。

```
-- INSERT --
```

2）"编辑状态"下用户可以直接输入待编辑的内容，例如"Hello VIM!"。

```
Hello VIM!
```

（3）保存文件

1）输入完毕后，按〈Esc〉键后，VIM 返回到"命令状态"，然后输入冒号（:），如图 2-26 所示。

2）"末行状态"下输入 wq，按〈Enter〉键保存退出，如图 2-26 所示。

图 2-26　VIM 末行状态

初学者使用 VIM 编辑文件时，容易忘记在 vi 后面输入文件名，待到 wq 保存退出时，会提示 No file name，此时可以在"末行状态"下输入 w myfile，其中 w 表示 write，myfile 是要保存的文件名，按〈Enter〉键后，当前编辑的内容就会写入 myfile，然后在"末行状态"下输入 q 即可。

如果不退出，只是中途保存的话，"末行状态"下输入 w 即可。

如果不保存并退出，"末行状态"下输入 q!即可。

（4）查看文件

使用 cat 命令输出 myfile 内容，如下所示，如果能够看到"Hello VIM!"则说明 myfile 编辑保存成功。

```
[user@localhost ~]$ cat myfile
Hello VIM!
```

4．VIM 高级使用

上节介绍了 VIM 的基本用法，初学者可以在几分钟的时间内就学会并上手编辑文件。同时 VIM 还有很多的高级功能，它们可以大大提升编辑效率。本小节将介绍 VIM 中最常用的高级功能，具体说明如下。

复制 /etc/profile 文件到本地，以此作为编辑演示的对象，命令如下，注意 /etc/profile 是源文件路径，后面是空格，空格后面还有一个点（.）是目的路径。

```
[user@localhost ~]$ cp /etc/profile .
```

使用 VIM 打开复制后的 profile 文件，命令如下。

```
[user@localhost ~]$ vi profile
```

（1）示例 1：显示行号

1）打开 profile 文件输入冒号（:），进入"末行状态"，然后输入 set number，如图 2-27 所示。

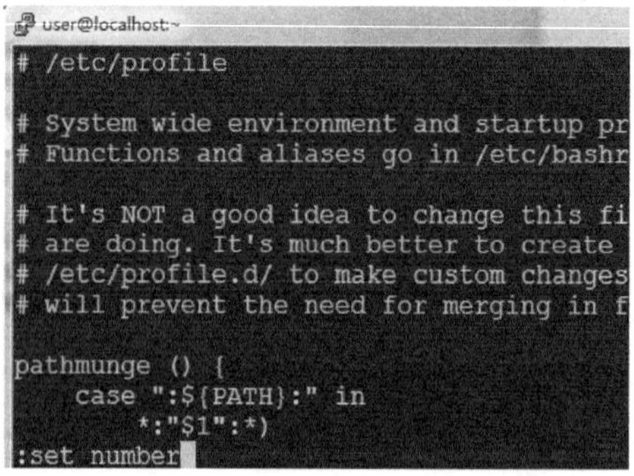

图 2-27 行号显示设置图

2）按〈Enter〉键后，可以看到 profile 文件的行首都显示了行号，如下所示。

```
1 # /etc/profile
2
3 # System wide environment and startup programs, for login setup
4 # Functions and aliases go in /etc/bashrc
```

（2）示例 2：跳转

1）在 VIM "命令状态"下，按大写的〈G〉键，光标将跳转到最后 1 行，如下所示。

```
84        fi
85 fi
```

2）再按两次小写的〈G〉键，光标就跳转到了第 1 行，如下所示。

```
1 # /etc/profile
2
```

3）如果要跳转到指定的行，例如第 55 行，只需要先输入 55，再按两次小写的〈G〉键。

```
55 # By default, we want umask to get set. This sets it for login shell
56 # Current threshold for system reserved uid/gids is 200
```

4）按〈$〉键可以跳转到光标所在行的行尾，如下所示。

```
55 # By default, we want umask to get set. This sets it for login shell
```

5）按〈^〉键可以跳转到光标所在行的行首，如下所示。

```
55 # By default, we want umask to get set. This sets it for login shell
```

（3）示例 3：选中

本示例介绍如何使用"选中"功能来确定操作对象，这个非常重要，说明如下。

1）在 55 行移动光标，使得它停留在字母 B 上，如下所示。

```
55 # By default, we want umask to get set. This sets it for login shell
56 # Current threshold for system reserved uid/gids is 200
```

2）按小写的〈V〉键，VIM 的屏幕下方会出现如下的信息。

```
-- VISUAL --
```

3）移动〈↑〉、〈↓〉、〈←〉、〈→〉方向键，来选中文本。文本选中之后，就可以应用复制、剪切、删除等命令对文本进行操作了。

（4）示例 4：复制、粘贴、剪切、删除

本示例介绍如何使用 VIM 的命令来实现文本的复制和粘贴，说明如下。

1）首先，选中第 55 行的部分文本，如下所示。

```
55 # By default, we want umask to get set. This sets it for login shell
```

2）然后，按小写的〈Y〉键，此时 VIM 就执行了复制操作。

3）把指针移动到第 54 行的行首，如下所示。

```
54
```

4）再按小写的〈P〉键，此时 VIM 会将之前复制的内容，粘贴在光标所在的位置，如下所示。

```
54 By default, we want umask to get set.
55 # By default, we want umask to get set. This sets it for login shell
```

5）VIM 中剪切的命令对应 x，删除的命令对应 d，它们都需要先选中文本才能操作。

VIM 中还有一些快捷操作，例如删除文本所有内容，则可以在"命令状态"下，先跳转到第 1 行，然后按〈D+G〉组合键，就可以删除所有内容了。

如果要删除某行，则无须先选中该行内容，只需要在"命令状态"下输入 dd 即可。

（5）示例 5：撤销和恢复

如果要撤销刚才的操作，可以在"命令状态"下输入 u 即可，如果要恢复，使用〈Ctrl + R〉即可。

（6）示例 6：搜索

1）在"命令状态"输入 /，然后在 / 后面输入要搜索的字符串，例如 umask，则光标会停留在第一个 umask 上，如下所示。

```
54 By default, we want umask to get set.
```

2）按小写的〈N〉键，会依次遍历所有的 umask。

第3章
Linux 进阶

本章介绍 Linux 下的进阶内容，它们更加接近于实际应用，更具专业性，具体包括：Linux 网络管理、Linux 包管理、Linux 存储和 Linux 系统管理。本章的内容涉及很多较新的技术，例如新的网络管理服务 NetworkManager、新的网络配置命令 nmcli、新的分区工具 parted 和新的服务管理程序 systemd 等，具体技能和知识点如下所示。

- 使用命令来设置 IP 地址。
- 使用配置文件来设置 IP 地址。
- 配置 Linux 连接互联网。
- Linux 远程登录和文件传输。
- Linux 下包管理工具 yum 的使用。
- Linux 存储的基本概念，如扇区、分区、块设备、挂载和文件系统等。
- Linux 的存储体系。
- Linux 存储的基本操作。
- Linux 的进程管理操作。
- Linux 计划任务的配置与使用。
- 基于 systemd 的 Linux 服务管理的基本原理和操作。

3.1 Linux 网络管理

Linux 网络管理非常重要，Linux 生来就是一个面向网络的系统，无论是配置网络环境、构建分布式系统，还是计算机之间交换数据等，都要用到 Linux 网络管理相关的技术。本节将以 CentOS 8 为例，系统介绍各种典型应用场景下 Linux 的网络管理技术，包括临时设置 IP 地址、永久设置 IP 地址、配置 Linux 连接互联网、远程登录、远程文件传输和无密码远程登录等。

3.1.1 设置 IP 地址

CentOS 8 中有两种常用的 IP 地址设置方法：第一种方法使用**命令**，该方法简单方便，但是不能保存设置的 IP 地址，计算机重启后，之前设置的 IP 地址就没有了；第二种方法使用**配置文件**，该方法相对麻烦一点，但是可以保存设置的结果，计算机重启后不需要重新设置 IP 地址。

在设置 IP 地址之前，要先确定虚拟网络类型为 Bridged，如图 3-1 所示。

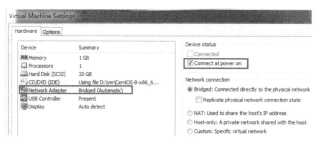

图 3-1　虚拟网络设置图

VMware 虚拟网络有 Bridged、Host-only 和 NAT 这 3 种类型。其中，Bridged 可以使得 Guest 连接到 Host 所在的物理网络，Guest 的 IP 地址和 Host 的 IP 地址位于同一个网段，此时 Guest 就相当于连接在此物理网络上的一台独立的计算机。因此，Bridged 可以很好地模拟一台真实的 Linux 主机连接到网络的情形，这也是此处选择 Bridged 的原因。

艾叔免费高清视频教程《零基础 VMware 虚拟机实战入门》，详细讲述了 3 种虚拟网络的原理、配置、使用方法，以及虚拟网络与 Host 物理网卡和物理网络之间的关系，获取方式参见 1.3.3 节。

1. 使用命令设置 IP 地址

（1）查看 IP 地址

在设置 IP 地址之前，应先查看本机的 IP 地址，具体命令是 ip a。a 是 address 地址的首字母。如图 3-2 所示，可以看到本机有两个网络设备：其中 lo 是自环设备（loopback），它是 Linux 的虚拟设备；ens33 是网卡，它是真正的物理设备，00:0c:29:d7:80:f4 是 ens33 的 MAC 地址，后续将在 ens33 上设置 IP 地址。

```
1: lo: <LOOPBACK,UP,LOWER_UP> mtu 65536 qdisc noqueue state UNKNOWN group default qlen 1000
    link/loopback 00:00:00:00:00:00 brd 00:00:00:00:00:00
    inet 127.0.0.1/8 scope host lo
       valid_lft forever preferred_lft forever
    inet6 ::1/128 scope host
       valid_lft forever preferred_lft forever
2: ens33: <BROADCAST,MULTICAST,UP,LOWER_UP> mtu 1500 qdisc fq_codel state UP group default qlen 1000
    link/ether 00:0c:29:d7:80:f4 brd ff:ff:ff:ff:ff:ff
    inet6 fe80::97e6:f4c4:1483:elfa/64 scope link noprefixroute
       valid_lft forever preferred_lft forever
```

图 3-2　Linux IP 地址及网卡信息图

要特别注意 ens33 网卡的状态信息，UP 表示此网卡正常工作，如果不是则要查看虚拟机网卡的 Device status 是否为 Connected，如果不是则要把它勾选上，如图 3-3 所示。

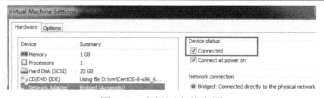

图 3-3　虚拟网卡状态图

（2）设置 IP 地址

设置 IP 地址需要 root 权限，因此需要先切换到 root 用户，然后使用图 3-4 所示命令来设置 IP 地址。

```
[root@localhost ~]# ip addr add dev ens33 192.168.0.226/24
```

图 3-4　设置 IP 地址命令图

上述命令参数说明如下。

- addr add 是选项，指定当前的操作为 IP 地址设置。
- dev 用来指定网卡设备，后面跟网卡名。
- ens33 为网卡名，要用读者计算机的实际网卡名来替换。
- 192.168.0.226/24 中 24 表示 24 位的子网掩码，192.168.0.226 即要设置的 IP 地址，本书 Host 的 IP 地址为 192.168.0.224，Guest（虚拟机）和 Host 在同一网段，因此设置成 192.168.0.226，读者设置时，可根据 Host 的 IP 地址和子网掩码的实际情况做相应修改。

上述命令执行完后，如果没有任何提示信息，则说明设置成功，此时可以使用 ip a 来查看 IP 地址信息，如果能看到 ens33 下面的 IP 地址为 192.168.0.226/24 则说明设置成功。

Linux 支持在同一块网卡下设置多个 IP 地址。

（3）删除 IP 地址

删除 IP 地址的命令和设置 IP 地址的命令类似，将其中的 add 改成 del 即可，如图 3-5 所示。

```
[root@localhost ~]# ip addr del dev ens33 192.168.0.226/24
```

图 3-5　删除 IP 地址命令图

2．使用配置文件设置 IP 地址

命令设置的 IP 地址，在计算机重启后就不存在了，因此无法保存设置。本节介绍如何使用配置文件来设置 IP 地址，该方法设置的 IP 地址可以保存，计算机重启后，仍然会按照之前的 IP 地址进行设置，具体说明如下。

（1）修改网卡配置文件

IP 地址的路径如图 3-6 所示，配置文件名为 ifcfg-ens33，配置文件名和网卡名是相关联的，如果网卡名为 A，则配置文件名为 ifcfg-A。

```
[root@localhost ~]# vi /etc/sysconfig/network-scripts/ifcfg-ens33
```

图 3-6　网卡配置文件路径图

ifcfg-ens33 文件内容如图 3-7 所示，其中修改/增加的内容为白色方框部分，BOOTPROTO=static 表示配置静态 IP 地址，如果改成 dhcp 则是配置动态 IP 地址；ONBOOT=yes 表示网卡随系统一同启动；IPADDR=192.168.0.226 是网卡的 IP 地址；NETMASK=255.255.255.0 即网卡 IP 地址的子网掩码，此处为 24 位的子网掩码。

（2）使得配置文件生效

1）删除 ens33 上已有的 IP 地址，并且使用 ip a 确认 IP 地址已经删除。

2）运行 nmcli c reload 来加载修改后的 ifcfg-ens33 文件，如图 3-8 所示。

图 3-7　网卡配置文件内容图

```
[root@localhost ~]# nmcli c reload
```

图 3-8　加载修改后的配置文件

3）查看网卡 ens33 的内容，可以看到该网卡的 IP 地址已经设置成了 192.168.0.226，如图 3-9 所示。

```
[root@localhost ~]# ip a
1: lo: <LOOPBACK,UP,LOWER_UP> mtu 65536 qdisc noqueue state UNKNOWN group default qlen 1000
    link/loopback 00:00:00:00:00:00 brd 00:00:00:00:00:00
    inet 127.0.0.1/8 scope host lo
       valid_lft forever preferred_lft forever
    inet6 ::1/128 scope host
       valid_lft forever preferred_lft forever
2: ens33: <BROADCAST,MULTICAST,UP,LOWER_UP> mtu 1500 qdisc fq_codel state UP group default qlen 1000
    link/ether 00:0c:29:d7:80:f4 brd ff:ff:ff:ff:ff:ff
    inet 192.168.0.226/24 brd 192.168.0.255 scope global noprefixroute ens33
       valid_lft forever preferred_lft forever
    inet6 fe80::97e6:f4c4:1403:effa/64 scope link noprefixroute
       valid_lft forever preferred_lft forever
```

图 3-9　网卡信息图

如果上述 IP 地址设置不成功，请依次检查以下三点。

1）ifcfg-ens33 中的配置是否正确。

2）使用 systemctl status NetworkManager 查看 NetworkManager 服务是否启动，如果看到 running，则说明服务已经启动，否则使用 systemctl start NetworkManager 启动 NetworkManager 服务，供 nmcli 使用。

3）再次运行 nmcli c reload，如果 IP 地址还未设置，运行 numcli c up ens33 使能 ens33 网卡，并再次查看 IP 地址。

3.1.2　连接互联网

虚拟机连接互联网有两项关键配置：配置网关，它将决定虚拟机的 Package 转发给谁；配置 DNS，它实现了域名同 IP 地址的转换。配置网关和 DNS 的具体步骤如下。

1．配置网关和 DNS

```
TYPE=Ethernet
PROXY_METHOD=none
BROWSER_ONLY=no
BOOTPROTO=static
DEFROUTE=yes
IPV4_FAILURE_FATAL=no
IPV6INIT=yes
IPV6_AUTOCONF=yes
IPV6_DEFROUTE=yes
IPV6_FAILURE_FATAL=no
IPV6_ADDR_GEN_MODE=stable-privacy
NAME=ens33
UUID=b47c4a4c-577a-4753-a1aa-25b059fba135
DEVICE=ens33
ONBOOT=yes
IPADDR=192.168.0.226
NETMASK=255.255.255.0
GATEWAY=192.168.0.1
DNS1=192.168.0.1
```

图 3-10　上网配置项图

编辑 ifcfg-ens33 文件，增加图 3-10 白框所示内容，其中 GATEWAY=192.168.0.1 用来配置网关地址为 192.168.0.1；DNS1=192.168.0.1 用来配置第一个 DNS 的地址为 192.168.0.1，DNS 可以配置多个，在 DNS 后面增加序号即可，例如 DNS2、DNS3 等。此处的网关和 DNS 均需要替换成读者网络的实际 IP 地址。

注意：配置文件修改后，一定要先运行 nmcli c reload 加载配置文件，再运行 numcli c up ens33 使能网卡，使得配置生效。

2．检查配置

运行 ip route show 查看网关是否设置正确，如果能看到图 3-11 白色方框的内容，则说明网关设置正确。

```
[root@localhost ~]# ip route show
default via 192.168.0.1 dev ens33 proto static metric 100
192.168.0.0/24 dev ens33 proto kernel scope link src 192.168.0.226 metric 100
```

图 3-11　路由信息图

3．验证

使用 ping www.baidu.com 看外网能否 ping 通，如图 3-12 所示，如果可以，则说明 Linux 下的上网配置是正确的。

图 3-12　ping 外网信息图

如果虚拟机不能上外网，除了检查上网设置外，还要检查 Guest 能否 ping 通网关、Host 能否上外网、路由器中的防火墙是否放开了对虚拟机的限制等。

3.1.3　远程登录和文件传输（实践 3）

本节介绍远程登录工具 ssh 和 PuTTY，以及文件传输工具 scp 和 WinSCP 的使用。其中 ssh 和 scp 运行在 Linux 下，PuTTY 和 WinSCP 运行在 Windows 下，它们都是 Linux 使用和运维的常用工具。

本节内容属于实践内容，因为后续章节会用到此部分内容，**所以本实践必须完成**。请参考本书配套免费电子书《**Linux 快速入门与实战——扩展阅读与实践教程**》中的"**实践 3：远程登录和文件传输**"。

3.1.4　远程无密码登录（实践 4）

上节介绍了 ssh 远程登录工具的使用，每次登录都需要密码验证。这种方式在主机较少的情况下可行，但是如果主机很多的话，每次的验证就会成为一个很大的负担，而且还容易出错；此外，很多的分布式系统如 HDFS 和 YARN，以及 Spark 的 Standalone 集群等都是主/从式（Master/Slave）架构，它们都需要使用 ssh 命令从 Master 远程登录到各个 Slave 节点，集群规模达到成百上千个节点时，这个验证工作就会成为一个瓶颈。因此，这些大规模分布式系统往往都会用到"远程无密码登录"技术，它可以实现 ssh 无密码远程登录其他主机，这样可以极大地简化验证工作，降低出错概率和提升效率。

本节介绍的远程无密码登录的工作机制和步骤，属于实践内容，因为后续章节会用到此部分内容，**所以本实践必须完成**。具体内容请参考本书配套免费电子书《**Linux 快速入门与实战——扩展阅读与实践教程**》中的"**实践 4：远程无密码登录**"。

3.2　Linux 包管理

Linux 包管理是指 Linux 下软件包的安装与管理。最初 Linux 下软件的安装非常简单，没有包管理工具，也没有 Windows 下的注册表，只需要先配置，编译源码生成二进制程序，最后将程序目录复制到安装路径下即可，也就是经典的 ./configure、make 和 make install 三步骤。这种方式简单直接，但是也存在问题。

其中最大的问题就是没有解决包依赖问题：假设软件包 A 依赖 B、B 又依赖 C，那么在安装 A 时，就需要先安装好 B 和 C，而这些依赖关系和依赖的准备都需要用户手动完成，既麻烦又容易出错，对于复杂的依赖关系，手工更是变得不可能。

后来就出现了很多的包管理器来解决 Linux 下软件包的安装和管理问题，当前主流的包管理工具有 apt-get 和 yum，其中 apt-get 是 Ubuntu 下的经典包管理器，yum 则是 Red Hat、CentOS 等发行版的经典包管理器。本节将以 CentOS 8 下的 yum 为例说明包管理器的使用。

3.2.1　配置安装源

Windows 下安装软件，要先将软件安装包（后续简称"软件包"）下载到本地，然后双击安装。而在 CentOS 8 下使用 yum 安装软件，不需要事先下载软件包，只需要告诉 yum 安装源在哪里即可。

安装源是软件包（Package）的仓库（yum 仓库），它可以在本地目录，也可以在光盘，还可以在网络等。yum 命令会依次查找/etc/yum.repos.d/目录下的安装源配置文件，搜索每个安装源配置文件中的安装源配置项对应的 yum 仓库中是否有符合条件的软件包，如果有则将该软件包及依赖拉取到本地并安装，如图 3-13 所示。

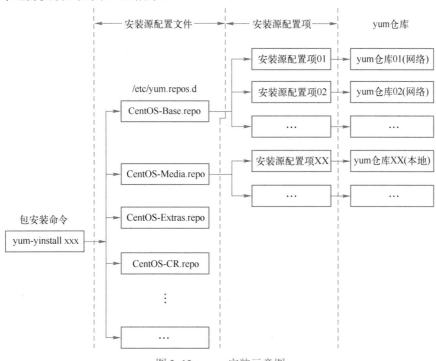

图 3-13　yum 安装示意图

1．安装源配置文件

如图 3-19 所示，yum 的安装源配置文件位于 /etc/yum.repos.d/ 目录下，扩展名为 repo。CentOS 8 默认的安装源配置文件如下所示，后续还可以根据需要添加新的安装源配置文件。

```
[user@localhost ~]$ ls /etc/yum.repos.d/
CentOS-AppStream.repo CentOS-centosplus.repo  CentOS-Debuginfo.repo  CentOS-fasttrack.repo
CentOS-PowerTools.repo      CentOS-Vault.repo    CentOS-Base.repo           CentOS-CR.repo
CentOS-Extras.repo          CentOS-Media.repo   CentOS-Sources.repo
```

每个安装源配置文件包含多个同类的安装源配置项，如下所示，CentOS-Media.repo 包含两个本地媒体类型的安装源配置项，一个是 c8-media-BaseOS，另一个是 c8-media-AppStream，它们都以中括号 [XXX] 作为开头。每个配置项有两个最重要的配置。

（1）baseurl

baseurl 用来描述 yum 仓库的位置，yum 仓库可以是一个网络链接，也可以是本地路径。

（2）enabled

enabled 用来表示该配置项是否生效，如果 enabled=0，则该配置项无效，yum 安装软件时不会使用该配置项；如果 enabled=1，或者直接去除 enabled，则该配置项生效，yum 安装软件时会到该配置项 baseurl 的 yum 仓库中去查找软件包。

```
[c8-media-BaseOS]
name=CentOS-BaseOS-$releasever - Media
baseurl=file:///media/CentOS/BaseOS
        file:///media/cdrom/BaseOS
        file:///media/cdrecorder/BaseOS
gpgcheck=1
enabled=0
gpgkey=file:///etc/pki/rpm-gpg/RPM-GPG-KEY-centosofficial

[c8-media-AppStream]
name=CentOS-AppStream-$releasever - Media
baseurl=file:///media/CentOS/AppStream
        file:///media/cdrom/AppStream
        file:///media/cdrecorder/AppStream
gpgcheck=1
enabled=0
gpgkey=file:///etc/pki/rpm-gpg/RPM-GPG-KEY-centosofficial
```

2．添加光盘安装源

当前 CentOS-Media.repo 的两个安装源配置项都是失效的，如果要将光盘安装源添加到配置中，可以修改 CentOS-Media.repo，步骤说明如下。

（1）修改安装源配置文件

按以下步骤修改 CentOS-Media.repo。

1）第 16 行 baseurl 修改成 file:///media/BaseOS，表示 yum 仓库位于本地目录/media/BaseOS 下。

2）第 18 行修改成 enabled=1，表示该配置项（c8-media-BaseOS）生效。

3）第 23 行 baseurl 修改成 file:///media/AppStream，表示 yum 仓库位于本地目录/media/AppStream 下。

4）第 25 行修改成 enabled=1，表示该配置项（c8-media-AppStream）生效。

修改后的 CentOS-Media.repo 内容如下。

```
14 [c8-media-BaseOS]
15 name=CentOS-BaseOS-$releasever - Media
16 baseurl=file:///media/BaseOS
17 gpgcheck=1
18 enabled=1
19 gpgkey=file:///etc/pki/rpm-gpg/RPM-GPG-KEY-centosofficial

20
21 [c8-media-AppStream]
22 name=CentOS-AppStream-$releasever - Media
23 baseurl=file:///media/AppStream
24 gpgcheck=1
25 enabled=1
26 gpgkey=file:///etc/pki/rpm-gpg/RPM-GPG-KEY-centosofficial
```

（2）挂载光盘

1）挂载光盘到/media 目录，命令如下。

```
[root@localhost ~]# mount /dev/sr0 /media/
```

```
mount: /media: /dev/sr0 already mounted on /media.
```

2）查看/media 目录，如果能看到下面的内容，则说明挂载成功。光盘目录中有两个子目录 BaseOS 和 AppStream，分别对应光盘上两个 yum 仓库，这样 yum 就可以使用这两个仓库来安装软件了。

```
[root@localhost ~]# ls /media/
AppStream BaseOS EFI images isolinux media.repo TRANS.TBL
```

3. 更换下载速度更快的安装源

CentOS 8 默认的网络安装源都在 CentOS 官网，有时下载速度很慢，可以将这些安装源修改成国内的安装源，这样可以大大加快软件的安装速度，以添加阿里云的安装源为例，具体说明如下。

（1）修改 CentOS-AppStream.repo

在 CentOS-AppStream.repo 中 name 的值后面加上 Ali 标识，注释掉 mirrorlist 和原来的 baseurl，添加新 baseurl（阿里云的仓库路径），如下所示。

```
13 [AppStream]
14 name=CentOS-$releasever - AppStream - Ali
15  #mirrorlist=http://mirrorlist.centos.org/?release=$releasever&arch=$basearch&
repo=AppStream&infra=$infra
16 #baseurl=http://mirror.centos.org/$contentdir/$releasever/AppStream/$basearch/os/
17 baseurl=https://mirrors.aliyun.com/centos/$releasever/AppStream/$basearch/os/
```

baseurl 中的字符串输入，要一个一个字符地去核对。

（2）修改 CentOS-Base.repo

同样的原理，修改 CentOS-Base.repo 的配置如下。

```
13 [BaseOS]
14 name=CentOS-$releasever - Base - Ali
15  #mirrorlist=http://mirrorlist.centos.org/?release=$releasever&arch=$basearch&
repo=BaseOS&infra=$infra
16 #baseurl=http://mirror.centos.org/$contentdir/$releasever/BaseOS/$basearch/os/
17 baseurl=https://mirrors.aliyun.com/centos/$releasever/BaseOS/$basearch/os/
```

（3）修改 CentOS-Extras.repo

同样的原理，修改 CentOS-Extras.repo 的配置如下。

```
14 [extras]
15 name=CentOS-$releasever - Extras - Ali
16  #mirrorlist=http://mirrorlist.centos.org/?release=$releasever&arch=$basearch&
repo=extras&infra=$infra
17 #baseurl=http://mirror.centos.org/$contentdir/$releasever/extras/$basearch/os/
18 baseurl=https://mirrors.aliyun.com/centos/$releasever/extras/$basearch/os/
```

（4）重新缓存 yum 元数据

执行下面的命令，清空 yum 元数据，重新缓存 yum 元数据。

```
[root@localhost yum.repos.d]# yum clean all
[root@localhost yum.repos.d]# yum makecache
```

如果能看到下面的输出，则说明 yum 安装源配置成功。

```
CentOS-8 - AppStream - Ali    23 kB/s | 4.3 kB     00:00
CentOS-8 - Base               38 kB/s | 3.9 kB     00:00
CentOS-8 - Extras - Ali       9.9 kB/s | 1.5 kB    00:00
```

```
CentOS-BaseOS-8 - Media          82 MB/s | 2.2 MB        00:00
CentOS-AppStream-8 - Media       59 MB/s | 5.7 MB        00:00
Metadata cache created.
```

如果配置不成功，则要首先检查能否连接互联网；其次要重点检查安装源配置文件中的 baseurl 配置。

3.2.2 常用包管理命令

下面结合 yum 的典型应用场景，列出 yum 常用命令的示例，具体说明如下。

1. 查看有效的安装源配置项

yum 的安装源配置文件位于 /etc/yum.repos.d/ 目录下，每个配置文件又有若干个安装源配置项，这些配置项中有的是有效的，有的则是无效的。可以使用下面的命令来查看当前哪些配置项有效，这样就可以避免一个个查看配置文件。

```
[root@localhost ~]# yum repolist
```

上述命令执行的结果如图 3-14 所示，第一列是 repo id 即安装源配置项中括号（[ ]）的内容，第二列是 yum 仓库名，即安装源配置项中 name 的值。

图 3-14   yum 有效的安装源配置项图

仅安装源配置项有效还不行，其配置的 yum 仓库也必须准备就绪，以图 3-14 为例，c8-media-AppStream 和 c8-media-BaseOS 的 yum 仓库均位于光盘上，那么就需要先将光盘挂载到 /media 目录，否则即使 c8-media-AppStream/c8-media-BaseOS 有效，yum 仓库访问不了，待安装的软件包也无法获取；同样的，AppStream、BaseOS 和 extras 的 yum 仓库位于互联网，需要先准备好网络，使得本机能够访问互联网。

2. 安装软件包

本示例使用 yum 安装 wget 软件包，wget 是 Linux 下常用的下载工具，安装命令如下。

```
[root@localhost ~]# yum -y install wget
```

上述命令和参数说明如下。

- -y 是选项，表示在安装的过程中，凡是需要用户选择的地方，全部选择 Yes，这样安装过程就可以直接进行下去，而不需要和用户交互。
- install 也是选项，告诉 yum 这是一个安装软件的操作。
- wget 是要安装的软件包的名字。

按〈Enter〉键后，yum 会查找 yum 仓库元数据信息，从中找到 wget 软件包的数据对其做依赖解析，然后下载依赖包和 wget 软件包，依次安装依赖包和 wget。所有的这些操作都是自动运行的。对用户来说，只需要运行 yum 一个命令，非常简单。但是，上述安装能否顺利完成，还取决于以下两个条件。

- 安装包所在的安装源配置项必须有效，配置的 yum 仓库必须能够访问。
- 要确定软件包的名字。但有的时候，只知道命令的名字，却不知道命令所在的软件包的名称，此时可以使用 yum 来反查软件包名称。例如本机上没有链接器 ld，也不清楚 ld 所在的软件包名称，使用 yum 反查软件包的命令如下。

```
[root@localhost ~]# yum whatprovides ld
```

上述命令会列出 ld 命令的软件包和 yum 仓库信息。如下所示，ld 命令的软件安装包有两个版本：第一个是 32 位的 binutils-2.30-49.el8.i686；第二个是 64 位的 binutils-2.30-49.el8.x86_64，可以根据需要在 yum 命令后精确指定软件包的名称。每个软件包下列出了 yum 仓库的名称，例如 binutils-2.30-49.el8.i686 的 yum 仓库就是 BaseOS。

```
Last metadata expiration check: 0:47:56 ago on Tue 05 Nov 2019 08:34:18 AM EST.
binutils-2.30-49.el8.i686 : A GNU collection of binary utilities
Repo        : BaseOS
Matched from:
Filename    : /usr/bin/ld

binutils-2.30-49.el8.x86_64 : A GNU collection of binary utilities
Repo        : BaseOS
Matched from:
Filename    : /usr/bin/ld

binutils-2.30-49.el8.x86_64 : A GNU collection of binary utilities
Repo        : c8-media-BaseOS
Matched from:
Filename    : /usr/bin/ld
```

3. 列出软件包信息

上节介绍了反查软件包名称的方法，它需要提供命令的名字。但有的时候连命令的名字也不清楚，只是对软件包的名字或功能有个大概印象，例如只记得要安装的软件包是以 bin 开头的，此时，可以列出 yum 仓库中所有的软件包，在列出的信息中查找以 bin 开头的软件包，命令如下。

```
[root@localhost ~]# yum list | less
```

上述命令中 yum list 会列出 yum 仓库中所有的软件包，然后通过管道 | 将此输出信息作为显示软件 less 的输入，如图 3-15 所示，在 less 中可以使用翻屏键〈Page Up〉/〈Page Down〉遍历 yum list 的输出信息，还可以使用斜杠 / 来搜索字符串，例如/bin 就是搜索包含 bin 的字符串，然后使用 n 来遍历每个包含 bin 的字符串。

图 3-15　yum 仓库可安装的软件包信息图

yum list | grep bin 可以直接输出包含 bin 的软件包信息，然后从中确定想要安装的软件包的名称。

使用 yum 来列出已经安装的软件包信息，命令如下。

```
[root@localhost ~]# yum list installed | less
```

4．撤销已安装的软件包

本小节以 wget 为例，介绍如何撤销之前已经安装的软件包，步骤如下。

（1）查看安装序号

1）yum 的每次安装都会有一个安装序号，使用下面的命令来查看 yum 操作历史中的安装序号。

```
[root@localhost ~]# yum history
```

上述命令执行结果如图 3-16 所示，安装 wget 的 ID 是 2。

ID	Command line	Date and time	Action(s)	Altered
2	-y install wget	2019-11-05 08:58	Install	1
1		2019-10-22 04:41	Install	406 EE

图 3-16　yum 操作历史中的安装序号图

2）使用下面的命令，来进一步查看 wget 安装的详细信息。

```
[root@localhost ~]# yum history info 2
```

（2）撤销安装

使用下面的命令撤销之前的 wget 安装，此时之前安装的 wget 就会被卸载，如果有依赖包的话，依赖包也会一并卸载。

```
[root@localhost ~]# yum history undo 2
```

如果系统打印以下信息，则说明撤销成功。

```
Removed:
  wget-1.19.5-7.el8_0.1.x86_64
Complete!
```

如果要恢复已撤销的动作，可以使用 yum history redo 2。yum remove wget 也可以卸载 wget，但是不建议这么做，因为 remove 操作可能会卸载之前安装的依赖包（有些依赖包是在安装 wget 之前就已经安装好了的，它们也是其他程序的依赖包），这样会导致其他程序不能正常工作。而 yum history undo 2 只会卸载本次安装的依赖包，不会对其他程序造成影响。

5．安装 EPEL 源

EPEL（Extra Packages for Enterprise Linux）是一个非常重要的安装源，它提供了很多基础安装源之外的软件包，实际使用中经常用到，安装 EPEL 安装源的命令如下所示。

```
[root@localhost yum.repos.d]# yum -y install epel-release
```

上述命令执行后，可以看 5 个 EPEL 源配置文件，如下所示。

```
[root@localhost ~]# ls /etc/yum.repos.d/epel*/etc/yum.repos.d/epel-modular.repo
/etc/yum.repos.d/epel.repo/etc/yum.repos.d/epel-testing.repo/etc/yum.repos.d/epel-
playground.repo /etc/yum.repos.d/epel-testing-modular.repo
```

查看当前有效的安装源，命令如下。

```
[root@localhost ~]# yum repolist
```

上述命令执行后，可以看到 EPEL 有关的安装源，如图 3-17 所示。

```
repo id                        repo name
AppStream                      CentOS-8 - AppStream - Ali
BaseOS                         CentOS-8 - Base
c8-media-AppStream             CentOS-AppStream-8 - Media
c8-media-BaseOS                CentOS-BaseOS-8 - Media
epel                           Extra Packages for Enterprise Linux 8 - x86_64
epel-modular                   Extra Packages for Enterprise Linux Modular 8 - x86_64
extras                         CentOS-8 - Extras - Ali
```

图 3-17　yum EPEL 有关的安装源图

3.3　Linux 存储

　　Linux 存储非常重要，各种存储设备（如硬盘、U 盘和分布式存储系统）的使用，存储空间的管理和扩容，以及各种文件系统（如本地文件系统和网络文件系统）的使用等，都和 Linux 存储密切相关。再加上 Linux 存储涉及众多概念，如扇区、分区和文件系统等，使得 Linux 存储成为 Linux 学习的一个难点。本节将介绍 Linux 存储的基本概念，以及常用的 Linux 存储操作示例。

3.3.1　Linux 存储基本概念

　　本小节介绍 Linux 存储的基本概念：扇区、块设备、分区、文件系统和挂载，它们都是 Linux 存储中重要而又基础的概念。

　　1. 扇区

　　扇区（Sector）是存储设备（磁盘/U 盘/SSD 硬盘等）中最小的存储单元，是 Linux 存储中最基础和最重要的概念之一。图 3-18 所示是一个硬盘盘片，它由一个个的同心圆组成，每个同心圆称为一个**磁道（Track）**，图 3-18 中最外部加粗的同心圆就是一条典型的磁道；硬盘上所有盘片上半径相同的磁道，组成一个**柱面（Cylinder）**；从盘片的圆心出发，向外画直线，可以将磁道划分为若干弧段，每条磁道上的**每个弧段就称为一个扇区，每个扇区存储 512 字节的数据**。

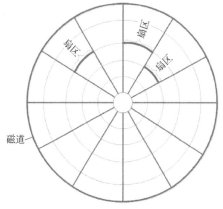

图 3-18　传统意义上的扇区示意图

　　对磁盘来说，扇区是其最小物理存储单元，而对于 U 盘/SSD 硬盘而言，其存储实现和磁盘完全不同，但它们也有扇区，该扇区是抽象后的概念。总之，扇区表示存储设备的最小存储单元。

　　以上是传统意义上扇区概念：每个磁道上的扇区数相同，每个扇区存储 512 字节的数据。随着硬盘技术的发展，扇区的设计也发生了相应的变化，最显著的地方有两个。

　　（1）每个磁道上的扇区数不再相同

　　传统意义上每个磁道的扇区数量相同，这就导致不同磁道上的扇区的弧段长度是不一样的，半径越大的磁道，扇区弧段越长。由于每个扇区存储的数据量相同，这样就会导致不同磁道上的扇区的磁颗粒密度不同，弧段越长的扇区磁颗粒密度反而越小，这就导致了硬盘存储空间的浪费。随着硬盘技术的发展，出现了**等密度磁道**，每个磁道的磁颗粒密度是相同的。同时每个扇区的存储容量还是一样的，因此，就不能用以前的方法来划分扇区了，而是要基本依据弧段的长度来划分扇区。磁道半径越大，磁道的周长就越大，划分的扇区也就越多。因此，半径不同的磁道，其扇区数不再相同。

　　这个特性导致了硬盘寻址方式发生变化，传统意义上的硬盘，采用 CHS（柱面、磁头、扇区）寻址。硬盘使用者（操作系统/底层应用）可以很方便地将存储空间的线性地址，转换成 CHS（同时也可以直接定位扇区的物理位置）对硬盘寻址。然而这一切都依赖于"每个磁道扇区数相同"这一特性，当每个磁道的扇区数不再相同时，硬盘使用者就不能方便地使用一个公式，将存储空间的线性地址，再转换成 CHS 进行寻址了。

此时，硬盘提供了 LBA（Logical Block Addressing）寻址方式，即逻辑块寻址模式，硬盘使用者直接传入扇区的逻辑地址进行寻址，由硬盘内部的控制器完成逻辑地址到物理位置的转换。这种方式简化了硬盘使用者的工作，但是，硬盘使用者就不能像以前一样，根据线性地址直接定位扇区的物理位置了。此外，LBA 寻址还带来了寻址空间的飞跃，CHS 采用 24 位对扇区寻址，其寻址空间大小大约为 16M*512B，约为 8GB 左右，这也就决定了硬盘的空间最多能使用 8GB 左右。而 LBA 采用 48 位寻址，其寻址空间则扩大到 128PB 左右，扩容 1600 万倍。

（2）硬盘扇区的存储容量由 512 字节变成了 4096 字节

传统硬盘扇区的大小为 512 字节，每个扇区都有自己的开销，例如校验数据等。随着硬盘容量的扩大，这些开销也随之增大，为了降低开销，提升硬盘空间的利用率，新的硬盘将扇区的大小设计成 4096 字节（4KB），这样可以有效降低开销。但是，硬盘的使用者，如 BIOS/操作系统等，并未及时更新扇区大小，它们还是认为扇区的大小为 512 字节，并以此进行管理。为了向上兼容，新硬盘的接口还是以 512 字节为一个扇区，此时用户向硬盘读取 1 个扇区的内容，硬盘内部尽管读取的是 4KB 数据，但返回给用户依旧是 512B 的数据。因此，从用户的角度来说，**依然可以认为硬盘的扇区大小为 512 字节，但心里要清楚，硬盘扇区的实际大小是 4KB**。

文件系统通常以 4K（或者 4K 的倍数）为一个基本单位来管理硬盘空间，这个基本单位称为块（Block）。当文件系统读取 1 个 Block 时，如果该 Block 正好对应一个物理扇区，那么硬盘就只需要读取 1 次，否则，该 Block 就会跨两个扇区，硬盘就需要读取两次，对于写操作则需要读两次，再写两次，严重影响性能。**4K 对齐**（地址为扇区（512B）的 8 倍）技术可以解决上述问题，具体包括分区起始地址的对齐、文件系统中元数据存储起始地址的对齐以及真实数据存储起始地址的对齐等。

总之，关于扇区至少要掌握：扇区是存储设备的最小的存储单元；每个扇区的大小为 512B（尽管底层硬件的实现已经不是这样）。

2. 块设备

块设备指支持寻址，以块为单位来操作数据的设备，典型的块设备如硬盘和光盘等。和字符设备相比，块设备有两个特点。

1）支持数据寻址，例如硬盘中的 CHS/LBA 寻址。

2）读取/写入数据的单位是块，这里的块指一个扇区 512B，而字符设备是以字节为单位操作数据的。

Linux 使用块设备文件表示块设备，例如 /dev/sr0 表示光驱设备，/dev/sda1 表示硬盘上的一个分区，它们都是典型的块设备文件。从实现的角度可以将块设备分为：物理块设备和虚拟块设备两大类，说明如下。

（1）物理块设备

物理块设备指该设备的存储功能直接由真实的专用存储设备完成，例如磁盘、U 盘、SSD 硬盘，以及它们的分区和光驱等，都是物理块设备。

磁盘、U 盘、SSD 硬盘的设备文件名为/dev/sdX，X 表示块设备编号，取值范围 a~z，注意 X 后面是没有数字编号的；分区的设备文件名为/dev/sdXN，X 表示块设备编号，N 为分区编号，从 1 开始；光驱设备文件名为/dev/srN，N 为设备编号。

（2）虚拟块设备

虚拟块设备指由软件虚拟而成的块设备。它们并不直接对应存储设备，其存储功能是由软件结合通用的存储实现。虚拟块设备使得上层的用户和底层的存储实现脱钩，不管底层实现怎样，上层用户用起来都是一样的。而物理块设备则是直接和底层存储对接的。

从功能的角度，虚拟块设备又可以分为 3 类：**网络虚拟块设备**、**逻辑卷**和 **Loop 设备**。

1）网络虚拟块设备

网络虚拟块设备是指基于网络的虚拟块设备。网络虚拟块设备会在本机虚拟一个块设备，但是该块设备的数据却是通过网络存储在远程服务器上的，至于数据是如何在远程服务器上存储的，有可能是直接存储在硬盘，也可能是存储在服务器的 Raid 阵列，还可能是存储在服务器的内存，甚至可能是服务器的一个文件中等。

典型的网络虚拟块设备技术有 ISCSI 和 NBD。ISCSI（Internet Small Computer System Interface）使用 TCP/IP 实现本机和服务器之间交换 SCSI 命令，SCSI 命令用于计算机同本地存储的数据交换，因此，有了 ISCSI，本机就可以将服务器当成一个本地存储设备来使用。NBD（Network Block Device）同样会在本机虚拟出一个块设备，该块设备通过轻量级块设备访问协议同服务器交互，从而将服务器当成一个本地存储设备来使用。

ISCSI 的设备文件为/dev/vdX，X 为设备编号，取值范围为 a~z。可以在/dev/vdX 上分区，ISCSI 分区的设备文件为/dev/vdXN，X 为设备编号，取值范围为 a~z，N 为分区编号，从 1 开始。

NBD 的设备文件为/dev/nbdN，N 为设备编号，从 0 开始。NBD 分区的设备文件为/dev/nbdNpM，其中 N 为设备编号，从 0 开始，M 为分区编号，从 1 开始。

2）逻辑卷

逻辑卷是构建在多个（也可以是 1 个）块设备之上的虚拟块设备。逻辑卷使用逻辑卷管理（Logical Volume Manager，LVM）技术实现，LVM 通常将多个物理块设备（包括分区）组成一个统一的空间，称为卷组（Volume Group，VG），然后在卷组上划分出一块的空间，每一块空间就称为一个逻辑卷（Logic Volume，LV），如图 3-19 所示。和直接使用块设备存储空间相比，LVM 技术可以很方便地实现存储空间的管理，例如对逻辑卷进行扩容等。

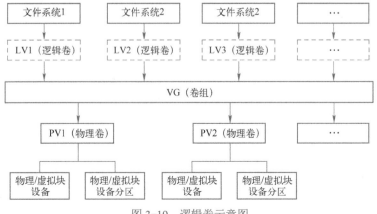

图 3-19　逻辑卷示意图

逻辑卷设备文件命名形式为/dev/dm-N，其中，dm-N 表示具体的设备名，N 表示逻辑卷编号，起始编号为 0。

逻辑卷上不能再分区，而是直接构建文件系统。

3）Loop 设备

Loop 设备又称回环设备，它可以将一个文件虚拟成一个块设备，块设备上的数据都存储在此文件上。Loop 设备因为使用方便，在测试中应用很多。

Loop 设备文件名为/dev/loopN 等，N 表示设备编号，类型是数字，起始编号为 0。Loop 设备上不能再分区，而是直接构建文件系统。

3. 分区

分区指**将存储设备的存储空间划分成逻辑上独立的几个部分**，每个部分就是一个独立的分区。例如 Windows 下的 C 盘、D 盘等，就是一个个的分区，Linux 下的 sda1、sda2 等，也是一个个的分区。

分区的应用场景有很多：当拿到一个从未使用过的存储设备时，通常要做的第一个操作就是对其进行分区；如果要对一个存储设备的空间重新规划，要先对其进行分区；当在硬盘上安装操作系统时，也要对其进行分区等。

如果将存储设备的所有空间作为一个分区的话，是可以不分区，直接格式化的。

分区的分类也有多种：例如从技术实现的角度，分区可以分为 MBR 分区和 GPT 分区两类；从自身属性的角度，分区可以分为主分区和扩展分区两类，扩展分区又由若干逻辑分区组成，具体说明如下。

（1）MBR 分区和 GPT 分区

MBR 分区是传统的分区方式，因为分区表紧随 MBR 之后，故称为 MBR 分区。MBR 分区最多支持 4 个主分区，或者 3 个主分区+1 个扩展分区。MBR 分区存在的问题：分区的数量受限，单个分区的大小不超过 2TB。

GPT（GUID Partition Table）分区是新的分区方式，其优点是支持 2TB 以上的分区，分区的数量也不受限制（但分区数量受操作系统的限制），GPT 分区存在的问题是，在 GPT 分区上安装操作系统，需要设置 UEFI 引导，但一些老的主板的 BIOS 并不支持 UEFI 引导。

如果硬盘空间超过 2TB，使用 GPT 分区；如果硬盘空间不超过 2TB，且硬盘用作系统盘，建议使用 MBR 分区，这样兼容性好；如果硬盘用作数据盘，使用 MBR 分区/GPT 分区都可以。

（2）主分区、扩展分区和逻辑分区

主分区、扩展分区和逻辑分区都是 MBR 分区中的概念，GPT 分区突破了分区数的限制，其分区类型不做上述区分。主分区是指记录在 MBR 分区表中的分区，分区表共 64 字节，分为 4 项，每项 16 字节，记录一个分区的信息。扩展分区是为了解决 MBR 分区数限制而引入的，在扩展分区中再划分为若干逻辑分区，逻辑分区间以链表方式建立连接，MBR 分区表中的一项指向第一个逻辑分区，如图 3-20 所示。MBR 分区中最多只能有一个扩展分区，主分区+扩展分区的个数不超过 4 个。

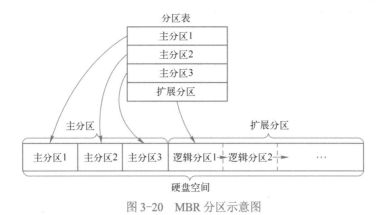

图 3-20　MBR 分区示意图

扩展分区项出问题，很可能会导致所有的逻辑分区都无法使用；如果是其中一个逻辑分区无法访问，则它后面的逻辑分区很有可能无法访问。主分区则不会有以上问题，因此，从这个角度讲，主分区的安全性要高。因此，如果不超过 4 个分区，可以都使用主分区；如果超过 4 个分区，应将操作系统安装在主分区。

4．文件系统和格式化

文件系统指**文件在存储设备的组织方式和数据结构**，如 Windows 中的 NTFS、Linux 中的 Ext3、Ext4 和 XFS 等。如果把存储设备比作一个仓库，分区就是仓库的隔间；文件系统则是为隔间加入货架，并且使用记录本来记录货架情况，从而实现货物存入和取出的系统；文件则是货物，而且是可以拆分再打包的货物。

任何存储设备，都必须构建好文件系统后，才能使用。这个构建文件系统的过程，就是平时所说的"**格式化**"。例如一块从未使用过的硬盘，分区后把它格式化成 NTFS 格式，就可以使用该硬盘了。

5．挂载（Mount）

挂载（Mount）是**将文件系统同目录关联起来的一种操作，被关联的目录**，称之为**挂载点**（Mount Point）。挂载的概念在 2.2.5 节中已有详细说明，此处不再赘述。总之，任何存储系统，必须要构建文件系统，文件系统构建好后，还要进行挂载操作，将该文件系统同 Linux 下的某个目录关联起来，这样上层用户才能够向该存储系统读取/写入文件。因此，挂载是存储系统使用之前的最后一个操作。

3.3.2　Linux 存储体系

Linux 下支持多种类型的存储设备/系统，如图 3-21 所示，按照使用顺序可以将它们划分为两个层次：块设备层和文件系统层，以此构成 Linux 存储体系。

1．块设备层

块设备层表示最底层的存储设备，包括虚拟块设备和物理块设备。如图 3-21 所示，可以直接在块设备上构建文件系统；也可以对部分块设备先分区，再构建文件系统；也可以基于块设备先构建逻辑卷，再构建文件系统。

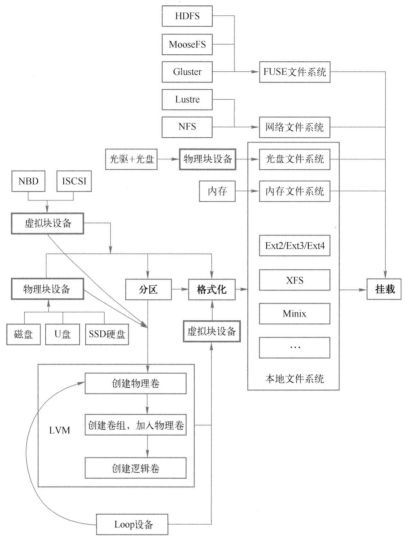

图 3-21　Linux 存储体系图

2. 文件系统层

文件系统层包括各种类型的文件系统，角度不同，文件系统的分类也不同。例如按照存储的位置划分，可以分为本地文件系统和网络文件系统；按照存储的介质划分，可以分为磁盘文件系统、内存文件系统、光盘文件系统等；按照实现技术划分，可以分为内核文件系统和用户空间文件系统（FUSE Filesystem in Userspace）。文件系统构建好后，用户将文件系统挂载到某个目录关联，就可以通过该目录访问文件系统了。因此，文件系统层是整个 Linux 存储体系中最接近用户的一层。

文件系统的本质是实现文件的组织和管理，这是向上而言的，向下则是如何实现文件数据的存储，可以有多种方式：可以直接构建在物理/虚拟块设备上，也可以构建在分区之上，甚至直接构建在其他已有的文件系统之上。

图 3-21 还列出了 Linux 存储体系中各类存储设备的使用步骤：图中箭头表示使用的顺序；加粗的

文字如"分区""格式化"和"挂载"表示具体操作；而加粗的方框则表示存储体系中的存储设备。

每个存储设备从自身沿着箭头出发，最后都会走到"挂载"操作。以物理块设备——磁盘为例，一块从未使用过的磁盘在 Linux 中会显示/dev/sdX 设备文件（X 为设备号，取值 a～z），其使用顺序如下。

1）如果要进行空间规划，则对其分区，分区文件为/dev/sdXN（N 为数字，表示分区编号）；如果是使用整个空间，则直接跳至下一步。

2）如果要构建逻辑卷，则先创建物理卷，物理卷可以是分区或整个设备，然后创建卷组，最后在卷组上划分逻辑卷；如果不构建，直接跳至下一步。

3）格式化创建文件系统，格式化对象可以是：分区、整个设备、逻辑卷。

4）挂载文件系统。

总之，存储设备要使用，最后一定是要在该设备上构建一个文件系统，挂载该文件系统后才可以使用的；存储设备的常规使用步骤包括分区、格式化和挂载这 3 步，其中挂载是必需的，分区和格式化则要视具体情况而定。

3.3.3　Linux 存储基本操作

本节介绍 Linux 存储系统最常用的操作，包括 MBR 分区和 GPT 分区的构建操作、格式化操作以及挂载操作等。

1．准备示例环境

在介绍存储操作示例之前，先关闭虚拟机添加一块新的硬盘，名字为 2T.vmdk，类型是 SCSI，大小是 2040GB，存储成一个单独的文件，如图 3-22 所示。

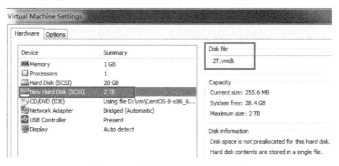

图 3-22　新增虚拟硬盘信息图

2．分区操作

（1）查看分区

系统重启后，使用下面的命令查看分区信息。

```
[root@localhost ~]# lsblk
```

上述命令执行后，显示结果如下，有三个设备。

1）sda 是创建虚拟机时的硬盘，大小是 20GB。

2）sdb 是新添加的硬盘，大小是 2TB。

3）sr0 是光驱设备。

sda 下面还列出了分区信息，有两个分区：sda1 分区大小是 1G，sda2 分区大小是 19G。在

sda2 分区上还创建了两个逻辑卷：cl-root 逻辑卷用于安装操作系统，cl-swap 用于交换分区，有关逻辑卷后面还会详细说明。

```
NAME          MAJ:MIN RM  SIZE        RO          TYPE  MOUNTPOINT
sda           8:0     0   20G         0           disk
├─sda1        8:1     0   1G          0           part        /boot
└─sda2        8:2     0   19G         0           part
  ├─cl-root   253:0   0   17G         0           lvm   /
  └─cl-swap   253:1   0   2G          0           lvm   [SWAP]
sdb           8:16    0   2T          0           disk
sr0           11:0    1   6.7G        0           rom
```

（2）使用 fdisk 分区

1）使用 fdisk 对新增的硬盘/dev/sdb 分区，它可以创建 MBR 分区，命令如下。

```
[root@localhost ~]# fdisk /dev/sdb
```

上述命令执行后，会进入 fdisk 的交互界面，如下所示。

```
Command (m for help):
```

2）冒号（:）后面输入 fdisk 内部命令，例如查看帮助的命令 m，如下所示。

```
Command (m for help): m
```

此时，fdisk 会打印其使用帮助，如下所示。

```
Help:

  DOS (MBR)
   a   toggle a bootable flag
   b   edit nested BSD disklabel
   c   toggle the dos compatibility flag
```

命令 p 可以查看硬盘已有的分区。

如果硬盘上已经有分区了，可以使用命令 d 来删除已有的分区。

如果不想对分区做任何操作，可以使用命令 q 退出 fdisk。

3）输入命令 n，创建第一个分区，如下所示。

```
Command (m for help): n
```

4）上述命令执行后，fdisk 会提示待创建分区的类型，是主分区，还是扩展分区？分区有两种类型：主分区和扩展分区。

```
Partition type
   p   primary (0 primary, 0 extended, 4 free)
   e   extended (container for logical partitions)
```

5）先创建一个主分区，命令如下所示。

```
Select (default p): p
```

6）按〈Enter〉键后，fdisk 会提示选择分区号，直接按〈Enter〉键，使用默认编号 1。

```
Partition number (1-4, default 1):
```

7）选择分区的第一个扇区编号，按〈Enter〉键选择默认即可。

```
First sector (2048-4278190079, default 2048):
```

8）确定分区大小，如下所示，+100G 表示分区的大小为 100GB，+100 表示大小为 100 个扇区，+100K 表示分区大小为 100KB，+100M 表示分区大小为 100MB，+100T、+100P 以此类推。

```
Last sector, +sectors or +size{K,M,G,T,P} (2048-4278190079, default 4278190079):
+100G
```

9）按〈Enter〉键后，如果 fdisk 出现下面的提示，选择 Yes。

```
Created a new partition 1 of type 'Linux' and of size 100 GiB.
Partition #1 contains a ext4 signature.
Do you want to remove the signature? [Y]es/[N]o: yes
```

10）此时，第一个主分区就设置好了，输入 w，保存并退出，如下所示。

```
Command (m for help): w
```

11）使用 lsblk 命令查看分区，可以看到 sdb 下面新增了一个分区 sdb1，大小为 100G，如下所示。

```
[root@localhost ~]# lsblk
NAME         MAJ:MIN RM  SIZE RO TYPE MOUNTPOINT
sdb            8:16   0    2T  0 disk
└─sdb1         8:17   0  100G  0 part
```

（3）使用 parted 分区

1）在使用 parted 分区之前，要先使用 fdisk 删除上小节所创建的分区/dev/sdb1，删除后的分区应该如下所示。

```
[root@localhost user]# lsblk
sdb            8:16   0    2T  0 disk
```

2）使用 parted 在/dev/sdb 上创建 GPT 分区，命令如下。

```
[root@localhost user]# parted /dev/sdb
```

3）输入 help 可以打印命令帮助，如下所示。

```
(parted) help
```

帮助内容显示如下。

```
align-check TYPE N           check partition N for TYPE(min|opt) alignment
help [COMMAND]               print general help, or help on COMMAND
mklabel,mktable LABEL-TYPE   create a new disklabel (partition table)
```

4）使用 mklabel 创建 GPT 分区，如下所示，mklabel 是命令，gpt 是分区标签。

```
(parted) mklabel gpt
```

5）在下面的提示中选择 Yes。

```
Warning: The existing disk label on /dev/sdb will be destroyed and all data on
this disk will be lost. Do you want to continue?
Yes/No? yes
```

6）创建第一个分区，命令如下。

```
(parted) mkpart p1 ext4 2048s 200G
```

上述命令和参数说明如下。

- mkpart 是分区创建命令。
- p1 是分区名字，因为 GPT 分区没有主分区和扩展分区之分，因此，mkpart 后面直接跟分区名字，注意 mkpart 和 p1 之间要有空格。
- Ext4 是分区的文件系统类型。
- 2048s 是分区的起始位置，其中 s 表示扇区（Sector），也可以使用百分比，例如 10%，即从磁盘空间的 10%处开始，也可以使用 K/M/G 等存储容量单位，例如 2048K，即从磁盘的 2048KB 处开始。

分区的起始位置要特别注意，如果填入的数字不合适，会有下面的提示："Warning: The resulting partition is not properly aligned for best performance: XXs % 2048s != 0s"。这是因为分区的起始位置并没有和某个数字对齐，如果分区不对齐的话，对存储性能会有很大影响。

那这个数字应该怎样确定呢？这里有个好方法，告警提示中 "XXs % 2048s != 0s"，这个 2048s 就是需要对齐的数字，即 2048 个扇区。

- 200G 是分区的结束位置，其格式同分区起始位置一样，可以用扇区数、百分比和存储容量来表示。

7）创建第二个分区，分区名为 p2，文件系统为 Ext4，空间为剩余的所有空间，命令如下，其中 100%表示剩下的所有空间。

```
(parted) mkpart p2 ext4 200G 100%
```

8）使用命令 p 打印当前分区信息，命令如下。

```
(parted) p
```

分区信息显示如下，可以看到/dev/sdb 的大小为 2190GB、分区表类型为 gpt，并且已经创建了两个分区。

```
Model: VMware, VMware Virtual S (scsi)
Disk /dev/sdb: 2190GB
Sector size (logical/physical): 512B/512B
Partition Table: gpt
Disk Flags:

Number  Start     End       Size      File system       Name  Flags
 1      1049kB    200GB     200GB     ext4              p1
 2      200GB     2190GB    1990GB    ext4              p2
```

第一个分区的起始位置是 1049kB，刚才分区时，设置的参数是 2048s，为何两个数字不一样？2048s 的大小是 2048*512=1048576B，1048576/1000=1049kB，这里的 k 是小写，大小为 1000，大写的 K 才是 1024。因此，2048s 换算成容量单位就是 1049kB。

9）如果确定没有问题，使用 quit 命令退出，如下所示。

```
(parted) quit
```

如果分区有问题，可以使用 rm Number 来删除指定的分区，例如 rm 2 就是删除编号为 2 的分区。

10）使用 lsblk 查看分区情况，如下所示，可以看到刚才划分的两个分区 sdb1 和 sdb2。

```
[root@localhost user]# lsblk
NAME    MAJ:MIN RM SIZE  RO  TYPE MOUNTPOINT
sdb       8:16     0  2T      0   disk
├─sdb1    8:17     0  186.3G  0   part
└─sdb2    8:18     0  1.8T    0   part
```

2. 格式化操作

格式化操作就是在指定的存储对象上创建文件系统，这个存储对象可以是整个物理块设备、虚拟块设备，也可以是它们的分区，还可以是逻辑卷。

Linux 下的格式化命令为 mkfs，示例如下。

（1）示例 1：在/dev/sdb1 上创建 Ext4 文件系统

创建命令如下，-t ext4 表示文件系统类型是 Ext4，也可以用其他的文件系统名，如 ext2、ext4、xfs 等替换 ext4，/dev/sdb1 是格式化的存储对象。

```
[root@localhost user]# mkfs -t ext4 /dev/sdb1
```

使用 lsblk -f 可以查看/dev/sdb1 的文件系统类型，如下所示，sdb1 的类型为 Ext4。

```
[root@localhost user]# lsblk -f
NAME    FSTYPE    LABEL    UUID          MOUNTPOINT
sdb
├─sdb1    ext4              16c7e274-3e9c-4cdc-9b1a-06819eb4a6d4
```

其实 mkfs 并不会执行具体格式化操作，它只是一个包装（Wrapper），它会根据传入的参数选择具体的格式化命令进行操作，上述示例中调用的就是/usr/sbin/mkfs.ext4。

（2）示例 2：设置文件系统的 Block 大小

文件系统中最重要的一个参数就是 Block 大小，Block 是文件系统操作的最小单位，它由若干个扇区组成。如果 Block 越小，则文件系统空间浪费得越少，特别适合小文件（KB 甚至更小的级别）较多的应用场景，其缺点是文件系统本身的开销会比较大。如果 Block 越大，则文件系统本身的开销会比较小，文件的碎片数会比较少，而且文件系统操作的速度会提升，特别适合存储大文件（GB 以上），或者磁盘本身空间比较大（TB 级）的场景。

Block 的取值范围因文件系统而异，以 Ext2/Ext3/Ext4 为例，它们的 Block 大小可以是 1024、2048 或 4096 字节。下面重新对/dev/sdb1 格式化，将 Block 设置为 1024 字节，命令如下，其中-b 1024 用来指定 Block 大小为 1024 字节。

```
[root@localhost user]# mkfs -t ext4 -b 1024  /dev/sdb1
```

查看/dev/sdb1 的 Block 信息，命令如下。

```
[root@localhost user]# dumpe2fs -h /dev/sdb1 | grep Block
```

Block 的大小信息如下，为 1024 字节。

```
Block size:            1024
```

Ext4 还支持 clustered block allocation，可以认为是更大的 Block，其大小是 Block 大小*2 的幂次方，默认值是 16 个 Block，即 2 的 4 次方。

3．挂载操作

挂载操作会将文件系统 A 同目录 B 关联起来，这样目录 B 下的内容就是文件系统 A 的内容，向目录 B 写入的文件就会存储到文件系统 A 上，目录 B 称为挂载点。

挂载操作的命令为 mount，示例如下，将/dev/sdb1 挂载到/mnt 上，挂载点为/mnt。

```
[root@localhost user]# mount /dev/sdb1 /mnt/
```

使用 lsblk 可以查看挂载情况如下，sdb1 已经挂载到/mnt 上了。

```
[root@localhost user]# lsblk
NAME      MAJ:MIN   RM    SIZE      RO    TYPE   MOUNTPOINT
sdb         8:16     0     2T        0    disk
├─sdb1      8:17     0    186.3G     0    part /mnt
```

注意，mount 命令后面跟的参数是/dev/sdb1，它是一个分区，但是在 mount 操作中，它表示的是这个分区上的文件系统，因为/dev/sdb1 如果不格式化，是无法挂载的。

3.3.4 LVM 使用

本节介绍 LVM 的最常用操作示例，包括创建逻辑卷和 LVM 扩容，具体说明如下。

1．示例 1：创建逻辑卷

（1）创建 GPT 分区 p1 和 p2

在/dev/sdb 上创建 GPT 分区，分别创建两个大小为 100G 的分区，名字为 p1 和 p2，操作说明如下。

1）运行 parted 命令。

```
[root@localhost ~]# parted /dev/sdb
```

2）打印已有的分区信息，命令如下，可以看到已有两个分区 p1 和 p2。

```
(parted) p
Number  Start      End    Size      File system    Name  Flags
 1      1049kB            200GB     200GB          ext4  p1
 2      200GB             2190GB    1990GB               p2
```

3）删除已有分区，命令如下。

```
(parted) rm 1
(parted) rm 2
```

4）打印分区信息，进行验证，可以看到 p1 和 p2 都已经被删除。

```
(parted) p
```

5）重新创建分区 p1，大小 100G，命令如下。

```
(parted) mkpart p1 2048s 100G
```

6）重新创建分区 p2，大小 100G，命令如下。

```
(parted) mkpart p2 100G 200G
```

```
(parted) p
Number  Start         End      Size     File system      Name      Flags
1                     1049kB   100GB    100GB            ext4      p1
2                     100GB    200GB    100GB            ext4      p2
```

此处在分区时不需要指定待构建的文件系统类型。

7）保存退出，命令如下。

```
(parted) quit
```

8）查看分区情况，命令如下，可以看到/dev/sdb 已经被分成了 p1 和 p2 两个分区。

```
[root@localhost ~]# lsblk | grep sdb
sdb           8:16  0    2T        0    disk
├─sdb1        8:17  0    93.1G     0    part
└─sdb2        8:18  0    93.1G     0    part
```

（2）创建 PV

1）创建 PV，将/dev/sdb1 创建为物理卷，命令如下。

```
[root@localhost ~]# pvcreate /dev/sdb1
  Physical volume "/dev/sdb1" successfully created.
```

2）创建 PV，将/dev/sdb2 创建为物理卷，命令如下。

```
[root@localhost ~]# pvcreate /dev/sdb2
  Physical volume "/dev/sdb2" successfully created.
```

3）打印本机的物理卷信息，命令如下，可以看到刚才创建的物理卷/dev/sdb1 和/dev/sdb2。

```
[root@localhost ~]# pvdisplay
```

（3）创建 VG（卷组）

1）创建 VG datav，将物理卷/dev/sdb1 和/dev/sdb2 加入 datav，命令如下。

```
[root@localhost ~]# vgcreate datav /dev/sdb1 /dev/sdb2
  Volume group "datav" successfully created
```

2）打印卷组信息，命令如下，系统输出刚创建的 datav。

```
[root@localhost ~]# vgdisplay
  --- Volume group ---
  VG Name               datav
```

3）查看 datav 所包含的物理卷，命令如下。

```
[root@localhost ~]# pvs | grep datav
  /dev/sdb1  datav lvm2 a--   <93.13g   <93.13g
  /dev/sdb2  datav lvm2 a--   <93.13g   <93.13g
```

（4）创建 LV

1）在 datav 上创建一个逻辑卷 lv1，大小为 50G，命令如下。

```
[root@localhost ~]# lvcreate -L 50G -n lv1  datav
```

2）在 datav 上再创建一个逻辑卷 lv2，大小为 50G，命令如下。

```
[root@localhost ~]# lvcreate -L 50G -n lv2  datav
```

3）查看 datav 上的逻辑卷，命令如下。

```
[root@localhost ~]# lvs | grep datav
  lv1  datav -wi-a----- 50.00g
  lv2  datav -wi-a----- 50.00g
```

4）查看 lv1 和 lv2 对应的设备文件，命令如下，可以看到 /dev/mapper/datav-lv1 和/dev/mapper/datav-lv2 是两个软链接文件，分别链接到了 /dev/dm-2 和 /dev/dm-3。

```
[root@localhost ~]# ls -l /dev/mapper/ | grep datav
lrwxrwxrwx. 1 root root       7 Nov 12 19:47 datav-lv1 -> ../dm-2
lrwxrwxrwx. 1 root root       7 Nov 12 19:48 datav-lv2 -> ../dm-3
```

5）查看 /dev/dm-2 和 /dev/dm-3 的属性，命令如下，可以看到这两个文件都是块设备文件，也就是说逻辑卷 lv1 对应 /dev/dm-2 块设备文件，逻辑卷 lv2 对应 /dev/dm-3 块设备文件。

```
[root@localhost ~]# ls -l /dev/dm-2 /dev/dm-3
brw-rw----. 1 root disk 253, 2 Nov 12 19:47 /dev/dm-2
brw-rw----. 1 root disk 253, 3 Nov 12 19:48 /dev/dm-3
```

（5）创建文件系统

1）在 lv1 上构建文件系统 Ext4，命令如下。

```
[root@localhost ~]# mkfs -t ext4 /dev/dm-2
```

2）在 lv2 上构建文件系统 XFS，命令如下。

```
[root@localhost ~]# mkfs -t xfs /dev/dm-3
```

3）使用 lsblk 查看块设备文件系统信息，命令如下。

```
[root@localhost ~]# lsblk -f
```

输出信息如图 3-23 所示，可以看到每个分区上的逻辑卷，以及每个逻辑卷的文件系统。

```
sdb
├─sdb1            LVM2_member            PZ99DY-Umzb-qEU7-b9Mp-Jfg5-mJDM-NZKdHX
│ └─datav-lv1 ext4                       89823b5c-480d-414f-b809-fbcf250afd2f
└─sdb2            LVM2_member            jS8n4R-hBrW-c6De-BMiX-3IZ9-4SlZ-0tOFdd
  └─datav-lv2 xfs                        0f6ea245-f070-4d52-914d-fc409b1d1f3a
```

图 3-23　逻辑卷分区信息图

（6）挂载逻辑卷

1）将 lv1 挂载到 /mnt，命令如下。

```
[root@localhost mapper]# mount /dev/mapper/datav-lv1 /mnt/
```

2）查看挂载信息，命令如下，可以看到 lv1 已经挂载到 /mnt。同样也可以将 lv2 挂载到其他目录，从而实现对 lv2 的操作。

```
[root@localhost mapper]# df -h
Filesystem              Size Used      Avail      Use%      Mounted on
/dev/mapper/datav-lv1   49G  53M       47G        1%        /mnt
```

2. LVM 扩容操作

LVM 的扩容包括两方面，在卷组容量足够的情况下，实现逻辑卷的扩容；卷组容量不足的情况下，对卷组进行扩容，示例说明如下。

（1）示例 2：逻辑卷扩容

1）将 lv1 的容量由 50G 扩展到 80G，命令如下。

```
[root@localhost mapper]# lvextend -L 80G /dev/mapper/datav-lv1
   Size of logical volume datav/lv1 changed from 50.00 GiB (12800 extents) to
80.00 GiB (20480 extents).
   Logical volume datav/lv1 successfully resized.
```

-L 80G 表示将 lv1 扩展到 80G，因为原来的大小是 50G，因此也可以表示为在原来的基础上增加 30G，则可以写成-L +30G。

2）查看 lv1 的信息，命令如下。

```
[root@localhost mapper]# lsblk
```

可以看到 lv1 的容量已经变成了 80G。

```
sdb                        8:16       0    2T        0    disk
├─sdb1          8:17    0    93.1G    0    part
│  └─datav-lv1  253:2   0    80G  0    lvm    /mnt
└─sdb2          8:18    0    93.1G    0    part
   └─datav-lv2  253:3   0    50G  0    lvm
```

3）查看挂载点信息，lv1 的容量还是 50G，命令如下。

```
[root@localhost mapper]# umount /mnt/
[root@localhost mapper]# mount /dev/mapper/datav-lv1 /mnt/
[root@localhost mapper]# df -h
```

可以看到，挂载点显示 lv1 的容量还是 50G。

```
/dev/mapper/datav-lv1   49G   53M   47G   1% /mnt
```

4）这是因为文件系统也要随之扩容，lv1 的文件系统为 Ext4，扩容命令如下。

```
[root@localhost mapper]# resize2fs /dev/mapper/datav-lv1
```

扩容命令 resize2fs 可以在线执行，执行后再次查看挂载点信息，可以看到挂载点容量变成了 79G，如下所示，因为文件系统自身也有开销，因此，最终显示的容量不到 80G。

```
[root@localhost mapper]# df -h
/dev/mapper/datav-lv1   79G   56M   75G   1% /mnt
```

（2）示例 3：卷组扩容

1）在/dev/sdb 上新建一个分区 p3，大小为 100G，命令如下。

```
(parted) mkpart p3 200G 300G
```

2）打印分区信息，命令如下，可以看到 3 个分区的信息。

```
(parted) p
Number Start         End         Size         File system       Name  Flags
 1     1049kB        100GB       100GB                           p1
 2     100GB         200GB       100GB                           p2
 3     200GB         300GB       100GB                           p3
```

3）退出分区，命令如下。

```
(parted) quit
```

4）在外部再次查看分区信息，命令如下。

```
[root@localhost mapper]# lsblk
```

分区信息如下所示，可以看到 3 个分区，其中 sdb3 是新建的分区。

```
sdb                 8:16      0      2T        0      disk
├─sdb1              8:17      0      93.1G     0      part
│  └─datav-lv1      253:2     0      80G       0      lvm        /mnt
├─sdb2              8:18      0      93.1G     0      part
│  └─datav-lv2      253:3     0      50G       0      lvm
└─sdb3              8:19      0      93.1G     0      part
```

5）将/dev/sdb3 创建为物理卷，命令如下。

```
[root@localhost mapper]# pvcreate /dev/sdb3
  Physical volume "/dev/sdb3" successfully created.
```

6）查看物理卷信息，命令如下，可以看到 sdb3 还未加入卷组。

```
[root@localhost mapper]# pvs
  PV             VG        Fmt     Attr  PSize     PFree
  /dev/sda2   cl        lvm2      a--   <19.00g    0
  /dev/sdb1   datav     lvm2      a--   <93.13g    <13.13g
  /dev/sdb2   datav     lvm2      a--   <93.13g    <43.13g
  /dev/sdb3             lvm2      ---   93.13g     93.13g
```

7）将 sdb3 加入卷组 datav，命令如下。

```
[root@localhost mapper]# vgextend datav /dev/sdb3
  Volume group "datav" successfully extended
```

8）再次查看物理卷信息，可以看到 sdb3 已经加入 datav 卷组，命令如下。

```
[root@localhost mapper]# pvs
  PV             VG      Fmt     Attr  PSize     PFree
  /dev/sda2   cl      lvm2    a--   <19.00g    0
  /dev/sdb1   datav   lvm2    a--   <93.13g    <13.13g
  /dev/sdb2   datav   lvm2    a--   <93.13g    <43.13g
  /dev/sdb3   datav   lvm2    a--   <93.13g    <93.13g
```

9）查看卷组 datav 信息，可以看到 datav 由原来的 180G，扩展到了 279.39G，如下所示，至此卷组扩容完成。

```
[root@localhost mapper]# vgs
  VG                #PV   #LV   #SN   Attr      VSize      VFree
  datav            3     2     0     wz--n-    <279.39g   <149.39g
```

3.4 Linux 系统管理

本节介绍 Linux 系统管理相关知识，包括进程管理、计划任务和服务管理 3 个方面。

3.4.1 进程管理（扩展阅读 3）

进程指运行着的程序，进程是 Linux 系统中最基础而又重要的对象，它是一个活动的对象，有着自己的生命周期。进程的管理也是围绕着进程的生命周期开展的，包括查看进程的谱系、前/后台进程组操作、查看进程和杀死进程等。此部分内容请参考本书配套免费电子书《Linux 快速入门与实战——扩展阅读与实践教程》中的"扩展阅读 3：进程管理"。

3.4.2　计划任务（扩展阅读 4）

计划任务可以在固定的时刻（周期）来执行设定的任务。这个功能在服务器领域，特别是无人值守的环境中应用很多。CentOS 8 使用 Cron 来实现计划任务，本节将介绍 Cron 的基本原理和典型示例。

此部分内容请参考本书配套免费电子书《Linux 快速入门与实战——扩展阅读与实践教程》中的"扩展阅读 4：计划任务"。

3.4.3　服务管理（扩展阅读 5）

服务在 Linux 系统中非常重要：Linux 系统初始化的各项工作就是由服务来完成的；而 Linux 系统启动后，更是以服务的形式来对外提供各项功能。CentOS 8 的服务是由 systemd 来管理的，systemd 的特点是并行启动服务，能大幅提升系统启动速度。目前越来越多的主流 Linux 发行版，如 Red Hat、Ubuntu、Debian、CoreOS 和 Arch Linux 等都采用 systemd。因此，systemd 已成为 Linux 服务管理的主流工具和未来发展趋势。本节将介绍 systemd 的核心概念、工作原理和 systemd 服务管理的典型示例。

此部分内容请参考本书配套免费电子书《Linux 快速入门与实战——扩展阅读与实践教程》中的"扩展阅读 5：服务管理"。

第4章
Shell 编程

Linux 命令实现了各种功能，但纯粹使用命令也存在局限。例如有的程序运行前，需要运行多条命令做准备工作，如果程序频繁启动的话，每次手动一条条运行命令就会很麻烦且容易出错；此外，虽然管道等机制可以组合命令，但还不足以实现一些复杂的逻辑，如爬取网页并对其进行分析等。为了解决这些问题，Linux 下的 Shell 程序支持用户按照一定的规则，将命令写入一个文本文件，然后给它加上可执行权限，由 Shell 解释执行这个文件，这个文本文件又称为 Shell 脚本，编写 Shell 脚本的过程就称为 Shell 编程。

Shell 编程非常重要，Linux 命令是最基础的执行单元，进程间通信机制（如管道）可以将命令组合成语句，而 Shell 编程则可以将语句组合成复杂的程序。因此，Shell 编程语言又称为胶水语言。Shell 编程在 Linux 系统初始化、程序安装、系统测试、运维和监控等各个领域使用非常普遍。对 Linux 用户来说，无论是从事 Linux 下的运维还是研发都需要扎实掌握 Shell 编程。本章将介绍 Shell 编程基础、Shell 编程语法基础和 Shell 编程示例这三个方面的内容，具体知识点如下。

- Shell 的工作原理。
- Shell 编程的通用步骤。
- Shell 变量的使用。
- Shell 中的特殊字符。

- Shell 分支的使用。
- Shell 循环的使用。
- Shell 函数的使用。
- 如何使用 Shell 编程实现计算器。

4.1 Shell 编程基础

正式学习 Shell 编程之前，需要先了解 Shell 编程的相关基础，包括 Shell 是什么？Shell 程序有哪些？Shell 是如何工作的？以及 Shell 编程的通用步骤是怎样的？这些都将为读者后续学习具体的 Shell 编程技术打下基础。

Shell 翻译成中文是"壳"的意思，之所以称之为 Shell 是相对 Linux kernel 内核而言的。内核实现了操作系统的核心功能，而 Shell 则是包裹在内核之外的一层壳，它负责解析和执行用户的输入，从而完成用户同操作系统内核之间的交互。

Shell 程序有很多种，常用如 bash、csh 和 ksh 等，其中 bash 是最常用的 Shell 之一，CentOS 系列采用的就是 bash，因此，本书以 bash 为例来讲解 Shell 的使用。由于 Shell 程序的原理以及使用类似，因此读者掌握了 bash 之后，再拓展到其他 Shell 程序会非常容易。

4.1.1　Shell 基础和原理（扩展阅读 6）

本节介绍 Shell 的基础和原理，包括 bash 进程的启动，bash 进程和用户登录的关系，bash 进程初始化和 bash 工作过程等。这些内容将有助于读者构建 Shell 的宏观印象。

此部分内容请参考本书配套免费电子书《Linux 快速入门与实战——扩展阅读与实践教程》中的"扩展阅读 6：Shell 基础和原理"。

4.1.2　Shell 编程通用步骤

不管是复杂的 Shell 脚本，还是简单的 Shell 脚本，从编写步骤上来说都是一样的，不同的只是脚本的内容。为此，艾叔总结了一个 Shell 编程的通用步骤，具体说明如下。

1）根据 Shell 的语法规则，使用文本编辑器编写脚本。

2）脚本编写完毕后，赋予其可执行权限。

3）运行脚本。

下面以一个完整的示例，对通用步骤进行说明。

1）使用 VIM 编辑脚本文件，文件名为 hello_world.sh，命令如下。

```
[user@localhost shell]$ vi hello_world.sh
```

2）编写脚本，内容如下，其中第 1 行指定解释器为 bash，即该脚本由 bash 来解释执行，因为 Shell 程序有很多，如 bash、sh 等，因此需要解释器；第 3～6 行为 bash 语句，使用 echo 命令输出字符串，bash 会顺序执行这些语句；编写后保存退出。

```
1 #!/bin/bash
2
3 echo hello world!
4 echo 1
5 echo 2
6 echo 3
```

Shell 还支持条件语句、循环、自定义变量、函数等，利用 Shell 脚本编程，可以实现更为复杂的功能。

3）给脚本加上可执行权限，运行脚本，操作如下。

```
[user@localhost shell]$ chmod +x hello_world.sh
```

脚本运行命令如下，./hello_world.sh 其实就是 hello_world.sh 的相对路径，如果将 hello_world.sh 放置到 PATH 设置的搜索路径下，就可以直接用 hello_world.sh 而不需要用./hello_world.sh 来执行脚本了。脚本执行后的输出如下，可以看到脚本的输出和代码的顺序是一样的，说明 Shell 脚本的执行，和 C 语言一样，是一条一条顺序执行的。

```
[user@localhost shell]$ ./hello_world.sh
hello world!
1
2
3
```

以上就是编写 Shell 编程的通用步骤，后续不管多复杂的 Shell 脚本，其编程步骤都是一样的，不一样的只是 Shell 脚本的内容。

4.2 Shell 编程语法

Shell 编程有两种基本的方法。

1. 第一种方法

该方法将本来是一条条手动执行的命令，写入脚本，把脚本当成是命令行的集合。这样，每次需要重复执行的一条条指令，只需要运行一次脚本就完成了，既能减轻工作量又能避免出错。这种方法最简单，用户只需掌握命令，就能写出脚本，但是，它的功能有限，因为它只是将命令的手动执行变成了批处理，两条命令之间没有紧密的联系，没有状态的判断、没有循环、函数等逻辑功能，本质上就是没有用到 Shell 编程的语法，因此不可能实现复杂的逻辑。

2. 第二种方法

该方法利用 Shell 编程语言的特性，像写 C 语言程序一样去编程，需要使用 Shell 编程语法，定义变量，利用特殊字符，使用分支、循环和函数，将 Linux 命令、重定向和进程间通信机制等结合在一起，实现复杂的逻辑功能，这就是本节要介绍的内容。

4.2.1 Shell 变量

Shell 变量是用来保存 Shell 脚本执行过程中的值的内存单元。有了 Shell 变量，就可以保存状态、过程值、返回值等，从而实现复杂的逻辑功能。

1. Shell 变量的基本使用

本节介绍 Shell 变量基本使用的示例，该示例将实现一个加法器脚本，脚本名字是 add.sh，具体说明如下。

（1）编辑脚本 add.sh

```
1 #!/bin/bash
2
3 read num1
4 read num2
5 sum=$(expr $num1 + $num2)
6 echo $sum
```

上述脚本说明如下。

1）第 1 行：指定 Shell 脚本解释器为 bash。

2）第 3 行：读取用户输入，赋值给变量 num1。

3）第 4 行：读取用户输入，赋值给变量 num2。

4）第 5 行：计算 num1+num2 的值，赋值给变量 sum，其中 expr 是四则运算命令，这里它用来计算变量 num1 和 num2 的和，然后使用$（XXX）的形式获得计算结果。

5）第 6 行：打印 sum 的值。

（2）给脚本增加可执行权限

给 add.sh 加上可执行权限，命令如下。

```
[user@localhost ~]$ ./add.sh
1
2
```

```
3
```

（3）执行脚本

执行脚本 add.sh 的命令如下，输入 1 和 2，显示结果 3，输入 3 和 5，显示结果 8。

```
[user@localhost ~]$ ./add.sh
3
5
8
```

（4）总结

上述示例说明了 Shell 变量的基本使用，总结如下。

1）Shell 变量的声明和类型：如果在 C 语言中使用一个变量，要先声明变量，指定变量类型和名字，而在 Shell 编程中，变量是可以直接使用的，不需要先声明，其变量类型默认为字符串，当然也可以通过声明，来指定 Shell 变量的类型。

2）变量的赋值：Shell 使用等于号（=）对变量赋值，如第 5 行代码，要注意的是 "=" 的左右两侧都不能有空格，如果有空格，执行会报错。

3）变量的引用：如果要使用变量的值，则要在变量名前面加上$符号，如第 5 行代码所示，但是请注意，$只出现在等于号（=）的右侧，左侧是变量本身，是不需要加$的。

2. Shell 变量的命名

本节继续基于上节示例介绍 Shell 变量的命令规则，说明如下。

（1）变量名只能由字母、数字、下画线，三种构成

如果变量名字中，加入其他字符，Shell 解释到此时，就会认为这个变量名已经结束了。例如把第 3 行中变量 num1，修改成~num1，如下所示。

```
3 read ~num1
```

执行 add.sh 时就会报下面的错误。

```
[user@localhost ~]$ ./add.sh
./add.sh: line 3: read: `~num1': not a valid identifier
```

（2）变量名只能以字母或下画线开头，不能以数字开头

例如把 num1，修改成 2num1，如下所示。

```
3 read 2num1
```

执行 add.sh 时就会报下面的错误。

```
[user@localhost ~]$ ./add.sh
./add.sh: line 3: read: `2num1': not a valid identifier
```

通常情况下，Shell 变量命名会以字母开头，变量中的所有字母全部小写，使用下画线（_）作为分隔，也可以加上数字表示序号。

（3）变量名对大小写敏感

例如把 num1 修改成 Num1，如下所示。

```
3 read Num1
```

执行 add.sh 时，输入 1 和 2，显示计算结果为 2，说明 Num1 的值并没有累加进去，这是因

为，sum=$(expr $num1 + $num2)计算和时，num1 和 Num1 不是同一个变量，从而说明 Shell 变量的大小写是敏感的。

```
[user@localhost ~]$ ./add.sh
1
2
2
```

（4）变量名不得与环境变量重名

Shell 脚本是可以访问环境变量的，在 add.sh 脚本的第 3 行添加打印 PATH 环境变量的命令，如下所示。

```
3 echo $PATH
```

执行 add.sh 会打印 PATH 的值，如下所示。

```
[user@localhost ~]$ ./add.sh
/home/user/.local/bin:/home/user/bin:/usr/local/bin:/usr/bin:/usr/local/sbin:/usr
/sbin
```

因此，如果变量名和环境变量重名，会导致不可预知的错误，要避免出现这种情况。

3．Shell 变量的类型

add.sh 的第 5 行 sum=$(expr $num1 + $num2)，这是一个加法的赋值运算，有的读者可能会问，为什么不能直接写成 sum=$num1+$num2 呢？可以尝试一下，修改后的 add.sh 如下所示，注意第 5 行$num1 和$num2 同加号+之间都没有空格。

```
1 #!/bin/bash
2
3 read num1
4 read num2
5 sum=$num1+$num2
6 echo $sum
```

执行 add.sh 结果如下，输入 1 和 2，显示 1+2，说明并没有做加法运算，而是包括加号（+）在内做了字符拼接，这是为什么呢？

```
[user@localhost ~]$ ./add.sh
1
2
1+2
```

这与 Shell 变量的数据类型有很大关系，使用变量 num1 和 num2 时，没有声明其类型，Shell 对没有声明的变量，默认其为字符串类型，因此，即便输入的是数字，也被当成字符串存储。因此 $num1+$num2 也就不是加法运算，而是字符串拼接了，从而得到最终的结果 1+2。

因此，虽然 Shell 不强制要求声明变量类型，但不意味着 Shell 变量没有类型，Shell 变量是有类型的，并且不同的类型计算方法也不一样，非常重要。

要解决上述问题，可以将 num1、num2 和 sum 都事先声明成整型，代码如下，其中第 2~3 行用来声明整型变量 num1、num2 和 sum，declare 是 bash 的内建命令，用来指定变量的属性，-i 是选项，用来指定变量的类型为整型，-i 后面跟指定的变量名。

```
1 #!/bin/bash
```

```
2 declare -i num1
3 declare -i num2
4 declare -i sum
5 read num1
6 read num2
7 sum=$num1+$num2
8 echo $sum
```

实际使用中不需要一一指定 num1、num2 和 sum 都为整型，只需要指定 sum 为整型即可，在 Shell 中，所有的数据类型是由被赋值对象的类型所决定，此处 sum 是被赋值的对象，类型是整型，因此 num1 和 num2 也会转换成整型进行处理。

总之，Shell 变量类型默认为字符串类型，可以使用 declare -i XXX 指定变量类型为整型，变量的类型将决定变量的计算方法，因此要特别注意。

4.2.2　Shell 特殊字符（扩展阅读 7）

Shell 编程使用了大量的特殊符号，例如$、#、``、$*、$@等，有时同一个符号在不同的上下文环境中语义不同，因此，会给初学者带来很大困难，有不少初学者就是被这些特殊符号吓倒而放弃了 Shell 编程的学习，非常可惜。为此，本节对 Shell 中常用的特殊符号做一说明，帮读者扫清 Shell 学习的障碍。

此部分内容请参考本书配套免费电子书《Linux 快速入门与实战——扩展阅读与实践教程》中的"扩展阅读 7：Shell 特殊字符"。

4.2.3　Shell 分支结构

在实际应用中，Shell 脚本往往需要处理多种情况，每种情况就对应一条执行路径，Shell 脚本需要根据当前情况，选择其中的一条执行路径。这个判断和选择的功能由 Shell 分支结构来完成，Shell 支持多种分支结构，其中 if 分支是最常用的分支结构，它将根据条件表达式的结果，选择不同的执行路径。

1．if 分支基本使用

一个典型 if 分支示例如下，该示例使用 if 对脚本参数的个数 $# 进行判断，如果参数个数小于 2，则给出提示并退出，否则打印脚本名和所有参数，具体代码如下。

```
 1 #! /bin/bash
 2
 3 if [ $# -lt 2 ]; then
 4        echo "parameter num should >= 2!"
 5        exit
 6 else
 7        echo $0
 8        echo $1
 9        echo $2
10 fi
```

上述代码说明如下。

1）第 1 行，指定 Shell 脚本解释器为/bin/bash。

2）第 3 行，if 判断语句，其中中括号里面为条件表达式，if 将根据条件表达式的结果，决定程序走那条路径，此处的条件表达式为$# -lt 2，用来判断脚本参数个数是否小于 2，如果是，则结果为 true，否则为 false；条件表达式后面的分号表示该行语句结束，如果不是分号，也可以另起一行，写上 then，总之语句之间要么换行，要么用分号做分隔；then 是关键词，如果条件为 true，程序将从 then 往下执行。

3）第 4~5 行，打印"参数个数应该>=2"并退出，这个是条件为 true 时执行的代码。

4）第 6 行，else 是关键词，如果条件为 false，程序将从 else 向下执行，直到 fi 结束。

5）第 7~9 行，是条件为 false 时执行的代码，用来打印脚本名和两个参数。注意，参数个数是不包含脚本名在内的。

6）第 10 行，fi 关键词，它和第 3 行的 if 相对应，表示 if 语句的结束。

上述代码中，最重要和最容易出错的是第 3 行。这一行要特别注意空格，其中，if 和[之间有空格，[和条件表达式之间有空格，条件表达式和]之间有空格；此外，还要注意条件表达式内部的语法，例如 $# 和 -lt 之间有空格，-lt 和 2 之间有空格。

如果只要处理一种情况，则可以去掉 else，写成下面的格式。

```
if [ XXX ]; then
        do something
fi
```

如果有多个条件，则可以使用 elif，写成下面的格式。

```
if [ XXX1 ]; then
        do something
elif [ XXX2 ]; then
        do something
else
        do something
fi
```

2．条件表达式判断

条件表达式是 if 分支中最重要的部分，而条件表达式中关于"相等""大于""小于"的判断又是应用最多的，表 4-1 列出了 Shell 中主要的判断符号，其中前 3 项是最常用的。

表 4-1　判断符号表

序号	判断符号	说明
1	-eq	equal 的缩写，判断两个变量是否相等，变量 1 和变量 2 必须都是数字
2	=	判断两个变量是否相等，变量 1 和变量 2 可以是字符串，不一定是数字
3	-lt	less then 的缩写，判断变量 1 是否小于变量 2，变量 1 和变量 2 必须都是数字
4	-gt	great then 的缩写，判断变量 1 是否大于变量 2，变量 1 和变量 2 必须都是数字
5	-ne	not equal 的缩写，判断变量 1 不等于变量 2，变量 1 和变量 2 必须都是数字
6	-ge	great or equal 的缩写，判断变量 1 是否大于等于变量 2，变量 1 和变量 2 必须都是数字
7	-le	less or equal 的缩写，判断变量 1 是否小于等于变量 2，变量 1 和变量 2 必须都是数字

除比较大小的条件表达式外，判断文件是否存在的表达式也应用很多，例如下面代码的第 3 行-f /tmp/a 用来判断文件 /tmp/a 是否存在。

```
1 #! /bin/bash
```

```
2
3 if [ -f /tmp/a ]; then
4       echo "file exist!"
5 else
6       echo "file not exist!"
7 fi
```

可以使用-d /tmp/a 判断目录 /tmp/a 是否存在，使用-x /tmp/a 判断文件 /tmp/a 是否具有可执行权限。

4.2.4　Shell 循环

在 Shell 编程时，经常需要处理各种集合：像数字 1～100，这是 1 个集合。ls 命令的输出也是一个集合；find 命令所查找到的文件也是集合。Shell 提供了一种方法来处理这些集合，即循环（Loop）。本节将介绍 Shell 编程中最常用的两种循环结构 for 和 while。

1．for 循环

（1）示例 1：for 处理数字集合

本节介绍 for 的使用示例，该示例使用 for 实现 1～100 数字的累加，代码如下。

```
1 #!/bin/bash
2
3 num_set=$(seq 1 100)
4 declare -i sum=0
5 for i in $num_set
6 do
7       sum=$sum+$i
8 done
9 echo $sum
```

关键代码说明如下。

1）第 3 行，使用 seq 生成 1～100 的字符串，保存到变量 num_set 中，num_set 本质上是一个字符串，里面的每个元素（数字）使用空格进行分隔。

2）第 4 行，声明变量 sum 为整型，初始值为 0，用来保存数字累积的和。

3）第 5～8 行，for 循环结构。第 5 行，将$num_set 按照空格进行分割，得到元素集合，每次循环会按序将其中一个元素赋值给变量 i（注意第 5 行中的变量 i 前面是没有 $ 的）；第 6 行，for 循环的起始标识；第 7 行，for 循环处理部分，每次遍历都会执行一遍，此处是将 i 的值累加在变量 sum 中；第 8 行，for 循环结束标识。

4）第 9 行，输出最终的累加结果。

（2）示例 2：for 处理字符串集合

以上是使用 for 处理数字集合的示例，下面再来看一个 for 处理字符串集合的示例，该示例会遍历和列出根目录 / 下的所有文件和目录，代码如下。

```
1 #!/bin/bash
2
3 file_set=$(ls /)
4 for obj in $file_set
5 do
```

```
6        echo "this is $obj"
7 done
```

关键代码说明如下。

1）第 3 行，将 ls /的输出保存到变量 file_set 中，file_set 本质上是一个字符串，里面的元素就是根目录下的各个目录和文件名，它们使用空格进行分隔。

2）第 4~7 行，for 循环结构，其中第 4 行会对 $file_set 使用空格进行分割，得到元素集合，每个元素就是一个文件/目录的名字，类型是字符串，特别注意 obj 前面没有 $；第 5 行是 for 循环起始标识，第 7 行是结束标识；第 6 行打印每次遍历得到的元素值$obj。

（3）示例 3：for 循环的另一种形式

以上是 for 循环对字符串的处理示例，下面再来看 for 循环的另一种形式，该示例的功能和前面一样，实现 1~100 的累积，代码如下。

```
1 #!/bin/bash
2
3 declare -i sum=0
4 for ((i=1; i<=100; i++))
5 do
6        sum=$sum+$i
7 done
8 echo $sum
```

第 4~8 行是 for 循环结构，具体说明如下。

1）第 4 行，设置变量 i 的初始值为 1；判断 i 是否<=100，如果否，则跳出循环，如果是，则执行一遍第 6 行的代码，即将 $i 累加到 sum 中；然后对 i 依次增加 1，再继续循环。

2）第 5 行，for 循环起始标识。

3）第 6 行，for 循环处理代码。

4）第 7 行，for 循环结束标识。

5）第 8 行，输出累加结果。

两个小括号（（或者 ））之间，不能有空格。

在 for 语句中，变量 i 是没有$符号的，因为它不需要和字符串区别。

i<=100 用来做判断，前面介绍过判断小于等于使用-le，那么在这里，因为 for 循环是一个整体，使用<=来判断，不能使用-le，否则会报错。

（4）示例 4：for 循环通用结构

可以把上面的循环抽取成一个通用结构，如下所示，其中第 3 行的 expr1、expr2 和 expr3 是 3 个表达式。

```
1 #!/bin/bash
2
3 for ((expr1; expr2; expr3)
4 do
5        do something
6 done
```

上述代码的流程描述如下。

1）执行 expr1，例如 i=1。

2）执行 expr2，例如判断 i<=100，如果否，直接跳出循环。

3）执行处理代码，例子中是 sum 和 i 相加。

4）执行 expr3，例子中是 i++。

5）跳至 2）。

2．while 循环

while 循环也可以实现 for 循环同样的功能，这两种循环结构的使用因个人习惯而定。本节将使用 while 实现 1～100 的累加，以此说明 while 的基本使用方法，具体代码如下。

```
 1 #!/bin/bash
 2
 3 declare -i sum=0
 4 declare -i i=1
 5 while [ $i -le 100 ]
 6 do
 7         sum=$sum+$i
 8         i=$i+1
 9 done
10 echo $sum
```

关键代码说明。

1）第 3 行，声明整型变量 sum，保存累加值。

2）第 4 行，声明整型变量 i，用来保存每次遍历的值。

3）第 5～9 行，while 循环结构。第 5 行，中括号内部为条件表达式，此处为$i -le 100 用来判断$i 是否小于等于 100，如果条件表达式的值为真，则继续循环，否则退出循环（特别注意：条件表达式和中括号之间一定要有空格）；第 6 行，while 起始标识；第 7～8 行，while 处理代码，第 7 行用于将当前 i 的值累加到 sum 中，第 8 行用于变量 i 值加 1（注意 sum 和 i 的类型都已经声明为整型，因此可以直接计算）；第 9 行，while 结束标识。

4）第 10 行，打印累计值。

3．跳出循环

如果循环执行的过程中，想要跳出循环，该怎么办呢？可以使用 break 语句，例如在上面的 while 代码中，碰到 i=5 就退出循环，可以修改代码如下所示，增了第 7～8 行的内容，判断 $i 是否等于 5，如果是则调用 break 跳出循环。

```
 5 while [ $i -le 100 ]
 6 do
 7         if [ $i -eq 5 ]; then
 8              break
 9         fi
10         sum=$sum+$i
11         i=$i+1
12 done
```

上述脚本执行结果如下，说明 i=5 时已经跳出循环，前面 1 累加值 4 的和为 10。

```
[user@localhost ~]$ ./for.sh
10
```

break 对 for 循环同样适用。

如果在循环处理时，想跳过某一种情况的处理，同时还要继续后面的处理，该怎么办呢？可以把上面的 break 替换成 continue，这样，1～100 的相加就会跳过 i=5 的情况，最终的结果应该是 5050-5=5045，代码如下。注意，在跳过 i=5 时，i 依然要+1。

```
 5 while [ $i -le 100 ]
 6 do
 7         if [ $i -eq 5 ]; then
 8                 i=$i+1
 9                 continue
10         fi
11         sum=$sum+$i
12         i=$i+1
13 done
```

4.2.5　Shell 函数

Shell 函数是一组 Shell 代码的集合，它实现了某个特定的功能。Shell 脚本可以通过函数名，来调用这个函数，使用其功能，而不需要关心具体功能的实现。

函数实现了封装和复用，可以将常用的功能代码，封装成函数，在代码中直接调用函数，这样可以有效减少代码的行数，使得代码可读性更好，逻辑更加清晰，同时也减轻了工作量。

1. Shell 函数的基本使用

本节介绍 Shell 函数的基本使用示例，它实现了一个名字为 max_min 的函数，有两个输入参数，max_min 会对这两个参数进行排序，按照升序进行排列输出，示例代码如下。

```
 1 #!/bin/bash
 2
 3 function max_min()
 4 {
 5         if [ $# = 2 ]; then
 6                 if [ $1 -le $2 ]
 7                 then
 8                         echo "$1 $2"
 9                 else
10                         echo "$2 $1"
11                 fi
12         fi
13 }
14
15 if [ $# -lt 4 ]; then
16         echo "input paramters should >= 4!"
17         exit
18 fi
19
20 max_min $1 $2
21 max_min $3 $4
```

关键代码说明如下。

1）第 3 行，函数 max_min 的定义，Shell 函数的定义以 function 关键词作为开头，后面跟函数名，函数名后面的小括号()，可以写，也可以不写。

2）第 4～13 行，max_min 的函数体。第 4 行，函数体开始标识{；第 5 行，判断 max_min 的输入参数个数是否为 2，注意此处 $# 表示 max_min 的输出参数的个数，不是脚本参数的格式；第 6～11 行，比较第一个参数和第二个参数的大小，按照升序输出。注意此处 $1 和$2 表示 max_min 的第一个参数和第二个参数，不是脚本的参数。

3）第 15～17 行，如果脚本参数个数小于 4，则给出提示，并退出脚本。

4）第 20 行，调用 max_min，输入参数$1 和$2，max_min 将按照升序输出 $1 和 $2。注意，此处 $1 是脚本的第一个参数，和 max_min 函数体内部的 $1 不是同一个变量，它们因为处在不同的作用域而含义不同，同样的，$2 是脚本的第二个参数。

该行介绍了 Shell 函数的调用方法：首先是函数名，然后是输入参数，函数名和输入参数之间用空格隔开。

5）第 21 行，再次调用 max_min，输入参数 $3 和 $4，max_min 将按照升序输出 $3 和 $4。注意，此处 $3 是脚本的第三个参数，$4 是脚本的第四个参数。

上述脚本的运行结果如下，输入"1 2 4 3"，以两个参数为一组升序输出，如下所示。

```
[user@localhost ~]$ ./func.sh 1 2 4 3
1 2
3 4
```

2. Shell 函数的返回值

前面示例的 max_min 函数是没有返回值的，但很多情况下需要函数有返回值。函数的返回值涉及两个方面：在函数体内要将值返回；在函数体外要能够获取该返回值。本节将在 max_min 的基础上，来说明如何实现以上两点。

（1）在函数体内将值返回

以 max_min 为例，可以在函数体内部使用 return 将值返回，示例代码如下，主要增加了第 9 行和第 12 行，它们使用 return 实现返回值，注意，此处的返回值只能是数字。

```
 3 function max_min()
 4 {
 5     if [ $# = 2 ]; then
 6             if [ $1 -le $2 ]
 7             then
 8                     echo "$1 $2"
 9                     return 0
10             else
11                     echo "$2 $1"
12                     return 1
13             fi
14     fi
15 }
```

（2）在外部获取函数返回值

调用 max_min 之后，可以使用$?来获取函数的返回值，示例代码如下。

```
22 max_min $1 $2
23 echo $?
24 max_min $3 $4
25 echo $?
```

执行结果如下，第一次 1<2，返回值是 0，第二次 4>3，返回值是 1。

```
[user@localhost ~]$ ./func.sh 1 2 4 3
1 2
0
3 4
1
```

$?实质上表示的是最近执行的命令的返回值。在 max_min 函数中，最后一条命令就是 return，自然它也就是函数的返回值了。

（3）多个函数值的处理

假设 max_min 要返回排序后的元素，这样返回值就会有两个，按照$?就没有办法处理了。可以使用一个脚本的全局变量，将返回值保存在该变量中，这个方法可行，但破坏了函数的封装性，本节使用其他的方式实现多个函数值的处理，具体说明如下。

1）在函数体内返回多个值，示例代码如下，这个代码和前面 Shell 函数基本使用中的代码是一样的，这里利用第 8 行和第 10 行的 echo 输出作为函数返回值，它们将会输出到 stdout，在函数外部获取 stdout 的内容即可。

```
 3 function max_min()
 4 {
 5         if [ $# = 2 ]; then
 6                 if [ $1 -le $2 ]
 7                 then
 8                         echo "$1 $2"
 9                 else
10                         echo "$2 $1"
11                 fi
12         fi
13 }
```

2）获取函数返回值。可以使用 $(XXX)来获取函数的返回值，其中 XXX 表示函数的调用，示例如下。

```
20 res1=$(max_min $1 $2)
21 echo "result: $res1"
22 res2=$(max_min $3 $4)
23 echo "result: $res2"
```

3）函数返回值的处理。上面获取的函数返回值 res1 和 res2 都是字符串，字符串内部的元素使用空格做了分隔，那么如何解析这些元素呢？示例代码如下。

```
20 res1=$(max_min $1 $2)
21 echo "result: $res1"
22 declare -a res_ar=($res1)
23 echo "res_1 ${res_ar[0]} res_2 ${res_ar[1]}"
```

代码说明如下。

- 第 20 行，调用 max_min，将结果保存在 res1 中。
- 第 21 行，打印 max_min 的返回结果。
- 第 22 行，声明数组 res_ar，并将 res1 赋值给 res_ar，res1 的值将会按空格进行分割，存储在数组 res_ar 中。
- 第 23 行，获取 res_ar 的前两个元素，${res_ar[0]}表示 res_ar 的第一个元素，下标从 0 开始，注意 res_ar[0]的外部一定要有大括号{}。

${#res_ar[@]}可以用来获取数组元素的个数。

4.3　Shell 编程实例：基于 Shell 脚本的计算器（实践 5）

本节利用前面所学的 Shell 知识，完成一个简单的计算器脚本，脚本功能说明如下。
- 脚本的名字叫作 cal_if，是 calculate 计算的缩写。
- 支持加法，例如运行./cal_if 1 add 2 时，脚本输出 1+2=3。
- 支持减法，例如运行./cal_if 1 sub 2 时，脚本输出 1-2=-1。
- 支持乘法，例如运行./cal_if 1 mul 2 时，脚本输出 1*2=2。
- 支持整除，例如运行./cal_if 1 div 2 时，脚本输出 1/2=0。

上述示例中，1 和 2 是操作数，是可以改变的，而 add、sub、mul 和 div 是脚本所支持的操作符，如果输入其他的操作符，脚本要给出提示。

本节属于实践 5 内容，因为后续章节会用到 Shell 编程，所以**本实践必须完成**。请参考本书配套免费电子书《Linux 快速入门与实战——扩展阅读与实践教程》中的"**实践 5：Shell 编程实例——基于 Shell 脚本的计算器**"部分。

第 5 章

使用 Docker 实现 Linux 应用容器化

Docker 出现之前，Linux 应用是和操作系统紧密耦合的，导致迁移和管理的成本很高。Docker 出现后，它将 Linux 应用容器化，根本性地提升了 Linux 应用的开发、交付和运行效率。再加上 Docker 自身在性能和易用性上的显著优势，Docker 已经深度融合到了 Linux 信息系统研发、测试、交付、部署和运维的各个环节。其影响之深，范围之广，近 10 年来都难有一种技术能与之媲美，可以说，Docker 是近年来最具影响力和颠覆性的 IT 技术之一。Docker 因此也成为 Linux 运维和开发相关职位的一个加分项和加薪项，要从事与 Linux 相关的工作，几乎必然要掌握 Docker。

本章将从四个方面来介绍如何使用 Docker 实现 Linux 应用的容器化，包括 Docker 技术基础、Docker 基本使用、Docker 进阶和 Docker 实例，所涉及的技能和知识点如下。

- Docker 是什么。
- Docker 核心概念，如容器、镜像、注册服务器等。
- Docker 技术同虚拟机技术的区别。
- Docker 解决了什么问题。
- Docker 所使用的底层技术。
- Docker 的架构。
- Docker 引擎的安装。
- Docker 服务的启动和关闭。
- Docker 常用命令，包括运行容器、查看容器参数、停止容器、保存镜像、拉取镜像和删除镜像等。
- Docker 容器的高级使用。
- Docker 网络原理及使用。
- Docker 镜像的版本管理。
- 公有 Registry 的使用。
- 私有 Registry 的构建和使用。
- 从零开始构建 Docker 镜像。
- Dockerfile 的编写。
- 在一台笔记本计算机上构建基于 Docker 的 100 个节点的分布式集群。

5.1 Docker 的核心概念和技术

在正式学习 Docker 之前，需要先了解 Docker 技术的基础，包括 Docker 是什么，Docker 的核心概念，Docker 技术同虚拟机技术的区别，Docker 解决了哪些问题，Docker 底层技术以及 Docker 的架构等，这些都将为后续进一步学习 Docker 及其使用打下基础。

5.1.1 Docker 的定义

Docker 是一个基于容器（Container）技术的开放平台，这个容器和人们平时使用的杯子、水桶一样，也是用来容纳物体的装置，它容纳的是进程及其依赖。Docker 可以使得 Linux 应用程序同基础架构（计算机和操作系统）分离，实现 Linux 应用的快速开发、交付和运行。

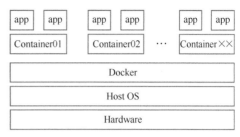

图 5-1　Docker 技术原理图

使用 Docker 可以将 Linux 程序及其依赖打包成一个标准单元（镜像），在任何安装了 Docker 的计算机上，利用该镜像启动容器来运行镜像中的程序，如图 5-1 所示。把 **Linux 应用的 Docker 镜像构建和容器的运行，称为 Linux 应用的容器化。**

除了 Docker，还有多种基于容器的平台或工具，例如 Linux-VServer、OpenVZ、LXC 和 Rocket 等，Docker 只是其中的一种。

Docker 的 Logo 是一个鲸鱼上装载着的很多集装箱，其中鲸鱼表示信息基础设施，集装箱则表示一个个的 Docker 容器，它们是一个个隔离的程序运行环境。

Docker 的官网是 https://www.docker.com/，这是学习 Docker 最权威的网站。

5.1.2　Docker 的核心概念

本节介绍 Docker 的核心概念分为两类：第一类是 Docker 对象（Docker object），包括容器、镜像和服务；第二类是 Docker 引擎（Docker engine），包括 Docker 客户端（Docker client）、Docker 守护进程（Docker daemon）和 Docker 注册服务器（Docker registry）。无论是 Docker 的设计、实现还是使用，都是围绕着上述概念进行的。

1．容器（Container）

5.1.1 节对容器进行了说明，本节给出容器的定义：**容器是一个隔离的程序运行环境。** 程序运行环境包括**进程及其依赖**，Linux 进程的依赖，最底层通常是 glibc 库，上层则是各类调用库，此外还包括 root 文件系统和各类配置文件。所谓隔离是指容器 a 中的进程无法访问其他容器的资源：容器 a 中的进程只能看到本容器内的进程，看不到容器 b 中的进程；容器 a 的进程新创建的目录，在容器 b 中看不到；容器 a 有独立的 IP 地址，容器 b 也有独立的 IP 地址等。

容器有三种状态：运行（Running）、中止（Paused）和停止（Stopped）。首先，容器必须启动之后才会存在，就如同进程必须是程序运行之后才存在一样。如果容器启动成功，那么容器的状态是 Running，在之后的运行过程中，可以通过不同的操作进入到 Paused 或 Stopped 状态，因此，容器也是动态的，容器的状态操作后续还会有详细说明。

一个容器是可以有多个进程的，这些进程都在容器所构建的隔离环境中运行。

2．镜像（Image）

正如进程是通过程序运行得到的，容器则是通过镜像而启动的。**镜像是一个包含了程序及其依赖的标准单元（文件/目录的集合）。** 镜像的构建方法说明如下。

- 可以通过基础的 root 文件系统来构建一个镜像。
- 也可以将容器直接导出，保存成一个镜像。

- 还可以在另一个镜像的基础上，编辑 Dockerfile（一种构建镜像的脚本文件，后续会有详细介绍）来构建新的镜像。

有了这个镜像文件，在任何安装了 Docker 的计算机上，就可以通过该镜像运行容器，从而运行其中的程序。镜像可以确保不管该程序最终是在哪台计算机上运行，其运行环境都是一样的，这样就实现了标准化交付，也达到了"一次构建，到处运行"的目标。

3．服务（Service）

Docker 支持多个 Docker 守护进程（每台主机上运行一个 Docker 守护进程）构成一个 Swarm 集群，对外提供 Service，实现多个容器跨主机协同工作。用户可以使用 Service 来定义容器的状态，例如指定容器的副本个数。Service 会在 Swarm 集群的节点上实现负载平衡，并努力使得指定的容器的个数等于用户所指定的个数。

4．Docker 客户端（Docker client）

Docker 客户端是 Docker 提供的命令行工具，具体命令是 docker，它可以完成 Docker 的所有操作，包括容器的操作、镜像的操作、网络的操作等，一共有 30 多种，都通过"docker 命令+command+参数"来完成。其中 command 是具体的 docker 操作，例如 run 就是一个 command，用来启动一个容器。

man docker 可以查看 docker 命令的使用帮助，对于具体的 command 用法，可以使用 man docker <command>来查看帮助文档。

5．Docker 守护进程（Docker daemon）

Docker 守护进程的名字是 dockerd，它接受 docker 命令的请求，来完成具体的功能（如容器、镜像和网络操作等），并将执行结果返回给 docker 命令。

在 CentOS 8 上可以使用 systemctl start docker 启动 Docker 服务，即运行 dockerd。

Docker 是一个 C/S 架构，docker 命令是 client，dockerd 是 server，docker 和 dockerd 通常在同一台计算机上，也可以不在同一台计算机上，有关 Docker 的详细架构，后续还会有说明。

Docker 客户端和 Docker 守护进程之间使用 REST API 进行通信。REST 的全称是 Representational State Transfer，翻译成中文是"表现层状态转化"，这是一种基于 HTTP 的面向资源的轻量级数据通信规范，客户端使用 HTTP 的 GET、POST、PUT 和 DELETE 这四种操作来获取、新建、更新和删除服务端的资源。

Docker 客户端、Docker 守护进程和 REST API 接口，这三个组件合称为 Docker 引擎（Engine）。

6．注册服务器（Docker registry）

Docker registry 用来存储和管理 Docker 镜像，对外提供镜像的推送（Push）和拉取（Pull）服务。Docker registry 分为公有 Registry 和私有 Registry 两种。

Registry 类似 FTP 服务器，提供镜像的共享和存储功能。

（1）公有 Registry

公有 Registry 是指架设在互联网之上，对所有用户开放的 Registry。Docker 默认的公有

Registry 是 https://index.docker.io/v1。到目前为止，该 Registry 上保存了 280 多万个镜像，涵盖数据分析、应用程序框架、应用程序基础架构、数据库、操作系统等多个领域。可以说，大部分的 Linux 关键应用，在公有 Registry 上都有对应的镜像。可以将镜像拉取下来直接使用，不需要关注应用和当前 Linux 系统是否匹配，也不需要安装应用的一大堆依赖，只要当前 Linux 系统上安装了 Docker，就可以通过该镜像启动一个容器来运行该应用。此外，用户自己构建的镜像，也可以推送到公有 Registry 上，这样，只要有互联网连接的地方，用户就可以随时随地拉取该镜像。

公有 Registry 位于国外，受限于带宽和网络质量，国内访问的效果并不很好。因此，阿里云、腾讯和 163 提供**镜像站（Mirror Registry）**来加速镜像的访问。使用 docker pull 镜像时，会优先从镜像站中的拉取镜像，也可以将镜像推送到指定的镜像站，从而实现加速。

（2）私有 Registry

私有 Registry 是用户自己构建的 Registry 服务器，通常构建在内网，内网的计算机可以从该 Registry 拉取镜像，也可以将本地镜像推送到该 Registry，共享给内网的其他计算机。

（3）Repository

Repository 是镜像标识的前缀，"Repository+Tag（镜像的版本信息）"组合起来可以标识一个镜像。这种表示方式只有两层，第一层是 Repository，第二层是 Tag，因此是一种扁平结构；而 Linux 中文件的表示方式是一种树状结构，因为文件使用"路径+文件名"作为唯一标识，其中路径又可以由多级目录组成。

事实上，镜像也是有层次关系的，例如用户 a 构建的镜像和用户 b 构建的镜像属于同一层次的不同类别；CentOS 系列的镜像和 Ubuntu 系列的镜像也是同一层次的不同类别；而用户 a 和它所构建的 CentOS 系列镜像，则属于不同层次的关系。这种关系使用目录很好表示，而 Docker 中只有一个 Repository，无法再分解。因此只能将这些信息以路径表示的形式组成一个 Repository 来表示层次关系。通常来说，一个完整的 Repository 由 3 部分组成：Registry URL、镜像分类和镜像名。

一个典型的 Repository 示例如下所示，其中 192.168.0.226:5000 是 Registry URL（包括 IP 地址和 Port），ll 是镜像分类信息（按用户名分类），centos 是镜像名。

```
192.168.0.226:5000/ll/centos
```

使用上述方式，在 Repository 中就可以完整地表示镜像位置和层次关系了，但要清楚的是，Repository 本质上只是一个标识，只是一个字符串，Docker 并不强制要求使用上述规则来命名 Repository，因此，实际使用时，一定要自觉遵守上述好的命名规则。

Docker 会按照上述命名规则来解析 Repository 中的信息。例如执行下面的命令来推送镜像时，镜像的 Repository 是 192.168.0.226:5000/ll/centos，Docker 会自动从中解析出私有 Registry 的信息 192.168.0.226:5000，将镜像推送到该 Registry，同时将该镜像的 Repository 重命名成 ll/centos，Tag 命名为 v1。

```
docker push 192.168.0.226:5000/ll/centos:v1
```

综上所述，**Repository 本质上是镜像的标识，是一个字符串**。按照路径表示的方式来编写 Repository，可以表示镜像的层次关系。

Registry 或 Repository 往往同时翻译成"仓库",例如公有 Registry 是"公有仓库",私有 Registry 是"私有仓库",而 Repository 也是"仓库"。但此仓库非彼仓库,根据前面的说明,Registry 和 Repository 的含义和区别是非常明显的。

在实际使用时,Registry 和 Repository 这两个词一定要用英文。如果遇到中文词汇"仓库",则要结合上下文环境分析。例如,图 5-2 是阿里云创建镜像仓库的界面,这里的"仓库"是 Repository 中的一部分,命名空间也是 Repository 的一部分,它们的组合 ll/centos 是镜像在阿里云上的 Repository,而完整的 Repository 则还要加上阿里云 Registry 的 URL,即 registry.cn-hangzhou.aliyuncs.com/ll/centos。

图 5-2　阿里云创建镜像仓库界面图

5.1.3　Docker 的架构

Docker 架构可分为两层:应用层和实现层。其中应用层是从用户使用 Docker 的角度来看的,实现层则是从 Docker 自身的系统实现层面来看的,具体说明如下。

1. Docker 应用层的架构

Docker 应用层的架构如图 5-3 所示,分为三个部分:Docker 客户端、Docker 服务端和 Registry。

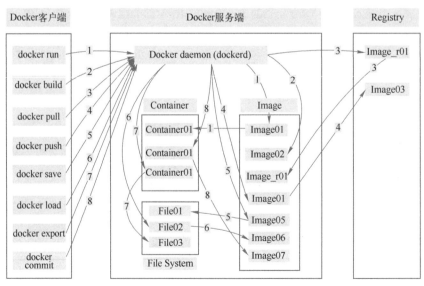

图 5-3　Docker 应用层的架构图

图 5-3 具体说明如下。

● Docker 客户端是 docker 命令。

- Docker 服务端是 Docker 守护进程（Docker daemon，进程名字是 dockerd）。
- Registry 包括公有 Registry 和私有 Registry。

Docker 客户端和 Docker 守护进程之间使用 REST API 进行交互，具体的通信方式可以是 UNIX sockets 或者网络接口，因此 Docker 客户端和 Docker 服务端可以在同一台计算机，也可以不在同一台计算机。Docker 服务端和 Registry 之间也通过网络进行通信，它们通常不在同一台计算机。

图 5-3 列出了多种 docker 命令在 Docker 架构中的执行情况，其中箭头表示组件交互或数据流向的顺序，序号则用来给此次命令进行编号。总的调用顺序是，docker 命令首先同 Docker daemon 交互，然后由 Docker daemon 同其他组件交互，完成最终的功能。

以 docker commit 为例，它实现了将 Docker 容器保存到镜像的功能，该命令在图 5-3 中编号为 8，那么图中所有编号为 8 的箭头都属于 docker commit 调用过程的一部分。执行从左侧 Docker 客户端的 docker commit 命令开始，先同 Docker 服务端的 Docker daemon 交互，Docker daemon 再根据命令中所指定的容器名，将 Container02 保存为镜像 Image07。

2. Docker 实现层的架构

Docker 实现层的架构如图 5-4 所示，分为五个部分：docker、dockerd、containerd、containerd-shim 和 runc。

Docker 安装后，会有 docker、dockerd、containerd、containerd-shim 和 runc 等命令，它们分别对应图 5-4 中 Docker 实现层面的架构的各个组成部分。

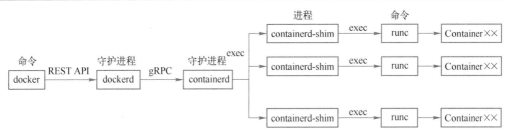

图 5-4　Docker 实现层的架构图

图 5-4 所示的 Docker 实现层架构具体说明如下。

（1）docker

docker 是 Docker 客户端命令。

（2）dockerd

dockerd 是 Docker daemon 进程，负责镜像构建、容器运行时、容器分发、容器编排、卷管理和网络等功能的实现，它会监听网络请求，然后将这些请求转发给对应的模块或组件来实现，例如"容器运行时"这个功能就是由 dockerd 转发给 containerd 实现的。

（3）containerd

containerd 是一个行业标准的容器运行时，强调简单性、健壮性和可移植性，它也是一个守护进程，用于管理 Host 主机上完整的容器生命周期，从镜像的传输和存储到容器运行和监视，再到底层存储和网络附件等。

（4）containerd-shim

containerd-shim 是一个进程，它用来解决 containerd 和 runc 的集成问题。它使得容器中的 stdio 流一直可用，而不受 containerd 重启的影响；它实现了容器退出代码的跟踪、containerd 和 runc 在创建容器上的同步、运行着的容器的连接（attach）。

（5）runc

runc 是一个命令，它提供了一个产品级的容器运行时环境，用来运行按照开放容器倡议（Open Container Initiative，OCI）格式打包的应用。runc 既是一个底层的容器运行时，又是 OCI 运行时规范的参考实现，也是最常用的容器运行时。

OCI 是一个开放组织，它于 2015 年由 Docker 公司及其他容器领域的领导者共同成立，用于构建一个开放的容器格式和容器运行时的行业标准。OCI 目前包含两个规范：运行时规范（Runtime spec）和镜像规范（Image spec），可以访问 OCI 的官网 https://opencontainers.org/ 获取更多详细的信息。OCI 成立之初，Docker 捐赠了容器镜像格式和容器运行时的参考实现，这就是后来的 runc 项目，可以访问 https://github.com/opencontainers/runc 获取更多信息。

containerd 和 runc 都称为容器运行时（Container Runtime），因为它们都提供了运行容器的 API 接口，其中 containerd 提供的是 Google 远程过程调用（Google Remote Procedure Call，gRPC）接口，runc 则是命令行接口。依据它们在调用层次中的位置，containerd 称为高层容器运行时（High-Level Container Runtime），runc 称为低层容器运行时（Low-Level Container Runtime）。

containerd 和 runc 区别：containerd 是一个守护进程，一直运行，它是一个容器生命周期管理器，负责监听外部请求来启动、停止容器或报告容器的状态，此外，containerd 支持解析 OCI 格式的镜像，支持 pull 镜像和 push 镜像、支持用于创建、修改和删除接口的网络原语，但要注意的是，containerd 并没有自身实现运行容器的功能，而是依托 runc 来实现；runc 则是一个命令工具，它仅仅是实现了容器的运行，并不负责其他（如镜像、网络等）功能的实现。

以启动容器为例，当用户运行 docker run XX 命令后，docker 会调用 dockerd 的 REST API 接口；接下来 dorkerd 会通过 gRPC 调用 containerd 的 API；然后 containerd 会 fork 一个 containerd-shim 进程；containerd-shim 则会为运行容器做好准备，包括获取镜像（pull 镜像或者读取本地镜像），然后将镜像文件解压成 runc 运行容器所需的 bundle directory（即符合 OCI 运行规范的一个目录），准备 runc 运行容器所需的 config.json 文件，并准备好网络和存储；然后调用 runc 来真正启动容器；runc 是最底层的容器运行时，最终容器的运行是由 runc 来完成的。

此时，使用 pstree -a -p 查看进程谱系（如下所示），可以看到 systemd 是守护进程 containerd 和 dockerd 的父进程；containerd 是 containerd-shim（3309）的父进程；containerd-shim（3309）又是 bash 进程（3326）的父进程，bash 进程（3326）正是容器中所运行程序对应的进程。如果再运行一个容器，则会再增加一个 containerd-shim 进程；如果停止一个容器，则会减少一个对应的 containerd-shim 进程。

```
[user@node01 ~]$ pstree -a -p
systemd,1 --switched-root --system --deserialize 18
    ├─containerd,1019
    │   ├─containerd-shim,3309 -namespace moby -workdir...
    │   │   ├─bash,3326
    -----------------------
    ├─dockerd,1155 -H fd:// --containerd=/run/containerd/containerd.sock
    │   ├─{dockerd},1332
```

5.1.4　Docker 容器与虚拟机的区别（扩展阅读 8）

就使用而言，Docker 容器和虚拟机两者在某种程度上是类似的。例如当 Docker 容器和虚拟机上都启动 SSH 服务，用户使用 PuTTY 分别登录到 Docker 容器和虚拟机的 Linux 系统后，二者的命令行操作完全一样。

Docker 容器同虚拟机最主要的区别在于两者的实现机制不同，此部分内容请参考本书配套免费电子书《Linux 快速入门与实战——扩展阅读与实践教程》中的"扩展阅读 8：Docker 容器与虚拟机的区别"部分。

5.1.5　Docker 的价值（扩展阅读 9）

评价一种技术的价值时，主要是要看它解决了什么问题。简而言之，Docker 主要解决了三个层面的问题。

- 在传统的开发层面，Docker 解决了 Linux 程序运行环境的隔离和迁移问题。
- 在虚拟机层面，Docker 解决了虚拟化的开销问题。
- 在容器层面，Docker 解决了完善性和易用性的问题。

此部分内容请参考本书配套免费电子书《Linux 快速入门与实战——扩展阅读与实践教程》中的"扩展阅读 9：Docker 解决了哪些问题"。

5.1.6　Docker 的底层技术（扩展阅读 10）

本节介绍 Docker 底层使用的三大技术，分别是 namespaces、cgroups 和 UnionFS。此部分内容请参考本书配套免费电子书《Linux 快速入门与实战——扩展阅读与实践教程》中的"扩展阅读 10：Docker 底层技术"。

5.2　Docker 的安装与使用（实践 6）

本节介绍 Docker 的安装和使用，包括 Docker 安装、Docker 常用命令和 Docker 容器的高级使用。这些都是 Docker 实际应用中最常用和最基础的技能和高级用法。读者在学习这些具体操作的时候，可以结合 5.1 节 Docker 技术基础，进一步加深对 Docker 的理解，从而更快、更好地掌握 Docker。

本节属于实践 6 内容，因为后续章节会用到 Docker，所以本实践必须完成。请参考本书配套免费电子书《Linux 快速入门与实战——扩展阅读与实践教程》中的"实践 6：Docker 的安装与使用"部分完成 Docker 的安装。

5.3　Docker 网络原理和使用

Docker 天生就是为大规模分布式系统而准备的，Docker 容器作为这些分布式系统中的节点，需要通过网络同外界通信，例如容器同 Host 之间的通信、容器与容器的通信、容器跨 Host 的通信等，所有的这些都依托 Docker 网络来实现，因此 Docker 网络非常重要。本节将介绍 Docker 网络的分类、应用场景、基本原理和使用方法。

5.3.1　Docker 网络驱动

Docker 提供了多种网络驱动（Network driver）方式以满足不同应用场景下的、网络需求，具体说明如表 5-1 所示。

表 5-1　Docker 网络驱动表

网络驱动	说明	应用场景
bridge	Docker 容器默认的网络驱动，它会在 Host 上构建一个私有网络，所有在 Host 上启动的容器，如果不指定网络驱动，则会默认连接该私有网络	适合在一个 Host 上启动多个容器的应用场景。这些容器互相可以访问，容器和 Host 也互相访问，如果 Host 可以上网，则容器也可以上网，Host 外部网络的主机可以使用端口映射的方式来访问容器服务。用户还可以创建自定义 bridge 网络，和 Docker 默认的 bridge 网络区分开来
host	Docker 容器直接使用 Host 的协议栈，容器不会分配 IP 地址。从网络的角度来看，容器中的进程和直接在 Host 上运行的进程一样，共享同一个 Host 网络	适合容器中的应用对外提供服务的应用场景。外部可以直接通过 Host 的 IP 地址+端口访问容器服务，非常方便。同时因为没有端口映射，效率会比较高
overlay	overlay 网络可以实现容器跨 Host 通信	适合构建跨节点的容器集群的应用场景
macvlan	macvlan 会为容器分配 MAC 地址，使得这个容器的网卡如同一个真实的物理网卡。Docker 守护进程会直接将数据包按照 MAC 地址发送给对应的容器，而不是经过 Host 的网络协议栈去转发	适合容器作为 Host 外部网络的一个独立节点存在的应用场景；适合容器跨节点通信的应用场景
网络插件	Docker 支持安装第三方的网络驱动插件，它们可以在 Docker Hub（https://hub.docker.com/search?category=network&q=&type=plugin）等处下载	这些插件可以使得 Docker 同指定的网络协议栈集成到一起，具体功能因插件而异

5.3.2　查看 Docker 网络

本节介绍查看 Docker 网络的常用命令，包括查看 Host 上的 Docker 网络和查看指定的 Docker 网络的详细信息，具体说明如下。

1. 查看 Host 上的 Docker 网络

查看 Host 上的 Docker 网络的命令如下。其中 network 是 docker 命令的 command，表示对 Docker 网络进行操作；ls 表示列出所有的 Docker 网络。

```
[user@localhost ~]$ docker network ls
```

上述命令执行后，显示结果如下所示。

```
NETWORK ID       NAME        DRIVER       SCOPE
438acfc75d7c     bridge      bridge       local
7e4d0fa0da58     host        host         local
a3f0649771f4     none        null         local
```

如上所示，每一行记录就是一个 Docker 网络的信息，该信息又可以分为 4 列，自左向右说明如下。

- NETWORK ID，这个是 Docker 网络 ID，是 Docker 网络的唯一标识。
- NAME 是 Docker 网络名，docker 网络操作命令会经常使用 NAME 作为 Docker 网络的标识。
- DRIVER 是该网络的网络驱动名。
- SCOPE 是该网络的作用范围，local 表示该网络只在该 Host 上起作用，如果是 global 则可以跨节点。

由上述信息可知，Docker 守护进程启动后，会默认创建 3 个网络。

注意网络名和网络驱动名的区别：Host 上可以有多个网络，网络名是不能重复的；但不同的网络可能会采用相同的网络驱动，因此，网络驱动名是可能重复的。

2．查看指定 Docker 网络的详细信息

查看指定 Docker 网络详细信息的命令如下，其中 inspect 是 docker 命令的 command，用来查看 Docker 对象的详细信息；bridge 是 Docker 对象的名称，即具体的 Docker 网络名称，此处也可以使用 bridge 的网络 ID 来代替。

```
[user@localhost ~]$ docker inspect bridge
```

上述命令会列出 bridge 网络的详细信息，其中子网配置的信息如下所示。

```
"Config": [
    {
        "Subnet": "172.17.0.0/16",
        "Gateway": "172.17.0.1"
    }
```

5.3.3　Docker 默认网络的基本原理

如果运行容器时不指定容器所使用的网络，那么容器默认会使用名字为 bridge 的 Docker 网络，所用的网络驱动也是 bridge。本节介绍 Docker 默认网络（后续简称"默认 bridge 网络"）的基本原理、查看方式和默认网络的特点，具体说明如下。

1．默认 bridge 网络的基本原理

默认 bridge 网络的原理如图 5-5 所示，可以把每个 bridge 网络看作是一个虚拟交换机所组成的网络，属于这个网络的容器都连接在这个交换机上，Host 也连接在这个交换机上，容器之间、容器和 Host 之间通过这个交换机进行通信。

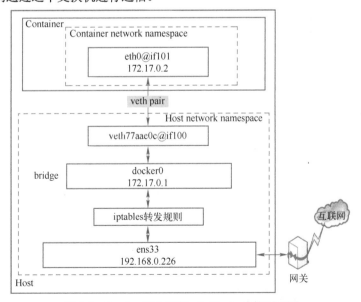

图 5-5　Docker 默认网络（bridge）连接原理图

除了默认 bridge 网络外，还可以自定义 bridge 网络（即自定义使用 bridge 网络驱动的网络）。

图 5-5 所示的默认 bridge 网络连接原理图说明如下。

- 容器和 Host 分属两个不同的 network namespace。
- 容器和 Host 之间通过一个虚拟网络设备（veth pair）进行连接，容器端的 veth（虚拟网卡）是 eth0@if101，IP 地址是 172.17.0.2（自动分配），Host 端的 veth 是 veth77aae0c@if100，这两个 veth 就如同管道的两端，在任何一端写入的数据，都会在另一端收到。
- Docker 默认会在 Host 上创建一个名字为 docker0 的网桥（bridge），**可以把 docker0 理解成一个虚拟的交换机**，veth77aae0c@if100 就是交换机上的一个网口，eth0@if101 就是该网口所连接的网卡，docker0 上可以有多个 veth，就如同交换机有多个网口一样，通过 veth pair 连接在 docker0 上的各个容器可以互相通信。
- 容器网络的子网是 172.17.0.0/16，Host 物理网卡的子网是 192.168.0.0/24，这是两个不同的子网，Docker 通过设置 iptables 转发规则，实现了容器内的应用访问外网（前提是 Host 可以访问外网），不需要用户在容器中做任何配置。

图 5-5 中的 eth0@if101、172.17.0.2、veth77aae0c@if00 和 ens33 等名称会因为实验环境的不同而不同。

2．默认 bridge 网络的查看方式

下面介绍默认 bridge 网络的查看方式，具体步骤如下。

（1）运行容器

运行容器命令如下。

```
[user@localhost ~]$ docker run -it centos:latest /bin/bash
```

（2）查看容器网络信息

1）查看该容器的网络信息，命令如下。

```
[user@localhost ~]$ docker inspect 8b1eeb8bb458
```

2）容器网络信息如下，容器使用是 bridge 网络驱动，容器的 IP 地址是 172.17.0.2，这些都是容器启动时自动分配的。

```
            "Networks": {
                "bridge": {
...
                    "Gateway": "172.17.0.1",
                    "IPAddress": "172.17.0.2",
```

3）每运行一个容器，Host 就会新增一个虚拟网卡，本例虚拟网卡名为 veth77aae0c@if100，如下所示。

```
 101: veth77aae0c@if100: <BROADCAST,MULTICAST,UP,LOWER_UP> mtu 1500 qdisc noqueue
master docker0 state UP group default
     link/ether a6:3e:d6:83:c3:e8 brd ff:ff:ff:ff:ff:ff link-netnsid 0
     inet6 fe80::a43e:d6ff:fe83:c3e8/64 scope link
         valid_lft forever preferred_lft forever
```

4）查看容器的虚拟网卡信息的命令如下，容器的虚拟网卡 eth0@if101 和 Host 的 veth77aae0c@if100 是一对虚拟网络设备（veth pair），它们就像管道一样，从任何一端发送的数据，都会在另一端接收到。

```
[root@8b1eeb8bb458 /]# ip a
100: eth0@if101: <BROADCAST,MULTICAST,UP,LOWER_UP> mtu 1500 qdisc noqueue state
UP group default
    link/ether 02:42:ac:11:00:02 brd ff:ff:ff:ff:ff:ff link-netnsid 0
    inet 172.17.0.2/16 brd 172.17.255.255 scope global eth0
        valid_lft forever preferred_lft forever
```

3. 默认 bridge 网络的特点

- 默认 bridge 网络内容器的 IP 是自动分配的，容器启动时不能指定 IP 地址。
- 可以通过 daemon.json 对默认 bridge 网络的参数进行配置，配置后需要重启 Docker 服务，具体配置项请参考 https://docs.docker.com/network/bridge/。
- 默认 bridge 网络内的容器可以互相 ping 通，也可以和 Host 互相 ping 通。
- 默认 bridge 网络不能自动解析容器主机名到 IP 地址的映射，如果要以主机名访问网络中的其他容器，则需要在容器启动时，使用 --link 或 --add-host 手动添加映射关系。
- 在 Host 连接互联网的情况下，CentOS 8 下默认 bridge 网络内的容器可以 ping 通外网 IP 地址，但无法进行 DNS 解析。

解决方案：先关闭防火墙 firewalld 服务，再重启 Docker 服务，最后再运行容器，此时容器内的应用就可以进行 DNS 解析，正常访问外网了。

- 如果要支持 Host 所在的外部网络上的节点访问默认 bridge 网络中容器的服务，则该容器要做端口映射（使用-P 来 publish 所有端口，或者使用-p 精确指定映射的端口）。

5.3.4　Docker 自定义 bridge 网络原理及使用

除了默认 bridge 网络外，Docker 还支持自定义 bridge 网络，Docker 官方推荐使用自定义 bridge 网络，因为自定义 bridge 网络在功能上相对默认 bridge 网络更有优势。本节介绍 Docker 自定义 bridge 网络原理与使用。

1. 默认 bridge 网络和自定义 bridge 网络对比

默认 bridge 网络和自定义 bridge 网络两者的功能对比如表 5-2 所示。

表 5-2　默认 bridge 网络和自定义 bridge 网络对照表

功能项	默认 bridge 网络	自定义 bridge 网络
IP 地址分配	自动分配 IP 地址，不能指定 IP 地址	自动分配、指定 IP 地址都可以
端口访问	即使是同一个 bridge 网络的容器访问，也需要 publish 端口	同一个 bridge 网络的容器可以直接访问其端口
主机名解析	同一个 bridge 网络的容器只能通过 IP 地址互相访问，除非使用过时的--link 选项，或者使用--add-host 选项，但由于 IP 地址是自动分配的，事先不清楚 IP 地址，因此也很难管理	同一个 bridge 网络的容器，可以通过主机名互相访问，自带 DNS
网络热插拔	必须停止容器，然后再重新运行容器时，指定新的网络，才能去掉默认的 bridge 网络，增加自定义的网络	支持容器运行时对自定义的 bridge 网络热插拔
配置灵活性	只有一个全局的网络配置，所有容器共享该配置，修改配置后，必须重启 Docker 服务才能生效	根据需要，创建多个自定义的 bridge 网络，不同需求的容器组使用不同 bridge 网络，且创建自定义 bridge 网络时，不需要重启 Docker 服务

2. 默认 bridge 网络和自定义 bridge 网络混合使用原理

Docker 默认 bridge 网络和自定义 bridge 网络混合使用的原理图如图 5-6 所示。每创建一个

bridge 网络，Docker 就会创建一个网桥（bridge），即一个虚拟交换机，属于该 bridge 网络的容器会连接到该交换机上，Host 也会连接到该交换机，如图 5-6 所示。

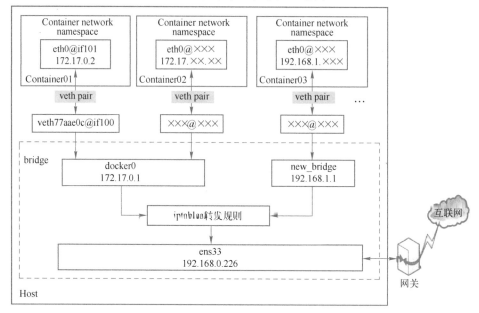

图 5-6 Docker 默认 bridge 网络和自定义 bridge 网络混合使用原理图

图 5-6 所示的默认 bridge 网络和自定义 bridge 网络混合使用原理图说明如下。

1）docker0 是默认 bridge 网络所创建的网桥，Container01 和 Container02 在启动时，没有指定网络，因此默认连接到了 docker0，其连接方式是 veth pair。

2）new_bridge 是自定义 bridge 网络所创建的网桥，Container03 连接到了 new_bridge。

3）docker0 和 new_bridge 分属两个不同的网络，Container01 和 Container02 互相可以通信，但是 Container01/Container02 不能和 Container03 通信。

4）Container01、Container02 和 Container03 都可以和 Host（192.168.0.226）通信。

5）Docker 通过设置 iptables 转发规则，使得 Container01～Container03 和 Host 连接的外部网络中的节点通信，例如网关 192.168.0.1，还可以 Ping 通外网。

6）所有的 bridge 网络，如 docker0 和 new_bridge 的作用范围都限于本 Host，Container01～Container03 都不能和 Host 以外的节点上的容器直接通信。

3．自定义 bridge 网络的使用

下面介绍自定义 bridge 网络的常用示例，具体说明如下。

（1）创建自定义 bridge 网络

创建自定义 bridge 网络的示例命令如下所示。

```
[user@localhost ~]$ docker network create -d bridge --subnet 192.168.1.0/24
new_bridge
```

上述命令参数说明如下。

- docker network create 是 Docker 网络创建命令。
- -d bridge 指定网络驱动为 bridge。

- --subnet 192.168.1.0/24 指定网络的子网信息，192.168.1.0 是网络号，24 是子网掩码位数；
- new_bridge 是新建的自定义 bridge 网络的名字。

自定义 bridge 网络时，除了使用--subnet 指定子网信息外，还可以使用--ip-range 指定 IP 地址分配范围；使用--gateway 指定网关等。

使用 man docker-network-create 或者访问 https://docs.docker.com/engine/reference/commandline/network_create/#bridge-driver-options，获取更详细的信息。

查看 Docker 网络信息，命令如下，可以看到 NETWORK ID 为 834e102b966f，NAME 为 new_bridge 的网络就是自定义 bridge 网络。

```
[user@localhost ~]$ docker network ls
NETWORK ID      NAME          DRIVER        SCOPE
874633b3da04    bridge        bridge        local
7e4d0fa0da58    host          host          local
834e102b966f    new_bridge    bridge        local
```

使用 docker inspect new_bridge 查看名字为 new_bridge 的自定义 bridge 网络的详细信息。
使用 docker network rm new_bridge 删除名字为 new_bridge 的自定义 bridge 网络。

在 Host 上查看网络设备，命令如下。

```
[user@localhost ~]$ ip a
113: br-a166f60b4ad9: <BROADCAST,MULTICAST,UP,LOWER_UP> mtu 1500 qdisc noqueue
state UP group default
    link/ether 02:42:0d:12:95:c4 brd ff:ff:ff:ff:ff:ff
    inet 192.168.1.1/24 brd 192.168.1.255 scope global br-a166f60b4ad9
```

在上述命令执行的结果中，可以看到创建 new_bridge 网络后，在 Host 上会新增一个名字为 br-a166f60b4ad9 的网桥设备，该设备就是 new_bridge 网络的虚拟交换机，所有位于 new_bridge 网络的容器和 Host 都连接到了 br-a166f60b4ad9。

（2）指定容器使用自定义 bridge 网络

容器启动时，可以传参指定它所使用的网络，命令如下，其中，--network new_bridge 指定容器使用名字为 new_bridge 的 Docker 网络，此处 new_bridge 也可以用它的网络 ID 来代替。

```
[user@localhost ~]$ docker run -it --network new_bridge centos:latest /bin/bash
```

容器启动后，查看容器网络信息，命令如下，其中 69ece36fbbc2 是容器 ID。

```
[user@localhost ~]$ docker inspect 69ece36fbbc2
```

上述命令执行后，如果能够看到下面的信息，则说明网络指定成功。

```
"Networks": {
    "new_bridge": {
```

在容器内部查看 IP 地址，命令如下，可以看到容器虚拟网卡为 eth0@if115，IP 地址是 192.168.1.2，这个地址是自动分配的。

```
[root@69ece36fbbc2 /]# ip a
114: eth0@if115: <BROADCAST,MULTICAST,UP,LOWER_UP> mtu 1500 qdisc noqueue state
UP group default
```

```
link/ether 02:42:c0:a8:01:02 brd ff:ff:ff:ff:ff:ff link-netnsid 0
inet 192.168.1.2/24 brd 192.168.1.255 scope global eth0
   valid_lft forever preferred_lft forever
```

查看 Host 网络，新增虚拟网卡的名字为 veth0010f18@if114，eth0@if115 和 veth0010f18@if114 是一对 veth pair，veth0010f18@if114 再连接到了网桥 br-a166f60b4ad9。

```
115: veth0010f18@if114: <BROADCAST,MULTICAST,UP,LOWER_UP> mtu 1500 qdisc noqueue
master br-a166f60b4ad9 state UP group default
```

（3）热插拔自定义 bridge 网络

Docker 支持热插拔自定义 bridge 网络，可以在容器运行时，删除它所在的 Docker 网络，示例如下，该命令移除了容器 69ece36fbbc2 的自定义 bridge 网络 new_bridge。

```
[user@localhost ~]$ docker network disconnect new_bridge 69ece36fbbc2
```

上述命令的参数说明如下。

- docker network disconnect 是网络移除命令。
- new_bridge 是网络名称。
- 69ece36fbbc2 是容器 ID。

在容器中查看网络信息，之前的容器虚拟网卡消失不见，如下所示。

```
[root@69ece36fbbc2 /]# ip a
1: lo: <LOOPBACK,UP,LOWER_UP> mtu 65536 qdisc noqueue state UNKNOWN group default
qlen 1000
    link/loopback 00:00:00:00:00:00 brd 00:00:00:00:00:00
    inet 127.0.0.1/8 scope host lo
       valid_lft forever preferred_lft forever
```

将容器 69ece36fbbc2 重新加入到 new_bridge 网络中，命令如下。

```
[user@localhost ~]$ docker network connect new_bridge 69ece36fbbc2
```

上述命令的参数说明如下。

- docker network connect 是网络添加命令。
- new_bridge 是网络名称。
- 69ece36fbbc2 是容器 ID。

该命令执行后，可以看到容器新增了虚拟网卡 eth1@if117，并分配了 IP 地址 192.168.1.2。

```
[root@69ece36fbbc2 /]# ip a
116: eth1@if117: <BROADCAST,MULTICAST,UP,LOWER_UP> mtu 1500 qdisc noqueue state
UP group default
    link/ether 02:42:c0:a8:01:02 brd ff:ff:ff:ff:ff:ff link-netnsid 0
    inet 192.168.1.2/24 brd 192.168.1.255 scope global eth1
       valid_lft forever preferred_lft forever
```

（4）自动解析主机名到 IP 地址的映射

自定义 bridge 网络自带 DNS，它可以完成该网络中主机名到 IP 地址的解析，该网络中的容器不需要手工配置/etc/hosts 文件，就可以使用主机名访问网络中其他容器，非常方便。下面启动两个容器 node01 和 node02，都加入 new_bridge 网络，查看在任一个容器上能否直接通过主机名访问另一个容器，具体步骤如下。

1）在 Host 的终端 A 上运行容器 node01，指定容器的主机名为 node01，并加入 new_bridge 网络，如下所示。

```
[user@localhost ~]$ docker run -it --network new_bridge --name node01 -h node01
centos:latest /bin/bash
```

2）在 Host 的终端 B 上运行容器 node02，命令如下，指定容器的主机名为 node02，并加入 new_bridge 网络，如下所示。

```
[user@localhost ~]$ docker run -it --network new_bridge --name node02 -h node02
centos:latest /bin/bash
```

在容器 node01 上 ping node02，可以看到能够自动解析出 node02 的 IP 地址为 192.168.1.3，如下所示。

```
[root@node01 /]# ping node02
PING node02 (192.168.1.3)
```

在容器 node02 上 ping node01，可以看到能够自动解析出 node01 的 IP 地址为 192.168.1.2，如下所示。

```
[root@node02 /]# ping node01
PING node01 (192.168.1.2)
```

（5）指定容器静态 IP 地址

可以在容器启动时为其指定自定义 bridge 网络和静态 IP 地址，示例如下。该命令运行容器时，指定容器使用自定义 bridge 网络 new_bridge，并指定容器 IP 地址为 192.168.1.11。

```
[user@localhost ~]$ docker run -it --network new_bridge --ip 192.168.1.11
centos:latest /bin/bash
```

也可以在容器启动后动态加入 new_bridge 网络时指定 IP 地址，命令如下。

```
[user@localhost ~]$ docker network connect --ip 192.168.1.11 new_bridge
df53cb0546f4
```

一个容器可以加入多个容器网络，例如容器 df53cb0546f4 除了默认 bridge 网络外，还加入了自定义 bridge 网络 new_bridge。

5.3.5　Docker host 网络原理及使用

Docker 服务启动时，会自动创建一个名字为 host 的 Docker 网络，该网络使用 host 网络驱动，位于 host 网络内的容器没有自己的 Net namespace，也没有自己的网络设备和协议栈，而是直接使用 Host 的网络设备和协议栈。因此，从网络的角度看，host 网络中容器的应用，和直接运行在 Host 上的进程没有区别，共享相同的网络设备和协议栈，这就意味着它们看到的网络设备、IP 地址以及所有的网络设置都是相同的。

host 网络只有 1 个，即 Docker 服务启动时创建的 host 网络，不能再新建 host 网络，只能将容器加入默认的 host 网络中。

可以在容器启动时，指定容器使用 host 网络，示例命令如下，该命令使用--network host 指定容器启动时使用 host 网络。

```
[user@localhost ~]$ docker run -it --network host centos:latest /bin/bash
```

容器启动后，查看网络信息，命令如下，其显示结果和直接在 Host 上执行 ip a 命令看到的信息完全一样。

```
[root@localhost /]# ip a
1: lo: <LOOPBACK,UP,LOWER_UP> mtu 65536 qdisc noqueue state UNKNOWN group default
qlen 1000
    link/loopback 00:00:00:00:00:00 brd 00:00:00:00:00:00
    inet 127.0.0.1/8 scope host lo
       valid_lft forever preferred_lft forever
    inet6 ::1/128 scope host
       valid_lft forever preferred_lft forever
2: ens33: <BROADCAST,MULTICAST,UP,LOWER_UP> mtu 1500 qdisc fq_codel state UP
group default qlen 1000
    ...
```

Docker host 网络不支持容器热插拔。

总结：host 网络适合某个容器中的应用有大量端口对外提供服务的情况，因为没有端口映射，效率会比较高。此外，也适合多个容器共享 Host 主机网络，不需要单独隔离的情况。

5.3.6 Docker overlay 网络原理和使用（扩展阅读 11）

Docker 容器跨 Host 主机通信是 Docker 网络的重点和难点，之前需要借助第三方工具/解决方案，再加上复杂的配置来实现，既麻烦又容易出错，而且通信的效率还不高。现在，Docker 提供原生的 overlay 网络驱动，可以很好地解决上述问题，配置简单方便，并能够覆盖 Linux/Windows Host 主机。

本节属于扩展阅读部分，请参考本书配套免费电子书《**Linux 快速入门与实战——扩展阅读与实践教程**》中的"**扩展阅读 11：Docker overlay 网络原理与使用**"部分。

5.3.7 Docker MACVLAN 网络原理和使用

MACVLAN 是一种实现网络虚拟化的新技术，其核心思想是将 Host 主机上的物理网卡虚拟成多块网卡（虚拟网卡），每一块虚拟网卡有自己的 MAC 地址和 IP 地址，虚拟网卡和物理网卡一样，暴露在真实的物理网络中，连接在该网络的其他 Host 主机都可以访问到这些虚拟网卡。本节介绍 Docker MACVLAN 网络的原理及基本使用，具体说明如下。

可以把 MACVLAN 理解为一种网卡虚拟化技术。

1. Docker MACVLAN 的基本原理和应用场景

Linux 内核在实现 MACVLAN 时，并没有采用传统的网桥隔离方法，而是直接关联网卡或者网卡的子接口，以此实现上层逻辑网络和底层物理网络的分离，这种实现方式非常轻量级，因此，MACVLAN 的性能会比较高。

Docker 的 MACVLAN 直接利用了 Linux 内核的 MACVLAN 功能，将其同 Docker 容器结合

起来，并进一步简化了 MACVLAN 的使用，其应用场景描述如下。

- 低延迟应用场景。
- Host 主机上有多个容器，每个容器都需要暴露多个端口（甚至有相同的端口），供 Host 外部网络节点访问的场景。
- Host 主机上的容器和 Host 外部网络节点的 IP 地址在同一个子网的场景。
- 容器跨 Host 主机组网的场景。

Docker 的官方建议：由于 MACVLAN 容易导致网络中存在大量不合适且唯一的 MAC 地址，会破坏网络，在使用时，凡是可以用 bridge 或 overlay 网络驱动解决的，应优先考虑使用它们。

2. Docker MACVLAN 使用前准备

根据 Docker 官网说明，MACVLAN 的使用需要 Linux 内核的支持以及网卡混杂模式，具体说明如下。

MACVLAN 的使用需要 Linux 内核支持，Linux 内核 3.9 以上都支持 MACVLAN，可以在 root 用户下，运行以下命令加载 MACVLAN 内核模块。

```
root@node01 user]# modprobe macvlan
```

可通过运行下面的命令查看内核模块，如果能够看到 macvlan，则说明当前 Linux 内核支持 MACVLAN。

```
[root@node01 user]# lsmod | grep macvlan
macvlan                28672  0
```

MACVLAN 需要网卡支持混杂模式（Promiscuous Mode），也就是说一个网卡可以被分配多个 MAC 地址。

打开指定网卡 ens33 的混杂模式的命令如下。

```
[root@node01 user]# ip link set ens33 promisc on
```

查看网卡 ens33 混杂模式的命令如下，如能够看到 PROMISC，则说明混杂模式打开。

```
[user@node01 ~]$ ip a | grep ens33
2: ens33: <BROADCAST,MULTICAST,PROMISC,UP,LOWER_UP> mtu 1500 qdisc
```

关闭网卡 ens33 混杂模式的命令如下。

```
[root@node01 user]# ip link set ens33 promisc off
```

实际使用中，虚拟机 node01 和 node02 上不打开 ens33 网卡的混杂模式，MACVLAN 也可以正常工作。

3. Docker MACVLAN 常用示例

下面介绍 Docker MACVLAN 的常用示例，具体说明如下。

（1）示例 1：构建单个 MACVLAN 网络

该示例将在两个 Host 节点 node01 和 node02 上构建 MACVLAN 网络，node01 和 node02 上的容器和 Host 外部网络在同一个子网，具体架构如图 5-7 所示。

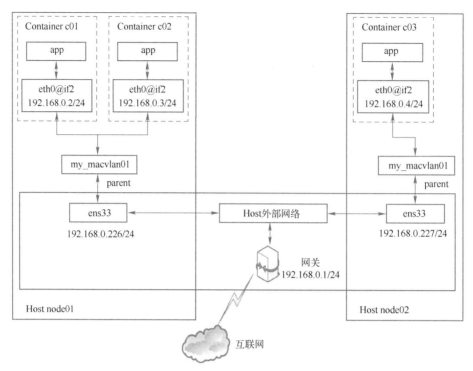

图 5-7　Docker MACVLAN 网络示例图

下面构建图 5-7 所示 MACVLAN 网络，具体步骤如下。

1）在 node01 上创建名字为 my_macvlan01 的 MACVLAN，命令如下。

```
[user@node01 ~]$ docker network create -d macvlan  --subnet=192.168.0.0/24 --
gateway=192.168.0.1 -o parent=ens33 my_macvlan01
```

上述命令的参数说明如下。

- -d macvlan 指定网络驱动为 macvlan。
- --subnet=192.168.0.0/24 指定子网，该子网和 Host 的外部网络是同一子网（也可以不在同一个子网），因此，连接到 my_macvlan01 的容器就如同是 Host 外部网络上的一个独立节点。
- --gateway=192.168.0.1 指定网关 IP 地址，这个网关不是 Docker 自动创建的，需要用户提供。
- -o parent=ens33 指定 Host 物理网卡 ens33 为 macvlan01 的 parent 网卡，即 my_macvlan01 和 ens33 相关联，注意：MACVLAN 独占 parent 网卡，本例中 my_macvlan01 独占 ens33，该 Host 上的其他 MACVLAN 就不能再关联 ens33 了，后续会介绍如何将一块物理网卡划分为多个子网卡，供多个 MACVLAN 进行关联。
- my_macvlan01 是 MACVLAN 网络名。

上述命令执行后，查看 Docker 网络，可以看到新增的 my_macvlan01，如下所示。

```
[user@node01 ~]$ docker network ls
NETWORK ID         NAME            DRIVER          SCOPE
66864efb358f       my_macvlan01    macvlan         local
```

2）在 node01 上运行容器 c01，并连接到 my_macvlan01 网络，命令如下，其中--network my_macvlan01 指定容器连接名字为 my_macvlan01 的网络。

```
[user@node01 ~]$ docker run -it --name c01 -h c01 --network my_macvlan01
centos:latest /bin/bash
[root@c01 /]#
```

3）查看 c01 的网络信息，新增网卡 eth0@if2 是由 node01 物理网卡 ens33 虚拟出来的网卡，它的 IP 地址为 192.168.0.2（自动分配），和 node01 外部网络是同一个子网。

```
[root@c01 /]# ip a
6: eth0@if2: <BROADCAST,MULTICAST,UP,LOWER_UP> mtu 1500 qdisc noqueue state UP
group default
    link/ether 02:42:c0:a8:00:02 brd ff:ff:ff:ff:ff:ff link-netnsid 0
    inet 192.168.0.2/24 brd 192.168.0.255 scope global eth0
      valid_lft forever preferred_lft forever
```

可以在 node01 上启动多个连接到 my_macvlan01 的容器，这些容器和 node01 外部网络在同一个子网，它们就如同是 node01 外部网络上的独立节点。这样，同一个 Host 的容器网络实现了隔离，而 Host 外部网络上的节点可以直接访问容器所提供的服务，不需要做端口映射。

4）在 node01 上运行容器 c02，连接到 my_macvlan01 网络，命令如下，其中--network my_macvlan01 指定容器连接名字为 my_macvlan01 的网络。

```
[user@node01 ~]$ docker run -it --name c02 -h c02 --network my_macvlan01
centos:latest /bin/bash
[root@c02 /]#
```

5）查看 c02 的网络信息，新增网卡 eth0@if2 是由 node01 物理网卡 ens33 虚拟出来的网卡，它的 IP 地址为 192.168.0.3（自动分配），和 node01 外部网络是同一个子网。注意：c01 和 c02 的网卡名虽然一样，但是它们的 MAC 地址是不同的。

```
[root@c02 /]# ip a
7: eth0@if2: <BROADCAST,MULTICAST,UP,LOWER_UP> mtu 1500 qdisc noqueue state UP
group default
    link/ether 02:42:c0:a8:00:03 brd ff:ff:ff:ff:ff:ff link-netnsid 0
    inet 192.168.0.3/24 brd 192.168.0.255 scope global eth0
      valid_lft forever preferred_lft forever
```

6）在 node02 上创建同名的 MACVLAN 网络 my_macvlan01，命令如下。

```
[user@node02 ~]$
docker network create -d macvlan --subnet=192.168.0.0/24 --gateway=192.168.0.1 -o
parent=ens33 my_macvlan01
```

7）在 node02 上运行容器 c03，连接到 my_macvlan01 网络，命令如下，其中--ip 192.168.0.4 用来指定 c03 的 IP 地址，因为 MACVLAN 网络的作用范围是本地，不同 Host 上的容器连接到 MACVLAN 网络时，可能会分配相同的 IP 地址，这样就会造成冲突，因此，需要自己提前做好 IP 地址规划，避免冲突。

```
[user@node02 ~]$
docker run -it --name c03 -h c03 --network my_macvlan01 --ip 192.168.0.4
```

```
centos:latest /bin/bash
    [root@c03 /]#
```

node02 上的 my_macvlan01 和 node01 上的 my_macvlan01，虽然名字一样，但它们其实是没有关联的，只是因为这两个网络的子网都是 192.168.0.0/24，所以这两个网络中的节点才能互相访问。因此 MACVLAN 其实是针对 Host 自身而言的，它不像 overlay 网络那样是全局的。

8）查看 c03 的网络信息，命令如下，新增网卡 eth0@if2 是由 node02 物理网卡 ens33 虚拟出来的网卡，IP 地址为 192.168.0.4，是运行容器时手动分配的。

```
[root@c03 /]# ip a
6: eth0@if2: <BROADCAST,MULTICAST,UP,LOWER_UP> mtu 1500 qdisc noqueue state UP
group default
    link/ether 02:42:c0:a8:00:04 brd ff:ff:ff:ff:ff:ff link-netnsid 0
    inet 192.168.0.4/24 brd 192.168.0.255 scope global eth0
        valid_lft forever preferred_lft forever
```

9）连通性测试。图 5-9 中各节点的连通性测试结果如表 5-3 所示，除容器不能和 parent 网卡互相 ping 通外，其余都可以互相 ping 通。

表 5-3　my_macvlan01 网络连通性结果表

	c01	c02	c03
c01	可以互相 ping 通	可以互相 ping 通	可以互相 ping 通
c02	可以互相 ping 通	可以互相 ping 通	可以互相 ping 通
c03	可以互相 ping 通	可以互相 ping 通	可以互相 ping 通
node01	不能互相 ping 通	不能互相 ping 通	可以互相 ping 通
node02	可以互相 ping 通	可以互相 ping 通	不能互相 ping 通
网关	可以互相 ping 通	可以互相 ping 通	可以互相 ping 通
外网节点	可以互相 ping 通	可以互相 ping 通	可以互相 ping 通

MACVLAN 中没有自动 DNS 解析，所有的 ping 操作都是通过 IP 地址进行的。

（2）示例 2：创建多个 MACVLAN 网络

示例 1 介绍了如何构建简单的 MACVLAN 网络，按照示例 1 的方法，一块物理网卡（如 enss3）只能构建一个 MACVLAN，本示例将介绍如何在一块物理网卡上构建多个 MACVLAN。主要思路是将物理网卡上划分若干**子接口（子网卡）**，然后将 MACVLAN 和子接口一对一关联起来，这样就实现了在一块物理网卡上构建多个 MACVLAN。

示例 2 所构建的 MACVLAN 网络如图 5-8 所示，node1 的物理网卡 ens33 上划分了两个子接口 ens33.10 和 ens33.20（网卡子接口命名规则：网卡名+点号+数字），其中 ens33.10 作为 MACVLAN 网络 my_macvlan01 的父接口，ens33.20 作为 MACVLAN 网络 my_macvlan02 的父接口；my_macvlan01 和 my_macvlan02 有各自独立的子网，分别是 192.168.1.0/24 和 192.168.2.0/24；容器 c01 连接到 my_macvlan01，容器 c02 连接到 my_macvlan02，它们可以和其他 Host 节点上同一网段的 MACVLAN 网络的节点进行通信；此外 c01 还连接到了 Host 默认的 bridge 网络（docker0），用于访问外网。

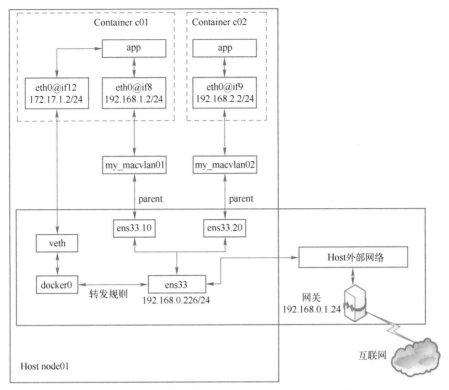

图 5-8　基于子接口的 Docker MACVLAN 网络示例图

下面构建图 5-8 所示的 MACVLAN 网络，具体步骤如下。

1）清除 node01 上已构建的 MACVLAN 网络，命令如下。

```
[user@node01 ~]$ docker stop $(docker ps -a -q)
[user@node01 ~]$ docker rm $(docker ps -a -q)
[user@node01 ~]$ docker network rm my_macvlan01
```

2）删除 5.3.4 节中创建的 new_bridge，命令如下。

```
[user@node01 ~]$ docker network rm new_bridge
```

new_bridge 的子网是 192.168.1.0，会和后续创建的 MACVLAN 网络的子网冲突，因此需要删除。

3）在 node01 上构建 my_macvlan01，命令如下，其中-o parent=ens33.10 指定 my_macvlan01 的 parent 网卡为 ens33.10，ens33.10 是 ens33 网卡的子接口，ens33.10 事先是不存在的，由该 docker 命令自动创建，只需要按照子接口的命名规则进行命名即可。

```
[user@node01 ~]$
docker network create -d macvlan --subnet=192.168.1.0/24 -o parent=ens33.10
my_macvlan01
```

如果不使用 Docker，直接使用 Linux 内核的 MACVLAN 的话，则还要先手动创建子接口 ens33.10，再进行一系列的操作，而 Docker 则将这些简化成了上述一条命令，极大地简化了 MACVLAN 的使用，也体现了 Docker 的简约之美。

4）在 node01 上构建 my_macvlan02，子网为 192.168.2.0/24，其 parent 网卡为 ens33 的子接口 ens33.20，同样也是由 docker 命令自动创建，命令如下。

```
[user@node01 ~]$
docker network create -d macvlan --subnet=192.168.2.0/24 -o parent=ens33.20
my_macvlan02
```

5）查看 Docker 网络，可以看到新增的两个 MACVLAN 网络。

```
[user@node01 ~]$ docker network ls
NETWORK ID          NAME              DRIVER          SCOPE
835159ad5437        my_macvlan01      macvlan         local
c683329dbb93        my_macvlan02      macvlan         local
```

6）在 node01 上运行容器 c01，并指定使用 my_macvlan01，命令如下。

```
[user@node01 ~]$ docker run -it --name c01 -h c01 --network my_macvlan01
centos:latest /bin/bash
```

7）查看 c01 上的 IP 地址，可以看到网卡 eth0@if8 是连接到 my_macvlan01 的网卡，IP 地址为 192.168.1.2。

```
[root@c01 /]# ip a
  10: eth0@if8: <BROADCAST,MULTICAST,UP,LOWER_UP> mtu 1500 qdisc noqueue state UP
group default
      link/ether 02:42:c0:a8:01:02 brd ff:ff:ff:ff:ff:ff link-netnsid 0
      inet 192.168.1.2/24 brd 192.168.1.255 scope global eth0
```

如果在 node01 外部网络的另一个节点上创建一个子网为 192.168.1.0/24 的 MACVLAN，那么该子网内的容器就可以和 c01 通信。

8）此时 c01 是无法访问外网的，因为 c01 的网关 192.168.1.1 并不存在，可以将 c01 连接到 node01 默认的 bridge 网络上，命令如下，其中 bridge 是默认 bridge 网络的名字；1366c42bfd4b 是 c01 容器 ID。

```
[user@node01 ~]$ docker network connect bridge 1366c42bfd4b
```

容器在启动时，只能指定一个连接网络，但是容器运行后，可以使用上述命令，将容器连接到多个网络。

9）再次查看 c01 的网络，可以看到新增了一块网卡 eth1@if12，IP 地址为 172.17.0.2。

```
[root@c01 /]# ip a
  11: eth1@if12: <BROADCAST,MULTICAST,UP,LOWER_UP> mtu 1500 qdisc noqueue state UP
group default
      link/ether 02:42:ac:11:00:02 brd ff:ff:ff:ff:ff:ff link-netnsid 0
      inet 172.17.0.2/16 brd 172.17.255.255 scope global eth1
        valid_lft forever preferred_lft forever
```

10）查看 c01 的新网关，IP 地址为 172.17.0.1，所有 c01 的外网数据将从 eth1@if12 进出。

```
[root@c01 /]# ip route
default via 172.17.0.1 dev eth1
```

node01 同时新增了一块网卡 vethcb479cf@if11，它和 eth1@if12 是 veth pair，vethcb479cf@if11

连接在网桥 docker0（默认 bridge 网络的网桥）上，docker0 的 IP 地址是 172.17.0.1，正是 c01 的新网关，因此，所有 c01 的外网数据将从 docker0 进出。

```
 12: vethcb479cf@if11: <BROADCAST,MULTICAST,UP,LOWER_UP> mtu 1500 qdisc noqueue
master docker0 state UP group default
    link/ether 36:39:1a:cc:43:64 brd ff:ff:ff:ff:ff:ff link-netnsid 0
    inet6 fe80::3439:1aff:fecc:4364/64 scope link
       valid_lft forever preferred_lft forever
```

11）通过新连接的 bridge 网络，c01 可以和 node01、node02、网关以及互联网节点进行通信，命令如下。

```
[root@c01 /]# ping 192.168.0.1
[root@c01 /]# ping 192.168.0.226
[root@c01 /]# ping 192.168.0.227
[root@c01 /]# ping 14.215.177.38
```

12）在 node01 上运行容器 c02，并指定使用 my_macvlan02，命令如下。

```
[user@node01 ~]$    docker run -it --name c02 -h c02 --network my_macvlan02
centos:latest /bin/bash
[root@c02 /]#
```

13）查看 c02 上的网络信息如下，网卡 eth0@if9 是连接到 my_macvlan02 的网卡，IP 地址为 192.168.2.2，它和 c01 的 192.168.1.2 不在同一个子网。

```
[root@c02 /]# ip a
 13: eth0@if9: <BROADCAST,MULTICAST,UP,LOWER_UP> mtu 1500 qdisc noqueue state UP
group default
    link/ether 02:42:c0:a8:02:02 brd ff:ff:ff:ff:ff:ff link-netnsid 0
    inet 192.168.2.2/24 brd 192.168.2.255 scope global eth0
       valid_lft forever preferred_lft forever
```

（3）示例 2 的总结
示例 2 的总结说明如下。
- 该示例介绍了在一块物理网卡上如何构建多个 MACVLAN 的方法，主要思路就是划分子接口，然后基于子接口构建 MACVLAN。
- 该示例只介绍了在单节点 node01 上的操作，这是因为 MACVLAN 是针对 Host 本身的，对于不同的 Host 节点上的容器，只要它们的 MACVLAN 的 parent 网卡是物理相连的，而且在同一个子网，那么这些容器就可以互相通信，因此按照示例 2 中的说明在其他 Host 节点上操作一遍，就可以实现容器的跨 Host 通信，这个在示例 1 中已经验证过了。
- 该示例中的容器默认是不能和外网通信的，可以给容器再增加一个默认的 bridge 网络，以此增加一条对外通信的通道。容器虽然在启动时只能指定一个网络，但是在启动后，可以连接到多个网络。

5.4　基于 Docker 的 Linux 应用容器化实践

基于 Docker 的 Linux 应用容器化，是指将指定的 Linux 应用制作成 Docker 镜像，然后以容器的方式运行该 Linux 应用，简而言之就是：Docker 镜像的制作和 Docker 容器的运行。5.2 节和 5.3 节从不同的角度介绍了 Docker 容器的运行，本节侧重介绍 Docker 镜像构建，包括从零构建

Linux 应用的 Docker 基础镜像、编写 Dockerfile 构建 Linux 应用的 Docker 镜像、基于 Docker 容器构建 Linux 应用的 Docker 镜像、Docker 镜像的版本管理、公有 Registry 的 Docker 镜像操作和私有 Registry 的构建和 Docker 镜像操作。将前面所述的 Docker 容器运行知识同本节的 Docker 镜像构建结合起来，就共同构成了基于 Docker 的 Linux 应用容器化实践。

5.4.1　构建 Linux 应用的 Docker 基础镜像

根据 5.1.6 节说明，一个普通的 Docker 镜像由 image **基础层**和若干 image **修改层**组成。对于 Docker 基础镜像而言，则只包含 image 基础层，即最基础的 root 文件系统，它只包含最基础的 Linux 环境和应用。构建 Docker 基础镜像是 Docker 最底层和最基础的技术，也是用户深入掌握 Docker 的必备技术，非常重要。随着 Docker 技术的快速更新，构建 Docker 基础镜像的工具也在不断更新，CentOs 7 以前默认的构建工具是 febootstrap，CentOs 7 以后就换成了 supermin 系列。本节将介绍使用 supermin 来构建 Docker 基础镜像的常用示例，具体说明如下。

1. supermin 简介

supermin 是 super minimal system（超级精简系统）的缩写，它可以根据用户需求构建一个超级精简的 Linux root 文件系统。用户使用 supermin 时，通过指定所需的 Package 名字，以此描述最终构建的 root 文件系统安装哪些应用。supermin 的构建分为两个阶段：prepare 和 build，具体说明如下。

（1）prepare 阶段

此阶段 supermin 将生成 supermin appliance，supermin appliance 包括两类文件，说明如下。

第一类是 packages 文件，该文件是由 supermin 利用 yum 安装源（repository）解析用户指定 Package 的依赖而得到的。packages 会记录在本机已经安装的且能解析依赖的 Package，packages 只记录 Package 名，并不会复制实际的文件和依赖，因此，开销会非常小。此外，如果指定的 Package 有问题，就不会出现在 packages 中。

用户指定的 Package 一定要在本机先安装好。

第二类是配置文件，包括 /etc 和 /usr 下的配置文件，如 /etc/bashrc 等，因为 root 文件系统的配置文件，必须是干净的、未修改过的文件，而主机上的配置文件已经是修改过了，因此，不能直接从主机上复制这些配置文件，而是需要重新生成，并打包成 base.tar.gz。

（2）build 阶段

此阶段 supermin 将根据 prepare 阶段生成的 supermin appliance，生成真正的 root 文件系统，即 full appliance，supermin 将从本机复制已安装的 Package 到 root 文件系统。

supermin 为什么要将 root 文件系统的构建分成 prepare 和 build 两个阶段？

好处一：降低调试开销，如果合成一个阶段，每构建一次就要生成真正的 root 文件系统，而调试需要反复构建，这样时间开销会很大。分成两个阶段后，调试集中在第一阶段，这个开销很小，即使反复多次也没有问题，待调试好后通过第二阶段一次生成真正的 root 文件系统即可。

好处二：降低分发开销，可以将 supermin appliance 分发到各个需要构建 root 文件系统的主机上，待到这些主机需要时再单独构建即可，甚至还可以临时修改，既灵活且分发传输的开销又很小。如果合并成一个阶段，则每次分发都要传输 full appliance，这个通常都有几百 MB 大小，传输开销大，而且还不能临时修改，不灵活。

2．安装 supermin

使用 yum 安装 supermin 的步骤是：挂载光盘安装源；确认网络连通；安装 supermin，具体命令如下。

```
[root@node01 user]# mount /dev/sr0 /media/
[root@node01 user]# ping www.baidu.com
[root@node01 user]# yum -y install supermin
```

安装源不仅用于安装 supermin，后续 supermin 生成 root 文件系统时也要用到，因此，一定要确保安装源配置正确、能够正常解析和访问。

3．制作 root 文件系统

制作 root 文件系统的步骤如下。

（1）创建 root 文件系统目录

在/home/user/docker 目录下创建目录 base-fs，存储待制作的 root 文件系统，命令如下。

```
[user@node01 docker]$ mkdir base-fs
[user@node01 docker]$ cd base-fs/
```

（2）prepare root 文件系统

综上所述，supermin 通过 prepare 和 build 两个阶段来构建 root 文件系统，每个阶段对应一条 supermin 命令，因此，需要执行两次 supermin。

使用 supermin 来完成 root 文件系统的 prepare 阶段工作。

```
[user@localhost base-fs]$
supermin -v --prepare bash wget yum iputils iproute man vi tar gzip -o
centos8_base_rootfs
```

上述命令的参数说明如下。

- -v 用来显示构建过程的详细信息。
- --prepare 指定 supermin 做 prepare 阶段的工作。
- bash wget yum iputils iproute man vi tar gzip 用来指定 root 文件系统中要安装的 Package（应用），Package 之间用空格隔开，并且这些 Package 需要事先在 Host 主机上安装好。
- -o centos8_base_rootfs 为 supermin appliance 的存储目录。

Docker 基础镜像必须精简，不要包含那些不常用的 Package，同时又要十分通用，尽量包含常用的 Package。Docker 基础镜像到底需要哪些 Package 不能一概而论，上面给出了最基本的示例，供读者参考。在实际中，还要根据上层镜像的需要进行抽取，其中个人经验十分重要，需要多加实践和积累。

在指定 Package 时，需要填入正确的 Package 名字，这个要十分注意，可以参考 3.2.2 节中的方法。

上述命令执行后，centos8_base_rootfs 目录下可以看到 packages 和 base.tar.gz 两个文件。

```
[user@node01 base-fs]$ ls centos8_base_rootfs
base.tar.gz  packages
```

其中 packages 的内容如下，它列出了将在 root 文件系统中安装的 Package，如果这里列出的

Package 和 supermin 命令参数中指定的 Package 不一致，则要查找原因，常见的不一致原因有：Package 名不准确；Package 在 Host 主机没有安装。总之，packages 中列出的 Package 必须同 supermin 命令参数中指定的 Package 完全一致，才能进行下一步的 build 工作。

```
bash
gzip
iproute
iputils
man-db
tar
vim-minimal
wget
yum
```

（3）build root 文件系统

使用 supermin 来 build root 文件系统的，生成最终的 root 文件系统，命令如下。

```
[root@node01 base-fs]# supermin -v --build --format chroot centos8_base_rootfs/
-o centos8_base
```

上述命令的参数说明如下。

- -v 用来显示构建过程的详细信息。
- --build 用来指定 supermin 做 build 阶段的工作。
- --format chroot 表示创建一个目录树，chroot 还可以替换为 ext2，这样将生成一个 ext2 文件系统格式的 image。
- centos8_base_rootfs/是 supermin appliance 的存储目录。
- -o centos8_base 指定最终 root 文件系统的根目录。

上述命令执行时，会将解析出来的安装包+依赖从 Host 中复制到 root 文件系统中，例如 vi，如下所示。

```
[root@node01 base-fs]# ls centos8_base/usr/bin/vi
centos8_base/usr/bin/vi
```

最终的 root 文件系统大小为 335MB，内容如下所示。

```
[root@node01 base-fs]# ls centos8_base
bin  boot  dev  etc  home  lib  lib64  media  mnt  opt  proc  root  run  sbin  srv
sys  tmp  usr  var
[root@node01 base-fs]# du -sh centos8_base
335M    centos8_base
```

4. 将 root 文件系统导入成 Docker 基础镜像

下面打包 root 文件系统，并将其导入，形成 Docker 基础镜像，具体步骤说明如下。

（1）进入打包目录

因为要在 root 文件系统的根目录下打包，因此需要先进入该打包目录，命令如下。

```
[root@node01 base-fs]# cd centos8_base
```

（2）打包 root 文件系统

接下来调用 tar -c .打包当前目录（根目录）下的所有目录和文件，命令如下。

```
[root@node01 centos8_base]# tar -c . | docker import - centos8_base
```

上述命令的参数说明如下。

- -c 表示创建打包文件，.表示打包的对象为当前目录。
- | 是管道，打包的内容将通过管道传输给 docker 命令。
- docker import 表示将文件导入本地镜像，-表示文件的来源是管道，如果不使用-，此处则要写具体的文件名，centos8_base 是新镜像名称（Repository:Tag）。

-c 后面有空格，.后面有空格，|左右有空格，-左右都有空格。

（3）查询镜像

上述命令执行后，就可以查询本地镜像了，命令如下，可以看到新增的 centos8_base 镜像就是刚才导入的 Docker 基础镜像。

```
[user@node01 base-fs]$ docker images
REPOSITORY        TAG           MAGE ID           CREATED             SIZE
centos8_base      latest        e23a82cfe7e6      16 seconds ago      325MB
```

5．验证：通过 Docker 基础镜像运行容器

下面通过 Docker 基础镜像 centos8_base 运行容器，命令如下。

```
[user@node01 base-fs]$ docker run -it centos8_base /bin/bash
```

如果能够看到下面的登录提示符，则说明该 Docker 基础镜像可正常使用，至此 Docker 基础镜像构建成功。

```
bash-4.4#
```

5.4.2　编写 Dockerfile

Dockerfile 是镜像构建的脚本文件，镜像的构建步骤都在该文件中，docker 命令构建镜像时，会通过该文件所指定的 Docker 基础镜像运行容器，然后在容器中逐条执行文件中的指令，构建出一个新的镜像。Dockerfile 使得一个新的镜像构建能够通过一个文本文件来描述，这样会带来很多的好处。

- 实现了镜像的自动构建。新的镜像依据 Dockerfile 就会自动构建出来，如果是手动构建，则效率低，而且容易出错，特别是在测试和生产环境中，Dockerfile 可以确保两个环境中镜像的一致，从而减少很多不必要的错误。
- 降低了开销。如果要迁移镜像，只需要基本镜像+Dockerfile，在新节点上重新构建就可以得到要迁移的镜像，从而实现移动"计算"；如果是 VMware，则要将镜像文件从源节点复制到新节点，这样，移动的是"数据"，会带来很大的 I/O 和网络开销，这些开销在大规模集群中相对于计算开销更加珍贵。
- 实现了构建的复用。后续如果需要在已构建的镜像上做修改时，则只需要修改 Dockerfile 中对应的部分，然后运行命令自动构建即可。基于这个特点，很多时候，只需要简单地修改就可以构建出新应用的镜像，因此，可以方便地为每个应用构建对应的镜像，从而实现应用之间解耦合。应用解耦合后，每个应用对应一个容器，互相隔离互不干扰，增强了整个系统的稳定性等。

总之，Dockerfile 是 docker 构建中非常重要的一个工具，在后续使用中，会越来越多地体会到它所带来的好处。

除了使用 Dockerfile 来构建镜像，也可以直接在容器中手动安装应用，手动配置，最后 commit 提交，将容器存储成新的镜像，这种方法的好处是构建镜像简单、验证方便。缺点是通过构建过程不可复用，镜像迁移时需要传输整个镜像。在实际应用中，要根据不同的需求来选择不同的构建方法。

Docker 基础镜像构建好后，后续的绝大多数镜像可以基于 Dockerfile 来构建，因此 Dockerfile 的编写是 Docker 镜像构建的关键技术。由于 Dockerfile 除自身的工作机制和语法外，还融合了 Linux 系统、Linux 命令、Shell 编程等多个方面的知识，因此 Dockerfile 的编写也是 Docker 技术应用中的难点。本节将介绍 Dockerfile 的基本使用示例。

1. Dockerfile 的组成

一个典型的 Dockerfile 如下所示，它由三大部分组成。

```
1 FROM centos8_base
2
3 COPY hello_world.sh /root
4 RUN mv /root/hello_world.sh /root/my.sh  && chmod +x /root/my.sh
5
6 CMD /bin/bash
```

- **依赖部分**，用来指定 Dockerfile 的 parent 镜像，如第 1 行命令所示，FROM 是 Dockerfile 指令（所有的 Docker 指令全部大写），后面跟 parent 镜像的名字 centos8_base。

依赖部分是任何一个 Dockerfile 都必须有的部分，而且必须放置在 Dockerfile 的开头部分。

- **操作部分**，Docker 构建镜像时，会基于 parent 镜像启动容器，顺序执行**操作部分**的指令。本例的操作部分，如 3~4 行命令所示，其中，第 3 行 COPY 可以将 Host 上的文件复制到容器中；第 4 行 RUN 用于执行容器中的 Linux 命令。

操作部分是 Dockerfile 中最重要的部分，编写 Dockerfile 的主要工作就是编辑操作部分的内容。

- **默认执行程序**，指定容器启动后默认执行的程序，如第 6 行命令所示，CMD 用来指定容器启动后默认执行的程序路径，如/bin/bash。

整个 Dockerfile 中，只能有 1 条 CMD，且必须放置最后，如果有多条 CMD，也只有最后一条 CMD 会生效。

2. 使用 Dockerfile 构建镜像的过程

下面介绍如何使用上例中的 Dockerfile 来构建新的镜像，具体步骤说明如下。

（1）创建 build context

构建之前，需要将此次构建用到的所有资源（文件/目录）都放置在一个统一的目录下，把这个目录称为 build context， docker 命令会将该目录整体发送到 Docker 守护进程完成镜像构建，Docker 守护进程会在此目录下查找，构建镜像所需的各类资源，因此称之为 build context。本例中的 build context 名称是 centos8_hello，命令如下。

```
[user@node01 docker]$ mkdir -p images/centos8_hello
```

（2）编写 Dockerfile 并准备构建所需的文件

centos8_hello 目录下存储两个文件 Dockerfile 和 hello_world.sh，如下所示。通常情况下 Dockerfile 放置在 build context 中，hello_world.sh 则是镜像构建中用到的文件。

```
[user@node01 centos8_hello]$ ls
Dockerfile  hello_world.sh
```

Dockerfile 的内容就是上例 Dockerfile 的内容，hello_world.sh 的内容如下。

```
[user@node01 centos8_hello]$ cat hello_world.sh
#/bin/bash
echo "Hello world!"
```

build context 目录必须包含构建镜像用到的所有资源，因为 Docker 客户端在构建时，会将 build context 发送到 Docker 守护进程，由 Docker 守护进程完成具体的镜像构建，Docker 守护进程只会根据接收到的 build context 来构建和查找资源，它不会到系统的其他目录去查找资源。

build context 不要包含无用资源，因为 Docker 客户端会将 build context 下的所有文件和目录都发送到 Docker 守护进程，包含无用的资源会浪费带宽和空间。

（3）构建新镜像

在 /home/user/docker/images/centos8_hello 下构建新镜像，命令如下。

```
[user@node01 centos8_hello]$ docker build -t centos8_hello .
```

上述命令的参数说明如下。

- docker build 是镜像构建命令。
- -t 指定镜像的名称（Repository:Tag），此处是 centos8_hello。
- 最后一个参数是 build context，本例中的 build context 是一个 "."，即当前路径，Docker 客户端会在当前目录下查找 Dockerfile，并将当前目录下的所有文件和目录发送给 Docker 守护进程，供 Docker 守护进程构建新镜像。

docker 命令默认在 build context 目录下读取名字为 Dockerfile 的文件，也可以将 Dockerfile 改名，或者放置在其他目录下，然后使用-f 来指定 Dockerfile 文件路径。

上述命令执行，会显示中间过程信息，分段解释如下。

1）Docker 客户端将 build context 发送给 Docker 守护进程。

```
Sending build context to Docker daemon  3.072kB
```

再次提醒：不要在 build context 目录下存储和构建镜像无关的文件（目录）。

2）Docker 守护进程执行 FROM 指令，通过 centos8_base 镜像（镜像 ID 是 e23a82cfe7e6）运行容器。

```
Step 1/4 : FROM centos8_base
 ---> e23a82cfe7e6
```

3）Docker 守护进程执行 COPY 指令，将 build context 下的 hello_world.sh 文件复制到容器的

/root 目录下，然后 commit 提交存储成新镜像，新镜像的 ID 是 c44ea50c2446。

```
Step 2/4 : COPY hello_world.sh /root
 ---> c44ea50c2446
```

每条 Dockerfile 指令执行后，会在原有镜像的基础上，增加新的镜像修改层。

4）Docker 守护进程根据上阶段镜像（镜像 ID 为 c44ea50c2446）运行容器（容器 ID 为 36db9d69623c），执行 RUN 指令，将容器中/root/hello_world.sh 重命名为 my.sh，然后给 my.sh 增加可执行权限，commit 提交存储成新镜像，新镜像的 ID 是 59e01d8c68a6。

```
Step 3/4 : RUN mv /root/hello_world.sh /root/my.sh  && chmod +x /root/my.sh
 ---> Running in 36db9d69623c
Removing intermediate container 36db9d69623c
 ---> 59e01d8c68a6
```

每条 Dockerfile 指令会启动一个新的容器，因此，它们不是 Shell 中先后执行的两条命令，它们没有相同的上下文。例如第一条指令是 RUN su - user，希望能够切换到普通用户 user，第二条指令是 RUN touch /home/user/data，在 user 的 home 目录下创建文件 data，如果这两条命令在 Shell 中执行，则 data 的拥有者是 user，而这里是在 RUN 指令中执行，这两条 RUN 指令是分别在两个容器中执行的，因此，这里的 data 拥有者是 root。为了解决这个问题，可以写成一条 RUN 指令，即 RUN su - user && touch /home/user/data。

一条 Dockerfile 指令对应一个镜像修改层。两条 RUN 指令，就对应两个镜像修改层，将两条 RUN 指令中的 Linux 命令连接起来，可以合并成一条 RUN 指令，此时就只有 1 个镜像修改层。层数太多会增大存储开销，但是有利于复用，docker 命令构建镜像时，会根据 Dockerfile 中的指令来判断是否可以复用之前已经构建好的镜像。因此，构建时要在镜像层数和复用程度上进行权衡，以此决定 Dockerfile 指令的编写。

5）Docker 守护进程根据上阶段镜像（镜像 ID 为 59e01d8c68a6）运行容器（容器 ID 5b9422f4d9e9），设置 CMD，然后 commit 提交存储成新镜像，新镜像的 ID 是 9d6dc1f7f397，即最终镜像。

```
Step 4/4 : CMD /bin/bash
 ---> Running in 5b9422f4d9e9
Removing intermediate container 5b9422f4d9e9
 ---> 9d6dc1f7f397
Successfully built 9d6dc1f7f397
```

查看镜像的命令如下，可以看到新增的镜像 centos8_hello。

```
[user@node01 centos8_hello]$ docker images
REPOSITORY          TAG             IMAGE ID        CREATED         SIZE
centos8_hello       latest          9d6dc1f7f397    8 minutes ago   325MB
```

3．Dockerfile 指令

Dockerfile 指令是 Dockerfile 的重要组成元素，如上节示例中的 FROM、COPY、RUN 和 CMD 都是典型的 Dockerfile 指令，docker 命令在构建镜像过程中，会解析并执行 Dockerfile 中的指令，从而构建出新的镜像。Dockerfile 中的常用指令及说明如表 5-4 所示。

表 5-4　Dockerfile 指令表

序号	指令名	说明
1	FROM	FROM 用来指定 parent 镜像，后面的指令将在该 parent 镜像启动的容器上进行操作；FROM 在 Dockerfile 中可以出现多次，用于构建多个镜像，或者将一个构建阶段作为另一个构建阶段的依赖
2	RUN	RUN 用于在当前镜像层上执行命令，执行完毕后，commit 当前的 root 文件系统，保存成新的镜像修改层
3	ADD	ADD 可以将 build context 的目录/文件复制到镜像中；也可以将 URL 指定的远程文件复制到镜像中；如果源文件是 build context 下的压缩文件（以 gzip、bzip2 或 xz 结尾），则会自动解压该文件
4	COPY	COPY 可以将 build context 的目录/文件复制到镜像中
5	ENV	ENV 用于设置环境变量，该环境变量会在镜像构建和容器运行中生效；ENV 有两种设置方式：key value 或者 key=value
6	ARG	① 定义变量，该变量在镜像构建过程中生效，容器中不生效 ② ARG 变量从定义处开始生效，在定义之前引用该变量，其值都为空，即便在构建时传入参数--build-arg path01=/root/bin，path01 定义之前也是空的 ③ 如果在 build 时修改参数，只能使用 ARG；如果在运行时修改参数，只能使用 ENV；如果 build 和运行时都要修改参数，则要结合 ARG 和 ENV，详见后续示例
7	ENTRYPOINT	① ENTRYPOINT 的作用：用于 CMD 之前的初始化；使得容器像命令一样使用，运行容器时，传入命令参数，不需要指定命令名称 ② ENTRYPOINT 有两种方式：shell 方式和 exec 方式。shell 方式会使用 sh -c 来执行 ENTRYPOINT 后面的命令，它会阻止 CMD 以及 run 命令行参数的使用；exec 方式可以设置默认命令和参数，同时还可以在运行容器时，通过 run 命令行的参数，来替代 exec 方式所设置的默认参数
8	ONBUILD	ONBUILD 是一个触发器，如果镜像 A 的 Dockerfile 中有 ONBUILD 指令，那么以镜像 A 为 parent 镜像，构建镜像 B 时，将会触发 ONBUILD 后面的指令。因此 ONBUILD 不是为构建自身镜像准备的，而是为构建其他镜像准备的
9	HEALTHCHECK	HEALTHCHECK 提供了一种测试容器是否正常工作的机制，它定期地执行用户所指定的程序/脚本，并根据其返回值，决定容器的状态。HEALTHCHECK 也可以用来禁止 parent 镜像中所设置的状态检测
10	SHELL	SHELL 用来替换默认 Shell，例如 Linux 的默认 Shell 是["/bin/sh", "-c"]，那么 Linux 下 Dockerfile 中的命令如果是以 Shell 形式执行，则都会默认调用["/bin/sh", "-c"]，使用 SHELL 可以修改这个默认的["/bin/sh", "-c"]，替换成其他的 Shell 来执行命令
11	EXPOSE	EXPOSE 并不真正发布容器端口，而是告知容器使用者，该容器将发布哪些端口
12	LABEL	LABEL 用于设置镜像信息，镜像构建好后，可以用 docker inspect 来查看
13	STOPSIGNAL	STOPSIGNAL 用来设置容器退出时，发送给容器的信号
14	USER	USER 用于设置执行 Dockerfile 指令的用户（组）的身份
15	VOLUME	VOLUME 用于指定容器上的一个目录 A，容器启动后，会自动将目录 A 同 Host 上的另一个目录 B 关联起来，容器向目录 A 写入的数据会自动写入 Host 上的关联目录 B，即使容器被删除，Host 上的关联目录 B 依然存在
16	WORKDIR	WORKDIR 用于设置 Dockerfile 指令的当前目录，相当于 Shell 中的 cd 指令
17	MAINTAINER	MAINTAINER 用于设置镜像的构建者信息，这个功能已经过时了，LABEL 可以实现完全相同的功能，并且更加灵活

更多 Dockerfile 指令及语法请参考 https://docs.docker.com/engine/reference/builder/。

4. Dockerfile 示例 1：ENV 的使用

该示例使用 ENV 设置 PATH 环境变量，具体步骤说明如下。

（1）创建 build context

创建 build context 目录 centos8_env，并切换当前目录到 centos8_env，命令如下。

```
[user@node01 images]$ mkdir centos8_env
[user@node01 images]$ cd centos8_env/
```

137

（2）编写 Dockerfile

编辑名字为 Dockerfile01 的 Dockerfile，命令如下。

```
[user@localhost centos8_env]$ vi Dockerfile01
```

Dockerfile01 内容如下所示。

```
 1 FROM centos8_base
 2
 3 COPY hello_world.sh /root
 4 RUN mv /root/hello_world.sh /root/my.sh && chmod +x /root/my.sh
 5
 6 ENV PATH=$PATH:/root
 7 ENV PATH $PATH:/root:/home/user/bin
 8 RUN echo $PATH > /root/env.dat
 9
10 CMD /bin/bash
```

Dockerfile01 关键行说明如下。

1）第 6 行，使用 key=value 的形式，对 PATH 环境变量赋值，增加新路径/root。

2）第 7 行，使用 key value 的形式，给 PATH 环境变量增加新路径/home/user/bin，注意 key 和 value 之间有空格。

3）第 8 行，输出 PATH 环境变量的值到/root/env.dat。

（3）准备构建镜像所需文件

此次构建需要 hello_world.sh 文件，复制命令如下。

```
[user@node01 centos8_env]$ cp ../centos8_hello/hello_world.sh .
```

（4）构建镜像

构建新镜像 centos8_env:v1，命令如下。

```
[user@node01 centos8_env]$ docker build -t centos8_env:v1 -f Dockerfile01 .
```

上述命令的参数说明如下。

- -t 指定镜像的名称（Repository:Tag），此处是 centos8_env:v1。
- -f Dockerfile01 指定 Dockerfile 的路径为当前路径下的 Dockerfile01。
- 特别注意，Dockerfile01 后面还有一个空格，空格后面有一个 "."，表示 build context 为当前路径。

（5）运行容器

基于新构建的镜像 centos8_env:v1，运行容器进行验证，具体步骤说明如下。

1）运行容器。运行容器的命令如下，如果能看到下面的登录提示符 bash-4.4#则说明运行容器成功。

```
[user@node01 centos8_env]$ docker run -it centos8_env:v1
bash-4.4#
```

2）查看 env.dat。查看 env.dat 的命令如下。

```
bash-4.4# cat /root/env.dat
```

env.dat 内容如下，可以看到，Dockerfile01 中第 6、7 行的两种环境变量设置方式都有效；

ENV 设置的环境变量在镜像构建过程中都有效。

```
/usr/local/sbin:/usr/local/bin:/usr/sbin:/usr/bin:/sbin:/bin:/root:/root:/home/us
er/bin
```

3）查看 PATH 环境变量，命令如下。

```
bash-4.4# echo $PATH
```

上述命令执行结果如下，可以看到 Dockerfile01 中的第 6、7 行的设置都有效，这说明 ENV 设置的环境变量在容器运行中有效。

```
/usr/local/sbin:/usr/local/bin:/usr/sbin:/usr/bin:/sbin:/bin:/root:/root:/home/user/bin
```

（6）动态设置环境变量

Docker 支持在容器启动时，使用--env 来改变已有环境变量的值，示例如下。该示例在容器启动时，给 PATH 变量增加了/tmp 路径。

```
[user@node01 centos8_env]$ docker run -it --env PATH=$PATH:/tmp centos8_env:v1
```

容器启动后，查看 PATH 环境变量的命令如下，可以看到，通过--env PATH=$PATH:/tmp 命令增加的/tmp 路径已经成功添加。

```
bash-4.4# echo $PATH
/home/user/.local/bin:/home/user/bin:/usr/local/bin:/usr/bin:/usr/local/sbin:/usr
/sbin:/tmp
```

（7）总结

ENV 设置的环境变量，既可以跨 Dockerfile 指令生效，还可以在容器运行时生效，称为持久生效。这就如同程序中的全局变量一样，存在隐患。如果想把环境变量的作用范围控制在单条 Dockerfile 指令中的话，可以使用 RUN key=value && command 来解决这个问题，此时设置的环境变量 key 只会在此条 RUN 指令中生效，不会在后续的 Dockerfile 指令中生效，也不会在后续启动的容器中生效。

5. Dockerfile 示例 2：ARG 的使用

ARG 参数用于定义镜像构建过程中所使用的变量，具体示例步骤说明如下。

（1）创建 build context

创建本示例的 build context centos8_arg，命令如下。

```
[user@node01 images]$ mkdir centos8_arg
[user@node01 images]$ cd centos8_arg/
[user@node01 centos8_arg]$ pwd
/home/user/docker/images/centos8_arg
```

（2）编辑 Dockerfile

在 centos8_arg 下编辑 Dockerfile01，内容如下。

```
1 ARG VER=latest
2 FROM centos8_base:${VER}
3
4 RUN echo $VER > /root/arg01.dat
5 RUN echo $path01 > /root/arg02.dat
```

```
6 ARG path01=/home/user/bin
7 RUN echo $path01 > /root/arg03.dat
8
9 CMD /bin/bash
```

上述 Dockerfile 的关键代码说明如下。

1）第 1 行使用 ARG 定义了 VER 变量，并赋初值 latest。

2）第 2 行 FROM 中使用了 ARG 定义的变量 VER。

3）第 4 行输出 VER 的值到/root/arg01.dat。

4）第 5 行输出 path01 的值到/root/arg02.dat。

5）第 6 行定义 ARG 变量 path01，并赋初值/home/user/bin。

6）第 7 行输出 path01 的值到/root/arg03.dat。

（3）构建镜像

构建镜像的命令如下，新镜像名称为 centos8_arg:v1。

```
[user@node01 centos8_arg]$ docker build -t centos8_arg:v1 -f Dockerfile01 .
```

（4）运行容器

运行容器的命令如下。

```
[user@node01 centos8_arg]$ docker run -it centos8_arg:v1 /bin/bash
bash-4.4#
```

（5）验证

在容器中检查各个环境变量的设置情况，步骤如下。

1）查看 arg01.dat 的命令如下，可以看到 arg0.dat 没有任何内容，说明 ARG 参数定义的变量 VER 在 FROM 使用之后就不再起作用。

```
bash-4.4# cat /root/arg01.dat
```

2）查看 arg02.dat 的命令如下，可以看到 arg02.dat 没有任何内容，这是因为 path01 此时还没有定义。

```
bash-4.4# cat /root/arg02.dat
```

3）查看 arg03.dat 的命令如下，可以看到 arg03.dat 的值是/home/user/bin，这是 ARG 参数定义 path01 变量时赋的初值。

```
bash-4.4# cat /root/arg03.dat
/home/user/bin
```

4）查看 path01 的值命令如下，path01 的值为空，说明 ARG 参数定义的变量只在镜像构建过程中生效，在容器运行中无效。

```
bash-4.4# echo $path01
```

（6）在构建镜像时修改变量值

ARG 参数定义的变量值可以在运行构建命令时修改，示例如下。

```
[user@node01 centos8_arg]$ docker build --build-arg path01=/root/bin -t centos8_arg:v2 -f Dockerfile01 .
```

上述命令参数说明如下。

- --build-arg path01=/root/bin 用于给 path01 赋值/root/bin。
- -t centos8_arg:v2 指定新镜像名为 centos8_arg:v2。

运行容器，查看 arg03.dat 的值，可以看到 path01 的值变成了/root/bin，并不是定义 ARG 变量时赋的初始值/home/user/bin，如下所示。

```
[user@localhost centos8_arg]$ docker run -it centos8_arg:v2
bash-4.4# cat /root/arg03.dat
/root/bin
```

查看 arg02.dat 的值，依旧为空，这是因为此处 path01 还未定义，即便使用--build-arg path01=/root/bin 对 path01 赋了新值，也必须是在 path01 定义之后才生效。因此，ARG 变量的作用范围是从它的定义处开始，而不是引用处开始。

```
bash-4.4# cat /root/arg02.dat
```

（7）ARG 和 ENV

ARG 和 ENV 都可以用来定义变量，它们的比较如表 5-5 所示。

表 5-5　ARG 和 ENV 比较表

参数	定义方式	作用范围	修改
ARG	key=value	镜像构建	在 build 镜像时，使用--build-arg 修改
ENV		镜像构建和容器运行	在运行容器时，使用--env 修改

如表 5-5 所示，如果一个变量需要在镜像构建和容器运行时，通过参数修改其变量值，则可以将 ARG 和 ENV 结合起来，如下 Dockerfile 内容所示。这样，既可以在镜像构建时，使用 --build-arg path01=XXX 来修改 path01 的值，也可以在运行容器时，使用--env path01=XXX 来修改 path01 的值。

```
ARG path01=/home/user/bin
ENV path01=$path01
RUN echo $path01 > /root/arg03.dat
```

6. Dockerfile 示例：ENTRYPOINT 使用

ENTRYPOINT 和 CMD 一样，用来指定容器的默认程序，如果需要固定容器的默认程序和参数，建议使用 ENTRYPOINT。如果容器运行时需要接收参数，建议使用 ENTRYPOINT，具体示例说明如下。

（1）示例 1：使用 ENTRYPOINT 来固定容器的默认程序和参数

很多情况下，只希望用户使用容器中的专用程序，而不是把容器当成一个通用平台。因此需要固定容器的默认程序和参数。使用 ENTRYPOINT 可以很方便地实现此功能，示例步骤说明如下。

1）创建 build context。创建本示例的 build context centos8_entrypoint，命令如下。

```
[user@node01 images]$ mkdir centos8_entrypoint
[user@node01 images]$ cd centos8_entrypoint/
```

2）编辑 Dockerfile。编辑本示例的 Dockerfile，文件名为 Dockerfile01，命令如下。

```
[user@node01 centos8_entrypoint]$ vi Dockerfile01
```

Dockerfile01 的内容如下。

```
1 FROM centos8_base
2
3 COPY hello_world.sh /root
4 RUN mv /root/hello_world.sh /root/my.sh && chmod +x /root/my.sh
5 ENV PATH=$PATH:/root
6
7 ENTRYPOINT exec my.sh a
```

上述 Dockerfile 的关键代码说明如下。

- 第 5 行设置 PATH 环境变量，增加/root 路径。
- 第 7 行设置 ENTRYPOINT，执行 my.sh 脚本，a 是传入的脚本参数，注意：此处应使用 exec 执行脚本，是为了使得容器停止时可以干净地退出。
- 编辑 hello_world.sh。

本次构建要用到脚本 hello_world.sh，内容如下。

```
1 #!/bin/bash
2 echo "Hello world!" $1 $2 $3
```

上述脚本的关键代码说明如下。

- 第 1 行指定脚本解释器为/bin/bash。
- 第 2 行用来顺序输出 3 个脚本参数。

3）构建新镜像 centos8_entrypoint:v1，命令如下。

```
[user@node01  centos8_entrypoint]$  docker  build  -t  centos8_entrypoint:v1  -f
Dockerfile01 .
```

4）运行容器的命令如下，可以看到容器默认执行 my.sh，并打印参数 a。

```
[user@node01 centos8_entrypoint]$ docker run -it centos8_entrypoint:v1
Hello world! a
```

5）再次运行容器，在命令行末尾增加参数 c，模拟误操作。可以看到，my.sh 并未输出 c，说明命令末尾增加的参数 c 并没有传入到默认程序 my.sh。因此，即使误操作，也不影响容器程序的正确运行。

```
[user@node01 centos8_entrypoint]$ docker run -it centos8_entrypoint:v1 c
Hello world! a
```

6）修改 Dockerfile，使用 CMD 指定容器默认程序，内容如下所示。

```
7 #ENTRYPOINT exec my.sh a
8 CMD my.sh a
```

7）构建新的镜像 cetnos8_entrypoint:v2，命令如下。

```
[user@node01  centos8_entrypoint]$  docker  build  -t  centos8_entrypoint:v2  -f
Dockerfile01 .
```

8）运行容器并传入参数 c，命令如下，可以看到容器会用 c 替换整个 CMD 的内容并报错。

```
[user@node01 centos8_entrypoint]$ docker run -it centos8_entrypoint:v2 c
```

```
docker: Error response from daemon: OCI runtime create failed: container_
linux.go:345: starting container process caused "exec: \"c\": executable file not
found in $PATH": unknown.
```

9）小结，使用 ENTRYPOINT 可以固定容器的默认程序和参数，即使运行容器时在末尾传入参数，也没有用；如果使用 CMD 则会接受用户传参，容易误操作。

如果要修改容器的默认程序或参数的话，也可以在运行容器时使用--entrypoint 来指定新的程序，示例如下，其中--entrypoint ls 指定容器运行 ls 程序，最后跟的/root 是 ls 程序的参数。

```
[user@localhost centos8_entrypoint]$ docker run -it --entrypoint ls centos8_
entrypoint:v2  /root
my.sh
```

（2）示例 2：使用 ENTRYPOINT 来接收参数

如果要把容器以命令的形式来使用，在运行容器时只是传入命令的参数，而不是完整的"命令"+"默认参数"+"可变参数"，那么，可以使用 ENTRYPOINT 来实现上述功能，具体示例如下。

1）编辑 Dockerfile，示例的 Dockerfile 文件名为 Dockerfile02，内容如下。

```
1 FROM centos8_base
2
3 COPY hello_world.sh /root
4 RUN mv /root/hello_world.sh /root/my.sh && chmod +x /root/my.sh
5 ENV PATH=$PATH:/root
6
7 ENTRYPOINT ["my.sh", "a"]
8 CMD ["b"]
```

上述 Dockerfile 的关键代码说明如下。

- 第 7 行，使用 ENTRYPOINT 来设置容器默认程序为 my.sh，默认参数为 a。
- 第 8 行，CMD 指定容器默认程序的第二个默认参数为 b，该参数是可以修改的。

ENTRYPOINT 有两种使用方式：第一种是 Shell 方式，使用方式如示例 6-1 中 ENTRYPOINT exec my.sh a 所示；第二种是 Exec 方式，使用方式如示例 6-2 中 ENTRYPOINT ["my.sh", "a"]所示。

2）编辑 hello_world.sh，脚本 hello_world.sh 的内容如下，用来顺序输出脚本的 3 个参数。

```
1 #!/bin/bash
2 echo "Hello world!" $1 $2 $3
```

此处 hello_world.sh 开头必须要写#!/bin/bash，否则，容器启动时会报错：standard_init_linux.go:211: exec user process caused "exec format error"。

3）构建镜像 centos8_entry:v3，命令如下。

```
[user@node01 centos8_entrypoint]$ docker build -t centos8_entrypoint:v3 -f
Dockerfile02 .
```

4）运行容器且不输入任何参数，具体命令如下。可以看到 my.sh 运行输出了两个默认参数值 a 和 b。

```
[user@node01 centos8_entrypoint]$ docker run -it centos8_entrypoint:v3
Hello world! a b
```

5）再次运行容器并输入参数 c，具体命令如下。可以看到 CMD 指定的参数 b 被 c 替换了。

```
[user@node01 centos8_entrypoint]$ docker run -it centos8_entrypoint:v3 c
Hello world! a c
```

6）再次运行容器，并输入更多参数 c 和 d，命令如下。可以看到输入的参数"c d"替换了 CMD 指定的参数 b。

```
[user@node01 centos8_entrypoint]$ docker run -it centos8_entrypoint:v3 c d
Hello world! a c d
```

7）总结：如上所示，每次运行容器时，不需要指定默认程序 my.sh，也不需要指定默认参数 a。如果使用 CMD 来指定默认程序的话，则每次要输入默认程序 my.sh，也需要输入默认参数 a，麻烦且容易出错。

Dockerfile 使用的更多详细信息，请参考 https://docs.docker.com/develop/develop-images/dockerfile_best-practices/。

基于 Dockerfile 的多阶段构建，请参考 https://docs.docker.com/develop/develop-images/multistage-build/。

5.4.3 将 Docker 容器直接存储为 Docker 镜像

也可以将当前的 Docker 容器直接存储为 Docker 镜像，具体命令如下，其中 2e0835f9fef1 是要存储的容器的 ID，centos 是镜像名称。

```
[user@node01 centos8_entrypoint]$ docker commit 2e0835f9fef1 centos: v4
```

基于 Docker 容器构建 Docker 镜像，可以直接在容器中完成一系列的操作，待符合条件后，直接存储成镜像，非常方便。而基于 Dockerfile 构建 Docker 镜像，则需要编写 Dockerfile，反复构建镜像并运行容器来测试是否符合条件，相对麻烦。但是，使用 Dockerfile 构建的 Docker 镜像，可以对构建的过程进行修改和复用，一旦构建成功，后续的构建和修改就会很方便，而且只需要一个基础镜像和 Dockerfile 就可以构建出新的镜像，在镜像分发时，将大大节约网络带宽。

5.4.4 Docker 镜像的版本管理

通过 Docker 容器构建镜像时，经常会在容器中进行修改并进行 commit 提交，这就涉及镜像的版本管理。本节将介绍镜像版本管理的常用方法和注意事项。

1. 每次 commit 提交时增加注释

可以在 commit 提交时给本次提交附上注释，用来说明此次提交所做的修改。该注释会保存在新镜像之中，使用 docker history 就可以查询。由于一个镜像可能会历经多次提交，因此，注释对于了解镜像的构建历史，非常重要。具体示例步骤说明如下。

（1）运行容器

从 centos:latest 镜像运行容器，运行的程序是 /bin/bash，具体命令如下。

```
[user@node01 centos8_entrypoint]$ docker run -it centos /bin/bash
[root@7c736ce84a40 /]#
```

（2）模拟容器修改

在该容器的根目录下新建 mydir01 目录，以模拟对容器的修改，命令如下。

```
[root@7c736ce84a40 /]# mkdir mydir01
```

（3）commit 提交

使用 commit 提交修改，命令如下。

```
[user@node01 centos8_entrypoint]$ docker commit -m "add /mydir01" 7c736ce84a40
centos:v5
```

上述命令的参数说明如下。
- -m 是选项，后面跟注释的内容，"add /mydir01"就是注释的内容。
- 7c736ce84a40 是容器 ID。
- centos:v5 是镜像标识。

（4）查看镜像

查看镜像的命令如下，可以看到新提交的镜像标识 centos:v5。

```
[user@node01 centos8_entrypoint]$ docker images | grep v5
REPOSITORY          TAG              IMAGE ID           CREATED            SIZE
centos              v5               d8f7fe47de52       40 seconds ago     215MB
```

（5）查看注释

使用 docker history 来查看新镜像的注释信息，命令如下。

```
[user@node01 centos8_entrypoint]$$ docker history centos:v5
```

上述命令参数说明如下。
- history 是 docker 命令的 command，用来查看指定镜像的历史信息。
- centos:v5 是镜像标识，此处也可以用镜像 ID 来替换。

上述命令运行后的结果显示如下。

```
IMAGE           CREATED        CREATED BY          SIZE            COMMENT
d8f7fe47de52 2 minutes ago    /bin/bash           14B             add /mydir01
0d120b6ccaa8 3 months ago     /bin/sh -c #(nop)  CMD ["/bin/bash"]          0B
<missing>    3 months ago     /bin/sh -c #(nop)   LABEL org.label-schema.sc…  0B
<missing>    3 months ago   /bin/sh -c #(nop) ADD file:538afc0c5c964ce0d…   215MB
```

上述命令执行会显示该镜像的历史构建信息，说明如下。
- IMAGE 是镜像 ID。
- CREATED 是创建时间。
- CREATED BY 是运行容器时运行的命令。
- SIZE 是镜像大小。
- COMMENT 是镜像注释，在第二行的最后一列，可以看到此前附上的注释 add /mydir01。

将同一容器中多次 commit 提交给同一镜像，在该镜像历史中，只会保存最后一次的提交记录，并不会有中间的提交记录。

2．回滚镜像版本

如果一个镜像有多次构建记录，那么可以依据构建记录的镜像 ID，启动对应的容器，从而实现镜像版本的回滚，具体示例说明如下。

（1）查看镜像历史

查看镜像 centos:v6 的构建历史的命令及结果如下所示。根据 COMMENT 可知，最后一次提交创建了/mydir02，倒数第二次提交创建了/mydir01。

```
[user@node01 centos8_entrypoint]$ docker history centos:v6
IMAGE          CREATED          CREATED BY                      SIZE          COMMENT
833443971636   12 seconds ago   /bin/bash                       31B           add /mydir02
d8f7fe47de52   9 minutes ago    /bin/bash                       14B           add /mydir01
0d120b6ccaa8   3 months ago     /bin/sh -c #(nop)  CMD ["/bin/bash"]          0B
<missing>      3 months ago     /bin/sh -c #(nop)  LABEL org.label-schema.sc…   0B
<missing>      3 months ago     /bin/sh -c #(nop) ADD file:538afc0c5c964ce0d… 215MB
```

（2）回滚

假设最后一次提交有问题，需要回滚到前一次镜像，可以使用下面的命令，直接根据前一次提交的镜像 ID（d8f7fe47de52）来运行容器。

```
[user@node01 centos8_entrypoint]$ docker run -it d8f7fe47de52 /bin/bash
[root@73c3e677793b /]# ls
```

此时容器的根目录下只有 mydir01，没有 mydir02，说明回滚成功。接下来在该容器下重新修改并 commit；删除之前的 centos:v5，将新镜像的标识修改成 centos:v6 即可。

5.4.5 公有 Registry 的 Docker 镜像操作

Docker 默认的公有 Registry 是 https://index.docker.io/v1/，它是 Docker 镜像资源的宝藏，目前该 Registry 上已有 290 多万个镜像，可以说，涵盖了目前主流的绝大多数应用，给研发和运维工作带来了极大的便利。本节介绍公有 Registry 的 3 个典型应用场景：搜索镜像、push 镜像、镜像加速。

运行 docker info 命令，可以获得 Registry: https://indcx.docker.io/v1/信息，说明 Docker 默认的公有 Registry 为 https://index.docker.io/v1/。

1．搜索镜像

从公有 Registry pull 镜像时，最关键的一点就是要找到所需镜像的标识，具体说明如下。

（1）方法一：在 Docker Hub 中查找

访问 Docker Hub 网站（网址是 https://index.docker.io 或者 https://hub.docker.com），在搜索框中输入镜像名称进行查找，如图 5-9 所示。

图 5-9 镜像搜索界面图

也可以选择该 Web 页面中的"Explore"选项，进入镜像的分类界面，去选择合适的镜像，如图 5-10 所示，左侧的 Filters 会列出镜像的分类，可以通过勾选获取某一类镜像的信息，从而选择合适的镜像。

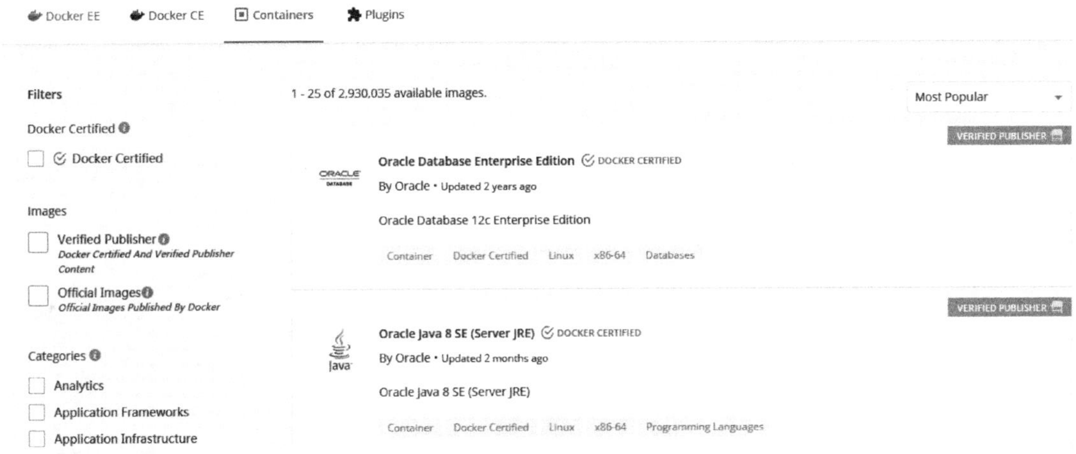

图 5-10　镜像分类界面图

（2）方法二：使用 docker 命令搜索

例如要搜索 Oracle 数据库相关的镜像，则可以使用图 5-11 所示命令，其中 search 是 command，Oracle 是搜索关键词。搜索结果如图 5-11 所示，不仅包含每个镜像的名称、描述，还包括该镜像的评分（多少颗星），以及是否官方发布等信息。

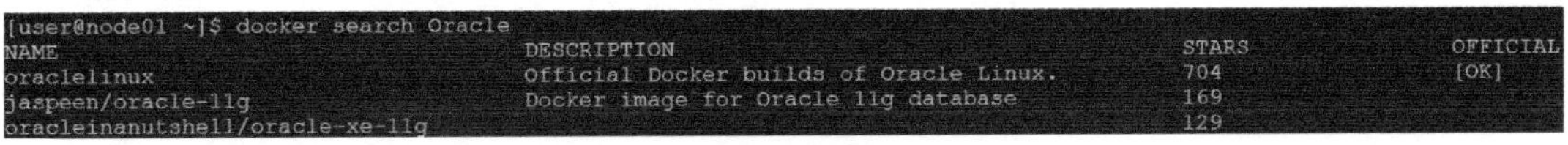

```
[user@node01 ~]$ docker search Oracle
NAME                            DESCRIPTION                              STARS        OFFICIAL
oraclelinux                     Official Docker builds of Oracle Linux.  704          [OK]
jaspeen/oracle-11g              Docker image for Oracle 11g database     169
oracleinanutshell/oracle-xe-11g                                          129
```

图 5-11　镜像搜索命令及结果图

2．push 镜像

将本地镜像 push 保存到 Registry 服务器中，以公有 Registry 为例，步骤说明如下。

（1）注册账号

登录 Docker Hub，注册一个账号（例如用户名为 user），然后创建一个 Repository（例如 os），这样完整的 Repository 就是 user/os。

（2）登录 Registry

1）登录公有 Registry，命令如下。

```
[user@node01 ~]$ docker login
```

2）输入 Docker Hub 账号的用户名和密码。

```
Username: user
Password: XXXXX
```

（3）解决登录时的错误

如果登录时报下面的错误，这是由于 https://registry-1.docker.io/对应的 IP 地址无法访问所导致的，可以为其选择一个可用的 IP 地址，写入/etc/hosts 中。

```
Error response from daemon: Get https://registry-1.docker.io/v2/: net/http:
request canceled while waiting for connection (Client.Timeout exceeded while awaiting
headers)
```

解决上述错误解决方案的具体操作如下。

1）安装 dig 命令，该命令可以获取指定 URL 的可用 IP 地址，命令如下。

```
[root@localhost docker]# yum -y install bind-utils
```

2）查询 https://registry-1.docker.io/的可用 IP 地址，命令如下。

```
[user@localhost ~]$ dig @114.114.114.114 registry-1.docker.io
```

查询结果如下，下面的 IP 地址都是该网址的可用 IP 地址。

```
;; ANSWER SECTION:
registry-1.docker.io.    34    IN    A    3.226.66.79
registry-1.docker.io.    34    IN    A    34.197.189.129
registry-1.docker.io.    34    IN    A    34.232.31.24
```

3）选择上述结果中的一个 IP 地址，写入/etc/hosts 末尾，具体命令如下所示。

```
3.226.66.79 registry-1.docker.io
```

4）重新登录，可以看到登录成功的信息，命令如下所示。

```
Login Succeeded
[user@node01 ~]$
```

（4）重命名镜像

对本地镜像 centos 重命名以用于后续的推送操作，具体命令如下所示，user/os:v1 是 Repository:Tag。

```
[user@node01 ~]$ docker tag centos user/os:v1
```

命令中的 user 一定要替换成读者自己在 Docker Hub 注册的用户名。

（5）推送镜像

1）将重命名后的本地镜像 user/os:v1 推送到公有 Registry，命令如下。

```
[user@node01 ~]$ docker push user/os:v1
The push refers to repository [docker.io/user/os]
9e607bb861a7: Mounted from library/centos
v1:                                                              digest:
sha256:6ab380c5a5acf71c1b6660d645d2cd79cc8ce91b38e0352cbf9561e050427baf size: 529
```

2）在 Docker Hub 的网页中可以看到刚刚上传的镜像信息，如图 5-12 所示。

DIGEST	OS/ARCH	COMPRESSED SIZE ⓘ
6ab380c5a5ac	linux/amd64	68.21 MB

图 5-12 已推送的镜像信息

还可以删除本地 centos 镜像，然后拉取刚推送的镜像到本地来验证，命令如下。

```
[user@node01 ~]$ docker rmi centos
[user@node01 ~]$ docker rmi user/os:v1
[user@node01 ~]$ docker pull user/os:v1
```

3. 镜像加速

由于 Docker Hub 位于国外，受限于带宽和网络质量，国内访问的效果并不很好，因此，阿里云、腾讯和 163 等提供**镜像站**（**Mirror Registry**），用来加速镜像的访问。使用 docker 拉取镜像时，会优先从镜像站中的拉取镜像，也可以将镜像 push 到指定的镜像站，从而实现加速。下面以添加阿里云的镜像站为例，说明如何进行镜像加速，具体步骤说明如下。

（1）登录阿里云

登录阿里云，访问 https://cr.console.aliyun.com/cn-hangzhou/instances/mirrors，查看镜像加速器的地址，如图 5-13 所示。

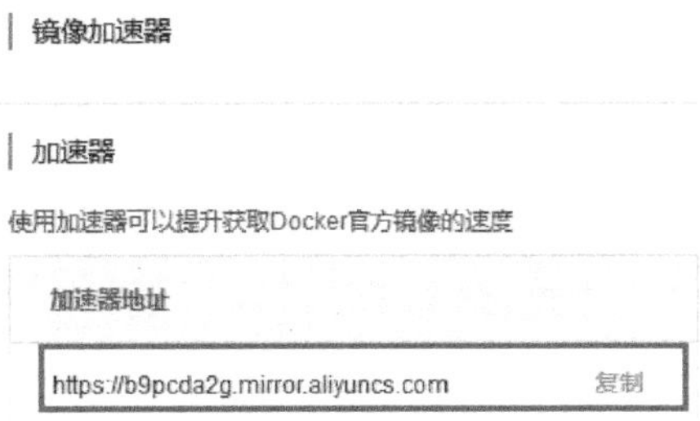

图 5-13　镜像加速器地址图

（2）加入镜像地址

编辑/etc/docker/daemon.json 文件，添加以下内容。

```
{
  "registry-mirrors": ["https://b9pcda2g.mirror.aliyuncs.com"]
}
```

在["https://b9pcda2g.mirror.aliyuncs.com"]可以添加多个镜像站地址，使用逗号隔开，例如["https://b9pcda2g.mirror.aliyuncs.com","XXX","XXX"]。

（3）验证

重启 Docker 服务，命令如下。

```
[root@node01 user]# systemctl restart docker
```

查看 Docker 信息，如果可以看到下面的信息，则说明设置成功。

```
[user@node01 ~]$ docker info
 Registry Mirrors:
  https://b9pcda2g.mirror.aliyuncs.com/
```

如果要将镜像推送到阿里云镜像站，可以进入 https://cr.console.aliyun.com/cn-hangzhou/instances/repositories 页面，先创建一个 Repository，然后按照操作指引完成推送操作，所有的步骤和命令在指引中都有，在此不再赘述。

5.4.6　私有 Registry 的构建和 Docker 镜像操作

私有 Registry 是用户构建的、在内网提供镜像服务的 Registry。和公有 Registry 相比，私有 Registry 更加灵活和可控，本节介绍私有 Registry 的常用操作。

1. 拉取 Registry 镜像

使用 Docker 容器时，如果要安装某个程序，会先查找是否有该程序的镜像，如果有，则拉取该镜像，在容器中运行这个程序，这样既简单又可以利用到容器的种种好处。对于安装 Registry 服务器同样如此，先搜索是否有对应的 Docker 镜像，命令如下。

```
[user@node01 ~]$ docker search registry
NAME  DESCRIPTION                                   STARS    OFFICIAL  AUTOMATED
registry The Docker Registry 2.0 implementation for s…  3138     [OK]
...
```

Registry 镜像搜索结果如上所示，官方发布了名字为 registry 的镜像，还获得了 3138 颗星，因此直接拉取该镜像即可，命令如下。

```
[user@node01 ~]$ docker pull registry
```

查看拉取下来的本地镜像的命令如下，可以看到标识为 registry:lastest 的镜像。

```
[user@node01 ~]$ docker images | grep regi
REPOSITORY          TAG           IMAGE ID          CREATED         SIZE
registry            latest        2d4f4b5309b1      5 months ago    26.2MB
```

2. 启动 Registry 容器

启动 Registry 容器，命令如下。

```
[user@node01 ~]$ docker run -d -p 5000:5000 -v /home/user/data/:/var/lib/registry
registry
```

上述命令的参数说明如下。

- -d 表示在后台运行容器，因此无法同用户交互。
- -p 5000:5000 是端口映射，5000 是 Registry 对外的服务端口，将 Host 上的 5000 端口映射到容器的 5000 端口，当用户访问 Host 的 5000 端口时，其请求都会转发到容器的 5000 端口上。
- -v /home/user/data/:/var/lib/registry 用作目录映射，其中 /home/user/data/ 是 Host 上的目录（data 目录不需要提前创建好，运行命令时，会自动创建 data 目录），/var/lib/registry 是容器的目录，Registry 容器会将镜像内容存储在 /var/lib/registry 目录，如果不做映射，容器删除后，容器上存储的镜像也就不存在了，建立映射后，/var/lib/registry 目录的内容会存储在 Host 的 /home/user/data/ 上，这样就实现了容器数据的持久化存储，即使容器删除了，容器上存储的镜像依然在 Host 上存在。

3. 指定 insecure-registries

Registry 容器启动后，按道理可以将本地镜像推送到该私有 Registry 上，但是，由于安全设置，推送镜像时会报错，如下所示。

```
Get https://192.168.0.226:5000/v2/: http: server gave HTTP response to HTTPS
client
```

因此，要在/etc/docker/daemon.json 中指定 insecure-registries，具体内容如下所示。其中，192.168.0.226:5000 是私有 Registry 的 URL，192.168.0.226 是私有 Registry 的 IP 地址，5000 是私有 Registry 的端口。

```
{
        "registry-mirrors": ["https://b9pcda2g.mirror.aliyuncs.com"],
        "insecure-registries":["192.168.0.226:5000"]
}
```

"registry-mirrors": ["https://b9pcda2g.mirror.aliyuncs.com"]后面有个逗号（，）作为分隔。

在["192.168.0.226:5000"]可以添加多个私有 Registry 地址，使用逗号隔开，例如 ["192.168.0.226:5000","XXX","XXX"]。

重启 Docker 服务，命令如下。

```
[root@localhost user]# systemctl restart docker
```

查看 Docker 信息，如果能看到下面的信息，则说明设置成功。

```
 Insecure Registries:
  192.168.0.226:5000
```

4．推送本地镜像到私有 Registry

具体步骤说明如下。

（1）添加镜像标识

为待推送的镜像添加标识，命令如下。

```
[user@node01 ~]$ docker tag centos 192.168.0.226:5000/os/centos:v1
```

上述命令参数 192.168.0.226:5000/os/centos:v1 说明如下。

- 192.168.0.226:5000 是私有 Registry 的 URL。
- os 表示操作系统分类，表示层次信息。
- centos 是镜像名。
- v1 是 Tag。

（2）推送镜像

将该镜像推送到私有 Registry，命令如下。

```
[user@node01 ~]$ docker push 192.168.0.226:5000/os/centos:v1
The push refers to repository [192.168.0.226:5000/os/centos]
291f6e44771a: Pushed
v1: digest: sha256:fc4a234b91cc4b542bac8a6ad23b2ddcee60ae68fc4dbd4a52efb5f1b0baad71
size: 529
```

上述命令参数说明如下。

- 推送是 docker 命令的 command。
- 192.168.0.226:5000/os/centos:v1 是镜像标识，docker 会从中解析出私有 Registry 的 URL，然后向该 URL 推送镜像。

如果推送报错，特别是报 Refused 的错误，则要查看 Registry 容器是否是 Running 状态，如果是 Stopped，则要启动该容器后再推送。

（3）查看数据

查看 Host 上的 /home/user/data 的命令如下所示。可以看到，该目录的空间已经占用 69MB，说明刚推送的镜像存储在了该目录。

```
[user@node01 ~]$ du -sh data
72M     data
```

5．查看私有 Registry 的镜像信息

私有 Registry 的镜像信息可以用 curl 的方法查看，具体示例如下。

（1）查看镜像的 Repository 信息

查看镜像的 Repository 信息的命令如下，其中镜像的 Repository 就是去掉了 Registry URL 后的字符串。

```
[user@node01 ~]$ curl http://localhost:5000/v2/_catalog
{"repositories":["os/centos"]}
```

（2）查看镜像的版本信息

查看镜像版本信息的命令如下，将 os/centos 替换成待查找的镜像 Repository 即可。

```
[user@node01 ~]$ curl http://192.168.0.226:5000/v2/os/centos/tags/list
{"name":"os/centos","tags":["v1"]}
```

如果要进入到 Registry 容器内部操作，可以运行下面的命令，其中 978eaac6156b 是容器 ID。

```
[user@localhost ~]$ docker exec -it 978eaac6156b /bin/sh
```

5.5 Linux 应用容器化实例：在单机上构建 100 个节点的集群

本节介绍 Docker 的 Linux 应用容器化的综合应用实例，它实现了在一台笔记本计算机的虚拟机上构建出 100 个节点的集群。集群的每个节点是一个容器，拥有独立的主机名、IP 地址、运行独立的程序，其架构如图 5-14 所示。该实例是从笔者多个 Docker 容器项目中抽取而来的，因此具有很强的实用性，本书后续构建的 HDFS 集群、YARN 集群和 Spark 集群等，都是在本实例的基础上改进的。同样的，读者在此基础上稍作修改，就可以构建出符合特定需求的基于 Docker 容器的分布式系统。

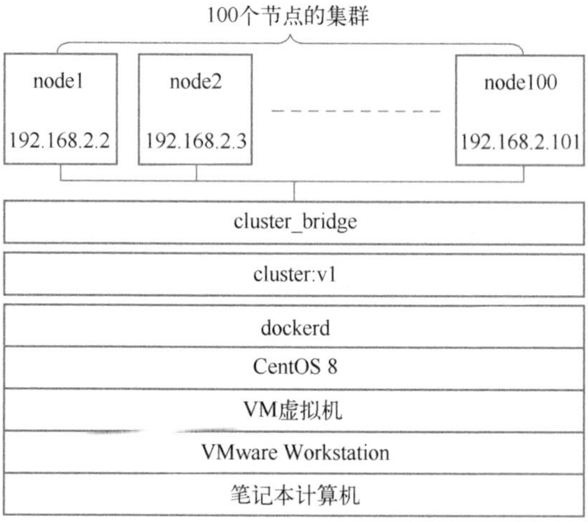

图 5-16 所示的 Docker 容器集群架构图说明如下。

- 最底层是笔记本计算机，安装了 Windows 系列操作系统。

图 5-14 Docker 容器集群架构图

- 第 2 层是 VMware Workstation 软件。
- 第 3 层是用户定制的虚拟机 VM（centos8）。第 4 层是虚拟机上安装的 CentOS 8 操作系统。
- 第 5 层是 Docker 服务（dockerd 守护进程）。
- 第 6 层是基于 5.4.1 节所构建的 centos8_base 镜像和本节的 Dockerfile 构建的新镜像 cluster:v1。
- 第 7 层是基于 cluster:v1 启动的 100 个容器，node1～node100，它们连接到用户创建的 Docker bridge 网络 cluster_bridge，IP 地址从 192.168.2.2～192.168.2.101。

集群的每个容器启动后，默认会运行用户编写的脚本 my.sh，my.sh 包含固定参数、同时也可以接收外部传入的参数，还能持久化存储，这些都是容器中的应用所需具备的通用功能。后续在 my.sh 中添加相应的逻辑就可以构建出符合实际需求的分布式集群了。

5.5.1 编写 Dockerfile 构建镜像

本节介绍构建集群镜像 cluster:v1 所需的 Dockerfile 以及所需脚本文件的编写和操作步骤，

具体说明如下。

1. 创建 build context

本镜像的 build context 名为 cluster，具体创建命令如下。

```
[user@node01 images]$ pwd
/home/user/docker/images
[user@node01 images]$ mkdir cluster
```

接下来将在 cluster 下创建 3 个文件：Dockerfile 用来构建镜像，my.sh 是构建镜像时所需的文件，cluster.sh 用来启动集群。

2. 编辑 Dockerfile

Dockerfile 位于/home/user/docker/cluster 目录下，具体内容和注释如下。该 Dockerfile 实现了在构建镜像时，使用 yum 安装 Package，添加普通用户并设置密码，使用 RUN 运行多行命令等功能。

```
 1 #表示注释
 2 #FROM 表示要依赖的 parent(基础)镜像，即后续的操作会在此镜像上进行，要求本地/Registry
中要有此镜像
 3 FROM centos8_base
 4
 5 #使用 LABEL 设置镜像的描述信息，镜像构建好后，可以使用"docker inspect cluster:v1"查
看 LABEL 所设置的信息
 6 LABEL author=aishu
 7 LABEL description="image used for cluster"
 8
 9 #设置 root 用户密码，user_name:password
10 RUN echo 'root:root' | chpasswd
11 #使用 yum 安装 passwd，可以使用同样的办法，在 Dockfile 中安装其他 Package
12 RUN yum --releasever=8 -y install passwd
13 #添加普通用户，并设置密码
14 #可以使用\加上&&的形式来执行多条命令
15 RUN     useradd -m user\
16         && echo 'user:user' | chpasswd\
17         && mkdir -p /home/user/data\
18         && chown -R user:user /home/user/data
19
20 #将 my.sh 从 build context 中复制到镜像的/home/user 目录下，此时的用户身份是 root
21 COPY my.sh /home/user/
22 #对 my.sh 赋可执行权限，并且修改 my.sh 的拥有者和组为 user
23 RUN chmod +x /home/user/my.sh\
24         && chown user:user /home/user/my.sh
25 #将/home/user 添加到 PATH 环境变量中，这样可以直接执行 my.sh
26 ENV PATH=$PATH:/home/user
27
28 #切换到 user 用户，切记不能使用"su - user"
29 USER user
30
31 #设置容器运行时命令为 my.sh，固定参数为 a
32 ENTRYPOINT ["my.sh", "a"]
33 #设置 my.sh 的第二个参数为 b，该参数是可以修改的，如果在运行容器时，在命令行末尾追加的
```

参数，将会替换 b
```
34 CMD ["b"]
```

3．编写 my.sh

在/home/user/docker/images/cluster 下编写 my.sh 脚本用作容器的默认程序，内容如下。该脚本每隔 2s，向/home/user/data/mydata 文件写入一行信息，该行信息由：日期+主机名+序号+脚本第一个参数+脚本第二个参数+脚本第三个参数组成。应在运行容器时，创建目录映射，使得 mydata 持久化存储在 Host 主机上。这些参数和功能都是容器运行应用经常用到的，因此，可以在 my.sh 的基础上修改，从而实现一个满足自己需求的实用脚本。

```
 1 #!/bin/bash
 2 i=0
 3 while [ true ]
 4 do
 5         str=$(date)" "$(cat /etc/hostname)" "$i" "$1" "$2" "$3
 6         echo $str
 7         echo $str >> /home/user/data/mydata
 8         sleep 2
 9         let i++
10 done
```

一定要有#!/bin/bash，而且要正确，否则 ENTRYPOINT 执行 my.sh 时会报错。

4．构建镜像

（1）关闭防火墙

因为构建镜像过程中，要使用 yum 安装 Package，而防火墙的开启会导致容器无法解析外部 DNS 域名，从而无法通过网络来安装 Package。因此，需要先关闭防火墙并重启 Docker 服务，具体命令如下。

```
[root@node01 cluster]# systemctl stop firewalld
[root@node01 cluster]# systemctl restart docker
```

（2）构建镜像

构建镜像 cluster:v1 的命令如下，其中 cluster:v1 是镜像名称，一定要注意：在其后有一个空格，空格后有一个点（.）是 build context。

```
[user@node01 cluster]$ docker build -t cluster:v1 .
```

查看镜像的命令如下，如果能看到镜像 cluster:v1，则说明构建成功。

```
[user@node01 cluster]$ docker images | grep cluster
cluster          v1          aa2d112ad0ee          27 seconds ago          864MB
```

查看镜像描述信息的命令如下。

```
[user@node01 cluster]$ docker inspect cluster:v1
```

找到 Labels 部分，代码如下所示，这部分内容就是 Dockerfile 中写入的 LABEL 信息。

```
"Labels": {
    "author": "aishu",
    "description": "image used for cluster"
```

```
}
```

5.5.2　编写脚本启动基于 Docker 容器的集群

脚本 cluster.sh 用于启动基于 Docker 容器的集群，cluster.sh 后面接受数字参数，例如 100，这样 cluster.sh 就会在本机启动 100 个容器，并自动为每个容器分配主机名、IP 地址、创建目录映射等，cluster.sh 的内容如下所示。

```
 1 #!/bin/bash
 2 #删除本机已有的容器，防止和新启动的容器冲突
 3 docker stop $(docker ps -a -q)
 4 docker rm $(docker ps -a -q)
 5 #创建 Bridge 网络 cluster_bridge，并设置子网
 6 bridge_name=cluster_bridge
 7 docker network rm $bridge_name my_macvlano1 my_macvlan02
 8 docker network create -d bridge --subnet 192.168.2.0/24 $bridge_name
 9
10 #指定镜像名
11 IMG=cluster:v1
12 #脚本第一个参数为集群节点个数，赋值给 total_node_num
13 total_node_num=$1
14 #设置集群的起始 IP 地址为 192.168.2.1
15 start_ip=192.168.2.1
16 #获取起始 IP 地址的前缀，即 192.168.2
17 #%会从 start_ip 的右端开始，找到第一个符合.*特征的字符串，本例中是".1"，然后删除
".1"，得到 192.168.2
18 ip_prefix=${start_ip%.*}
19 #获取起始 IP 地址的数字，用于节点 IP 地址分配
20 ###会从 start_ip 的左端开始，找到最后一个符合(*.)，本例中是"192.168.2."，然后删除，
得到 1
21 start_ip_num=${start_ip##*.}
22 #i 用于循环计时
23 i=0
24 node_num=0
25 #循环执行 total_node_num 次
26 while [ $i -lt $total_node_num ]
27 do
28         #start_ip_num 加一
29         let start_ip_num++
30         #node_num 加一
31         let node_num++
32         #合成节点主机名
33         node_name="node"$node_num
34         #合成容器 IP 地址
35         container_ip=${ip_prefix}.${start_ip_num}
36
37         #创建 Host 上的映射目录，每个容器会在 Host 的/home/user/share 下的主机名目录，
以此映射到容器的/home/user/data 下
38         #本来在运行容器时，使用-v 可以自动创建 Host 上的映射目录，但自动创建的映射目录
的拥有者是 root
39         #例如/home/user/share/node1，如果自动创建，它的拥有者是 root，这样，容器中
普通用户权限执行的程序就无法向/home/user/data 目录下写入数据
```

```
40          #如果事先在脚本中以普通用户手工创建好/home/user/share/node1，则容器中普通用
户权限执行的程序就可以向/home/user/data目录下写入数据，要特别注意/home/user/share目录的权限
41          mkdir -p /home/user/share/$node_name
42          #合成容器启动命令，命令末行传入两个参数，用来测试容器默认程序，能否接收用户参数
43       cmd="docker run  --network $bridge_name -it --ip $container_ip -h $node_
name --name $node_name -v /home/user/share/$node_name:/home/user/data -d $IMG $i $i"
44          echo $cmd
45          #运行容器
46          $cmd
47          #等待1s启动下一个容器
48          sleep 1
49          let i++
50 done
51
```

5.5.3　运维基于 Docker 容器的集群

脚本编写好后，就可以使用脚本来启动基于 Docker 容器的集群并对其进行运维，具体步骤如下。

1．启动集群

给 cluster.sh 加上可执行权限，命令如下。

```
[user@node01 cluster]$ chmod +x cluster.sh
```

运行脚本，启动 100 个节点的集群，命令如下。

```
[user@node01 cluster]$ ./cluster.sh 100
```

2．查看容器信息

（1）查看容器个数

查看容器个数的命令如下，如果能看到 100，则说明启动了 100 个容器。

```
[user@node01 ~]$ docker ps -a | grep node | wc -l
100
```

（2）查看容器信息

查看容器信息的命令如下，可以看到每个容器的名字、默认程序和参数，例如 my.sh a 99 99，说明运行容器时传入的参数 "99 99" 替换了 Dockerfile 中 CMD 指定的参数 b，用户传递参数成功。

```
[user@node01 cluster]$ docker ps -a | grep node
CONTAINER ID IMAGE         COMMAND         CREATED       STATUS       PORTS        NAMES
bf89335ea39d cluster:v1    "my.sh a 99 99"  15 hours ago  Up 15 hours              node100
```

3．查看容器网络信息

（1）查看容器网络信息

查看容器网络信息的命令如下。

```
[user@node01 ~]$ docker network inspect cluster_bridge
```

可以看到每个节点的名称、IP 地址等信息，如下所示。

```
"b825a0a63872b60f8fe3284b27572fc7deb61316d70d8bc33252d16d3ccb48f5": {
    "Name": "node64",
    "EndpointID":"64d9675e40f6f0a7a66b0d9ad643f7d0a130f9d9d03ca71f89ea47a927b95336",
    "MacAddress": "02:42:c0:a8:02:41",
    "IPv4Address": "192.168.2.65/24",
    "IPv6Address": ""
},
```

（2）查看每个节点 my.sh 的输出

以 node100 为例，查看 my.sh 输出的命令如下。

```
[user@node01 ~]$ tail -f ~/share/node100/mydata
```

可以看到 my.sh 会持续向 mydata 写入数据，如下所示。

```
[user@node01 ~]$ tail -f ~/share/node100/mydata
Tue Dec 8 23:55:56 UTC 2020 node100 319 a 99 99
Tue Dec 8 23:55:58 UTC 2020 node100 320 a 99 99
Tue Dec 8 23:56:00 UTC 2020 node100 321 a 99 99
```

（3）在指定的容器节点上操作

如果要进入到某个容器节点进行操作，可以按以下步骤完成。此处以 node100 为例。

1）获取 node100 的容器 ID 的命令如下，可知容器 ID 为 bf89335ea39d。

```
[user@node01 ~]$ docker ps -a | grep node100
bf89335ea39d  cluster:v1   "my.sh a 99 99" 15 hours ago Up 15 hours node100
```

2）使用 docker exec 在 node100 容器上执行/bin/bash 程序，命令如下。

```
[user@node01 ~]$ docker exec -it bf89335ea39d  /bin/bash
```

3）上述命令执行后，可以看到登录提示符，此时已经进入 node100 并可以进行操作了。

```
[user@node100 /]$
```

4. 总结

- 至此，在一台笔记本计算机的虚拟机上，启动了 100 个节点的集群，每个节点都有独立的主机名、IP 地址，各自独立运行 my.sh。
- 这 100 个节点总共只使用了 1 个镜像 cluster:v1，占用了 800MB 左右的空间，如果使用 VMware Workstation 启动 100 个节点的话，每个节点都需要 800MB 存储空间，总的需要 100 倍的空间。
- 100 个节点的集群在 1 个总内存为 1GB 的虚拟机上就可以启动，并正常工作，开销极低，这在以前是难以想象的。要加快启动速度，可以通过增加虚拟机的 CPU 数量和内存大小实现。
- 后期需求发生变化，则只需要修改 Dockerfile 重新构建镜像即可，容器一启动就自动更新了，非常方便，如果是 VMware Workstation 的话，则要从零开始重新构建，并且要依次更新每个虚拟机，非常麻烦。
- 后续迁移可以使用 "Dockerfile+基础镜像（centos8_base）"，也可以将 cluster:v1 导出来迁移，非常方便且开销极小，如果是 VMware Workstation 的话，则要复制所有的虚拟机镜像，既不方便而且 I/O 和网络开销极大。

第6章
Kubernetes 容器编排与运维

Kubernetes 是由 Google 开源的一个容器编排（Orchestration）系统，它实现了集群中容器的管理、部署、迁移和扩展的自动化。自 2014 年开源以来，Kubernetes 经过多个版本的迭代和完善，已经非常成熟，广泛应用于生产环境中。Google、Microsoft、Amazon、阿里和腾讯等，都提供云上的 Kubernetes 服务，而阿里自身的核心应用更是全部运行在 Kubernetes 之上。

目前 Linux 应用容器化越来越普及，当一个企业（单位或组织）容器的数量达到一定规模时，自然就需要引入容器的编排，而 Kubernetes 是容器编排工具的最佳选择，因此，对于 Linux 运维人员而言，Kubernetes 是一个重要的加分项和加薪项；而对于 Linux 研发人员而言，云原生（Cloud Native）应用是今后的重点，应用的设计和开发从一开始就要考虑上 "云"，而 Kubernetes 作为云原生关键技术和核心基础设施，也是每个 Linux 研发人员所必须了解和掌握的。总之，学习 Linux，今后无论从事 Linux 运维还是研发，都需要学习 Kubernetes。

本章将主要针对 Kubernetes 初学者，从 Kubernetes 技术基础、Kubernetes 快速入门和 Kubernetes 进阶这 3 个方面来介绍 Kubernetes，具体知识点如下。

- Kubernetes 是什么。
- Kubernetes 核心概念。
- Kubernetes 同 Docker 的关系。
- Kubernetes 解决了什么问题。
- Kubernetes 架构及运行机制。
- Kubernetes 集群快速部署。
- Kubernetes 的常用命令。

- Kubernetes 服务暴露。
- Pod 多副本运行。
- Pod 多容器运行。
- Kubernetes 持久化存储。
- Kubernetes 日志查看。
- HPA 水平扩展。
- Kubernetes UI 监控。

6.1 Kubernetes 核心概念和架构

在正式学习 Kubernetes 的使用之前，需要先了解 Kubernetes 的技术基础，包括 Kubernetes 是什么、Kubernetes 的核心概念、Kubernetes 架构等，这些都将为后续进一步学习 Kubernetes 及其使用打下基础。

本书使用的 Kubernetes 版本是 v1.20.1，后续所有的内容都是基于该版本的。

6.1.1 Kubernetes 的定义及背景

Kubernetes 是一个开源的容器编排系统，所谓 "容器编排" 就是容器部署、迁移、管理、扩展和联网的自动化。

Kubernetes 又简称 k8s，8 表示 Kubernetes 中间所省略的 8 个字符。

下面以 LAMP Web 应用（由 Linux/Apache/MySQL/PHP 所组成的网站）为例，说明 Kubernetes 出现的背景，以此加深对 Kubernetes 的理解。

1. 基于传统方式的 LAMP Web 应用的部署和运维

传统方式部署 LAMP Web 应用，需要先在服务器上安装 Linux 操作系统，然后安装 Apache Web 服务器、MySQL 数据库和 PHP 等组件及其依赖并配置，最后运行这些组件对外提供服务。由于这些组件及其依赖是直接安装在 Linux 上的，因此，组件的运行环境是同操作系统紧密耦合的，这样会导致部署工作量大，而且很难复用，具体说明如下。

- 首先，如果 Linux 系统崩溃无法启动，则需要重新安装 Linux 系统，重新安装 Apache Web 服务器等组件，所有部署的工作要重做。
- 其次，如果升级了 Linux 系统，由于兼容性问题，可能会导致 Apache Web 服务器等组件也需要升级到更高的版本，增加了部署的工作量。
- 再次，如果更换新的硬件服务器，则需要在新服务器上重新安装 Linux、Apache Web 服务器等组件，所有部署的工作要重做一遍，无法复用之前所做的部署工作。

这种紧密耦合同样会导致运维出现一系列的问题，例如服务器崩溃时，如果没有做热备，用户将无法访问该 Web 应用；服务器负载太大时，由于系统无法动态迁移，也将导致 Web 应用的服务质量下降。

2. 基于容器的 LAMP Web 应用的部署和运维

基于容器，可以将 Apache Web 服务器和 MySQL 数据库等组件（程序/应用）分别制作成容器镜像，然后启动这些容器来运行其中的组件。容器技术可以使得这些组件的运行环境同操作系统解除耦合，从而解决传统方式下部署和运维的上述问题。

- 首先，如果 Linux 系统崩溃无法启动，则只需要将事先备份好的 Docker 镜像导入其他安装了 Docker 引擎的主机上，就可以直接运行容器的组件了，完全不需要重复之前的部署工作。
- 其次，如果升级了 Linux 系统，则只需要关注 Docker 引擎能否正常工作，如果 Docker 引擎因为兼容性不能正常工作，升级 Docker 引擎版本即可，已有的 Docker 镜像无须任何修改就可以正常启动，也就不需要重复之前的部署工作。
- 再次，如果更换新的硬件服务器，则只需要在该服务器上安装好 Docker 引擎，然后导入之前备份的 Docker 镜像即可，从而复用了之前的部署工作。

同样的，容器技术可以解决运维工作中的一系列问题，例如服务器崩溃时，可以立即在另一台服务器上启动这些组件对应的镜像，以保证其可用性；如果服务器负载太大时，可以将该 Web 应用对应的镜像迁移到性能更强的服务器上，然后运行容器组件即可，从而保证了 Web 应用的服务质量。

迁移镜像和运行容器的这些操作，大多是通过命令或脚本手动完成的。

3. 基于 Kubernetes 的 LAMP Web 应用的部署和运维

从技术上讲，容器技术解除了程序运行环境同 Host 操作系统之间的耦合，解决了程序运行环境的隔离和迁移问题，大幅简化了系统的部署和运维工作。但由于这些容器通常都是在集群上运行的，共享整个集群资源，那么集群中容器如何自动部署、管理、联网、以及保证容器的可用性和扩展性等，都是容器技术出现之后带来的新问题。这些问题不解决，大量的容器在同一集群中运行就会出现各种各样的问题，集群资源也就无法高效利用，在大规模集群中运维这些容器就会非常困难。

上述问题的根源在于缺乏一个从集群的角度来整体规划，实现容器部署、迁移、管理、扩展和联网的自动化的系统，即"容器编排"系统。虽然集群的各个节点通过网络连接，但在逻辑上是孤立的，当一个节点不可用时，此节点上的服务就不可用了，集群并不能利用其他节点继续对外提供相同的服务。就如同计算机出现之初，没有操作系统的情况一样。这就是 Kubernetes 出现的背景。

Kubernetes 管理整个集群的资源，使之成为一个整体，并引入了一个新概念——Pod。Pod 是 Kubernetes 的最小运行单元，Pod 由一组（也可以是一个）关系密切的容器组成，它们互相协作在同一个节点上运行，对外提供某种服务，即"微服务"。当 Pod 不可用时，Kubernetes 可以通过重启 Pod 中的容器，或者将 Pod 调度到其他节点，来保证服务的可用性。

以 LAMP Web 应用为例，可以使用 Kubernetes 将 LAMP Web 容器放置到同一个 Pod 中，既可以完全继承容器技术所带来的好处，还能带来以下优势。

- 首先，只需要一个命令就可以实现 LAMP 容器的自动部署，Kubernetes 会选择合适的节点来创建 Pod，还可以避免用户同时部署容器所带来的冲突。
- 其次，当容器崩溃或 Pod 节点不可用导致服务不可用时，Kubernetes 会根据情况自动重启 Pod 中的容器或将 Pod 自动迁移到其他节点上运行，确保服务的可用性。
- 再次，如果节点负载太大时，Kubernetes 会根据配置在其他的节点上运行该 Pod 的副本，实现服务的水平扩展。

总之，Kubernetes 可以充分利用集群的资源实现容器的编排，保证容器化应用的高可用性和可扩展，大幅降低部署和运维的工作量。

访问 https://kubernetes.io/获取更多有关 Kubernetes 的信息。

6.1.2 Kubernetes 的核心概念

本节介绍 Kubernetes 的核心概念，包括 resource、object、Pod、deployment 和 service 等，它们将为进一步理解、学习和使用 Kubernetes 打下基础。

1. resource

resource 并不是 Kubernetes 新创的概念，它来源于表现层状态转化（Representational State Transfer，REST）。REST 是网络应用程序架构的一种设计风格（或原则），凡是符合 REST 原则的架构，就称之为 RESTful 架构。Kubernetes 就是基于 REST 设计的，因此它是 RESTful 架构。

有关 REST 的详细信息，可以参考 REST 提出者 Fielding 的博士论文 http://www.ics.uci.edu/~fielding/pubs/dissertation/top.htm。

按照 REST 的观点，网络应用程序中一切需要被外部所访问的事物，都将被抽象成 resource，网络应用程序就是由各种 resource 组合而成的。resource 可以是文件、图片等实体；也可以是统计数据，如某个时间段内的访客人数；还可以是某种概念，如多个容器的组合等。总之，一个网络应用程序就是一组 resource 的集合，用户同网络应用程序之间的交互就是对各类

resource 的操作。Kubernetes 也是 RESTful 架构，因此，resource 也是 Kubernetes 的基本组成元素，它的地位就如同 Linux 中文件的地位一样，Kubernetes 中一切皆为 resource。

Kubernetes 是 RESTful 架构，它的交互风格和 Web 网站类似：Kubernetes 中的 resource 就如同网站中的网页，每个 resource 在 Kubernetes 上的位置使用 REST 路径来表示，例如 Pod resource 的 REST 路径就是/api/v1/pods，使用 REST 路径，再加上 HTTP 的 POST、PUT、PATCH、DELETE 和 GET 操作，就可以完成指定 resource 的创建、更新、部分更新、删除和读取，就如同操作网页一样。

（1）REST API

因为 Kubernetes 遵循 REST 原则，所以 Kubernetes 和外部以及内部组件之间的交互都采用了统一方式的接口，称之为 REST API，对这些接口的调用则称之为 REST 调用或 REST 操作。用户平时使用的 kubectl 等命令调用的就是 REST API，也可以按照 REST 操作规则直接访问这些 API，或者调用客户端函数库中的接口来访问 API。

REST API 和传统网络应用程序的 API（简称传统 API）是不一样的。传统 API 是面向函数接口的，每增加一个功能，就会增加一个或若干个函数，这种方式的优点是灵活，可以通过函数的组合来实现各种复杂功能；缺点是对函数库开发者的要求极高，接口抽象的好坏直接关系到开发的难度和工作量，同时对使用者来说，需要熟悉大量的函数接口以及它们之间的调用顺序，这也是有难度的。

REST API 则是面向 resource 的，Kubernetes 每增加一个功能，就是增加一个新的 resource。而每个 resource 所支持的操作很有限，就是创建、更新、删除和读取等几个操作，通过 HTTP 的 POST、PUT、DELETE 和 GET 操作来完成。这样对 Kubernetes 的使用者来说，它只需要关注 Kubernetes 提供了哪些 resource，每个 resource 的作用是什么，至于 resource 上的操作，就是有限的几种通用操作，再加上 REST API 的调用是无状态的，它们之间没有顺序关系，因此，对于使用者来说大大降低了使用难度。

Kubernetes REST API 不是 HTTP 协议之上的封装，而是直接使用 HTTP 协议，因此它是非常轻量级的。

（2）API object

综上所述，Kubernetes 就是一组 resource 的集合，用户通过 REST API 去操作这些 resource。而 REST API 在调用过程中会使用 API object 来表示 resource，也就是说，API object 是 resource 在 REST API 调用中的序列化数据。因此，从 REST API 的角度来看，所有的 resource 都是 API object，每个 resource 在 API 中都有对应的条目来描述。

（3）Object

Object（注意首字母 O 大写）是 REST API 中描述 resource 结构的数据类型，Object 由多个 FIELD（成员或字段）组成，每个成员的类型可以是 string、boolean 和 integer 等基本类型，也可以是数组（用[]表示），还可以是 Object 类型自身。

每个成员都有名字和对应的值，名字和值是一一对应的，通常也用 KV（Key-Value）键值对来描述每个成员，Key 就是成员的名字，Value 则是成员的值。Object 非常重要，创建 resource 时，要依据每个 resource 的 Object 结构来填充各个成员的值。

图 6-1 就是一个典型的 Object，它描述了 Pod 这个 resource 的结构信息。

```
[user@master ~]$ kubectl explain Pod
KIND:     Pod
VERSION:  v1

DESCRIPTION:
     Pod is a collection of containers that can run on a host. This resource is
     created by clients and scheduled onto hosts.

FIELDS:
   apiVersion   <string>
     APIVersion defines the versioned schema of this representation of an
     object. Servers should convert recognized schemas to the latest internal
     value, and may reject unrecognized values. More info:
     https://git.k8s.io/community/contributors/devel/sig-architecture/api-conventions.md#resources

   kind <string>
     Kind is a string value representing the REST resource this object
     represents. Servers may infer this from the endpoint the client submits
     requests to. Cannot be updated. In CamelCase. More info:
     https://git.k8s.io/community/contributors/devel/sig-architecture/api-conventions.md#types-kinds

   metadata     <Object>
     Standard object's metadata. More info:
     https://git.k8s.io/community/contributors/devel/sig-architecture/api-conventions.md#metadata

   spec <Object>
     Specification of the desired behavior of the pod. More info:
     https://git.k8s.io/community/contributors/devel/sig-architecture/api-conventions.md#spec-and-status

   status       <Object>
     Most recently observed status of the pod. This data may not be up to date.
     Populated by the system. Read-only. More info:
     https://git.k8s.io/community/contributors/devel/sig-architecture/api-conventions.md#spec-and-status
```

图 6-1　Pod 结构图

图 6-1 中的成员说明如下。

- 第一个成员的 Key 是 apiVersion，Value 类型是 string。
- 第二个成员的 Key 是 kind，Value 类型是 string。
- 第三个成员的 Key 是 metadata，Value 类型是 Object。
- 第四个成员的 Key 是 spec，Value 类型是 Object。
- 第五个成员的 Key 是 status，Value 类型是 Object。

后续会有大量的 Object 的使用示例。

Kubernetes 中有 3 种类型的 object：API object、Object 和 Kubernetes object。其中前两种 object 已经介绍，第三种 object（Kubernetes object）后面会有说明。由于 Kubernetes 在描述这些 object 时，并不严谨，因此，一定要结合上下文来理解 object 的含义。

（4）API version

由于 Kubernetes 不断迭代快速向前发展，resource 的种类、功能、特性和访问方式也是不断变化的，这就涉及版本划分问题。Kubernetes 并没有以 resource 为对象来划分版本；也没有以 resource 的某个成员（FIELD）为对象来划分版本，这样的划分粒度太细，管理难度大；也没有以 Kubernetes 软件本身为对象来划分版本，这样的划分粒度太大，不灵活。总之，这几种划分既不利于 Kubernetes 自身的开发，也不利于 Kubernetes 的使用。

由于所有的 resource 都是和 REST API 关联的，resource 的变化不光体现在自身，还体现在访问 resource 的接口，即 REST API 上。因此，Kubernetes 以 API 为对象来划分版本，即 API version（API 版本）不同，其支持的 resource 就可能不同。基于 API 的版本划分，可以使得 resource 及其行为保持一个完整、清晰而又一致的视图。用户通过 REST API 同 Kunernetes 打交道，基于 API 划分版本，对于用户而言也是十分自然的事情，使用起来也非常方便。

Kubernetes 将 API 版本划分为 Alpha、Beta、Stable 三个级别，具体说明如下。

- Alpha：该版本的名字会包含字符串 alpha，如 v1alpha1，它会写入 resource 的 REST 路径中。这是一个不稳定的版本，可能包含错误，而且功能和 API 接口随时会被删除或修改。因此，如果想尝试某项新特性，可以使用该版本做短期的测试，但不要将其应用到生产环境中。
- Beta：该版本的名字会包含字符串 beta，如 v1beta1，它会写入 resource 的 REST 路径中。这是一个相对稳定的版本，各项功能都经过了充分的测试。该版本所支持的功能特性会一直保留，但会做一些细节上的修改，这样可能会导致该版本的接口同后续版本的接口不一致。Beta 版本最大的意义在于，如果需要的某项新特性在 Beta 版本中，则可以充分地使用和验证该特性，并积极反馈，这样就有可能使得开发者按照用户的意见进行修改，否则一旦 Beta 版本升级成稳定版本，就很难再修改该特性了。

- Stable：该版本的名字以 v 开头，后面跟数字，例如 v1，它会写入 resource 的 REST 路径中。这是一个稳定的版本，每项功能都经过很好的测试，并且接口也不会随意修改，以保证兼容性。因此在生产实际中最好使用该版本。

（5）API group

API version 可以对不同开发阶段的 resource 进行分类。但光是这样还不够，同一个版本的 API 包含的 resource 也会很多，如果不进行分类，会给开发、管理和使用带来很多问题。因此 Kubernetes 先使用 API group 对 resource 进行分类，API group 也是一个字符串，它会写入 resource 的 REST 路径。一个典型的 resource 的 REST 路径如下所示，其中 apis 是所有 API 的固有信息；extensions 是 API group；v1beta1 是 API 版本；ingress 是 resource 的名字。

```
/apis/extensions/v1beta1/ingresses
```

API group（GROUP）和 API version（VERSION）都是 resource 的 REST 路径的重要信息，它们两者的组合 GROUP/VERSION 称之为 apiVersion。可以使用下面的命令，来查看 Kubernetes 所支持的 apiVersion。

```
[user@master ~]$ kubectl api-versions
```

上述命令执行结果如下，都是 GROUP/VERSION 形式的 apiVersion，例如第一行 admission-registration.k8s.io/v1，其中 admissionregistration.k8s.io 就是 GROUP（API group），v1 则是 VERSION（API version）。

```
admissionregistration.k8s.io/v1
admissionregistration.k8s.io/v1beta1
apiextensions.k8s.io/v1
apiextensions.k8s.io/v1beta1
apiregistration.k8s.io/v1
apiregistration.k8s.io/v1beta1
...
```

Kubernetes 使用 apiVersion 有很多好处，具体说明如下。

- 逻辑清晰，REST API 按照 GROUP 划分后，再分为不同的 VERSION，例如 apiextensions.k8s.io VERSION 下就有 v1 和 v1beta1 两个 VERSION，既逻辑清晰又便于管理和协作开发。
- 解除了耦合，resource 的 apiVersion 和 Kubernetes 软件的 release 版本解除了耦合，resource 的 apiVersion 如图 6-1 所示，而本书 Kubernetes 的 release 版本则是 v1.20.1，这样 release 不需要等待 apiVersion 全部升级后才能发布新版本，既不影响开发又可以快速迭代发布版本。
- 非常灵活，同一个 GROUP 可以有不同开发状态的版本，例如 GROUP apiextensions.k8s.io 就有 v1 和 v1beta1 两个版本。开发者可以根据需要来选择不同的 apiVersion 组合构成 Kubernetes release。

（6）查看 resource 信息

Kubernetes 有多种类型的 resource，可以使用下面的命令查看当前 Kubernetes 所支持的 resource。

```
[user@master ~]$ kubectl api-resources
```

上述命令的输出如图 6-2 所示。

NAME	SHORTNAMES	APIGROUP	NAMESPACED	KIND
bindings			true	Binding
componentstatuses	cs		false	ComponentStatus
configmaps	cm		true	ConfigMap
endpoints	ep		true	Endpoints
events	ev		true	Event
limitranges	limits		true	LimitRange
namespaces	ns		false	Namespace
nodes	no		false	Node
persistentvolumeclaims	pvc		true	PersistentVolumeClaim
persistentvolumes	pv		false	PersistentVolume
pods	po		true	Pod

图 6-2　resource 信息图

图 6-2 共有 5 列内容，说明如下。

1）第一列是 resource 的名字。

2）第二列是 resource 的缩写，例如 pods 的缩写就是 po。

3）第三列是该 resource 所属的 API group。

4）第四列表示该 resource 是否位于 Namespace 之中，Namespace 用来划分 Kubernetes，不同的 Namespace 之间，resource 是互相隔离的，因此可以认为 Namespace 是一个虚拟的 Kubernetes 集群。但是，并不是所有的 resource 都在 Namespace 内，只有 NAMESPACED 为 true 的 resource 才可以划分到一个 Namespace 中，NAMESPACED 为 false 的 resource 不属于任何 Namespace。

5）第五列表示 resource 类型，其取值可以是 resource 的名字或缩写。

kubectl api-resources -o wide 可以查看 resource 的更多信息，例如 resource 支持的操作，如 Pod 所支持的操作就包括 [create delete deletecollection get list patch update watch]。

注意：图 6-2 所示的这些 resource，就是整个 Kubernetes 的 API，和 SDK 文档中一页又一页的 API 函数接口相比，实在是简洁太多，这就是 Kubernetes 基于 REST 风格来设计架构所带来的好处。

每个 resource 都可以查看它的结构信息，即它的 Object 定义，示例命令如下，该命令会打印 Pod 的 Object 定义。其中 kubectl 是命令，explain 是选项，Pod 是参数，Pod 表示要查看的 resource 类型，可以用 resource 的 Name 或缩写来替代，而且不区分大小写。

```
[user@master ~]$ kubectl explain pod
```

上述命令执行结果如图 6-3 所示。

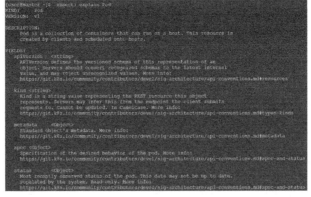

图 6-3　Pod 结构图

如图 6-3 所示，Pod 的 Object 包括 5 个成员（FIELD），分别是 apiVersion、kind、metadata、 spec 和 status，具体说明如下。

- apiVersion 的类型是 string，使用 GROUP/VERSION 的形式来表示，具体的值为 VERSION: v1 中的 v1，此处没有 GROUP，是因为 Pod 所属的 API group 为 core，而 core 是默认不出现的，因此，apiVersion 的值就是 v1，而不是 core/v1。
- kind 的类型是 string，表示 resource 的类型，具体的值是 KIND: Pod 的 Pod。
- metadata 的类型是 Object，它是一个嵌套在 Pod Object 中的 Object，其中又有自己的各个成员，后续会说明如何查看这些成员的方法。
- pec 和 status 同样是 Object。

可以使用 kubectl explain Pod --recursive=true 来打印 Pod 各成员的详细信息，包括 metadata、spec 和 status 等嵌套 Object 的详细信息，以及在它们内部嵌套的 Object 的详细信息。

也可以访问 https://git.k8s.io 获取 resource 各成员的详细信息，但是 https://git.k8s.io 的速度很慢，很多时候无法访问。https://k8s.mybatis.io/ 提供了镜像内容，因此可以访问该网站，获取 FILELDS 的详细信息。

可以使用 kubectl describe deployment XXX 来打印 deployment resource XXX 信息，其中 kubectl.kubernetes.io/last-applied-configuration 后面的内容就是该 XXX Object 的信息。

总之，上述方法可以获取 Kubernetes 所支持的各类 resource，以及每个 resource 的 Object 信息，这将为后续创建或操作 resource 打下良好基础。

2．**Kubernetes object**

（1）Kubernetes object 定义

Kubernetes object 是一类特殊的 resource，它是 Kubernetes 集群状态的抽象。可以通过创建 Kubernetes object 来告诉 Kubernetes，希望它以什么样的状态运行，例如在 Kubernetes object 中指定了某个 Pod 的副本个数为 2，那么 Kubernetes 首先会运行两个 Pod 副本，然后监控这些 Pod 副本的状态，如果有 Pod 副本不可用，在条件允许的情况下，Kubernetes 会运行新的 Pod 副本，使得当前运行的 Pod 副本数始终等于 2，从而努力使得 Kubernets 按照用户所描述的状态运行。此外还可以查询 object 信息来获取 Kubernetes 的运行情况，例如当前运行的容器化应用有哪些，它们所在的节点是哪几个，当前可用的节点有哪些，当前容器化应用的行为策略是什么，诸如重启策略、更新和容错等。因此，Kubernetes 集群中所有的 object 的集合，就构成了该集群的运行状态。

"容器化应用"指将应用程序制作成镜像，通过镜像运行容器来运行该应用程序。

（2）Kubernetes object 的特征

Kubernetes object 最显著的特征是：Kubernetes object 是有生命周期的，分为创建、运行和删除这三个阶段，具体操作可以参考 https://kubernetes.io/docs/concepts/overview/working-with-objects/object-management/。

此外，Kubernetes object 是持久化存储的实体，一旦创建，就会一直存在，即使集群重启后，Kubernetes 依然会创建该 Kubernetes object，并努力使得集群达到 Kubernetes object 配置所描述的状态。只有当 Kubernetes object 被删除后，集群重启才不会重新创建该 Kubernetes object。

（3）Kubernetes object 同其他 Kubernetes 概念的区别

在理解 Kubernetes object 时，还要特别注意同 Kubernetes 中其他概念的区别。

首先要特别注意区分 resource 和 object。在 Kubernetes 的官方文档和学习资料中，会经常遇到 resource 和 object 混用的情况，初学者往往会迷惑而分不清楚。根据前面的定义，resource 是 REST 中的概念，而 Kubernetes 是按照 REST 设计的，因此 Kubernetes 一切皆为 resource。而 Kubernetes object 则是 resource 的一种，它是集群状态的抽象，并且在 resource 中的比重很大。resource 中除了 Kubernetes object，还有少部分是 virtual 类型，这部分 resource 通常用来表示操作，而不是 Kubernetes object。

其次还要特别注意区分 API object、Object 和 Kubernetes object。Kubernetes 的官方文档中对这 3 种 object 的描述并不严谨，不严格区分大小写，有的地方甚至直接统称为 object，因此一定要结合上下文去理解。

（4）Kubernetes object 的结构

Kubernetes object 的公共成员（字段）如表 6-1 所示，这 5 个成员是每个 Kubernetes object 都具有的，其中前 4 个成员用于创建 Kubernetes object 时填写，第 5 个成员 status 是 Kubernetes object 创建后，由 Kubernetes 填写和更新，供用户查询。

表 6-1 Kubernetes object 描述字段表

成员名	类型	说明
apiVersion	string	操作该 resource 的 API 版本，形式为 GROUP/VERSION，在创建 Kubernetes objects 时要填写该字段
kind	string	resource 类型，在创建 Kubernetes objects 时要填写该字段
metadata	Object	该 resource 的唯一标识，字符串类型，由 3 项组成，分别是 name（字符串）、UID（可选）和 namespace（可选），在创建 Kubernetes objects 时要填写该字段
spec	Object	特征描述，在创建 Kubernetes objects 时填写该字段，描述希望该 Kubernetes object 所具备的特性
status	Object	状态描述字段，它由 Kubernetes 系统填写和更新，用于查询

可以使用前面描述的 kubectl explain 命令来查看每个 Kubernetes object 的具体结构。

3. Pod

Pod 是 Kubernetes 中最基础和最重要的 Kubernetes object，它是 Kubernetes 中最小的执行单位，也是用户能够在 Kuberntes 中创建和部署的最小 Kuberntes object。Pod 由一组容器组成，这组容器在集群中的同一个节点上运行，共享相同的内部网络和存储资源，互相协作对外提供某种特定的服务，即"微服务"。

要注意的是，Pod 中容器的运行和管理是由一个叫作"容器运行时"（Container Runtime）的组件实现的，"容器运行时"不是 Kubernetes 的内置模块，而是一个外部组件，Kubernetes 常用的"容器运行时"有 containerd、CRI-O 和 Docker。

Pod 中文翻译为"豆荚"，Pod 内部的容器则可以理解为豆荚中的"豆子"。

（1）Pod 的生命周期

Pod 生命周期的各个阶段如表 6-2 所示。

表 6-2 Pod 状态表

阶段	说明
Pending	Kubernetes 已经接受该 Pod，Pod 中有若干容器的镜像还未准备好，需要下载。该阶段包括调度的时间，即 Pod 同集群的某个节点绑定的时间，同时还包括下载准备镜像的时间
Running	Pod 中所有容器都已创建。至少有一个容器正在运行，或是处在启动或重启过程中

（续）

阶段	说明
Succeeded	Pod 中的所有容器都已成功终止，并且不会重新启动
Failed	Pod 中的所有容器都已终止，并且至少有一个容器因故障而终止，也就是说，容器要么以非零状态退出，要么被系统终止
Unknown	无法获取 Pod 的状态，通常是由于与 Pod 节点通信时出错造成的

Pod 的 running 阶段，只是说明 Pod 中有 1 个容器正在运行，或者是处在启动或重启过程中，并不是 Pod 所有的容器都处在运行的状态。

（2）Pod 中容器的状态

一旦 Pod 同 Kubernetes 集群的某个节点绑定后，就会在该节点创建容器，因此容器也有状态，其说明如表 6-3 所示。

表 6-3　Pod 容器状态表

阶段	说明
Waiting	容器的默认状态。如果容器未处于 Running 或 Terminated 状态，则它处于 Waiting 状态。处于 Waiting 状态的容器会执行其所需的操作，如提取图像、应用机密等
Running	容器正在正常执行
Terminated	容器在完成程序的执行后，已终止运行。程序执行的结果可能是成功，也可能是失败，总之执行已经完成

（3）Pod 的网络

以 Pod 的常用网络 calico 为例，Kubernetes 默认会为每个 Pod 分配一个 IP 地址，例如 192.168.2.140，所有 Pod 的 IP 地址会在同一个网段，这是由 kubeadm init 时，指定的--pod-network-cidr=192.168.2.0/24 所决定的。

Pod 中的所有容器会共享该 Pod 的 IP 地址，这是因为这些容器共享的是同一块网卡，该网卡上的 IP 地址就是 192.168.2.140。因此，Pod 内的容器间通信直接用 localhost+端口即可。此外，当 Pod 所在节点开启 IP 转发（iptables -P FORWARD ACCEPT）后，Kubernetes 的节点和该 IP 地址可以互相 ping 通；Kubernetes 其他 Pod 的容器也可以和该 IP 互相 ping 通（Proxy iptables 情况下）。

4. RC（Replication Controller）

RC 是 Kubernetes object，它是 Pod 副本（Replication）数量的抽象，所谓 Pod 副本是指按照同一个 Pod 的 Object 定义所创建的 Pod，例如设置某个 Pod 副本数为 2，那么 Kubernetes 就会按照该 Pod 的 Object 的定义创建两个 Pod，这两个 Pod 内启动的容器都是相同的，只是 Pod 运行的节点不同。在 Kubernetes 生产环境中，为了确保应用的性能和可用性，通常会设置 Pod 的副本数大于 1。

RC 可以实现 **Pod 数量的重新规划**（Rescheduling），例如在 RC 中指定某个 Pod 的副本数量为 2，那么该 RC 创建后，就会使得集群中该 Pod 的数量始终维持在 2。如果之前该 Pod 的副本数是 3，RC 会删除掉其中的一个 Pod；如果运行的 Pod 数量为 1，那么 RC 则会启动一个新的 Pod。至于如何监控 Pod 数量的变化，如何对 Pod 进行增加/删除操作，新增的 Pod 在哪个节点上运行等，这些都由 RC 自动完成；同时 RC 还可以很方便地实现**应用规模的缩放**（Scaling），应用的规模取决于 Pod 的副本数，通过修改 RC 定义中的副本数重新创建该 RC，就可以很方便地改变 Pod 的副本数，从而实现应用规模的缩放。

5. RS（ReplicaSet）

RS 是 RC 的升级版，它和 RC 主要的区别在于 Selector（选择器）。Selector 用于 RC/RS 来选择 Pod 作为其管理对象，每个 Pod 创建时会设置（Label）标签（标签可以有多个），Selector 根据标签来选择符合条件的 Pod，然后维护这些 Pod 的副本数。

其中 RC 中的 Selector 是 equality-based（基于相等）的，即根据 Selector 中的表达式对 Pod 的标签进行相等关系（等于/不等于）运算，以此决定该 Pod 是否为其管理对象；RS 中的 Selector 是 set-based（基于集合）的，根据 Selector 中的表达式对 Pod 的标签进行集合运算，以此决定该 Pod 是否为其管理对象。RS 中的 Selector 相对 RC 的 Selector 更为灵活，功能更强大。

总之，RS 可以实现 RC 的所有功能，同时还有更为强大的 Selector，此外 RS 还可以用于 Pod 的水平自动伸缩（Horizontal Pod Autoscalers，HPA），实现 Pod 规模随负载而自动调整。

Kubernetes 的官方文档（https://www.kubernetes.org.cn/replicasets）中推荐使用 RS。

6. Deployment

Deployment 是 Kubernetes object，它是用户部署 Pod 的行为的抽象。因此，在 Deployment 中可以创建 Pod，也可以创建 RS 来管理 Pod 副本和实现集群的伸缩，还可以很方便地对 Deployment 行为进行回滚，暂停和恢复等操作。

根据 Kubernetes 官方文档的建议，用户应尽量避免直接创建 Pod 和 RC/RS，而是使用 Deployment 来完成 Pod 和 RS 的创建和使用。

7. Service

Service 是 Kubernetes object，它提供了一种固定的 Pod 访问方式（通过固定的 IP 或者字符串标识来访问 Pod），而不用关心 Pod 副本具体在集群的哪个节点上运行。下面举例说明 Service 出现的背景以及它在 Kubernetes 的作用。

假设部署了一个提供 Web 服务（LAMP）的 Pod，并设置该 Pod 的副本数为 3，那么 Kubernetes 会在集群中启动 3 个 Pod 副本，每个 Pod 会有单独的 IP 地址。在没有 Service 的情况下，用户需要通过这 3 个 Pod 中任意一个的 IP 地址去访问 Web 服务，如果 Pod 所在节点不可用了，Kubernetes 会在其他的节点上启动一个新的 Pod，此时该 Pod 的 IP 地址就改变了。因此，用户需要关注 Pod IP 的变化，并用新的 IP 地址去访问 Web 服务，这样既不能很好地保证服务的可用性，也无法实现规模化地应用。

Kubernetes 提供了 Service 来解决上述问题，Service 创建后会提供一个固定的 IP 地址（以 ClusterIP 类型的 Service 为例），这个 IP 地址是不会变化的，它不会随 Pod 副本 IP 地址的改变而改变，因此，用户可以始终根据该 IP 地址，加上对应的端口去访问 Web 服务，完全不用关心提供 Web 服务的 Pod 在哪个节点。

Kubernetes 提供了多种类型的 Service，供集群节点上的应用，或集群外的节点的应用来访问 Pod 服务。

8. 控制器（Controller）

Kubernetes 的 Controller 是一个控制回路，它用来监控集群的状态，然后在必要的时候，直接更改集群的状态或者发起请求，使得当前集群的状态向理想中的状态靠拢。Controller 在功能上和生活中的恒温、恒湿设备很像，可以把 Controller 理解成是一个无限循环，它会持续不断地监控一种或多种 Kubernetes object，一旦发现该 Kubernetes object 的状态同 Kubernetes object 的配置不一致，则会采取相应的措施来调整该 Kubernetes object，使得其状态同配置一致。Kubernetes 有很多内置的 Controller，典型的如 RS 和 Deployment 等，除了内置 Controller，Kubernetes 还支持用户编写的自定义 Controller。

6.1.3　Kubernetes 的架构

Kubernetes 是典型的主从式架构，如图 6-4 所示，其管理者称为 Control Plane（控制平面），被管理者称为 Node（节点）。Control Plane 在逻辑上只有 1 个，它负责管理所有的 Node 和 Object；Node 可以有多个，它负责管理自身节点的资源和 Pod。

Control Plane 是新统一的术语，Kubernetes 之前使用的术语是 Master，直到 2020 年 1 月 26 日之后，Kubernetes 官方才将 Master 统称为 Control Plane，可以查看下面的链接 https://github.com/kubernetes/website/commit/99ca9c0397b108f623e089d2ff41a35a08016231/获取更多信息。

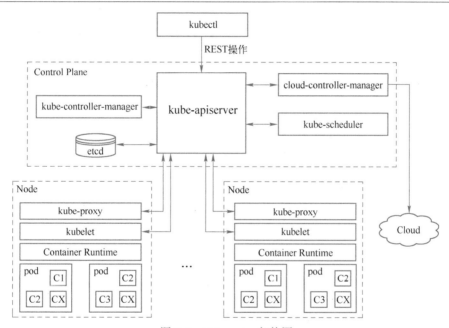

图 6-4　Kubernetes 架构图

1. Control Plane

Control Plane 是集群管理者，它的终极目标就是使得用户创建的各种 Kubernetes object 按照其配置所描述的状态运行。Control Plane 既要对节点进行统一管理，又要调度资源并操作 Pod，以满足 Kubernetes object 对象运行的需求。Control Plane 并不像 Linux 内核，它不是一个单一的实体，它由多个组件组合而成，如图 6-4 所示，每个组件是一个独立运行的进程。Control Plane 组件可以在群集中的任何机器上运行。为了简单起见，启动脚本通常会在同一台计算机上启动所有 Control Plane 组件，按照之前的称呼习惯，把该计算机称为 Master 节点或管理节点。Control Plane 各个组件的描述如下。

考虑到可用性，在生产环境中，Control Plane 中的每个组件通常以集群方式运行，可以参考 https://kubernetes.io/docs/setup/production-environment/tools/kubeadm/high-availability/来构建高可用

的 Control Plane。

（1）kube-apiserver

kube-apiserver 提供 Kubernetes 的 API 接口，它是 Kubernetes 的门户，客户端或者其他应用访问 Kubernetes 都必须通过 kube-apiserver。kube-apiserver 以 Web 服务的方式提供 API 接口，而 Web 服务又有多种实现方案，kube-apiserver 采用的是 REST 方案。因此，都要使用 REST 操作来同 kube-apiserver 交互。

客户端和 kube-apiserver 之间的通信，以及 Kubernetes 内部组件同 kube-apiserver 之间的通信，使用的都是 REST 操作。

kube-apiserver 是一个进程，在管理节点上运行下面的命令来查看该进程。

```
[user@master ~]$ ps -A | grep api
 2408 ?        00:07:02 kube-apiserver
```

kube-apiserver 支持水平扩展，可以运行多个 kube-apiserver，而且 kube-apiserver 是无状态的，因此可以方便地实现负载均衡和高可用。

（2）etcd

etcd 是一个开源的 KV（键值对）数据库，Key 是数据的身份标识，Value 是数据本身的内容。etcd 可以提供一致性和高可用的数据存储服务，**Kubernetes 使用 etcd 来存储集群数据**，也正是看中了这些特性。etcd 以集群方式运行，节点间通过一致性算法来确保数据的一致性，从而确保数据访问的性能、正确性和可用性。etcd 集群规模最小可以是 1 个节点，不建议在生产实践中这么用，etcd 集群节点数至少应为 3 或是更大的奇数，选取奇数是便于 etcd 集群节点一次投票就选出 leader。

etcd 运行时也是一个独立的进程，可以运行下面的命令来查看该进程。

```
[user@master ~]$ ps -A | grep etcd
 2411 ?        00:03:36 etcd
```

很多时候，etcd 会封装在容器中运行，可以使用下面的方法来查看容器中 etcd 的版本，其中 eb0bb8cd101c 是 etcd 容器的 ID，etcd --version 则是查看 etcd 版本的命令。

```
[user@master ~]$ docker exec -it eb0bb8cd101c etcd --version
etcd Version: 3.4.3
```

可以访问 https://etcd.io/docs/v3.4.0/获取更多 etcd 的详细信息。

（3）kube-scheduler

kube-scheduler 用于分配一个 Node 来运行新创建的 Pod。kube-scheduler 在选择 Node 时会综合考虑多种因素，例如用户对于资源的需求、硬件\软件\策略约束、数据局部性、内部负载干扰性等。

可以配置多个 kube-scheduler 同时运行，以确保其可用性。

kube-scheduler 运行时也是一个独立的进程，可以在管理节点上运行下面的命令来查看该进程。

```
[user@master ~]$ ps -A | grep scheduler
 2339 ?        00:01:05 kube-scheduler
```

（4）controller-manger

6.1.2 节中介绍了 Controller 的概念，Controller 使得某一类指定的 Kubernetes object 按照配置所描述的状态来运行。从逻辑上讲，每个 Controller 应以独立的进程来运行，但考虑到效率和管理等诸多因素，Kubernetes 将这些内置 Controller 合并到了一个进程之中，这个进程就是 controller-manager（该控制器称又为 kube-controller-manager）。controller-manager 内包含了 Node Controller、Replication Controller 和 Endpoints Controller 等，有关这些 Controller 的功能描述，可以参考官方文档链接 https://kubernetes.io/docs/concepts/overview/components/上的说明。

在管理节点上查看 controller-manager 进程的命令如下。

```
[user@master nginx]$ ps -A | grep controller
 7560 ?        00:00:06 kube-controller
```

查看 controller-manager 所在的容器的命令如下。

```
[user@master nginx]$ docker ps -a | grep controller
k8s_kube-controller-manager_kube-controller-manager-master_kube-system_
f4b566093eb571949d753f114ff285f5_14
```

查看 controller-manager 所在的 Pod 的命令如下所示。该 Pod 是 kubeadm init 时启动的静态（static）Pod，kubeadm 是 Kubernetes 官方推出的快速部署 Kubernetes 集群的工具，其思路是将 Kubernetes 相关服务容器化以简化部署。controller-manager 注册成静态 Pod 后，该节点的 kubelet 进程会一直监控该静态 Pod，如果 controller-manager 不可用，kubelet 就会在该节点重启该 Pod。

```
[user@master nginx]$ kubectl get pod --all-namespaces | grep controller
kube-system   kube-controller-manager-master   1/1   Running   14   16d
```

可以将运行 kubeadm init 时观察到的 Control Plane 下的 apiserver、controller-manager 和 scheduler 都注册成静态 Pod，以此实现服务的高可用。这也是为什么停止 Control Plane 容器要先 Kill kubelet 的原因。

（5）cloud-controller-manager

cloud-controller-manager 是一个同底层云服务提供商交互的控制器。如果把 Kubernetes 集群部署在云上，Kubernetes 同云上节点打交道的方式，会和之前直接同服务器（虚拟机）打交道的方式有所不同，因此需要专门的云服务控制器与之交互，而且不同的云服务提供商其云服务控制器也不同。这些特定的云服务控制器最初内置在 kube-controller-manager，由于云服务提供商有很多，而且它们的接口也是不断迭代发展的，这就会给版本一致性、兼容性、灵活性和更新等带来一系列问题。

为此，Kubernetes 尝试将云服务控制器的功能进行抽象，然后从 kube-controller-manager 中抽取出来，放置到外部由各个云服务提供商来维护，同时制定统一的接口约束，由云服务提供商来做适配。这个抽取出来的部分就是 cloud-controller-manager，cloud-controller-manager 可以和任何满足接口约束条件的云服务提供商的代码相结合，形成一个在外部独立运行的控制器。

访问下面的链接获取 cloud-controller-manager 更多详细信息。
https://kubernetes.io/docs/tasks/administer-cluster/running-cloud-controller/。

2．Node

Node（节点）接受 Control Plane 的管理，并负责本机 Pod 的启动和维护。Node 有四个重要的组件：kube-proxy、kubelet、容器运行环境和 Pod，具体说明如下。

（1）kube-proxy

kube-proxy 是 Node 的网络代理，它用来维护 Node 的网络规则，这些规则可以使得集群内外的网络会话同本 Node 的 Pod 进行通信。

kube-proxy 是一个独立的进程，在每个 Node 上查看 kube-proxy 的命令如下。

```
[user@node01 ~]$ ps -A | grep kube-proxy
 1873 ?        00:00:02 kube-proxy
```

kube-proxy 通常也会封装在容器中运行，并且以静态 Pod 注册到本机所在的 kubelet，这样，一旦 kubelet 监控到该 Pod 不可用，就会在本机再启动一个 Pod 来恢复 kube-proxy 的运行。

Node 节点的组件在 Master 节点上也会存在。

（2）kubelet

kubelet 是节点代理（Node Agent），kubelet 运行后，会注册到 Kubernetes 集群。在 Kubernetes 集群中所看到的各个节点，就是各个 kubelet 注册的结果。kubelet 接受 Control Plane 发送的指令，如启动 Pod，然后负责具体的执行。

（3）Container Runtime

Container Runtime 是容器运行时，它是负责运行容器的软件和库的集合。因为 Pod 是一组容器的集合，Pod 在 Node 上运行，因此 Node 上必须要部署容器运行时。Kubernetes 目前支持的容器运行时有 Docker、containerd 和 CRI-O 等，并且提供了一个统一的容器运行时接口（Kuernetes CRI）供其他容器运行环境接入。以 Docker 为例，如果选择 Docker 作为容器运行时，那么在每个 Node 节点上都要安装 Docker。

（4）Pod

严格意义上 Pod 并不是 Node 组件，它只是 Node 管理的对象。但是因为它的地位特殊，Node（甚至整个 Kubernetes 集群）都是围绕着 Pod 服务的，因此，在这里再强调一下。Pod 是一组相关容器的集合，这些容器共享 Pod 内部相同的网络和存储，容器间互相协作对外提供服务。kubelet 接收 Control Plane 的指令，来完成 Pod 的操作；而 Pod 中容器的操作，则是由 kubelet 发起，交由容器运行时环境具体完成的；此外，kube-proxy 还会设置相关的网络规则，以实现 Pod 同集群内外应用的网络通信；Pod 创建好后，kubelet 还会监控 Pod 状态，确保其正常运行。

3．插件（Addons）

Kubernetes 除了 Control Plane 和 Node 这两大组件之外，还有很多的插件用于 Kubernetes 集群功能的扩展。例如，DNS 插件可以为 Kubernetes 提供域名服务；Dashboard（用户界面）为 Kubernetes 提供集群的 Web UI 界面，从而实现图形化的集群管理；此外还有容器资源监控和集群日志等插件。这些插件也是基于 Kubernetes object（Deployment 等）来实现的，它们以集群方式运行，为 Kubernetes 提供服务。

参考下面的链接可获取插件的更多详细信息 https://kubernetes.io/docs/concepts/cluster-administration/addons/。

4．kubectl（客户端命令）

kubectl 是一个命令，是用户同 Kubernetes 集群交互的工具。用户要对 Kubernetes 做任何操作，获取任何信息，都通过 kubectl 来完成。后续会介绍 kubectl 的典型使用，更多详细的信息可以参考链接 https://kubernetes.io/docs/reference/kubectl/overview/。

6.1.4　Kubernetes 和 Docker

Kubernetes 和 Docker 之间的关系是错综复杂的，本书从纯技术的角度对 Kubernetes 和 Docker 两者的关系进行说明。

如图 6-5 所示，Docker 在 Kubernetes 中主要是用作 Node 节点上的容器运行时，kubelet 在 Node 节点上运行容器依赖于"容器运行时"，包括"高层容器运行时"和"低层容器运行时"，其中"高层容器运行时"主要有 3 种：Docker、containerd 和 CRI-O，直至 Kubernetes 1.20 版本，Docker 一直都是 Kubernetes 默认的"高层容器运行时"，其调用路线如图 6-5 中的黑线所示，kubelet 通过 gRPC 调用 CRI 接口，由于 Docker 中的 dockerd 不直接支持该调用，所以 Kubernetes 专门写了一个 dockershim 来适配 kubelet 和 Docker，dockershim 是一个 gRPC Server，它接收 kubelet 的 gRPC 调用请求，然后将调用的 CRI 接口功能转换成对 dockerd 的调用来实现相应的功能。

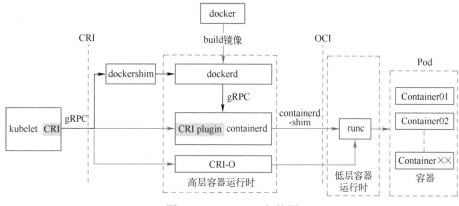

图 6-5　Kubernetes 架构图

2020 年 12 月 8 日，Kubernetes 发布 1.20 版本的同时，宣布后续的 Kubernetes 版本将会放弃 Docker 作为"高层容器运行时"，1.20 版本将会给出 Docker 的弃用警告，后续的版本（目前计划是 2021 年末的 1.22 版本）将会从 Kubernetes 中删除 Docker，并切换到其他的"高层容器运行时"之一，如 containerd 或 CRI-O。

如图 6-5 所示，这两种"高层容器运行时"和 Docker 相比，调用的路径更短，效率更高，而且在逻辑上更清晰，维护的成本也更低。并且由于 Docker 本身也是使用 containerd 作为"高层容器运行时"的，Kubernetes 弃用 Docker，只是弃用之前调用 dockerd 的路径，底层的实现还是用的 containerd。因此，对于 Kubernetes 的容器运行时来说，并没有本质的改变，稳定性也有保证。

对于今后新版本的 Kubernetes，在每个 Node 节点上将不再需要安装 Docker，这意味着 Node 节点更加清爽，维护成本更低。但这并不意味着 Kubernetes 和 Docker 彻底撇清关系了。因为 Kubernetes 底层的容器镜像规范（OCI Image spec）和运行时规范（OCI Runtime spec）都是以 Docker 作为主要参考对象制定的，而且 Docker 还捐赠了参考实现，因此，Docker 镜像天生就是符合 OCI 规范的。后续，即使新版本的 Kubernetes 不再支持 Docker，但已有的 Docker 镜像和后续使用 Docker build 的镜像依然是 Kubernetes 中的标准镜像，可以正常使用。

总之，Kubernetes 弃用 Docker 作为容器运行时，对于用户来说并不会有大的影响，用户依然可以用 Docker 来 build 镜像，用户已有的 Docker 知识包括容器镜像格式和容器运行时的知识，对于 Kubernetes 依然适用。

后续即便 Docker 公司在同 Google 公司的竞争中日渐式微，甚至 Docker 公司不复存在，但 Docker 技术作为一种颠覆式的 IT 技术，重新定义了"软件交付方式"，已经在 IT 技术史册上画上了浓墨淡彩的一笔。

6.2 基于 kubeadm 快速构建 Kubernetes 集群

Kubernetes 构建的方法有多种：使用二进制程序来构建 Kubernetes；使用 Kubernetes 的容器镜像来构建 Kubernetes；使用 Minikube 或 kubeadm 等工具来构建 Kubernetes。

其中 kubeadm 是 Kubernetes 的官方工具，它可以大幅简化 Kubernete 的构建工作，Kubernetes 中每个组件都被制作成了容器镜像，kubeadm 使用这些容器镜像实现 Kubernetes 的快速构建。因此，本书采用 kubeadm 来构建 Kubernetes。

6.2.1 Kubernetes 集群的规划

本书的 Kubernetes 集群配置如表 6-4 所示，由 master 和 node01 两个节点组成，这两个节点都由第 5 章所构建的虚拟机 D:\vm\node01 复制而来。

表 6-4　Kubernetes 集群配置表

节点名	硬件配置	IP 地址	安装软件及说明
master	2 核、2GB	192.168.0.226	管理节点，运行 Control Plane，该节点由 D:\vm\node01 复制而来
node01	2 核、2GB	192.168.0.227	Worker 节点，运行 Pod，该节点由虚拟机 master 复制而来

6.2.2 构建 Kubernetes 集群

本节将按照表 6-4 的配置来构建 Kubernetes 集群，具体步骤描述如下。

1. 准备 master 节点

准备 master 节点的步骤如下。

（1）复制虚拟机

复制 D:\vm\node01 到 D:\vm\master，复制后的目录如图 6-6 所示。

图 6-6　master 虚拟机目录图

（2）配置虚拟机

在 D:\vm\master 目录下打开虚拟机，将虚拟机名称命名为 master，并将 CPU 个数配置成 2（否则使用 kubeadm 初始化 Kubernetes 时，会报错"[ERROR NumCPU]: the number of available CPUs 1 is less than the required 2"），内存配置成 2GB，如图 6-7 所示。

（3）配置操作系统

启动虚拟机 master，启动时会弹出如图 6-8 所示的对话框，单击"I copied it"按钮，VMware 会为 master 的网卡生成新的 MAC 地址，否则 master 的 MAC 地址会和 D:\vm\node01 文件夹中的虚拟机 MAC 地址一样，从而造成冲突。

（4）删除已有网络

删除 Docker 中自定义的 bridge 网络，命令如下。

图 6-7　master 虚拟机硬件配置图

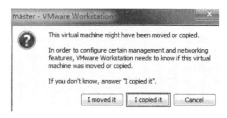
图 6-8　虚拟机复制对话框图

```
[user@master ~]$ docker network rm cluster_bridge
```

（5）修改主机名

虚拟机 master 启动后，进入操作系统，修改主机名为 master，命令如下。

```
[root@node01 user]# echo "master" > /etc/hostname
```

重启系统后，可以看到主机名已经修改成了 master。具体命令如下所示。

```
[root@master ~]#
```

2．准备 yum 安装源

采用 kubeadm 来构建 Kubernetes 集群时，需要先安装 kubeadm。kubeadm 可以通过 yum 来安装，因此，需要先配置 yum，具体步骤如下。

（1）编辑 yum 安装源文件

使用 vi 打开 yum 文件 CentOS-Kubernetes.repo，命令如下。

```
[root@master ~]# vi /etc/yum.repos.d/CentOS-Kubernetes.repo
```

在 CentOS-Kubernetes.repo 中输入以下内容，加入 Kubernetes 的安装源。

```
[kubernetes]
name=CentOS-$releasever - Kubernetes - Ali
baseurl=https://mirrors.aliyun.com/kubernetes/yum/repos/kubernetes-el7-x86_64/
enabled=1
gpgcheck=0
```

（2）重建 yum cache

重建 yum cache 的命令如下。

```
[root@master user]# mount /dev/sr0 /media/
[root@master yum.repos.d]# yum clean all
[root@master yum.repos.d]# yum makecache
```

（3）检查 kubeadm

运行以下命令，如果能看到 kubeadm.x86_64，则说明前面配置的安装源中包含 kubeadm。

```
[root@master user]# yum list kubeadm--showduplicates | grep 1.20.1-0
kubeadm.x86_64         1.20.1-0                                    kubernetes
```

3．安装 kubeadm

使用 yum 安装指定版本的 kubeadm 的命令如下所示。

```
[root@master yum.repos.d]# yum -y install kubelet-1.20.1-0 kubectl-1.20.1-0 kubeadm-1.20.1-0
```

上述命令运行后，如果能看到下面的输出，则说明 kubeadm 安装成功。

```
Installed:
conntrack-tools-1.4.4-10.el8.x86_64    cri-tools-1.13.0-0.x86_64    kubeadm-1.20.1-
0.x86_64
    kubectl-1.20.1-0.x86_64    kubelet-1.20.1-0.x86_64    kubernetes-cni-0.8.7-0.x86_64
    libnetfilter_cthelper-1.0.0-15.el8.x86_64 libnetfilter_cttimeout-1.0.0-11.el8.x86_64
    libnetfilter_queue-1.0.4-3.el8.x86_64    socat-1.7.3.3-2.el8.x86_64
```

可以看到，除了 kubeadm 外，它的依赖 kubectl 和 kubelet（也是 Kubernetes 组件）也一同安装了，其中 kubeadm、kubectl 和 kubelet 的版本号都为 1.20.1。

Kubernetes 对其组件 kubectl、apiserver 和 kubelet 等都有统一的版本编号，编号形式为 x.y.z，其中 x 是主版本，y 是次要版本，z 是补丁版本。

4. Kubernetes 集群的准备工作

（1）添加 Kubernetes 的主机名映射

使用 vi 打开 hosts 文件，命令如下。

```
[root@master yum.repos.d]# vi /etc/hosts
```

添加的映射信息如下所示。

```
192.168.0.226    master
192.168.0.227    node01
```

如果不添加上述映射信息的话，后续启动 kubeadm 时会有如下警告。

```
[WARNING Hostname]: hostname "node01" could not be reached
[WARNING Hostname]: hostname "node01": lookup node01 on 192.168.0.1:53: no such host
```

（2）关闭防火墙 firewalld

因为 Kubernetes 运行时，需要防火墙开放 6443 和 10250 端口，否则后续启动 kubeadm 时，会有如下警告。

```
[WARNING Firewalld]: firewalld is active, please ensure ports [6443 10250] are
open or your cluster may not function correctly
```

为了简单起见，在此直接关闭防火墙，并且禁止防火墙自启动，命令如下。

```
[root@master yum.repos.d]# systemctl stop firewalld
[root@master yum.repos.d]# systemctl disable firewalld
```

也可以参考 5.3.6 节中 firewall-cmd 来开放必要的端口，而不是整体关闭防火墙，这样安全性会更好。

（3）设置 iptables 转发规则

Kubernetes 运行时，需要配置 iptables 的转发（FORWARD）规则为 ACCEPT，否则，跨节点访问 Kubernetes 的 Pod 或服务时就不会成功。通常情况下，使用命令设置的 iptables 转发规则不会持久存储，一旦节点重启就需要重新运行命令来设置。因此需要把这个设置命令写入自启动服务中，具体步骤如下。

1）编辑自启动服务文件 k8s-init.service，命令如下。

```
[root@master user]# vi /usr/lib/systemd/system/k8s-init.service
```

2）输入以下内容，其中第 5 行为 k8s-init.service 服务启动时所执行的脚本，名字为 k8s-init.sh。

```
1 [Unit]
2 Description=Kubernetes Init Task
3 After=multi-user.target
4
5 [Service]
6 ExecStart=/usr/bin/k8s-init.sh
7
8 [Install]
9 WantedBy=multi-user.target
```

3）编辑 k8s-init.sh，命令如下。

```
[root@master user]# vi /usr/bin/k8s-init.sh
```

输入以下内容，其中第 3 行为 iptables 转发规则的设置命令。

```
1 #!/bin/bash
2
3 iptables -P FORWARD ACCEPT
```

4）给 k8s-init.sh 加上可执行权限，命令如下。

```
[root@master user]# chmod +x  /usr/bin/k8s-init.sh
```

5）将 k8s-init.service 设置为自启动，命令如下。

```
[root@master user]# systemctl enable k8s-init
```

6）启动 k8s-init.service，命令如下。

```
[root@master user]# systemctl start k8s-init
```

7）查看 k8s-init.service 的状态，命令如下。

```
[root@master user]# systemctl status k8s-init
```

系统显示以下信息，则说明 k8s-init.service 成功执行。

```
 Process: 11143 ExecStart=/usr/bin/k8s-init.sh (code=exited, status=0/SUCCESS)
Main PID: 11143 (code=exited, status=0/SUCCESS)
```

8）重启 master，命令如下。

```
[root@master user]# reboot
```

9）查看 iptables 的转发规则，命令如下。若显示（policy ACCEPT），则说明 iptables 的转发规则设置成功。

```
[root@master user]# iptables -L FORWARD
Chain FORWARD (policy ACCEPT)
```

（4）安装 tc

接下来还需要安装 tc，否则后续启动 kubeadm 时会有如下警告。

```
[WARNING FileExisting-tc]: tc not found in system path
```

挂载光驱，然后安装 tc，命令如下所示。

```
[root@master user]# mount /dev/sr0 /media/
[root@master yum.repos.d]# yum -y install tc
```

（5）设置 kubelet 自启动

接下来还需要设置 kubelet 自启动，否则后续启动 kubeadm 时会有如下警告。

```
[WARNING Service-Kubelet]: kubelet service is not enabled, please run 'systemctl enable kubelet.service'
```

设置 kubelet 自启动的命令如下。

```
[root@master yum.repos.d]# systemctl enable kubelet
```

（6）设置 Docker 的 cgroups 使用 systemd

Docker 默认采用 cgroupfs 作为 cgroup 驱动，但是，Kubernetes 建议使用 systemd 作为 cgroup 驱动，否则后续启动 kubeadm 时会有如下的警告。

```
[WARNING IsDockerSystemdCheck]: detected "cgroupfs" as the Docker cgroup driver. The recommended driver is "systemd". Please follow the guide at https://kubernetes.io/docs/setup/cri/
```

在此将 Docker 的 cgroup 驱动修改成 systemd。

1）首先编辑/etc/docker/daemon.json，输入以下内容。

```
{
  "exec-opts": ["native.cgroupdriver=systemd"],
  "log-driver": "json-file",
  "log-opts": {
    "max-size": "100m"
  },
  "storage-driver": "overlay2",
  "storage-opts": [
    "overlay2.override_kernel_check=true"
  ]
}
```

2）重新启动 Docker 服务并查看 Docker 信息，命令如下。如果能看到 Cgroup Driver 已经修改成了 systemd，则说明修改成功。

```
[root@master yum.repos.d]# systemctl restart docker
[root@master yum.repos.d]# docker info | grep systemd
 Cgroup Driver: system
```

有关 Docker 的设置，还可以参考以下链接 https://kubernetes.io/docs/setup/production-environment/container-runtimes/#docker。

（7）设置 Docker 加速

设置 Docker 加速，防止 Kubernetes 拉取镜像时无法获取国外 Registry 上的镜像而报错。

```
[root@master k8s]# vi /etc/docker/daemon.json
```

在 daemon.json 的第 10 行的 "]" 后面增加逗号（,），并增加第 11 行的内容，即阿里云的镜像 Registry，具体如下。

```
10    ],
11    "registry-mirrors": ["https://b9pcda2g.mirror.aliyuncs.com"]
12 }
```

重启 Docker 服务，命令如下。Docker 重启后，将重新加载 daemon.json 中的配置。

```
[root@master k8s]# systemctl restart docker
```

（8）禁止 master 上的 swap 分区

还需要禁止 master 上的 swap 分区，否则，后续启动 kubeadm 时会有如下报错。

```
[ERROR Swap]: running with swap on is not supported. Please disable swap
```

1）禁止 swap 分区的命令如下。

```
[root@master yum.repos.d]# swapoff -a
```

2）查看 swap 分区的命令如下，如果没有看到任何显示，则说明 swap 分区禁止成功。

```
[root@master yum.repos.d]# swapon
```

3）由于上述命令并不会永久禁止 swap 分区，master 重启后 swap 分区又会开启，因此需要编辑/etc/fstab 文件，来永久禁止 swap 分区。具体命令如下。

```
[root@master yum.repos.d]# vi /etc/fstab
```

4）在/etc/fstab 中使用#号注释掉以下的内容，从而禁止系统启动时自动加载 swap 分区。

```
#/dev/mapper/cl-swap      swap                   swap    defaults      0 0
```

5. 使用 kubeadm 初始化 Kubernetes 集群

初始化 Kubernetes 集群，命令如下。

```
[root@master yum.repos.d]#
kubeadm init --kubernetes-version=1.20.1 --image-repository registry.aliyuncs.com/
google_containers
  --pod-network-cidr=192.168.2.0/24 --service-cidr=10.96.0.0/12
```

上述命令参数说明如下。

1）--kubernetes-version=1.20.1 用来指定 Kubernetes 的版本，如果不指定，则运行上面的 init 命令时，会有下面的告警。

```
W0126 22:42:27.987984     7690 version.go:101] could not fetch a Kubernetes version
from the internet: unable to get URL "https://dl.k8s.io/release/stable-1.txt": Get
https://dl.k8s.io/release/stable-1.txt: net/http: request canceled while waiting for
connection (Client.Timeout exceeded while awaiting headers)
W0126 22:42:27.988448     7690 version.go:102] falling back to the local client
version: v1.20.1
```

2）--image-repository registry.aliyuncs.com/google_containers 用来指定国内的 Registry，默认的国外 Registry 连接慢，有时连接不上。

3）--pod-network-cidr=192.168.2.0/24 用来指定 Pod 所在的子网，Kubernetes 中新建的 Pod 的 IP 地址都会在此网段。

4）--service-cidr=10.96.0.0/12 用来指定 Service 虚拟 IP 地址的子网，Kubernetes 中新建的 Service 的虚拟 IP 地址都会在此网段。如果不指定--service-cidr，则 proxy 启动时会报找不到配置的 WARN。

上述命令执行后，如果系统输出以下内容，则说明 Control Plane 初始化成功。

```
Your Kubernetes control-plane has initialized successfully!
```

kubeadm 会启动若干 Pod，如图 6-9 所示。其中 coredns 开头的 Pod 有两个，它们目前为

Pending 状态，待后续为 Kubernetes 创建 Pod 网络后，它们的状态就会变成 Running；etcd-master、kube-apiserver-master、kube-controller-manager-master 和 kube-scheduler-master 这四个 Pod 是 Control Plane 的四个组件的 Pod；kube-proxy-ntvj5 是 kube-proxy 的 Pod，它用于外部对本节点的 Kubernetes 组件的访问。

图 6-9　Pod 信息图

图 6-9 中每个状态为 Running 的 Pod 包含两个容器，可以使用下面的命令来查看这些容器的名称和程序。

```
[user@master ~]$ docker ps --format "table {{.Names}}\t{{.Command}}"
```

上述命令执行后，显示的容器名称和程序如图 6-10 所示。

图 6-10　容器信息图

以 kube-scheduler-master 为例，该 Pod 的容器说明如下。

- k8s_kube-scheduler_kube-scheduler-master_kube-system_5fd6ddfbc568223e0845f80bd6fd6a1a_9（简称 k8s_kube-scheduler），用于运行 kube-scheduler 二进制程序。
- k8s_POD_kube-scheduler-master_kube-system_5fd6ddfbc568223e0845f80bd6fd6a1a_9（简称 k8s_POD_kube-scheduler-master），用于运行 pause 程序，称之为 pause 容器，pause 容器是该 Pod 中所有容器的"父容器"，它有两大功能：首先，它是该 Pod 中 Linux namespace 共享的基础；其次，在启用了 PID（进程 ID）namespace 共享的情况下，它充当每个 Pod 的第一个进程（PID=1），并用于捕获僵尸进程。

kubeadm 从 Registry 拉取的容器镜像，如图 6-11 所示。

图 6-11　镜像信息图

6．Kubernetes 集群连接准备

Kubernetes 集群初始化后，可以使用 kubectl 命令连接到 Kubernetes 集群，在连接之前需要按照 kubeadm 初始化成功后的提示执行以下操作，否则，kubectl 无法找到正确的配置，也就不能连接到 Kubernetes 集群。

```
[user@master ~]$ mkdir .kube
```

```
[root@master user]# cp /etc/kubernetes/admin.conf /home/user/.kube/config
[root@master user]# chown user:user /home/user/.kube/config
```

7. 创建 Kubernetes 集群的 Pod 网络

按照 kubeadm 初始化成功后的提示（如下所示）还要为 Kubernetes 部署 Pod 所使用的网络。

```
You should now deploy a pod network to the cluster.
Run "kubectl apply -f [podnetwork].yaml" with one of the options listed at:
  https://kubernetes.io/docs/concepts/cluster-administration/addons/
```

在 https://kubernetes.io/docs/concepts/cluster-administration/addons/的 Networking and Network Policy 选项下，有各类 Kubernetes 网络及网络策略，如图 6-12 所示。

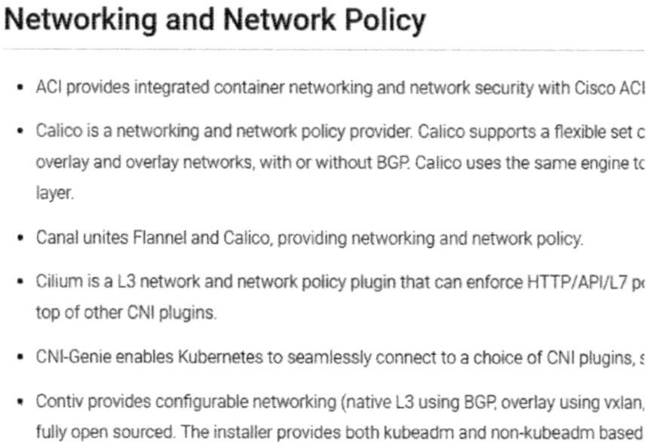

Networking and Network Policy

- ACI provides integrated container networking and network security with Cisco ACI
- Calico is a networking and network policy provider. Calico supports a flexible set c overlay and overlay networks, with or without BGP. Calico uses the same engine tc layer.
- Canal unites Flannel and Calico, providing networking and network policy.
- Cilium is a L3 network and network policy plugin that can enforce HTTP/API/L7 pc top of other CNI plugins.
- CNI-Genie enables Kubernetes to seamlessly connect to a choice of CNI plugins, s
- Contiv provides configurable networking (native L3 using BGP, overlay using vxlan, fully open sourced. The installer provides both kubeadm and non-kubeadm based

图 6-12　Kubernetes 网络及策略列表图

本书选择 Calico，Calico 既提供 Pod 网络，又提供网络策略，功能强大且配置简单灵活，是 Kubernetes 实际应用中的经典网络之一，具体部署步骤如下。

1）下载 calico 的 YAML 文件，命令如下。

```
[user@master ~]$ mkdir k8s
[user@master ~]$ cd k8s
[user@master k8s]$ ls
[user@master k8s]$ mkdir calio
[user@master k8s]$ cd calio/
[user@master calio]$ wget https://docs.projectcalico.org/v3.11/manifests/calico.yaml
```

2）将 calico.yaml 中的 CIDR 修改成 192.168.2.0/24，命令如下。

```
[user@master calio]$ sed -i -e "s?192.168.0.0/16?192.168.2.0/24?g" calico.yaml
```

3）创建 calico 网络，命令如下。

```
[user@master calio]$ kubectl apply -f calico.yaml
```

后续如果要修改网络配置，可以使用下面的命令先删除 calico 网络，再重新创建。

[user@master calio]$ kubectl delete -f calico.yaml

4）查看 calico 的 Pod 信息，命令如下。

```
[user@master calio]$ kubectl get pod --all-namespaces -o wide
```

如图 6-13 所示，Pod calico-kube-controllers 分配的 IP 地址是 192.168.2.3，正是 calico.yaml

文件中所配置的子网内的 IP 地址，此外之前状态为 Pending 的两个 coredns Pod，现在的状态也变成了 Running。

```
NAMESPACE     NAME                                        READY  STATUS    RESTARTS  AGE    IP
kube-system   calico-kube-controllers-5b644bc49c-ds8kh    0/1    Running   0         114s   192.168.2.3
kube-system   calico-node-pqclt                           1/1    Running   0         114s   192.168.0.226
kube-system   coredns-9d85f5447-rxhb9                     1/1    Running   0         2d22h  192.168.2.1
kube-system   coredns-9d85f5447-s7k4n                     1/1    Running   0         2d22h  192.168.2.2
```

图 6-13　calico 网络 Pod 列表图

8．准备 node01

至此已经完成了 Control Plane 的构建，接下来准备新的虚拟机节点 node01，以此作为 Kubernetes 集群的一个 Node，具体操作步骤说明如下。

（1）准备虚拟机

1）关闭 master 虚拟机，命令如下。

```
[root@master calio]# shutdown -h now
```

2）复制 D:\vm\master 到 D:\vm\node01，打开 node01 目录下的虚拟机，将虚拟机名字修改为 node01，如图 6-14 所示。

复制 master 虚拟机时，一定要确保 master 虚拟机是关闭的。

3）虚拟机上电，在弹出的对话框中单击 I copied it 按钮，如图 6-15 所示。

图 6-14　node01 虚拟机图

图 6-15　node01 虚拟机复制对话框图

（2）修改操作系统配置

1）登录 node01，修改主机名，命令如下。

```
[root@master user]# echo "node01" > /etc/hostname
```

2）编辑 ifcfg-ens33 文件，命令如下。

```
[root@master user]# vi /etc/sysconfig/network-scripts/ifcfg-ens33
```

3）修改 IP 地址如下。

```
IPADDR=192.168.0.227
```

4）运行下面的命令，使得网络配置生效。

```
[root@master user]# nmcli c reload
[root@master user]# nmcli c up ens33
```

（3）重启操作系统

在 master 上重启操作系统的命令如下。

```
[root@master user]# reboot
```

如果系统显示节点 hostname 为 node01，则说明上述修改成功。

```
[user@node01 ~]$
```

9．启动 master

由于 master 节点之前在用于复制虚拟机时是断电关闭的，现在给虚拟机 master 上电，来运行 Kubernetes 集群的 Control plane。master 启动后，Kubelet 服务会自动启动，并启动相应的 Pod 和容器，之前的 Pod 网络也会自动初始化，如图 6-16 所示。因此，master 重启是不需要再次运行 kubeadm init 初始化的。

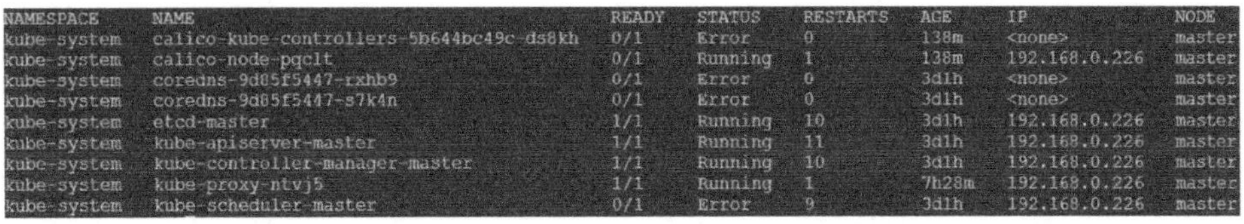

图 6-16　master 节点 Pod 信息图

10．将 node01 加入到 Kubernetes 集群

node01 要加入 Kubernetes，必须获得该 Kubernetes 的 token（令牌），该 token 在 kubeadm init 时会打印在屏幕上，而且该 token 的默认有效期是 24 小时，如果当时没有记下来，或者已经超时，则可以使用下面的命令来获取 token。

```
[user@master ~]$ kubeadm token create --print-join-command
```

上面命令运行后，会输出 token 信息，node 加入 Kubernetes 的命令如下，注意替换 token。

```
kubeadm join 192.168.0.226:6443  --token chp6vb.la390as11km7dwat  --discovery-
token-ca-cert-hash
    sha256:6413f93c34e78d33776aee5b5568622d310ad53f9277d98ebe7ae20e8fa99329
```

接下来将 node01 加入到 Kubernetes 集群，步骤如下。

（1）reset node01

运行上面的加入命令之前，先要对 node01 进行 reset，这是因为 node01 是从 master 复制过来的，已经有 Kubernetes 集群的相关配置，但那些配置是用作 Control Plane 的，而现在 node01 的角色是 Node，因此，要先重置这些设置。具体命令如下，运行此命令时，master 必须已经启动，Kubernetes 集群已经运行。

```
[root@node01 user]# kubeadm reset
```

reset 命令必须在 root 用户下执行，根据提示选择 y 即可。

（2）将 node01 加入到 Kubernetes 集群

1）根据 token 时的提示信息，运行下面的命令。

```
[root@node01 user]#
kubeadm join 192.168.0.226:6443  --token chp6vb.la390as11km7dwat  --discovery-
token-ca-cert-hash
    sha256:6413f93c34e78d33776aee5b5568622d310ad53f9277d98ebe7ae20e8fa99329
```

2）如果系统输出以下信息，则说明 node01 已经加入到 Kubernetes 集群了。

```
This node has joined the cluster:
```

3）也可以在 master 上运行下面的命令，查看 Kubernetes 集群中 Node 的情况。

```
[user@master ~]$ kubectl get node
```

4）如果系统输出如下 node01 的相关信息，如图 6-17 所示，则说明 node01 已经成功加入
Kubernetes 集群。

```
NAME      STATUS    ROLES                  AGE      VERSION
master    Ready     control-plane,master   65m      v1.20.1
node01    Ready     <none>                 4m36s    v1.20.1
```

图 6-17　Kubernetes node 信息图

至此已经成功构建了有 1 个 Node 的 Kubernetes 集群。

任务：后续的实验环境还需要添加多个 Node，请参照上面添加 node01 的方法添加两个
Node，分别是 node02 和 node03。

11．查看 node01 上运行的 Pod 和 Service

node01 运行后，查看在该 Node 上运行的 Pod，命令如下。

```
[user@master ~]$ kubectl get pod --all-namespaces -o wide | grep node01
```

在 node01 上运行 Pod，如图 6-18 所示，即两个 calico 网络相关的 Pod 和一个 kube-proxy 的 Pod。

```
kube-system   calico-kube-controllers-6b8f6f78dc-rrn8d   1/1   Running   0   14m    192.168.2.128   node01
kube-system   calico-node-xfncj                          0/1   Running   0   90s    192.168.0.227   node01
kube-system   kube-proxy-g5zdv                           1/1   Running   0   53m    192.168.0.227   node01
```

图 6-18　node01 Pod 信息图

此外，在 node01 上还运行着 kubelet 服务，如下所示。

```
[user@node01 ~]$ systemctl status kubelet
● kubelet.service - kubelet: The Kubernetes Node Agent
   Loaded: loaded (/usr/lib/systemd/system/kubelet.service; enabled; vendor preset:
disabled)
  Drop-In: /usr/lib/systemd/system/kubelet.service.d
           └─10-kubeadm.conf
   Active: active (running) since Tue 2020-03-10 12:10:35 EDT; 13min ago
```

12．修改 kube-proxy 的 proxy mode

Kubernetes 集群的 kube-proxy 支持 iptables 和 ipvs 两种 mode，来实现 Pod 同集群内外的应
用进行网络通信。其中 ipvs mode 的通信效率更高，又由于特定版本的 Kubernetes（如 v 1.17）中
iptables mode 所设置的 iptables 规则造成 Pod 无法同 Kubernetes Service（10.96.0.1:443）进行网络
通信，从而导致 calico 的 calico-kube-controllers 不能在 Node 上运行，其容器日志报错如下。

```
 2020-02-22  08:52:01.751  [ERROR][1]  client.go  255:  Error  getting  cluster
information config ClusterInformation="default" error=Get https://10.96.0.1:443/apis/crd.
projectcalico.org/v1/clusterinformations/default: context deadline exceeded
 2020-02-22  08:52:01.751  [FATAL][1]  main.go  114:  Failed  to  initialize  Calico
datastore error=Get https://10.96.0.1:443/apis/crd.projectcalico.org/v1/clusterinformations/
default: context deadline exceeded
```

基于上述原因，本书此处将 kube-proxy 默认的 proxy mode 修改成 ipvs proxy mode，具体步
骤如下。

（1）编辑 kube-proxy 的配置

编辑 kube-proxy 的配置命令如下，其中 kubectl edit 是编辑命令；cm 是 configmaps 的缩写，
它表示 Kubernetes 集群中配置的 Resource，cm kube-proxy 则表示 kube-proxy 配置的 Resource；-n

kubc-system 指定操作 kube-system namespace 中的 Resource。

```
[user@master pod]$ kubectl edit cm kube-proxy -n kube-system
```

上述命令执行后，系统会打印 kube-proxy 的配置，在配置中搜索 mode，如下所示。

```
39    mode: ""
```

然后修改 mode 的值为 ipvs，如下所示，保存退出。

```
39    #mode: ""
40    mode: "ipvs"
```

（2）删除 Kubernetes 中已有的 kube-proxy Pod。

```
[user@master ~]$ kubectl delete pod kube-proxy-ntvj5 -n kube-system
[user@master ~]$ kubectl delete pod kube-proxy-zk4rr -n kube-system
```

（3）查看新启动的 kube-proxy Pod 信息

master 和 node01 上的 kubelet 发现 kube-proxy 被删除后，会启动新的 kube-proxy Pod，并加载新的配置。以 master 节点为例，可以使用下面的命令来查看 kube-proxy Pod 信息，其中，kube-proxy-47dzt 是新启动的 kube-proxy 的 Pod 名字。

```
[user@master ~]$ kubectl logs kube-proxy-47dzt -n kube-system | grep ipvs
```

上述命令执行后，如果系统输出如下信息，则说明 ipvs mode 设置成功。

```
I1221 05:35:29.988729       1 server_others.go:258] Using ipvs Proxier
```

13．创建 Pod

接下来创建一个简单的 Pod 来测试 Kubernetes 集群的基本功能。该 Pod 包含一个 nginx 容器，具体创建命令如下，其中 kubectl create deployment 表示创建一个 Deployment，通过 Deployment 来创建 Pod；nginx 是 Deploy 的名字；--image=nginx 指定 Pod 中容器镜像的名字为 nginx。

```
[user@master ~]$ kubectl create deployment nginx --image=nginx
```

上述命令会创建一个名字为 nginx 的 Deployment，如下所示。

```
[user@master ~]$ kubectl get deploy
NAME    READY   UP-TO-DATE   AVAILABLE   AGE
nginx   0/1     1            0           31s
```

上述命令还会创建以 nginx 开头的 Pod（如图 6-19 所示），该 Pod 位于 node01 之上，其 Pod IP 为 192.168.2.129。

图 6-19　nginx Pod 信息图

在 master 上用 curl 命令来模拟访问 Pod，命令如下。

```
[user@master ~]$ curl 192.168.2.129
```

如果系统输出如下所示的"Welcome to nginx!"，则说明 Pod nginx 运行成功。

```
<h1>Welcome to nginx!</h1>
```

14. 总结

至此 Kubernetes 集群构建完成，它由一个 Control Plane 节点（master）和一个 Node 节点（node01）组成。在构建顺序上，先在 master 节点上安装 kubeadm；然后由 kubeadm 来初始化 Kubernetes 集群；然后再复制 master 节点为 node01 节点，对 node01 节点配置后，使用 kubeadm 将 node01 加入到 Kubernetes 集群；最后创建一个包含 nginx 服务器的 Deployment 来验证 Kubernetes 是否正常工作。上述构建步骤涉及诸多 Linux 操作，容易出错，其中即时验证是降低出错概率的好方法。

6.3 Kubernetes 的基础操作

本节介绍 Kubrnetes 的基础操作，包括 YAML 的使用步骤和基本语法、Pod 的基本操作、RC/RS 的基本操作、Deployment 典型应用和 Service 典型应用。这些都是 Kubernetes 使用最频繁的基础操作。

6.3.1 使用 YAML 创建 Kubernetes resource

YAML 在 Kubernetes 中十分重要，在 Kubernetes 中创建 resource 最常用的方式就是将 resource 的定义（配置）写入 YAML 文件，然后通过该文件来创建 resource。因此，不管是自己创建 resource 还是看其他的 YAML 文件，都需要掌握 YAML 文件的用法。

YAML 是 YAML Ain't a Markup Language（YAML 不是一种标记语言）的缩写。YAML 是一种数据序列化标准，它可以用于所有的编程语言，其特点是人性化，易读好懂。

序列化：将内存中的对象数据，按照一定的标准（YAML 就是其中的一种标准，JSON 也是其中的一种标准）转换成可以传输或存储的数据。

反序列化：程序根据序列化标准，解析序列化数据，在内存中恢复出该对象的过程。

1. YAML 使用步骤

使用 YAML 文件创建 resource 的步骤如下。

1）使用 kubectl explain XXX 获得指定 resource 的 Object 信息。

2）将 Object 信息按照 YAML 的标准写入 YAML 文件。

3）运行 kubectl 命令读取 YAML 文件来创建 resource。

4）kubectl 将 YAML 文件中的数据转换为 JSON 格式的数据，并组成 HTTP 请求，发送给 Kubernetes。

5）Kubernetes 响应请求创建 resource，并返回创建结果。

对于用户来说，最重要的就是将 resource 的 Object 信息按照 YAML 的标准写入文件。

2. YAML 描述示例

假设一个顾客（resource）Object 的数据包括两个成员：第一个成员是 string 类型，Key 为 name，Value 值是张三；第二个成员是 Object，Key 是 contact，Value 有 3 个成员，其中第一个成员的 Key 是 address，Value 值是"江苏省南京市"，第二个成员的 Key 是 telephone，Value 是数组，包含一个值 025-xxxxx，第三个成员的 Key 是 mobilephone，Value 是数组，包含两个值，分别是 138xxxxxx 和 159xxxxxx。将上述 Object 写入 YMAL 文件，内容如图 6-20 所示。上述 Object 也可以转换成 JSON 格式，内容如图 6-21 所示。

```
1 name: 张三
2 contact:
3   address: 江苏省南京市
4   telephone:
5     - 025-xxxxx
6   mobilephone:
7     - 138xxxxxx
8     - 159xxxxxx
```

```
{ name: '张三',
  contact:
  { address: '江苏省南京市',
    telephone: [ '025-xxxxx' ],
    mobilephone: [ '138xxxxxx', '159xxxxxx' ] } }
```

图 6-20　顾客 Object 的 YAML 描述图　　　　图 6-21　顾客 Object 的 JSON 描述图

同一个 resource 的 Object 数据，既可以用 YAML 描述，也可以用 JSON 描述，YAML 和 JSON 可以互相转换。

3．YAML 基本语法

下面介绍使用 YAML 描述 Object 的基本语法。

（1）基本数据类型成员的表示

如图 6-20 第 1 行所示，name 是 Key 在左边，中间使用冒号（:）分隔，张三是 Value，在右边。要特别注意 ":" 的右边一定要有空格，个数不限，但一定要有。

（2）Object 成员的描述

如图 6-20 第 2～8 行所示，contact 是 Key 在左边，中间使用冒号（:）分隔，":" 的右侧不能有数据，必须换行列出 Value 的各项成员，包括 address、telephone 和 mobilephone。要特别注意以下几点。

- address 的首字母 a，必须和 Key（contact）有缩进，而且必须用空格来缩进，不能用 Tab 键，通常是缩进两个空格，但具体的空格数没有限制，如果不缩进的话，address 就会被解析成和 contact 平级的成员。
- telephone 的首字母 t 必须和 address 的 a 对齐，以此表示它们是同级的成员。

（3）数组成员的描述

如图 6-20 的 4～5 或 6～8 行所示，mobilephone 是数组名，也是 Key，位置在左边，后面跟 ":" 做分隔，":" 的右侧不能有数据，必须换行列出 Value 中各个元素，要特别注意以下几点。

- 数组元素以 "-" 作为开头，"-" 不能超出 Key（mobilephone）的位置，可以和 Key（mobilephone）对齐，也可以缩进，建议是缩进两个空格。
- "-" 后面要有空格，否则 Value 就是对象类型，而不是数组类型了。
- 数组内的元素的 "-" 一定要对齐，就如 "- 138xxxxxx" 和 "- 159xxxxxx" 的 "-" 一定要对齐，否则会报错。

（4）对象成员的命名

同一级的对象成员不能同名，如图 6-22 所示的写法就会报错。

```
1 name: 张三
2 name: 李四
```
图 6-22　同组对象成员同名示例图

（5）YAML 使用 "#" 作为注释符号

（6）YAML 文件通常以 yml 作为文件后缀

小窍门：http://nodeca.github.io/js-yaml/是一个在线将 YAML 转 JSON 的网站，可以输入 YAML 格式的描述，如果能够顺利转换成 JSON 且逻辑正确的话，则说明编写的 YAML 文件正确。

4．YAML 描述 resource

如下所示就是使用 YAML 文件描述的一个 Pod Object。

```
apiVersion: v1
kind: Pod
metadata:
  name: mypod

spec:
  containers:
    - name: myfrontend
      image: nginx
```

上述 Pod Object 的 YAML 文件说明如下。

1）第 1 个成员的 Key 是 apiVersion，Value 值是 v1。v1 是 API version，是稳定版，core 是 API Group，core 默认不写入，因此最终的 apiVersion 就是 v1。

2）第 2 个成员 Key 是 kind，值是 Pod。

3）第 3 个成员类型是 Object，它的 Key 是 metadata，Value 有 1 个成员，成员的 Key 是 name，值是 mypod，它将作为 Pod 的标识。

4）第 4 个成员也是一个对象，Key 是 spec，有 1 个成员 containers，containers 是一个 Object 数组，数组中有 1 个元素，该元素有两个成员，第一个成员的 Key 是 name，Value 值是 myfrontend，第二个成员的 Key 是 image，Value 值是 nginx。表明该 Pod 只有 1 个容器，容器的名字为 myfrontend，镜像的名字为 nginx。

如果要自己来填写 YAML 文件，那么上述 YAML 中各个成员的值是从哪获取的呢？说明如下。

1）apiVersion 和 kind 值，是通过运行 kubectl explain Pod 查询得到的。

2）metadata 和 spec 的详细结构，可以运行 kubectl explain Pod　--recursive=true 来查询，但是每个成员的值是需要用户填入的，因为这个属于配置信息，没有固定的值供选择。

3）使用命令 kubectl api-resources 查询当前 Kubernetes 所支持的 resource。

4）使用命令 kubectl api-versions 查询当前 Kubernetes 所支持的 API 版本，其版本的具体形式是 GROUP/VERSION。

6.3.2　Pod 典型使用

本节以示例的形式来介绍 Pod 的典型使用。

1．创建 Pod

Pod 有 3 种创建方式：命令、YAML 文件、JSON 文件，具体示例如下。

（1）使用命令创建 Pod

1）使用 kubectl run 创建指定的 Pod，如下所示。

```
[user@master nginx]$ kubectl run --generator=run-pod/v1 mynginx  --image=nginx
```

上述命令参数说明如下。

- --generator=run-pod/v1 用来指定 API generator 的名字为 run-pod/v1。
- mynginx 为 Pod 标识。
- --image=nginx 用来指定 Pod 中容器的镜像名字为 nginx。

2）查看 Pod 信息的命令如下。

```
[user@master nginx]$ kubectl get pod
```

系统会打印新创建的 Pod，内容如下所示。

```
NAME        READY      STATUS      RESTARTS    AGE
mynginx     1/1        Running     0           7s
```

因为 Pod 是 Kubernetes object，因此，一旦 Pod 创建后，即使 Kubernetes 崩溃，当其重新恢复运行后，Kubernetes 依然会根据之前 Pod 的配置信息创建 Pod。

3）来删除 Pod 的命令如下所示。

```
[user@master ~]$ kubectl delete pod mynginx
```

上述命令的参数说明如下。

- delete 是选项，表示删除动作。
- pod 表示删除的 resource 类型。
- mynginx 是要删除的 resource 标识。

（2）使用 YAML 创建 Pod

首先将 Pod Object 信息写入 YAML，步骤如下。

1）编辑 pod.yml 文件的命令如下所示。

```
[user@master k8s]$ mkdir pod
[user@master k8s]$ cd pod
[user@master pod]$ vi pod.yml
```

2）在 pod.yml 中输入以下内容。

```
apiVersion: v1
kind: Pod
metadata:
  name: mynginx

spec:
  containers:
    - name: nginx-container
      image: nginx
```

上述 Pod Object 的 YAML 文件说明如下。

- 第一个成员是 apiVersion，值是 v1。
- 第二个成员是 kind，值是 Pod。
- 第三个成员 metadata 是一个 Object，用来指定 Pod 的标识，它有一个成员 name，其值是 mynginx。
- 第四个成员 spec 是一个 Object，用来指定 Pod 中的容器信息，它有一个成员 containers，因为 Pod 可以运行多个容器，所以 containers 是一个数组，数组中的每个元素就是一个容器的信息，目前 container 数组中只有 1 个元素，说明该 Pod 只运行一个容器，该元素有两个成员，name 用来指定容器的名字，image 用来指定容器的镜像名。特别注意：image 的首字母一定要和 name 的首字母上下对齐。

上述 YAML 内容是创建一个 Pod 的最简模板，每一项都是必填项，缺少任何一项，创建 Pod 就会失败。如果要指定 Pod 更多的特性，可以使用 kubectl explain pod --recursive=true 获取 Pod Object 的完整信息。

3）创建 Pod

创建 Pod 的命令如下，其中 apply 是选项，指定使用配置文件来创建 resource；-f 后面跟配置文件名；pod.yml 是 Pod 的 YAML 配置文件名。

```
[user@master pod]$ kubectl apply -f pod.yml
```

如果系统打印如下信息，则说明 Pod 创建成功。

```
pod/mynginx created
```

（3）使用 JSON 创建 Pod

将 Pod Object 信息写入 JSON 文件的步骤如下。

1）编辑 pod.json 文件，命令如下。

```
[user@master pod]$ vi pod.json
```

2）在 pod.json 中输入以下内容。

```
{ "apiVersion": "v1",
  "kind": "Pod",
  "metadata": { "name": "mynginx" },
  "spec": { "containers": [ { "name": "myfrontend", "image": "nginx" } ] } }
```

上述内容由在 http://nodeca.github.io/js-yaml/中输入的 pod.yml 内容转换而来，转换后的内容如下所示。注意要给以下内容的每个 Key 和 Value 加上双引号，才能转换成 kubectl 所能解析的 JSON 格式。

```
{ apiVersion: 'v1',
  kind: 'Pod',
  metadata: { name: 'mynginx ' },
  spec: { containers: [ { name: 'myfrontend', image: 'nginx' } ] } }
```

3）创建 Pod。因为 Pod 不能重名，因此需要先删除前面创建的 Pod，命令如下。

```
[user@master pod]$ kubectl delete pod mynginx
```

创建 Pod 的命令如下，其中 apply 是选项，指定使用配置文件来创建 resource；-f 后面跟配置文件名；pod.json 是 Pod 的 JSON 配置文件名。

```
[user@master pod]$ kubectl apply -f pod.json
```

如果系统输出以下信息，则说明 Pod 创建成功。

```
pod/mynginx created
```

2．查看 Pod 信息

（1）查看指定 Pod 的信息

使用下面的命令来查看指定 Pod 信息。

```
[user@master pod]$ kubectl describe pod mynginx
```

上述命令的部分输出信息如图 6-23 所示，除了创建 Pod 时设置的 Pod Name 为 mynginx，容器名字为 nginx-container，容器 Image 为 nginx 等配置信息外，系统还输出了 Pod 的状态（Status）是 Running，容器的状态（State）是 Running 等，这些信息都是 Pod 创建后，由 Kubernetes 所填入和更新的。

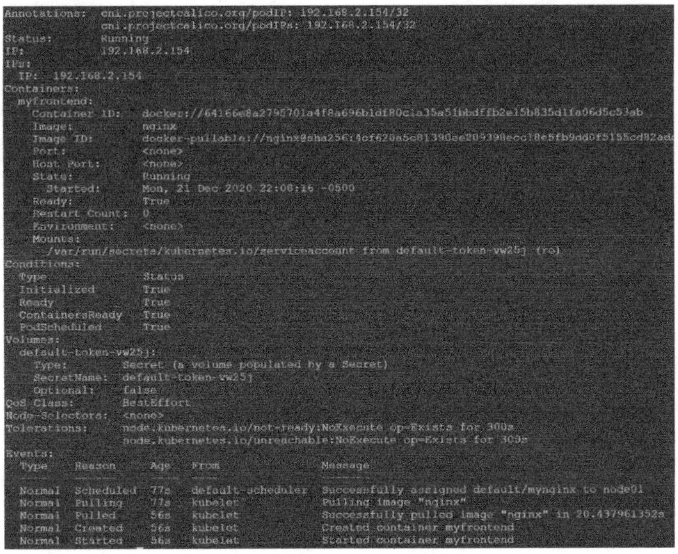

```
Annotations:  cni.projectcalico.org/podIP: 192.168.2.154/32
              cni.projectcalico.org/podIPs: 192.168.2.154/32
Status:       Running
IP:           192.168.2.154
IPs:
  IP:  192.168.2.154
Containers:
  myfrontend:
    Container ID:   docker://64166e8a2795701a4f8a696b1df80c1a35a51bbdffb2e15b835d1fa06d5c53ab
    Image:          nginx
    Image ID:       docker-pullable://nginx@sha256:4cf620a5c81390ee209398ecc18e5fb9dd0f5155cd82ad
    Port:           <none>
    Host Port:      <none>
    State:          Running
      Started:      Mon, 21 Dec 2020 22:08:16 -0500
    Ready:          True
    Restart Count:  0
    Environment:    <none>
    Mounts:
      /var/run/secrets/kubernetes.io/serviceaccount from default-token-vw25j (ro)
Conditions:
  Type              Status
  Initialized       True
  Ready             True
  ContainersReady   True
  PodScheduled      True
Volumes:
  default-token-vw25j:
    Type:        Secret (a volume populated by a Secret)
    SecretName:  default-token-vw25j
    Optional:    false
QoS Class:       BestEffort
Node-Selectors:  <none>
Tolerations:     node.kubernetes.io/not-ready:NoExecute op=Exists for 300s
                 node.kubernetes.io/unreachable:NoExecute op=Exists for 300s
Events:
  Type    Reason     Age  From               Message
  ----    ------     ---  ----               -------
  Normal  Scheduled  77s  default-scheduler  Successfully assigned default/mynginx to node01
  Normal  Pulling    77s  kubelet            Pulling image "nginx"
  Normal  Pulled     56s  kubelet            Successfully pulled image "nginx" in 20.437961352s
  Normal  Created    56s  kubelet            Created container myfrontend
  Normal  Started    56s  kubelet            Started container myfrontend
```

图 6-23　mynginx Pod 信息图

（2）查看所有 Pod 的情况

可以使用下面的命令来获取 Kubernetes 中 Pod 的所有信息。

```
[user@master pod]$ kubectl get pod -o wide
```

上述命令的输出如图 6-24 所示，总共有 9 列，说明如下。

1）第 1 列 NAME，表示 Pod 的名字。

2）第 2 列 READY，表示 Pod 的状态，它由两个数字组成，如 0/1，其中第一个数字 0 表示运行的 Pod 个数为 0，它表示 Pod 的运行状态，数字 1 表示用户期望运行的 Pod 个数是 1，它是由用户在创建或者更新 Pod 时所写入配置文件的值。

3）第 3 列 STATUS，表示当前 Pod 的状态（阶段），Running 表示 Pod 正在运行，如果不是正常运行，则会给出原因，如 ImagePullBackOff 表示拉取镜像失败。

4）第 4 列 RESTARTS，表示重启 Pod 的次数。

5）第 5 列 AGE，表示该 Pod 的年龄。

6）第 6 列 IP，表示 Pod 的 IP 地址。

7）第 7 列 NODE，表示 Pod 所在的节点。

8）第 8 列 NOMINATED NODE，表示该节点上发生了抢占，为该 Pod 的运行预留了所需资源，并期望 Kubernetes 调度器将该 Pod 调度到该节点上运行。

9）第 9 列 READINESS GATES 用于评估 Pod 准备状态的附加条件，包括两个数字，如 2/3，其中第一个数字（2）表示满足附加条件的个数，第二个数字（3）表示所有附加条件的个数。

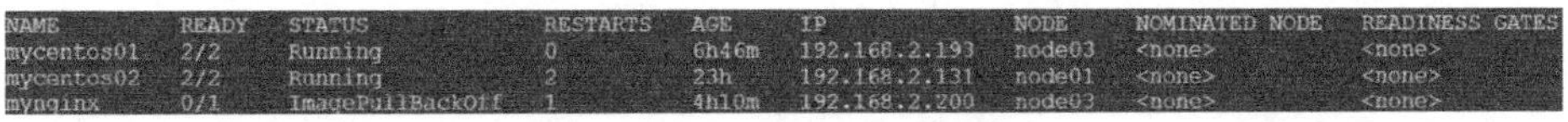

```
NAME         READY  STATUS            RESTARTS  AGE    IP             NODE    NOMINATED NODE  READINESS GATES
mycentos01   2/2    Running           0         6h46m  192.168.2.193  node03  <none>          <none>
mycentos02   2/2    Running           2         23h    192.168.2.131  node01  <none>          <none>
mynginx      0/1    ImagePullBackOff  1         4h10m  192.168.2.200  node03  <none>          <none>
```

图 6-24　Pod 全部信息图

如果要列出所有 Namespace 的 Pod，可以加上以下参数。

```
[user@master pod]$ kubectl get pod --all-namespaces -o wide
```

上述命令的输出如图 6-25 所示。

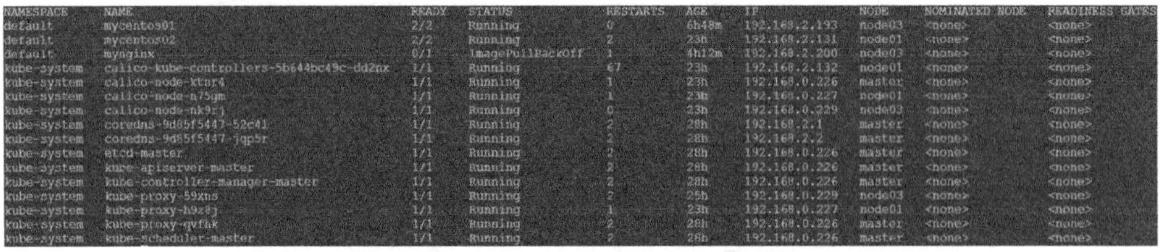

NAMESPACE	NAME	READY	STATUS	RESTARTS	AGE	IP	NODE	NOMINATED NODE	READINESS GATES
default	mycentos01	2/2	Running	0	6h48m	192.168.2.193	node03	<none>	<none>
default	mycentos02	2/2	Running	2	23h	192.168.2.131	node01	<none>	<none>
default	mynginx	0/1	ImagePullBackOff	1	4h12m	192.168.2.200	node03	<none>	<none>
kube-system	calico-kube-controllers-5b644bc49c-dd2nx	1/1	Running	67	23h	192.168.2.132	node01	<none>	<none>
kube-system	calico-node-ktnr4	1/1	Running	1	23h	192.168.0.226	master	<none>	<none>
kube-system	calico-node-n75gm	1/1	Running	1	23h	192.168.0.227	node01	<none>	<none>
kube-system	calico-node-nk9rj	1/1	Running	0	23h	192.168.0.229	node03	<none>	<none>
kube-system	coredns-9d85f5447-52c41	1/1	Running	2	28h	192.168.2.1	master	<none>	<none>
kube-system	coredns-9d85f5447-jqp5r	1/1	Running	2	28h	192.168.2.2	master	<none>	<none>
kube-system	etcd-master	1/1	Running	2	28h	192.168.0.226	master	<none>	<none>
kube-system	kube-apiserver-master	1/1	Running	2	28h	192.168.0.226	master	<none>	<none>
kube-system	kube-controller-manager-master	1/1	Running	2	28h	192.168.0.226	master	<none>	<none>
kube-system	kube-proxy-59xns	1/1	Running	2	25h	192.168.0.229	node03	<none>	<none>
kube-system	kube-proxy-h9z8j	1/1	Running	1	23h	192.168.0.227	node01	<none>	<none>
kube-system	kube-proxy-qvfhk	1/1	Running	2	28h	192.168.0.226	master	<none>	<none>
kube-system	kube-scheduler-master	1/1	Running	2	28h	192.168.0.226	master	<none>	<none>

图 6-25　所有 Namespace 的 Pod 全部信息图

3．编辑和导出 Pod 配置信息

可以使用下面的命令来查看 Pod 信息，默认是 YAML 格式。

```
[user@master pod]$ kubectl edit pods mynginx
```

上述命令输出内容如下，这部分内容是在 vi 中打开的，因此既可以查看，又可以编辑，还可以将其导出成文件。

```
# Please edit the object below. Lines beginning with a '#' will be ignored,
# and an empty file will abort the edit. If an error occurs while saving this file will be
# reopened with the relevant failures.
#
apiVersion: v1
kind: Pod
metadata:
...
```

修改 Pod 中 Container 的 Image 为 nginx01，然后保存退出。

```
containers:
- image: nginx01
```

Kubernetes 会检测到 Pod 定义发送修改，并按照新的 Pod 定义重新启动 Pod，运行容器，拉取新的 Image nginx01，如下所示。

```
Normal   Killing  48s  kubelet           Container myfrontend definition changed, will be restarted
```

由于 nginx01 是一个不存在的镜像，因此，最终拉取的结果失败。

```
Warning  Failed     35s               kubelet               Error: ErrImagePull
```

上述配置文件中，很多选项是不能在线修改的，诸如 apiVersion、kind、name 等，这些选项在修改后保存的时候，会提示修改失败。

也可以查看 JSON 格式的 Pod 信息，命令如下。

```
[user@master pod]$ kubectl edit pods mynginx -o json
```

6.3.3　RC/RS 的基本操作（实践 7）

RC/RS 可以使得一个 Pod 或者一组 Pod 按照用户所配置的副本数来运行。例如在 RC/RS 中配置 Pod 的副本数为 3，当集群中该 Pod 的副本数小于 3 时，RC/RS 会启动新的 Pod，使得该 Pod 的副本数等于 3；而当集群中该 Pod 的副本数大于 3 时，RC/RS 会删除掉多余的 Pod，使得 Pod 的副本数等于 3。

本节按照先 RC 再 RS 的顺序介绍它们的使用。本节属于实践内容，因为后续章节会用到本节所学知识，**所以本实践必须完成**。请参考本书配套免费电子书《Linux **快速入门与实战——扩展阅读与实践教程**》中的"**实践 7：RC/RS 基本操作**"部分。

6.3.4　Deployment 的典型使用（实践 8）

Deployment 是比 RC/RS 更高级的抽象，它可以很方便地创建 RS 和 Pod，实现集群规模的动态伸缩，同时还有 rollout（回滚）和 pause（暂停）等新功能。本节属于实践内容，因为后续章节会用到本节所学知识，**所以本实践必须完成**。请参考本书配套免费电子书《Linux **快速入门与实战——扩展阅读与实践教程**》中的"**实践 8：Deployment 典型使用**"部分。

6.3.5　Service 的典型使用（实践 9）

Service 解决了用户访问 Pod 服务的两个问题：首先 Service 为用户提供了一种固定的方式（通常是一个固定的虚拟 IP 地址）来访问 Pod 服务，用户只需要访问该虚拟 IP 地址，就可以访问到对应 Pod 所提供的服务，而不需要关心服务到底是由 Pod 的哪个副本提供的、这个 Pod 副本的 IP 地址是多少，即使 Pod 副本的 IP 地址发生了变化，用户通过 Service 的虚拟 IP 地址，也总能访问到 Pod 所提供的服务；其次，Service 可以使得 Kubernetes 以外的节点能够访问 Pod 服务。因此，本节将介绍通过 Service 解决上述 Pod 服务的两个问题的典型示例，如下所示。

1）基于 Service 的虚拟 IP 地址来访问 Pod 服务。

2）基于 Service 实现从 Kubernetes 外部访问 Pod 服务。

本节属于实践内容，因为后续章节会用到本节所学知识，**所以本实践必须完成**。请参考本书配套免费电子书《Linux **快速入门与实战——扩展阅读与实践教程**》中的"**实践 9：Service 典型使用**"部分。

6.4　Kubernetes 容器编排实践

本节介绍 Kubernetes 中典型的容器编排实践，包括基于 Pod 实现容器的高可用、在指定的节点上运行 Pod、在 Pod 中运行多个容器、Kubernetes 持久化存储、使用 ingress 对外提供服务和应用规模自动伸缩（HPA）。本节将介绍这些实践的典型示例。

6.4.1　Kubernetes 中容器的高可用实践（实践 10）

导致容器不可用的因素有很多，例如容器自身的不可用、Pod 不可用或 Node 不可用等，本节将介绍 Kubernetes 针对这些不可用因素，分别给出的解决方案，以此实现容器的高可用。

本节属于实践内容，因为后续章节会用到本节所学知识，**所以本实践必须完成**。请参考本书配套免费电子书《Linux **快速入门与实战——扩展阅读与实践教程**》中的"**实践 10：Kubernetes 中容器的高可用实践**"部分。

6.4.2　使用 Pod 实现容器在指定的节点上运行

Kubernetes 在创建 Pod 时，会依据各节点资源的情况和调度策略等因素，将 Pod 分配到合适的节点上运行，因此 Pod 在哪个节点上运行是随机的。但在调试和验证时，往往需要在指定的节点上运行 Pod。本节介绍在指定的节点上运行 Pod 的具体示例，它会将 Pod 依次指定到 node02 和 node01 上运行，具体说明如下。

1．给节点打标签（label）

要指定 Pod，首先就要在 Kubernetes 中给各个节点打上标签，然后在 Deployment 中使用 selector 去匹配这些标签，Pod 将会在条件匹配的节点上运行，具体步骤说明如下。

1）给每个节点打上 nodename=nodeXX 的标签，其中 nodename 是标签名，nodeXX 是标签值，XX 表示节点的序号分别是 01、02 和 03，具体命令如下。

```
[user@master ~]$ kubectl label nodes node01 nodename=node01
[user@master ~]$ kubectl label nodes node02 nodename=node02
```

上述命令和参数说明如下。

- kubectl label 是打标签的命令。
- nodes 表示打标签的对象类型是节点。
- node01 是对象的具体名字。
- nodename=node01 是标签名字和标签内容。

可以同时给节点打上多个标签，例如 nodename=node01 appver=XXX，每个标签使用空格隔开即可。

如果标签已经存在，kubectl 默认是不更新标签值的，可以加上--overwrite=true 来覆盖原有标签的值。

如果要删除某个标签，可以在标签名之后加上一个减号（-），例如 kubectl label node node01 nodename-将删除 nodename 标签。

2）查看标签 nodename=node01 所对应的节点，命令如下。

```
[user@master ~]$ kubectl get node -l nodename=node01
```

如下所示，如果只能看到 node01，则说明设置成功。

```
NAME      STATUS    ROLES     AGE      VERSION
node01    Ready     <none>    2d20h    v1.20.1
```

3）使用另一种方法查看 node 的标签的命令如下，其中--list 用来列出 node02 的所有标签。

```
[user@master ~]$ kubectl label node node02 --list
```

上述命令会打印 node02 的所有标签。如下所示，如果有 nodename=node02，说明设置成功。

```
kubernetes.io/arch=amd64
kubernetes.io/hostname=node02
kubernetes.io/os=linux
nodename=node02
beta.kubernetes.io/arch=amd64
beta.kubernetes.io/os=linux
```

2．编写 Deployment 的 selector

各个节点的标签设置好后，就可以在 Deployment 的 YAML 文件中编写 selector 了，具体步骤说明如下。

1）使用 vi 打开 YAML 文件 pod-sel-node.yml，命令如下。

```
[user@master ~]$ cd ~/k8s/pod/
[user@master pod]$ vi pod-sel-node.yml
```

2）在 pod-sel-node.yml 中输入以下内容。

```
 1 apiVersion: apps/v1
 2 kind: Deployment
 3 metadata:
 4   name: dep-nginx-sel-node
 5
 6 spec:
 7  replicas: 1
 8  selector:
 9   matchLabels:
10     app: nginx
11
12  template:
13   metadata:
14    labels:
15      app: nginx
16      ver: beta
17   spec:
18    containers:
19    - name: nginx
20      image: nginx:latest
21      imagePullPolicy: IfNotPresent
22    nodeSelector:
23      nodename: node02
```

其中第 22～23 行是 Pod 的 selector，该 selector 是 equality-based（基于相等）的，本例设置了 1 个匹配条件，用来匹配标签为 nodename=node02 的节点。

3．创建 Deployment

1）使用下面的命令来创建 Deployment。

```
[user@master pod]$ kubectl apply -f pod-sel-node.yml
```

2）查看 Pod 所在的节点，命令如下。

```
[user@master pod]$ kubectl get pod -o wide | grep sel
```

如果系统输出 Pod 所在的节点为 node02，如图 6-26 方框所示，则说明节点指定成功。

```
dep-nginx-sel-node-58d7c9b8fb-fcjkb   1/1   Running   0   5m54s   192.168.2.94   node02
```

图 6-26　Pod 节点信息图

3）再修改 pod-sel-node.yml 中 selector 的匹配条件，将 Pod 运行节点指定为 node01，具体内容如下。

```
22        nodeSelector:
23          nodename: node01
```

4）重新应用 pod-sel-node.yml，命令如下。

```
[user@master pod]$ kubectl apply -f pod-sel-node.yml
```

Kubernetes 会先在 node01 上启动一个新的 Pod，待其状态为 Running 之后，再关闭 node02 上的 Pod，如图 6-27 所示。这样即使指定的节点并不存在或者不可用，Kubernetes 也不会先删除原来节点上的 Pod，这样就不会导致 Pod 不可用。

```
dep-nginx-sel-node-599c7cb967-55c97    1/1    Running        0    3s    192.168.2.147    node01
dep-nginx-sel-node-6764cd9cd-ddmhs     1/1    Terminating    0    25s   192.168.2.95     node02
```

图 6-27　Pod 状态切换界面

6.4.3　在 Pod 中运行多个容器

Pod 是 Kubernetes 中的最小运行单元，也是微服务的载体，很多时候，一个服务需要多个容器相互协作。因此，在 Pod 中运行多个容器是很常见的应用场景。本节介绍在 Pod 中运行多个容器的具体示例，它将在 Pod 中启动两个容器，分别是 nginx 和 busybox，把它们放在一个 Pod 中，注意是为了便于演示，具体步骤说明如下。

1. 编写 Deployment

1）编辑 Deployment 的 YAML 文件，文件名为 dep-pod-multi-container.yml，命令如下。

```
[user@master k8s]$ cd ~/k8s/deploy/
[user@master deploy]$ vi dep-pod-multi-container.yml
```

2）在 dep-pod-multi-container.yml 增加以下内容。

```
 1 apiVersion: apps/v1
 2 kind: Deployment
 3 metadata:
 4   name: multicontainer
 5
 6 spec:
 7   replicas: 1
 8   selector:
 9     matchLabels:
10       app: multicontainer
11
12   template:
13     metadata:
14       labels:
15         app: multicontainer
16     spec:
17       containers:
18       - name: myfrontend
19         image: nginx:latest
20         imagePullPolicy: IfNotPresent
21       - name: busybox
22         image: busybox:latest
23         imagePullPolicy: IfNotPresent
24         command:
```

```
25              - /bin/sh
26            tty: true
27            stdin: true
```

关键配置说明。

第 6～27 行是 Pod 的配置信息，其中第 7 行设置了 Pod 的副本数为 1，第 8～10 行为 Pod 容器的 selector 设置。第 12～27 行是 Pod 容器的配置信息，第 13～15 行是 Pod 容器的 metadata，其中设置了 labels 信息 app:multicontainer，该信息必须要和前面 Pod 容器的 selector 相匹配。第 17 行 containers 是一个数组，实现了 Pod 对多个容器的支持，该数组的第一个元素内容对应第 18～20 行，该元素的容器名为 myfrontend，镜像名为 nginx:latest，镜像 pull 策略为 IfNotPresent；数组的第二个元素对应第 20～27 行，该元素的容器名为 busybox，镜像名为 busybox:latest，镜像 pull 策略为 IfNotPresent，command 用来设置容器启动时运行的程序及参数，也是一个数组，本例只有一个元素，即/bin/sh，tty:true 表示为该容器分配一个终端，并将其绑定在容器的 stdin 上，stdin:true 表示打开容器的 stdin，从而接受输入。

2．创建 Deployment

1）运行下面的命令创建 Deployment。

```
[user@master deploy]$ kubectl apply -f dep-pod-multi-container.yml
```

2）可以查看 Pod 信息，命令如下。

```
[user@master deploy]$ kubectl get pod
NAME                           READY   STATUS    RESTARTS   AGE
multicontainer-5895455dfd-nv4hb  2/2     Running   0          2m24s
```

3）由上述命令的输出结果可知，新 Pod 的名称为 multicontainer-5895455dfd-nv4hb，以此名称查看该 Pod 中的容器信息，命令如下。

```
[user@master deploy]$ kubectl describe pod multicontainer-5895455dfd-nv4hb
```

如果系统打印 myfrontend 和 busybox 两个容器的名称，以及它们的 State 都是 running，则说明 Pod 中的容器正常运行。

3．查看 Pod 中的容器信息

1）到 Pod 所在的节点来查看容器的信息，首先获取 Pod 所在节点，命令如下。

```
[user@master deploy]$ kubectl get pod -o wide
```

上述命令输出结果如下，可知 Pod 在 node02 上运行。

```
NAME                           READY   STATUS    RESTARTS   AGE     IP              NODE
dep-nginx-sel-node-599c7cb967-55c97  1/1     Running   0          62m     192.168.2.147   node01
multicontainer-5895455dfd-nv4hb  2/2     Running   0          6m35s   192.168.2.96    node02
```

2）在 node02 上查看容器信息，首先查看第一个容器 myfrontend，命令如下。

```
[user@node02 ~]$ docker ps -a | grep myfrontend
```

如果系统打印如下信息，则说明 Pod 中该容器正常运行，其中容器 ID 为 a962a423d095。

```
a962a423d095   ae2feff98a0c   "/docker-entrypoint.…"   16 minutes ago   Up 16 minutes
k8s_myfrontend_multicontainer-5895455dfd-nv4hb_default_6225bff7-d534-44ba-a69f-
603e52a6bb99_0
```

3）使用同样的方法查看第二个容器 busybox 的信息，命令如下。

```
[user@node02 ~]$ docker ps -a | grep busybox
```

如果系统打印如下信息，则说明 Pod 中该容器正常运行，其中容器 ID 为 621ca1ff6e0b。

```
963d12c1f370        219ee5171f80      "/bin/sh"               17 minutes ago      Up 17 minutes
k8s_busybox_multicontainer-5895455dfd-nv4hb_default_6225bff7-d534-44ba-a69f-
603e52a6bb99_0
```

4）登录容器 busybox，命令如下。

```
[user@node02 ~]$ docker exec -it 963d12c1f370 /bin/sh
/ #
```

5）在 busybox 中查看网络，命令如下。

```
/ # ip a
```

上述命令会打印 busybox 容器中的网卡 eth0@if1，如下所示。这也是 Pod 的网卡，其 IP 地址就是 Pod 所分配的 IP 地址。Pod 中所有的容器使用的是同一块网卡和同一个 IP 地址，容器之间的网络通信通过 localhost+端口即可。

```
4: eth0@if11: <BROADCAST,MULTICAST,UP,LOWER_UP,M-DOWN> mtu 1440 qdisc noqueue
    link/ether 6a:98:29:3a:78:46 brd ff:ff:ff:ff:ff:ff
    inet 192.168.2.154/32 scope global eth0
       valid_lft forever preferred_lft forever
```

6）在 Pod 中使用 kubectl exec 来直接运行 busybox 容器的命令，命令如下。

```
[user@master deploy]$ kubectl exec busybox_multicontainer-5895455dfd-nv4hb -c
busybox ip a
```

上述命令的参数说明如下。

- busybox_multicontainer-5895455dfd-nv4hb 是 Pod 的名字。
- -c busybox 用来指定运行命令的容器是 busybox。
- 后面跟的 ip a 用来指定在容器中运行的命令。

6.4.4 实现 Pod 中容器数据的持久化存储（PersistentVolume）

Pod 是容器的集合，因此，Pod 中的数据是不能持久化存储的，为此 Kubernetes 提供 PersistentVolume（简称 pv）和 PersistentVolumeClaim（简称 pvc）实现数据的持久化存储。其中 pv 用来表示具体的存储，它可以是一个 NFS 网络存储，也可以是一个本地存储路径，还可以是 ceph 和 gluster 分布式文件系统等。pvc 则表示用户的存储需求，例如存储空间的最小（最大）值、访问方式以及 selector 对 pv 的匹配条件等。在创建 pvc 的时候，Kubernetes 会根据 pvc 中的条件，去匹配合适的 pv 与之绑定。在 Pod 中并不直接使用 pv，而是使用 pvc，通过 pvc 实现 Pod 和具体存储之间的对接。pvc 解除了 Pod 同具体存储之间的耦合，因此使得 Pod 使用存储变得非常灵活。

访问官方文档 https://kubernetes.io/docs/concepts/storage/persistent-volumes/获取 pv 和 pvc 更多详细信息。

本节以 NFS 持久化存储这个示例来说明在 Kubernetes 中如何基于 pv、pvc 和 Pod 来实现持久化存储，具体步骤描述如下。

1. 安装 NFS

在 master 节点上安装 NFS 服务器，并创建共享目录，具体步骤说明如下。

（1）安装 NFS

1）安装 NFS 的命令如下。

```
[root@master ~]# mount /dev/sr0 /media/
[root@master ~]# yum -y install nfs-utils
```

2）设置服务自启动，命令如下。

```
[root@master ~]# systemctl enable nfs-server
```

（2）配置 NFS 共享目录

1）编辑 exports 文件的命令如下，exports 是 NFS 服务器对外共享目录的配置文件。

```
[root@master ~]# vi /etc/exports
```

2）在 exports 中输入以下内容。

```
/home/user/nfs/data     192.168.0.226/24(rw,no_root_squash)
```

---

no_root_squash 将使得 NFS 客户端的 root 用户在访问 NFS 服务端文件时，也被当作 NFS 服务端的 root 对待，该选项常用于无盘客户端。

运行如下命令，可了解 exports 文件中更多可用选项的信息。

```
[user@master deploy]$ man exports
```

（3）实现 NFS 目录共享

1）创建共享目录，命令如下。

```
[root@master user]# mkdir -p /home/user/nfs/data
[root@master user]# mkdir -p /home/user/nfs/tmp
[root@master user]# chown -R user:user nfs
```

2）启动 NFS 服务，命令如下。

```
[root@master user]# systemctl start nfs-server
```

3）挂载 NFS 共享目录，命令如下。

```
[root@master nfs]# mount -t nfs master:/home/user/nfs/data/ tmp/
```

4）查看挂载信息，命令如下。

```
[root@master nfs]# df -h
master:/home/user/nfs/data   17G   4.3G   13G   26%  /home/user/nfs/tmp
```

5）切换到普通用户，在共享目录下创建文件，命令如下。

```
[root@master nfs]# su - user
[user@master ~]$ cd nfs
[user@master nfs]$ touch tmp/a
```

6）查看 source 目录，命令如下。

```
[user@master nfs]$ ls data/
a
```

7）跨节点挂载，在 node01 上安装 nfs-utils，命令如下。

```
[root@node01 user]# mount /dev/sr0 /media/
[root@node01 user]# yum -y install nfs-utils.x86_64
```

在 node02 节点上使用同样的步骤安装 nfs-utils。

8）创建挂载目录，命令如下。

```
[user@node01 ~]$ mkdir nfs
[user@node01 ~]$ ls
data  docker  k8s  nfs  share  shell
[user@node01 ~]$ cd nfs
[user@node01 nfs]$ mkdir tmp
[user@node01 nfs]$ ls
tmp
```

9）远程挂载，命令如下。

```
[root@node01 nfs]# mount -t nfs master:/home/user/nfs/data tmp
```

10）查看共享目录，命令如下。可以看到 tmp 下有一个文件 a，这正是 master 中 NFS 共享目录/home/user/nfs/data 下的内容。

```
[root@node01 nfs]# ls tmp/
a
```

以上是在 firewalld 关闭的情况下，如果没关闭，则要打开 firewalld，命令如下。

```
sudo firewall-cmd --add-service=nfs --permanent
sudo firewall-cmd --add-service={nfs3,mountd,rpc-bind} --permanent
sudo firewall-cmd --reload
```

2. 编辑 pv 文件

在 master 节点的/home/user/k8s/pv 目录下，编辑名为 pv-nfs01.yml 的 pv 文件，内容如下。

```
 1 apiVersion: v1
 2 kind: PersistentVolume
 3 metadata:
 4   name: pv0001
 5   labels:
 6     pvname: pv0001
 7 spec:
 8   capacity:
 9     storage: 10Gi
10   accessModes:
11     - ReadWriteOnce
12   persistentVolumeReclaimPolicy: Recycle
13   nfs:
14     path: /home/user/nfs/data
15     server: 192.168.0.226
```

上述配置文件说明如下。

1）第 1 行是 pv 的 apiVersion，其值是 v1。

2）第 2 行是 pv 的 kind，其值是 PersistentVolume，第 1、2 行的值都可以通过运行 kubectl explain pv 获得。

3）第 3~6 行是 pv 的 metadata 数据，设置了 name 为 pv0001，以及一个 label，pvname:
pv0001，用于后续 pvc 的 selector 匹配。

4）第 7~15 行设置 pv 的属性，其中第 8~9 行设置 pv 存储的容量为 10GB，第 10~11 行设置 pv 存储的访问模式为 ReadWriteOnce，ReadWriteOnce 表示该 pv 只能被一个 Pod 所使用；第 12 行设置 pv 的 reclaim 策略为 Recycle，这样当 pvc 被删除时，pv 中的数据也会被自动删除，而且 pvc 可以和 pv 多次绑定，后面还会具体解释；第 13~15 行是 NFS 存储的设置，path 用来设置 NFS 对外 export 的路径，具体值为 /home/user/nfs/data，server 用来设置 NFS 服务器的 IP 地址，值为 192.168.0.226。

persistentVolumeReclaimPolicy 取值有：Retain、Delete 和 Recycle，默认是 Retain，每个值的含义说明如下。

1）Retain。pvc 删除后，再次创建的 pvc 不能和原 pv 绑定，只有等原 pv 也删除后，重新创建 pv，此时 pvc 才能和 pv 绑定，而且 NFS 共享目录中的数据，始终存在。

2）Delete 的动作同上。

3）Recycle。pvc 一旦删除，NFS 共享目录中的数据也会被删除，再次创建的 pvc 可以再次和原 pv 绑定，不需要删除 pv。

3. 编辑 pvc 文件

在 master 节点的 /home/user/k8s/pv 目录下，编辑 pvc-nfs01.yml 文件，具体内容如下。

```
1 apiVersion: v1
2 kind: PersistentVolumeClaim
3 metadata:
4   name: myclaim01
5 spec:
6   accessModes:
7     - ReadWriteOnce
8   resources:
9     limits:
10       storage: 20Gi
11     requests:
12       storage: 8Gi
13   selector:
14   #matchLabels:
15     #pvname: pv0001
16   matchExpressions:
17     - {key: pvname, operator: In, values: [pv0001]}
```

上述配置文件说明如下。

1）第 1 行是 pvc 的 apiVersion，其值是 v1。

2）第 2 行是 pvc 的 kind，其值是 PersistentVolumeClaim，第 1~2 行的值都可以通过 kubectl explain pvc 来获得。

3）第 3~4 行是 pvc 的 metadata，设置了 pvc 的 name 为 myclaim01。

4）第 5~17 行是 pvc 的属性设置，其中第 6~7 行设置访问模式，用来匹配访问模式相同的 pv，这个设置必须有，否则创建 pvc 会报错；第 8~12 行设置存储需求，例如第 9~10 行设置了存储的最大空间为 20G，第 11～12 行设置了存储的最小空间为 8GB，pv 的存储空间必须满足此条件才能匹配；第 13～17 行设置 pv 的 selector 匹配条件，它同样支持 matchLabels 和 matchExpressions 两种匹配方式，其中第 15 行和第 17 行匹配的条件是一样的，如果 pv 的 label 中设置了 pvname: pv0001 则符合条件。

4. 创建 pv 和 pvc

1）创建 pv，命令如下。

```
[user@master nfs]$ kubectl apply -f pv-nfs01.yml
```

2）查看 pv 信息，命令如下。

```
[user@master nfs]$ kubectl get pv
```

如果系统输出以下信息，如图 6-28 所示，则说明 pv 创建成功。

```
NAME      CAPACITY   ACCESS MODES   RECLAIM POLICY   STATUS
pv0001    10Gi       RWO            Recycle          Available
```

图 6-28　pv 信息图

3）创建 pvc，命令如下。

```
[user@master nfs]$ kubectl apply -f pvc-nfs01.yml
```

4）查看 pvc 信息，命令如下。

```
[user@master nfs]$ kubectl get pvc
```

如果系统输出以下信息（如图 6-29 所示），则说明 pvc 创建成功，并且和 pv0001 绑定（binding）成功。

```
NAME        STATUS   VOLUME   CAPACITY   ACCESS
myclaim01   Bound    pv0001   10Gi       RWO
```

图 6-29　pvc 信息图

---

pvc 和 pv 的绑定是一对一的，一个 pvc 不可能和多个 pv 同时绑定，一个 pv 也不能和多个 pvc 同时绑定。

---

5. 创建 Deployment

使用 Deployment 来创建 Pod，并在 Pod 中使用 pvc 来访问 NFS 持久化存储，具体步骤说明如下。

（1）编辑 pv-deployment.yml

1）编辑 Deployment 文件 pv-deployment.yml，命令如下。

```
[user@master pv]$ vi pv-deployment.yml
```

2）在 pv-deployment.yml 中输入以下内容。

```
apiVersion: apps/v1
kind: Deployment
metadata:
  name: pv-deploy

spec:
  replicas: 2
```

```
 8    selector:
 9      matchLabels:
10        app: nfs-pod
11
12    template:
13      metadata:
14        labels:
15          app: nfs-pod
16      spec:
17        containers:
18          - name: myfrontend
19            image: nginx:latest
20            imagePullPolicy: IfNotPresent
21            volumeMounts:
22            - mountPath: "/var/www/html"
23              name: mypd
24        volumes:
25          - name: mypd
26            persistentVolumeClaim:
27              claimName: myclaim01
```

上述配置文件的关键代码说明如下。

第 6～27 行是 Deployment 的配置信息，其中第 7 行配置 Pod 的副本数为 2；第 8～10 行为 Pod 的 selector 配置，使用了基于值的匹配方式，其中第 9～10 行为值匹配条件，即匹配 label 中有 app: nfs-pod 的 Pod；第 12～27 行是 Pod 的具体配置信息，其中，第 13～15 行为 Pod 的 label 配置，其中 app: nfs-pod 用来匹配上面的 selector 条件；第 16～26 行是容器的配置信息，其中第 17～22 行配置了容器名、镜像名等信息，还包括了存储的使用信息，具体见第 20～23 行，第 22 行配置了容器的挂载目录，第 23 行设置存储所使用的 volume 名称为 mypd；第 24～27 行配置了 volume mypd 使用名字为 myclaim01 的 pvc，这就和前面创建的 pvc 关联起来了。

（2）创建 Deployment

1）创建 Deployment，命令如下。

```
[user@master pv]$ kubectl apply -f pv-deployment.yml
```

2）查看 Pod 信息，命令如下。

```
[user@master pv]$ kubectl get pod
```

如果系统输出两个以 pv-deploy 开头的 Pod，则说明创建成功。

```
NAME                            READY   STATUS    RESTARTS   AGE
pv-deploy-cb6fffcd4-29s2d       1/1     Running   0          4s
pv-deploy-cb6fffcd4-bqnfv       1/1     Running   0          4s
```

（3）持久化存储测试

1）复制文件 profile 到 NFS 的共享目录，命令如下。

```
[user@master pv]$ cp /etc/profile /home/user/nfs/data/
```

2）查看 Pod 第一个副本 pv-deploy-5dc7cf746f-ht7p6 的持久化存储目录，命令如下。

```
[user@master pv]$ kubectl exec pv-deploy-cb6fffcd4-29s2d -- ls /var/www/html
```

如果能看到 profile 文件，则说明该 Pod 副本成功连接到了持久化存储。

```
profile
```

3）查看 Pod 第二个副本 pv-deploy-cb6fffcd4-bqnfv 的持久化目录，命令如下，如果能看到 profile 文件，则说明该副本也成功连接到了持久化存储。

```
[user@master pv]$kubectl exec pv-deploy-cb6fffcd4-bqnfv -- ls /var/www/html
profile
```

4）删除 Pod 第一个副本 pv-deploy-cb6fffcd4-29s2d，模拟 Pod 不可用，命令如下。

```
[user@master pv]$ kubectl delete pod pv-deploy-cb6fffcd4-29s2d
```

5）查看 Pod 信息，Kubernetes 又新建了 Pod 副本 pv-deploy-cb6fffcd4-2rdms，如下所示。

```
[user@master pv]$ kubectl get pod
NAME                          READY   STATUS    RESTARTS   AGE
pv-deploy-cb6fffcd4-2rdms      1/1     Running   0          67s
```

6）查看 pv-deploy-cb6fffcd4-2rdms 的持久化目录，命令如下。

```
[user@master pv]$ kubectl exec pv-deploy-cb6fffcd4-2rdms -- ls /var/www/html
```

系统输出如下，仍然可以看到 profile 文件，说明该目录下的内容不随 Pod 的生命周期而变化，实现了真正的持久化存储。

```
a
profile
```

6.4.5　利用 Ingress 从外部访问 Pod 中容器的服务

NodePort 可以实现从 Kubernetes 外部访问 Pod 服务，其实现方式是端口映射，优点是简单方便。但是在大规模系统中，很多的 Pod 都会提供相同的服务，典型的如 Web 服务，它们都使用 80 端口，如果使用 NodePort，则需要为每个 Pod 的 80 端口映射一个不同的端口以供外部访问，这样既不符合用户的使用习惯，又容易出错。

为此，Kubernetes 提供了 Ingress 机制，它实现了一种新的 Web 服务访问方式，即"域名+路径=>Service"的映射，也就是说，Ingress 会根据请求之中的域名和路径去做区分，将请求转发给不同的 Service，再由 Service 转给对应的 Pod，这样，用户就可以像平时那样通过域名和路径来访问不同的 Web 服务，而不是通过端口来访问不同的 Web 服务，既兼顾了用户的使用习惯，又不容易出错。

Ingress 是 Kubernetes Resource，它支持 HTTP 和 HTTPS 两种访问方式，可以在 Ingress 中定义路由规则，以此决定来自外部的访问请求（HTTP/HTTPS）和内部的哪个 Service 对接。

参考 https://kubernetes.io/docs/concepts/services-networking/ingress/获取更多 Ingress 信息。

本节介绍 Ingress 实现外部访问 Pod 容器服务的具体示例，该示例有两个 Pod，一个 Pod 模拟一个购物网站，另一个 Pod 模拟一个购书网站。如果使用 NodePort，那么需要使用 IP:30001 访问购物网站，使用 IP:30002 来访问购书网站，不符合用户习惯。而使用 Ingress，则可以使用 mynginx.com/shop 来访问购物网站，使用 mynginx.com/book 来访问购书网站，其中 mynginx.com 是用户设置的域名，和用户平时上网的方式完全一致，具体步骤描述如下。

1. 创建购物网站的 Deployment

（1）编辑 dep-shop.yml

1）编辑 Deployment 的 YAML 文件 dep-shop.yml，命令如下。

```
[user@master k8s]$ mkdir ingress
[user@master k8s]$ cd ingress/
[user@master ingress]$ vi dep-shop.yml
```

2）在 dep-shop.yml 中输入以下内容。

```
 1 apiVersion: apps/v1
 2 kind: Deployment
 3 metadata:
 4   name: dep-shop
 5   labels:
 6     app: shop
 7
 8 spec:
 9   replicas: 1
10   selector:
11     matchLabels:
12       app: shop
13
14   template:
15     metadata:
16       labels:
17         app: shop
18     spec:
19       nodeSelector:
20         nodename: node02
21       containers:
22       - name: nginx
23         image: nginx:latest
24         imagePullPolicy: IfNotPresent
```

上述文件的关键配置说明如下。

- 第 4 行为 Deployment 添加了一个标签：app=shop，用来匹配后面 Service 中 selector 条件，以此和 Service 关联起来。
- 第 20 行配置该 Pod 运行节点为 node02，是为了和购书网站的 Pod 的运行节点分开。

（2）创建 Deployment

1）创建 Deployment，命令如下。

```
[user@master ingress]$ kubectl apply -f dep-shop.yml
```

2）查看 Pod 所在节点，命令如下。

```
[user@master ingress]$ kubectl get pod -o wide
```

上述命令输出结果如下，可以看到 Pod 在 node02 上运行。

```
NAME                       READY   STATUS   RESTARTS   AGE   IP              NODE
dep-shop-675576df75-227qg  1/1     Running  0          14s   192.168.2.100   node02
```

（3）访问服务

访问该 Pod 提供的 Web 服务，命令如下，其中 192.168.2.100 是 Pod 的 IP 地址。

```
[user@master ingress]$ curl 192.168.2.100
```

正常情况下，系统会输出以下信息，如果没有，需要检查 node03 上的 IP 地址转发是否打开。

```
<title>Welcome to nginx!</title>
```

2. 创建购物网站的 Service

（1）编辑 svc-shop.yml

1）编辑购物网站的 Service YAML 文件 svc-shop.yml，命令如下。

```
[user@master ingress]$ vi svc-shop.yml
```

2）在 svc-shop.yml 输入以下内容。

```
 1 apiVersion: v1
 2 kind: Service
 3 metadata:
 4   name: svc-shop
 5 spec:
 6   type: ClusterIP
 7   ports:
 8   - name: http
 9     port: 80
10     targetPort: 80
11     protocol: TCP
12   selector:
13     app: shop
```

上述文件的关键配置说明如下。

- 第 4 行设置 Service 的 name 为 svc-shop，用于后续 ingress 同此 Service 建立关联。
- 第 6 行设置该 Service 的类型是 ClusterIP，即该 Service 提供一个 Kubernetes 的虚拟 IP 地址，可以在 Kubernetes 的内部通过该虚拟 IP 地址来访问服务。
- 第 12～13 行设置 Service 的 selector 匹配 Pod 的条件，其中第 13 行是具体的匹配条件，如果 Pod 的 label 中设置了 app=shop，就符合匹配条件，正好对应 dep-shop.yml 中第 12 行的设置。

（2）创建 Service

1）创建 Service，命令如下。

```
[user@master ingress]$ kubectl apply -f svc-shop.yml
```

2）查看 Service 信息的命令如下，获取虚拟 IP 地址为 10.101.87.72。

```
[user@master ingress]$ kubectl get svc
NAME            TYPE        CLUSTER-IP      EXTERNAL-IP    PORT(S)    AGE
svc-shop        ClusterIP   10.101.87.72    <none>         80/TCP     4s
```

（3）访问 Web 服务

使用虚拟 IP 地址来访问该 Pod 的 Web 服务，命令如下。

```
[user@master ingress]$ curl 10.101.87.72
```

如果系统输出以下信息，则说明 Service 正常工作。

```
<title>Welcome to nginx!</title>
```

Service 创建后，Service 的虚拟 IP 地址就一直不变了，用户使用该虚拟 IP 地址来访问 Pod 服务，即使 Pod 的 IP 地址发生变化也没有关系。但是，Kubernetes 只支持 Kubernetes 内部访问该虚拟 IP 地址，不支持外部访问。

3．创建购书网站的 Deployment

（1）编辑 dep-book.yml

1）编辑购书网站的 Deployment YAML 文件 dep-book.yml，命令如下。

```
[user@master ingress]$ vi dep-book.yml
```

2）在 dep-book.yml 中输入如下内容。

```
 1 apiVersion: apps/v1
 2 kind: Deployment
 3 metadata:
 4   name: dep-book
 5   labels:
 6     app: book
 7
 8 spec:
 9   replicas: 1
10   selector:
11     matchLabels:
12       app: book
13
14   template:
15     metadata:
16       labels:
17         app: book
18     spec:
19       nodeSelector:
20         nodename: node02
21       containers:
22       - name: nginx
23         image: nginx:latest
24         imagePullPolicy: IfNotPresent
```

上述配置中，注意第 4 行设置了 Deployment 的 name 为 dep-book，第 6 行设置了 label app=book，这个是用于后面 Service 进行条件匹配的。其余内容和前面 dep-shop.yml 类似，在此不再赘述。

（2）创建 Deployment

创建 Deployment，命令如下。

```
[user@master ingress]$ kubectl apply -f dep-book.yml
```

后续的验证步骤和 dep-shop 中的步骤类似，在此不再赘述。

4．创建购书网站的 Service

（1）编辑 svc-book.yml

1）编辑购书网站的 Service YAML 文件 svc-book.yml，命令如下。

```
[user@master ingress]$ vi svc-book.yml
```

2）在 svc-book.yml 中输入以下内容。

```
 1 apiVersion: v1
 2 kind: Service
 3 metadata:
 4   name: svc-book
 5 spec:
 6   type: ClusterIP
 7   ports:
 8   - name: http
 9     port: 80
10     targetPort: 80
11     protocol: TCP
12   selector:
13     app: book
```

上述配置中，注意第 4 行配置了 Service 的 name 为 svc-book，第 12～13 行配置了 Pod 的 selector 条件，第 13 行为具体的配置条件，如果 Pod label 中配置了 app=book，则符合条件，正好对应 dep-book.yml 中第 6 行的内容。

（2）编辑 Service

创建 Service，命令如下。

```
[user@master ingress]$ kubectl apply -f svc-book.yml
```

后续的验证步骤和 svc-shop 中的步骤类似，在此不再赘述。

5．创建 ingress controller

前面创建的 Service svc-shop 和 svc-book 都只支持在 Kubernetes 内部访问 Pod 服务，要通过 Ingress 实现外部访问，则需要 ingress controller 的支持。由于 ingress controller 并没有内置在 Kubernetes 项目中，而且有多种实现版本，Kubernetes 项目目前支持和维护的是 AWS、GCE 和 nginx 这三个版本，因此本节以 nginx 为例，介绍如何通过 YAML 部署 Pod ingress controller，具体步骤说明如下。

访问 https://kubernetes.io/docs/concepts/services-networking/ingress-controllers/获取更多 ingress controller 信息。

（1）获取 ingress controller 的 YAML 文件

1）下载 ingress controller 项目文件，命令如下。

```
[user@master k8s]$ mkdir -p nginx
[user@master k8s]$ cd nginx/
[user@master nginx]$ wget https://github.com/kubernetes/ingress-nginx/archive/
controller-v0.40.0.zip
```

2）安装 unzip，用于解压 controller-v0.40.0.zip，命令如下。

```
[root@master nginx]# mount /dev/sr0 /media/
[root@master nginx]# yum -y install unzip
```

3）解压 controller-v0.40.0.zip 并复制 delopy 文件，命令如下。

```
[user@master nginx]$ unzip controller-v0.40.0.zip
```

```
[user@master nginx]$ cd ../ingress
[user@master ingress]$
cp../nginx/ingress-nginx-controller-v0.40.0/deploy/static/provider/baremetal/deploy.yaml.
```

cp 的目的路径是当前目录，用一个点（.）表示。

（2）修改 deploy.yaml 中的镜像下载地址

在 deploy.yaml 中需要从 k8s.gcr.io 下载 ingress controller 的镜像，但是由于获取 k8s.gcr.io 上的镜像总是失败，因此直接通过 deploy.yaml 创建 Pod ingress controller 不会成功。此时可以先到 Docker Hub 上搜索 nginx-ingress-controller，获取替代镜像，其中 siriuszg/nginx-ingress-controller:v0.40.0 就是搜索到的替代镜像之一，将其替换到 deploy.yaml 中，步骤如下。

1）打开 deploy.yaml，命令如下。

```
[user@master ingress]$ vi deploy.yaml
```

2）搜索 containers 或者跳转到第 331 行，内容如下所示。

```
331        image: k8s.gcr.io/ingress-nginx/controller:v0.40.0@sha256:
b954d8ff1466eb236162c644bd64e9027a212c82b484cbe47cc21da45fe8bc59
```

3）将第 331 行替换成如下内容，即完成了镜像下载地址的替换。

```
331        image: siriuszg/nginx-ingress-controller:v0.40.0
```

有的时候，下载 siriuszg/nginx-ingress-controller:v0.40.0 并不顺利，此时有两种解决办法，直接用 docker pull siriuszg/nginx-ingress-controller:v0.40.0 先拉取镜像，如果中间因为网络的导致程序阻塞，可以按〈Ctrl+C〉组合键中止，然后重新运行拉取命令，以此恢复下载，由于 Docker 可以复用之前下载的数据，因此，这样不会重复下载之前的内容。

如果上述方法多次尝试无效，可以尝试替换成 registry.aliyuncs.com/google_containers/nginx-ingress-controller，换成阿里云的镜像地址，后面的镜像名称不变，此时 Docker 同样可以复用之前下载的数据。

（3）暴露 ingress controller 端口

在 deploy.yaml 中找到 serviceAccountName，新增 hostNetwork: true，具体内容如下。

```
403        serviceAccountName: ingress-nginx
404        hostNetwork: true
```

hostNetwork=true 用于暴露 Pod ingress controller 的端口（80）供其他节点访问。如果不设置这个，后续运行命令 curl mynginx.com/shop 访问 Pod ingress controller 的 80 端口就会报错：Connection refused。

（4）创建 ingress controller

1）通过 deploy.yaml 创建 Pod ingress controller，命令如下。

```
[user@master ingress]$ kubectl apply -f deploy.yaml
```

2）查看创建的 Pod 信息，命令如下。

```
[user@master ingress]$ kubectl get pod -n ingress-nginx
```

因为 ingress controller 位于 namespace ingress-nginx 内，为了便于查看，使用-n 指定了查看范

围，-n ingress-nginx 表示查看 namespace 为 ingress-nginx 的 Pod。

上述命令执行结果如下，ingress-nginx-controller-7855f7c46b-7hrwz 的 STATUS 为 Running，则说明 Pod ingress controller 创建成功。

NAME	READY	STATUS	RESTARTS	AGE
ingress-nginx-admission-create-49k6z	0/1	Completed	0	9s
ingress-nginx-admission-patch-qnjnn	0/1	Completed	1	9s
ingress-nginx-controller-7855f7c46b-7hrwz	1/1	Running	0	58s

deploy.yaml 中默认 controller 的副本为 1，可以修改 replicas 数值来运行多个副本，提升可用性。

6．创建 Ingress

（1）编辑 ingress-nginx.yml

在 master 节点，使用 vi 打开 ingress-nginx.yml，命令如下。

```
[user@master ingress]$ vi ingress-nginx.yml
```

（2）创建一个类型为 Ingress 的 Resource

在 ingress-nginx.yml 中增加以下内容，创建一个类型为 Ingress 的 Resource，创建"域名+路径=>Service"的映射，内容如下。

```
 1 apiVersion: networking.k8s.io/v1
 2 kind: Ingress
 3
 4 metadata:
 5   name: nginx
 6   annotations:
 7     nginx.ingress.kubernetes.io/rewrite-target: /
 8
 9 spec:
10   defaultBackend:
11     service:
12       name: svc-shop
13       port:
14         number: 80
15
16   rules:
17   - host: mynginx.com
18     http:
19       paths:
20       - path: /shop
21         pathType: Prefix
22         backend:
23           service:
24             name: svc-shop
25             port:
26               number: 80
27       - path: /book
28         pathType: Prefix
29         backend:
30           service:
31             name: svc-book
```

```
32              port:
33                  number: 80
```

上述配置文件的说明如下。

1）第 1 行设置创建 Ingress 的 apiVersion 为 extensions/v1beta1。

2）第 2 行设置 Resource 类型为 Ingress。

3）第 3～7 行设置 Ingress 的 metadata，包括第 5 行设置 name 为 nginx，Ingress 使用 annotations（注释）配置一些和 ingress controller 相关的选项，例如第 6～7 行就是 rewrite-target annotation，其中 nginx.ingress.kubernetes.io/rewrite-target 定义了流量重定向后的目标 URI，如果不设置 nginx.ingress.kubernetes.io/rewrite-target，后续访问时会报 404 Not Found 的错误。

URI 的值可以设置为固定值，如本例的/，也可以加入变量，这些变量是由使用的正则表达式（第 14、18 行中的 path）对原路径（即请求中的路径）解析后得来的，按序存储成$1、$2 等，URI 可以使用这些$编号的值，参考以下链接获取更多信息 https://github.com/kubernetes/ingress-nginx/blob/master/docs/examples/rewrite/README.md。

4）第 9～33 行设置"域名+路径=>Service"的映射，具体说明如下。

- 第 10～14 行设置默认后端，所有域名匹配、路径不匹配的请求会转发到此后端，此处设置的后端 Service 是 svc-shop，端口是 80。

- 第 17 行设置了域名，因为 rules 是一个数组，可以设置多个域名，本例只有 1 个域名，即 mynginx.com。

- 第 20～26 是"路径=>Service"的第一个映射，其中第 20 行 path 用于设置路径的匹配条件，Ingress 会根据 path 对访问请求中的路径进行匹配，path 可以是固定值，也可以是正则表达式，如果是正则表达式，那么 Ingress 会根据此正则表达式对请求中的路径进行匹配和解析，并将结果按序存储成$1、$2 等，供上面 nginx.ingress.kubernetes.io/rewrite-target 的 URI 使用；如果是固定值，如本例中的 /shop，那么当访问路径为 mynginx.com/shop 时，Ingress 会首先解析出路径为 /shop，然后用它去和 Ingress 中的 path 相匹配，发现它和第 14 行的 path 是匹配的，因此，该请求会转发到 Service svc-shop，由第 7 行可知，重定向的目标 URI 为/（因为本例重定向 URI 设置的也是固定值，如果 path 中使用了正则表达式，则它也可以利用解析出来$1、$2 等值组合成一个路径），因此最终的访问路径是 Service svc-shop 下的/。

- 第 21 行 pathType 用于设置路径类型，如果不设置，创建 Ingress 时会报错：* spec.rules[0].http.paths[0].pathType: Required value: pathType must be specified。Prefix 表示用 path 对请求路径（以 / 进行分隔的 URL 路径）进行前缀匹配，匹配逐个进行，本例中的路径是 /shop，那么诸如 mynginx.com/shop、mynginx.com/shop/、mynginx.com/shop/aa 和 mynginx.com/shopaa 等请求路径都是匹配的。

- 27～33 行是"路径=>Service"的第二个映射，同样的原理，当访问 mynginx.com/book 时，该请求会被 Ingress 转发到 Service svc-book 下的 /。

（3）创建 Ingress

1）创建 Ingress 的命令如下。

```
[user@master ingress]$ kubectl apply -f ingress-nginx.yml
```

2）在 master 节点上添加 mynginx.com 和 IP 地址的映射关系，mynginx.com 对应的是 ingress controller 的 IP 地址，在本例中是 node01，IP 地址是 192.168.0.227，所以在/etc/hosts 中写入以下内容。

```
192.168.0.227   mynginx.com
```

3）在 master 上尝试使用域名和路径来访问 svc-shop 和 svc-book，命令如下。

```
[user@master ingress]$ curl mynginx.com/shop
[user@master ingress]$ curl mynginx.com/book
```

如果系统输出以下内容，则说明内部访问 Ingress 是成功的。

```
<title>Welcome to nginx!</title>
```

7. 从外部访问服务

本节在 Windows 主机上使用"域名+路径"来访问 Kubernetes 内部的 Pod 服务，如果能够访问成功，则说明 Ingress 支持外部访问，具体步骤说明如下。

1）编辑 Windows 下的 hosts 文件，路径是 C:\Windows\System32\drivers\etc\hosts，添加以下内容。

```
192.168.0.227 mynginx.com
```

2）在浏览器地址栏输入 mynginx.com/book，如图 6-30 所示。

图 6-30　地址栏界面图

如果系统输出以下内容（如图 6-31 所示），则说明外部访问 Kubernetes Service 成功。

图 6-31　nginx Web 页面图

同样的，如果输入 mynginx.com/shop，能够看到 nginx 的欢迎页面，则说明外部访问 Kubernetes Service 成功。

6.4.6　利用 HPA 实现容器规模的自动伸缩

Kubernetes 基于 RC/RS 可以实现 Pod 规模的伸缩，但这是手动的操作。为此，Kubernetes 提供了 Pod 自动水平伸缩（Horizontal Pod Autoscaler，HPA）来实现 Pod 规模的自动伸缩，HPA 可以依据节点的性能情况，结合相应的策略和配置，自动实现 Pod 个数的增减，即水平伸缩。

1. HPA 的准备工作

HPA 需要获取各个节点的性能参数，Kubernetes 默认支持的性能参数采集工具是 metrics-server，因此，需要先安装 metrics-server，请参考 6.5.1 节先安装 metrics-server。

2．编写 Deployment 的 YAML 文件

1）使用 vi 编辑 dep-nginx.yml，命令如下。

```
[user@master k8s]$ mkdir hpa
[user@master k8s]$ cd hpa/
[user@master hpa]$ vi dep-nginx.yml
```

2）在 dep-nginx.yml 中添加以下内容，创建一个 Deployment，作为 HPA 伸缩的对象，具体内容如下。

```
 1 apiVersion: apps/v1
 2 kind: Deployment
 3 metadata:
 4   name: mydep
 5
 6 spec:
 7   replicas: 2
 8   selector:
 9     matchLabels:
10       app: nginx
11   template:
12     metadata:
13       labels:
14         app: nginx
15     spec:
16       containers:
17       - name: nginx
18         image: nginx:latest
19         imagePullPolicy: IfNotPresent
20         resources:
21           requests:
22             cpu: 50m
```

上述配置中最关键的是第 20～22 行，设置了 Pod 对节点的资源需求，其中第 22 行设置 CPU 需求值为 50m，这里的 50m 并不是 CPU 频率的绝对值，而是将一个 CPU 核的频率统一为 1000m 后得到的相对值，因此，50m 就相当于 0.05 个 CPU。

3）创建 Deployment，命令如下。

```
[user@master hpa]$ kubectl apply -f dep-nginx.yml
```

3．编写 HPA 的 YAML 文件

HPA 也是一个 Kubernetes Resource，因此也可以通过 YAML 文件来创建，具体步骤说明如下。

1）编辑 hpa-nginx.yml，命令如下。

```
[user@master hpa]$ vi hpa-nginx.yml
```

2）在 hpa-nginx.yml 中，输入以下内容。

```
 1 apiVersion: autoscaling/v1
 2 kind: HorizontalPodAutoscaler
 3 metadata:
 4   name: hpa-nginx
 5 spec:
```

```
 6    maxReplicas: 5
 7    minReplicas: 1
 8    scaleTargetRef:
 9      apiVersion: apps/v1
10      kind: Deployment
11      name: mydep
12    targetCPUUtilizationPercentage: 10
```

上述配置文件的说明如下。

- 第 1 行是创建 HPA 的 apiVersion，值为 autoscaling/v1。
- 第 2 行是 HPA 的类型 kind，值为 HorizontalPodAutoscaler。第 1、2 行的值都可以通过 kubectl explain hpa 来获取。
- 第 3~4 行设置 HPA 的元数据信息，其中第 4 行设置了 HPA 的 name 为 hpa-nginx。
- 第 5~12 行设置 HPA 的参数信息，其中第 6 行设置 Pod 的最大副本数为 5；第 7 行设置 Pod 的最小副本数为 2。
- 第 8~11 行设置 HPA 所监控的目标信息，该目标就是前面创建的 Deployment mydep，需要在此列出该 Deployment 的 apiVersion、kind 和 name。
- 第 12 行设置监控目标的基准 CPU 利用率为 10%，这个百分比是 CPU 需求的百分比，不是整个 CPU 的百分比。

除了使用 YAML 创建 HPA 外，也可以使用下面的命令来创建同样的 HPA，其中 autoscale 表示创建 HPA，deploy mydep 指定 HPA 的监控目标；--min=2 设置 Pod 的最小副本数为 2；--max=5 设置 Pod 的最大副本数为 5；--cpu-percent=10 设置"基准 CPU 利用率"为 10%。

[user@master hpa]$ kubectl autoscale deploy mydep --min=2 --max=5 --cpu-percent=10

3）检查 HPA 创建前的状态。

本例中 HPA 将利用 metric-server 获取 Pod 的 CPU 利用率，由于 Kubernetes 和 metric-server 是各自独立的，不同的版本搭配时存在兼容性的问题，导致 HPA 无法获取数据。本书中 Kubernetes 的版本是 v 1.20.1，metric-server 版本是 0.3.6，具体使用时发现，如果 HPA 和监控对象的 Deployment 同时创建，会导致 HPA 一直无法通过 metric-server 获得监控对象 Deployment 中 Pod 的 CPU 利用率，并报如下错误。

```
  Warning  FailedComputeMetricsReplicas  22m  (x4 over 23m)  horizontal-pod-
autoscaler  invalid metrics (1 invalid out of 1), first error is: failed to get cpu
utilization: did not receive metrics for any ready pods
```

上述问题的解决办法是：HPA 和监控对象的 Deployment 分开创建，在创建时，先检查对方是否已经创建好并正常运行，如果是，则开始自身的创建。本例中 Deployment mydep 是先创建的，因此，在创建 HPA 之前，先检查 mydep 的状态，具体步骤如下。

① 获取 Deployment 状态，命令如下。

```
[user@master hpa]$ kubectl get deploy
NAME    READY    UP-TO-DATE    AVAILABLE    AGE
mydep   2/2      2             2            65s
```

② 获取 Pod 状态，具体命令如下，等待直到 mydep 开头的两个 Pod 的状态都是 Running 时，才能进行下一步的操作。

```
[user@master hpa]$ kubectl get pod
NAME                        READY    STATUS     RESTARTS      AGE
mydep-7f7947dd6b-4c4kq      1/1      Running    0             67s
mydep-7f7947dd6b-nvp2s      1/1      Running    0             67s
```

③ 获取 Pod 的 CPU 信息，具体命令如下，等待直到 mydep 开头的两个 Pod 都有数据时，才能进行下一步的操作。

```
[user@master hpa]$ kubectl top pod
NAME                        CPU(cores)        MEMORY(bytes)
mydep-7f7947dd6b-4c4kq      0m                2Mi
mydep-7f7947dd6b-nvp2s      0m                2Mi
```

④ 创建 HPA，具体命令如下。

```
[user@master hpa]$ kubectl apply -f hpa-nginx.yml
```

⑤ 获取 HPA 信息，具体命令如下，刚开始创建时，还未获取"Pod CPU 利用率"，因此 TARGETS 一列中显示 unknown。

```
[user@master hpa]$ kubectl get hpa
NAME        REFERENCE           TARGETS        MINPODS    MAXPODS    REPLICAS    AGE
hpa-nginx   Deployment/mydep    <unknown>/10%  1          5          0           4s
```

等待一段时间，再次运行上述命令 TARGETS 列会显示获取的 CPU 信息，如下所示。

```
NAME        REFERENCE           TARGETS        MINPODS    MAXPODS    REPLICAS    AGE
hpa-nginx   Deployment/mydep    0%/10%         1          5          2           92s
```

如果等待很长时间，TARGETS 依然显示 unknown，可以查看 HPA 的日志，命令如下。

```
[user@master hpa]$ kubectl describe hpa hpa-nginx
```

4．HPA 伸缩算法

HPA 将以"基准 CPU 利用率"和上面的"CPU 需求值"来计算"Pod 新副本数"，如果"Pod 新副本数"<"Pod 当前副本数"，则会减少 Pod 副本，使得 Pod 最终副本数＝"Pod 新副本数"；如果"Pod 新副本数">"Pod 当前副本数"，则会增加 Pod 副本，使得 Pod 最终副本数＝"Pod 新副本数"，但是不管怎样，Pod 最终副本数不能超出 HPA 中 minReplicas 和 maxReplicas 的范围。

其中"Pod 新副本数"的计算公式如下。

```
Pod 新副本数 = Pod 当前副本数 * [Pod CPU 利用率 / 基准 CPU 利用率]
Pod CPU 利用率 = Pod 当前副本的 CPU 使用值之和 / CPU 需求值 / Pod 当前副本数
```

5．HPA 伸缩测试

（1）确认当前 HPA 状态

在进行 HPA 伸缩测试前，先要确认当前的 HPA 状态，命令如下。

```
[user@master hpa]$ kubectl get hpa
NAME        REFERENCE           TARGETS     MINPODS    MAXPODS    REPLICAS    AGE
hpa-nginx   Deployment/mydep    0%/10%      1          5          1           42m
```

上述命令输出说明如下。

1）第 3 列 TARGETS 中有两个数值，第一个 0%表示"Pod CPU 利用率"，它是 Pod 所有副本 CPU 利用率的平均值，第二个 10%是"基准 CPU 利用率"，TARGETS 的值就是根据它们的比值非 0 进 1 后，取整数得来的。

2）第 4 列 MINPODS 是 HPA 中设置的 minReplicas，即最小 Pod 副本数，它是"Pod 新副本数"的下界。

3）第 5 列 MAXPODS 是 HPA 中设置的 maxReplicas，即最大 Pod 副本数，它是"Pod 新副本数"的上界。

4）第 6 列 REPLICAS 是"Pod 当前副本数"。

5）AGE 是当前 HPA 存在的时间。

根据上节中的计算公式"Pod 新副本数 = Pod 当前副本数 * [Pod CPU 利用率 / 基准 CPU 利用率]"，套用 HPA 状态信息中的名称，可以得到 Pod 新副本数的计算公式如下。

```
Pod 新副本数 = TARGETS * REPLICAS
```

之前创建的 Deployment mydep 的 Pod 副本为 2，即 REPLICAS=2，但由于这两个 Pod 负载都为 0（没有访问），因此 TARGETS=0，HPA 上述公式对 Pod 的副本数进行调整时，计算得到"Pod 新副本数"为 0，它比 MINPODS 小，因此取值 MINPODS，即"Pod 新副本数"为 1，因此调整后的 Deployment mydep 的 Pod 副本为 1，这就是为何当前 HPA 状态中 REPLICAS 为 1 的原因。查看 HPA 的日志信息，可以看到调整记录如下。

```
[user@master hpa]$ kubectl describe hpa
Normal  SuccessfulRescale  28m (x2 over 50m)  horizontal-pod-autoscaler  New size:
1; reason: All metrics below target
```

（2）编写压力测试脚本

压力测试脚本用于模拟用户对 Pod 的访问，它可以增加 Pod 的 CPU 负载，从而使得 HPA 进行 Pod 规模的伸缩调整，具体步骤如下。

1）脚本需要访问 Pod，因此需要先获取 Pod mydep 的 IP 地址，命令如下。

```
[user@master hpa]$ kubectl get pod -o wide
NAME                     READY   STATUS    RESTARTS   AGE   IP              NODE
mydep-7f7947dd6b-4c4kq   1/1     Running   0          60m   192.168.2.135   node01
```

由上述信息可知 Pod mydep 位于 node01 上，IP 地址为 192.168.2.135。

2）编辑脚本文件 ts.sh，该脚本实现了一个无限循环，在循环中使用 curl 命令访问 Pod，模拟用户的访问操作，命令如下。

```
[user@master hpa]$ vi ts.sh
```

3）在 ts.sh 中增加以下内容。

```
 1 #!/bin/bash
 2
 3 i=0
 4 while [ true ]
 5 do
 6   let i++
 7   curl 192.168.2.135
 8   #curl 192.168.2.238
 9   #sleep 1
10 done
```

第 7 行要替换成读者自己的 Pod IP。

（3）加压测试

接下来运行脚本 ts.sh，循环访问 Pod mydep，模拟加压，步骤如下。

1）给 ts.sh 加上可执行权限，命令如下。

```
[user@master hpa]$ chmod +x ts.sh
```

2）运行 ts.sh，命令如下。

```
[user@master hpa]$ ./ts.sh
```

如果系统持续打印以下内容，则说明访问 Pod mydep 的 nginx 服务成功。

```
<h1>Welcome to nginx!</h1>
<p>If you see this page, the nginx web server is successfully installed and
working. Further configuration is required.</p>
```

3）查看负载，命令如下。

在一个新的 Linux 终端上运行如下命令。

```
[user@master ~]$ kubectl top pod
```

此时 Pod 的负载还是 0，如下所示，这是因为采集数据的更新有一定的时间间隔。

```
NAME                         CPU(cores)          MEMORY(bytes)
mydep-7f7947dd6b-4c4kq       0m                  2Mi
```

过一段时间后，再次查看 Pod 负载，此时 Pod 的 CPU 使用值为 35m，如下所示。

```
[user@master hpa]$ kubectl top pod
NAME                         CPU(cores)          MEMORY(bytes)
mydep-7f7947dd6b-4c4kq       35m                 2Mi
```

根据以下计算公式，其中"Pod 当前副本的 CPU 使用值之和=35m"，"CPU 需求值=50m"，"Pod 当前副本数=1"。

```
Pod CPU 利用率 = Pod 当前副本的 CPU 使用值之和 / CPU 需求值 / Pod 当前副本数
Pod 新副本数 = Pod 当前副本数 * [Pod CPU 利用率 / 基准 CPU 利用率]
```

得到 Pod CPU 利用率为 70%，具体计算过程如下。

```
Pod CPU 利用率 = 35m / 50m / 1 = 0.7
```

如果 Pod 副本有多个，要把 Pod 当前副本的 CPU 使用值都加起来，最后除以 Pod 当前副本个数。

4）查看 HPA 数据，其 TARGETS 列中"Pod CPU 利用率"是 70%，如下所示。

```
[user@master hpa]$ kubectl get hpa
NAME         REFERENCE           TARGETS    MINPODS    MAXPODS    REPLICAS    AGE
hpa-nginx    Deployment/mydep    70%/10%    1          5          1           109m
```

由此计算"Pod 新副本数"，得到值为 7，如下所示。

```
Pod 新副本数= 1 * [70% / 10%] = 7
```

由于 7 大于 MAXPODS（5），因此，"Pod 新副本数"取值 MAXPODS，即"Pod 新副本数=5"，HPA 将据此进行扩容，使得 Pod 的新副本数达到 5。

5）等待一段时间后查看 Pod 的情况，命令如下，如果系统输出 5 个 Pod 副本（如下所示），则说明 HPA 扩容成功。

```
[user@master hpa]$ kubectl get pod
[user@master ~]$ kubectl get pod
NAME                      READY    STATUS     RESTARTS    AGE
mydep-7f7947dd6b-2hhtm    1/1      Running    0           10m
mydep-7f7947dd6b-4c4kq    1/1      Running    0           80m
mydep-7f7947dd6b-hgdsl    1/1      Running    0           10m
mydep-7f7947dd6b-lrrfw    1/1      Running    0           13m
mydep-7f7947dd6b-v7s2k    1/1      Running    0           10m
```

6）再次获取 HPA 信息，如下所示，TARGES 变为 14%/10%，HPA 扩容之前是 70%/10%，扩容后当前副本数增大为 5，即 REPLICAS=5，因此，"Pod CPU 利用率"变为 70%/5=14%。

```
[user@master ~]$ kubectl get hpa
NAME        REFERENCE          TARGETS    MINPODS    MAXPODS    REPLICAS    AGE
hpa-nginx   Deployment/mydep   14%/10%    1          5          5           71m
```

（4）模拟减压

1）按〈Ctrl+C〉组合键停掉 ts.sh，停止加压，测试 HPA 的缩容。

2）等待一段时间后查看 HPA 信息，如下所示，可以看到"Pod CPU 利用率"降至 0，但副本数仍为 5，这是因为 HPA 的调整有一段时间的滞后。

```
[user@master hpa]$ kubectl get hpa
NAME        REFERENCE          TARGETS    MINPODS    MAXPODS    REPLICAS    AGE
hpa-nginx   Deployment/mydep   0%/10%     1          5          5           122m
```

3）再次等待一段时间后查看 Pod 信息，如下所示，可以看到 Pod 副本数已经降至 1，HPA 缩容成功。

```
[user@master ~]$ kubectl get pod
NAME                      READY    STATUS     RESTARTS    AGE
mydep-7f7947dd6b-4c4kq    1/1      Running    0           90m
```

6.5 Kubernetes 运维实践

本节介绍 Kubernetes 中典型的运维的内容，具体包括 Web UI 的安装与使用、Kubernetes 节点性能数据采集和 Kubernetes 故障调试方法。

6.5.1 Kubernetes 节点性能数据采集

要对 Kubernetes 进行运维，首先要清楚 Kubernetes 中各个节点的运行情况，因此需要采集各个节点的性能数据，如 CPU、内存和网络等。Kubernetes 节点的性能数据需要外部组件来采集，常用的如 metrics-server 等，本节介绍 metrics-server 的安装和使用方法。

1. 创建 metrics-server

（1）下载创建 metrics-server 的 YAML 文件

1）使用普通用户创建/home/user/k8s/metrics 目录，命令如下。

```
[user@master k8s]$ mkdir metrics
```

2）进入 metrics 目录，下载 metrics-server 的 YAML 文件，命令如下。

```
[user@master metrics]$ wget -C https://github.com/kubernetes-sigs/metrics-server/
releases/download/v0.3.6/components.yaml
```

（2）编辑 metrics-server 的 YAML 文件

1）使用 vi 打开 components.yaml，命令如下。

```
[user@master metrics]$ vi components.yaml
```

2）在 metrics-server-deployment.yaml 中注释第 86 行，并增加第 87～91 行的内容，如下所示。

```
86          #image: k8s.gcr.io/metrics-server-amd64:v0.3.6
87          image: mirrorgooglecontainers/metrics-server-amd64:v0.3.6
88          command:
89            - /metrics-server
90            - --kubelet-preferred-address-types=InternalIP
91            - --kubelet-insecure-tls
```

上述文件中的内容说明如下。

- 第 86 行是原来镜像的名称，使用的是 k8s.gcr.io 的镜像，由于防火墙及网速的原因，拉取该镜像的时候很难成功，因此在第 87 行增加了替代镜像 mirrorgooglecontainers/metrics-server-amd64:v0.3.6，它是在 Docker hub 中搜索获取的。
- 第 88 行设置了容器启动时运行的程序和参数，其中第 89 行是运行的程序，即 metrics-server，第 90 行和第 91 行都是参数，其中--kubelet-preferred-address-types=InternalIP 指定 metrics-server 连接各个节点时，优先使用 IP 地址，如果不设置这个参数，则 metrics-server 默认会使用主机名去连接各个节点，这样 metrics-server 运行时会报如下的错误。同时因为 metrics-server 使用 https 去连接各个节点时需要提供证书，因此在第 91 行加上--kubelet-insecure-tls，避免报证书的错误（更多信息可以参考 https://blog.fleeto.us/post/from-metric-server/）。

```
   E0303 09:46:02.595559         1 manager.go:111] unable to fully collect metrics:
[unable to fully scrape metrics from source kubelet_summary:master: unable to fetch
metrics from Kubelet master (master): Get https://master:10250/stats/summary?only_cpu_
and_memory=true: dial tcp: i/o timeout…
```

（3）创建 metrics-server

1）创建各种 metrics-server，命令如下。

```
[user@master metrics]$ kubectl apply -f components.yaml
```

2）查看 Pod metrics-server 信息，命令如下。

```
[user@master metrics]$ kubectl get po -n kube-system -o wide
```

系统输出信息如下，可以看到 metrics-server 在 node01 上正常运行。

```
metrics-server-549555bc65-lss9s      1/1      Running   0         2m10s   192.168.
2.163    node01
```

2. 获取节点性能信息

稍微等待一段时间，然后运行下面的命令来查看各节点的性能信息。

```
[user@master metrics]$ kubectl top nodes
```

正常情况下，系统会打印 metrics-server 采集到的 Kubernetes 每个节点的 CPU 和内存使用信息，如下所示。

```
NAME       CPU(cores)    CPU%    MEMORY(bytes)    MEMORY%
master     204m          10%     1230Mi           71%
node01     105m          5%      775Mi            45%
node02     85m           4%      583Mi            34%
```

在本书实验环境中，Kubernetes 的一个 CPU 相当于虚拟机中的一个核（core），每个 CPU 的计算能力设置为 1000m，这个不是 CPU 的真实频率，只是一个统一的固定值。如果一个节点有两个核，则对应 Kubernetes 中的两个 CPU 应为 2000m，其他的以此类推。本例中 master、node01 和 node02 虚拟机都是两个核，因此它们的计算力都是 2000m。上面的第 2 列 CPU（cores）中，列出的就是每个节点当前消耗的 CPU 计算能力，如 master 使用了 204m，204/2000 约等于 10%，正好对应第三列 CPU 的使用率为 10%，其他的以此类推。

metrics-server 一开始获取各个节点的 CPU 数不一定准确，有可能会比实际的 CPU 核少。

6.5.2　Web UI 的安装与使用

Kubernetes 支持多种 Web UI 插件来管理和查看其集群，k8dash 是其中简单好用的一种。因此，本节以 k8dash 为例介绍 Kubernetes Web UI 的基本使用。

1．安装 k8dash

（1）下载 k8dash 的 YAML 文件

1）创建保存 k8dash 的 YAML 文件的目录，命令如下。

```
[user@master k8s]$ mkdir k8dash
```

2）获取 k8dash 的 YAML 文件。

```
[user@master k8s]$ cd k8dash
```

将 01-prog.tar.gz 中 5-6.tar.gz 中 k8s/k8sdash 目录下的 kubernetes-k8dash.yaml 文件复制到当前目录下。

（2）编辑 k8dash 的 YAML 文件

1）修改 YAML 文件，命令如下。

```
[user@master k8dash]$ vi kubernetes-k8dash.yaml
```

2）修改 kubernetes-k8dash.yaml，设置镜像拉取策略，如下所示。

```
19          imagePullPolicy: IfNotPresent
```

3）为 Service k8dash 设置 NodePort，将其服务提供给 Kubernetes 以外的节点访问，这样 Host 机器（Windows）就可以访问 k8dash Pod 所提供的服务了。具体做法是：在 kubernetes-k8dash.yaml 中，增加第 39 行 NodePort 设置，注释掉第 41~42 行，并增加第 43~44 行内容。

```
39   type: NodePort
40   ports:
41 #   - port: 80
42 #     targetPort: 4654
```

```
43       - port: 4654
44         nodePort: 30000
```

（3）创建 k8dash

1）创建 Deployment 和 Service，命令如下。

```
[user@master k8dash]$ kubectl apply -f kubernetes-k8dash.yaml
```

k8dash 的镜像下载可能并不顺利，可能需要尝试多次。

2）查看刚创建的 Deployment k8dash，命令如下。其中 -n kube-system 用来指定获取 namespace 为 kube-system 的 resource。

```
[user@master k8dash]$ kubectl get deploy -n kube-system
```

如果系统输出了 k8dash 的信息（如下所示），则说明 Deployment 创建成功。

```
NAME       READY     UP-TO-DATE     AVAILABLE      AGE
k8dash     1/1       1              1              7m47s
```

3）查看刚创建的 Service k8dash，命令如下。

```
[user@master k8dash]$ kubectl get svc -n kube-system
```

4）如果系统输出 k8dash 的信息如下所示，说明 Servcie k8dash 创建成功。

```
NAME       TYPE       CLUSTER-IP      EXTERNAL-IP   PORT(S)          AGE
k8dash     NodePort   10.102.240.112  <none>        4654:30000/TCP   6m30s
```

5）查看刚创建的 Pod 信息，命令如下。

```
[user@master k8dash]$ kubectl get pod -o wide -n kube-system
```

6）找到 k8dash 开头的行（如下所示），则可知 Pod k8dash 在 node02 运行。

```
NAME                     READY   STATUS    RESTARTS   AGE   IP             NODE
k8dash-d55b4c85d-wkb9s   1/1     Running   0          11m   192.168.2.69   node02
```

2．访问 k8dash

（1）产生访问 k8dash 的 token

1）创建名字为 k8dash 的服务账号，命令如下。

```
[user@master k8dash]$ kubectl create serviceaccount k8dash -n kube-system
```

2）创建 clusterrolebinding，命令如下。

```
[user@master k8dash]$
kubectl create clusterrolebinding k8dash --clusterrole=cluster-admin --serviceaccount=
kube-system:k8dash
```

3）获取 token，命令如下。

```
[user@master k8dash]$
kubectl -n kube-system describe $(kubectl get secret -n kube-system -o name |
grep namespace) | grep token
```

上述命令执行后，会生成以下 token，在 PuTTY 中复制 token 下面的内容（选中即可）。

```
Name:          namespace-controller-token-jvzmv
```

Type: kubernetes.io/service-account-token
token:
    eyJhbGciOiJSUzI1NiIsImtpZCI6ImxWa0VTZFhvdlZ3d0lrQjBQRXl1LVgySk0zS3FQOFpyODh
    NS1AzV3JNUjgifQ.eyJpc3MiOiJrdWJlcm5ldGVzL3NlcnZpY2VhY2NvdW50Iiwia3ViZXJuZXR
    lcy5pby9zZXJ2aWNlYWNjb3VudC9uYW1lc3BhY2UiOiJrdWJlLXN5c3RlbSIsImt1YmVybmV0ZX
    MuaW8vc2VydmljZWFjY291bnQvc2VjcmV0Lm5hbWUiOiJuYW1lc3BhY2UtY29udHJvbGxlci10b
    2tlbi1qdnpptdiIsImt1YmVybmV0ZXMuaW8vc2VydmljZWFjY291bnQvc2VydmljZS1hY2NvdW50
    Lm5hbWUiOiJuYW1lc3BhY2UtY29udHJvbGxlciIsImt1YmVybmV0ZXMuaW8vc2VydmljZWFjY29
    1bnQvc2VydmljZS1hY2NvdW50LnVpZCI6ImU1ZjUyOWMxLThiYzktNDNjMC05NTg2LTMzMjM2Nm
    FmMDkxYSIsInN1YiI6InN5c3RlbTpzZXJ2aWNlYWNjb3VudDprdWJlLXN5c3RlbTpuYW1lc3BhY
    2UtY29udHJvbGxlciJ9.HzlA-LjwXWqUxK6bTc7PIml0T_7D4ioiqfxHPa7LGH3wL40rwx9xJljr_
    784JYMYow1PPCAM3h78cL4pMGVxenN63K62OoGrrnUGvtLHixbd_95m8ngFNc4kLHA1l-x20C
    Izrkn972Gpse81KyX8d11jH5dDevf5KE36eKUkI6cNZs0-YxyohrRQi59mQPCeLP35ykKKMCGn9
    xTdzx5-ars4oAju4aIEVbWPos64Ps7_POTezPDuvkfGzR3qegRYD7Nm-aN62YT_5UGZZhY9ce6O
    E2ZGgZG2uVQ0J7dkIo6TlXsCuXlDPj0uddck8WvGjZ7Dy-w_W9P4dKXL33DV8w

（2）访问 k8dash

1）在 Host 机器（Windows）的浏览器中输入 http://192.168.0.226:30000，如图 6-32 所示。

2）系统将显示对话框，需要输入 token，如图 6-33 所示。

图 6-32　网址栏信息图　　　　　　　　图 6-33　对话框输入 token 前界面图

3）输入在 PuTTY 上复制的 token，如图 6-34 所示。

图 6-34　对话框输入 token 后界面图

4）单击 Go 按钮后，会出现 k8dash 的 Web UI，如图 6-35 所示。

图 6-35　k8dash 界面图

在这个界面上，可以非常方便地查看 Kubernetes 的各类信息，包括 CLUSTER、NODES、NAMESPACES、WORKLOADS、STORAGE、ACCOUNT 等，和使用命令获取 Kubernetes 信息相比，k8dash 更加便捷。

可以访问 https://hub.docker.com/r/herbrandson/k8dash 获取 k8dash 的更多信息。

5）单击 NODES 按钮，系统会输出每个节点的性能数据，包括 CPU 和内存等（如图 6-36 所示），这些性能数据是由 metric-server 采集获取的，因此，k8sdash 要显示这些数据，就要先安装 metric-server。

6.5.3　Kubernetes 故障调试

本节介绍 Kubernetes 故障调试的常用方法和技巧，包括：查看 Pod 日志、容器故障调试和查看系统日志。掌握它们将有助于在 Kubernetes 实际使用过程中分析和解决各种问题。

图 6-36　k8dash 界面图

1．查看 Pod 日志

Pod 日志可以帮助了解 Pod 启动的过程和状态，本节介绍 Pod 日志的查看及使用的具体示例，说明如下。

（1）创建 Pod

1）Pod 对应的 YAML 文件是 debug-pod.yml，创建并保存该文件的目录，命令如下。

```
[user@master k8s]$ mkdir debug
[user@master k8s]$ cd debug/
```

2）打开 debug-pod.yml 的目录，命令如下。

```
[user@master debug]$ vi debug-pod.yml
```

3）在 debug-pod.yml 中增加以下内容。

```
1 apiVersion: v1
2 kind: Pod
3 metadata:
4   name: mycentos
5
6 spec:
7   containers:
8     - name: centos-container
9       image: centos9
```

4）使用 debug-pod.yml 创建 Pod，命令如下。

```
[user@master debug]$ kubectl apply -f debug-pod.yml
```

5）查看 Pod 的状态，命令如下。

```
[user@master debug]$ kubectl get pod
```

系统会输出 Pod mycentos 的状态不正常，如下所示。

```
NAME        READY     STATUS         RESTARTS    AGE
mycentos    0/1       ErrImagePull   0           46s
```

6）查看 Pod mycentos 的日志，获取详细信息，命令如下。

```
[user@master debug]$ kubectl describe pod mycentos
```

也可以使用 kubectl logs mycentos 查看 Pod mycentos 的日志。

在上述命令显示的信息中，重点查看最后的 Events 信息，它列出了 Pod 启动中的各个操作和状态，具体如图 6-37 所示。

图 6-37　Pod Events 信息界面图

在图 6-37 中，可以很清楚地看到，centos9 这个镜像下载失败，这是因为在编辑 YAML 文件中，将镜像名称 centos 写成了 centos9。因此，修改 debug-pod.yml 中的镜像名称为 centos 即可，修改后的内容如下。

```
9        image: centos
```

（2）重新创建 Pod

1）重新创建 Pod，命令如下。

```
[user@master debug]$ kubectl delete -f debug-pod.yml
pod "mycentos" deleted
[user@master debug]$ kubectl apply -f debug-pod.yml
```

2）再次查看 Pod 状态，命令如下，Pod 的状态和之前不一样，但还是不正常。

```
[user@master debug]$ kubectl get pod
NAME        READY      STATUS              RESTARTS        AGE
mycentos    0/1        CrashLoopBackOff    1               12m
```

3）再次查看 Pod 日志，命令如下。

```
[user@master debug]$ kubectl describe pod mycentos
```

上述命令执行后，系统输出如图 6-38 所示。

```
Events:
  Type     Reason     Age                    From                Message
  Normal   Scheduled  3m58s                  default-scheduler   Successfully assigned default/mycentos to node02
  Normal   Pulled     2m30s (x5 over 3m56s)  kubelet             Container image "centos" already present on machine
  Normal   Created    2m30s (x5 over 3m56s)  kubelet             Created container centos-container
  Normal   Started    2m30s (x5 over 3m56s)  kubelet             Started container centos-container
  Warning  BackOff    2m1s (x10 over 3m55s)  kubelet             Back-off restarting failed container
```

图 6-38　Pod Events 信息界面图

由图 6-38 可知，前面 centos 镜像已经成功拉取到本地，前面的问题已经解决，但是在启动和重启 container 时失败，错误信息为 Back-off restarting failed container，这就涉及第二个调试方法——容器故障调试了。

2．容器故障调试

本节在上节调试示例基础上深入容器，去调试为何 centos 镜像在启动容器时失败。有两个常用的调试方法，具体说明如下。

（1）查看容器日志

1）定位 Pod mycentos 所在的节点，命令如下。

```
[user@master debug]$ kubectl get pod -o wide
```

上述命令执行结果如下，可知 Pod mycentos 位于 node02。

```
NAME        READY     STATUS              RESTARTS     AGE     IP              NODE
mycentos    0/1       CrashLoopBackOff    7            13m     192.168.2.73    node02
```

2）在 node02 上获取对应容器的 ID，命令如下。

```
[user@node02 ~]$ docker ps -a | grep centos
```

上述命令会显示名字中包含 centos 的容器信息，如下所示，可知容器的 ID 为 4e6923b06980。

```
484497445fee        300e315adb2f        "/bin/bash"     About a minute ago
Exited (0) About a minute ago
k8s_centos-container_mycentos_default_fab97483-2adc-4fa6-97b0-cc60a2786841_8
```

3）根据容器 ID 查看容器日志，命令如下。

```
[user@node02 ~]$ docker logs 41992125eeb2
```

执行上述命令后系统会输出如下信息，这是因为该容器已经退出（Exited），无法查看日志。

```
Error: No such container: 41992125eeb2
```

4）手动启动该容器，命令如下。

```
[user@node02 ~]$ docker start 41992125eeb2
```

5）立即查看日志，命令如下。

```
[user@node02 ~]$ docker logs 41992125eeb2
```

没有任何显示，无法从日志中获取信息，这就要用到容器故障调试的第二个方法了。

虽然本例无法从容器日志中获取信息，但本例介绍的方法是在容器故障调试中使用非常频繁的，很多故障通过上述方法就可以直接定位和解决。

（2）手动运行容器

既然无法从容器日志中获取信息，那就直接手动运行容器，来模拟 Pod 中该容器的启动，然后观察这个过程中的输出信息来定位故障，具体说明如下。

1）在 node01 上查看镜像名，命令如下。

```
[user@node01 ~]$ docker images | grep centos
```

上述命令输出如下，可以看到存在名字为 centos 的镜像。

```
centos      latest              470671670cac        6 weeks ago     237MB
```

2）手动启动该镜像，命令如下。

```
[user@node01 ~]$ docker run centos
```

3）查看 docker 容器情况，命令如下。

```
[user@node01 ~]$ docker ps -a | grep centos
```

4）如下所示，手动运行的容器也直接退出了，它启动时执行的程序是/bin/bash，这就说明/bin/bash 运行时是需要分配伪终端、打开 stdin 的，否则就会直接退出。

```
8c20d554acc3        centos    "/bin/bash"    34 seconds ago      Exited (0) 32 seconds ago
```

5）运行 centos 容器的正确命令（如下所示），其中-i 用来打开 stdin，-t 用来分配一个伪终端。

```
[user@node02 ~]$ docker run -i -t centos
```

上述命令运行后，直接就进入容器了，如下所示。

```
[root@2eb979aceda6 /]#
```

6）至此定位了 debug-pod.yml 中 centos 容器启动和重启失败的原因：没有增加-i 和-t 的选项。那么在 debug-pod.yml 中如何增加这两个选项呢？使用 kubectl explain pod --recursive=true 查看后可知，增加以下第 10～11 行两个选项即可。

```
 1 apiVersion: v1
 2 kind: Pod
 3 metadata:
 4   name: mycentos
 5
 6 spec:
 7   containers:
 8     - name: centos-container
 9       image: centos
10       tty: true
11       stdin: true
```

7）删除原有的 Pod，并重新创建，命令如下。

```
[user@master debug]$ kubectl delete -f debug-pod.yml
[user@master debug]$ kubectl apply -f debug-pod.yml
```

8）再次查看 Pod 状态，Pod 已经正常运行，如下所示。

```
[user@master debug]$ kubectl get pod
NAME        READY   STATUS    RESTARTS   AGE
mycentos    1/1     Running   0          73s
```

3．查看系统日志

也可以使用 journalctl 查看系统日志来定位问题，例如前面在创建 calico 网络时，总是报 calico-node ErrImagePull 的错误，可以通过 journalctl 来查看日志获取下面的信息。

```
Get https://registry-1.docker.io/v2/calico/cni/manifests/v3.11.2: Get https://auth.
docker.io/token?scope=reposit>
13] PullImage "calico/cni:v3.11.2" from image service failed: rpc error
```

由上述日志可知错误的原因是 docker 向 Registry registry-1.docker.io/v2/calico/cni/manifests/v3.11.2，获取 calico/cni:v3.11.2 失败。因此可以在/etc/docker/daemon.json 中增加 mirror registry 来解决这个问题。

```
"registry-mirrors": ["https://b9pcda2g.mirror.aliyuncs.com"]
```

journactl 需要在 root 用户下运行，可以使用 journalctl -x 来获取整个日志信息，也可以使用 journalctl -f 来动态显示日志。

第7章
Hadoop 集群构建与运维

Hadoop 是一个基于 Linux 的、开源的、可靠的、可伸缩的分布式计算软件，它实现了海量数据的分布式存储和处理。Hadoop 自身仍在不断向前发展：Hadoop 的版本从 2006 年的 0.1.0 发展到 2019 年的 3.2.1，仍在不断向前快速迭代；Hadoop 项目在 2019 年是 Apache 基金会解决 ISSUE（问题）最多的项目；Hadoop 项目的 Contributors（贡献者）依然保持平稳发展的趋势。这些都充分说明 Hadoop 的活跃程度高，生命力旺盛。

目前大数据、云计算和人工智能已成为 Linux 下研发和运维的重要方向，而 Hadoop 作为主流的大数据基础设施，在这些方向中的应用非常普遍。因此，对于 Linux 学习者，如果要从事大数据、云计算和人工智能这些方向的工作，Hadoop 是必备技能和加分项。

Hadoop 经过 10 多年的发展，已经形成了一个庞大的生态系统。概念多且技术庞杂。本章将介绍 Hadoop 生态中 HDFS、YARN 和 Ozone 这三大框架的原理、架构、核心概念、快速构建方法和常用命令等，具体内容如下。

- Hadoop 是什么？
- Hadoop 的组成及生态系统。
- Hadoop 3.x 的新特性。
- HDFS 技术特性和系统架构。
- YARN 系统架构和运行机制。
- Ozone 系统架构及核心概念。
- 快速构建可扩展的 HDFS。

- 如何实现 HDFS 的动态扩容？
- 如何实现 HDFS 的高可用？
- 如何实现 HDFS 的删码存储？
- 如何查看 YARN 的日志？
- 快速构建可扩展的 Ozone。
- 如何实现 Ozone 支持多用户？

7.1 Hadoop 的原理及核心组件架构（扩展阅读 12）

Hadoop 是一个开源的、可靠的、可伸缩的分布式计算软件，它基于软件的方式，将多台计算机的空间聚合成一个整体，实现了海量数据的存储；它同时还实现了这些计算机资源的统一管理，为用户的请求分配合适的资源；此外它还将用户提交的计算任务，分配到不同的计算机上，由每台计算完成该任务的一部分，并负责底层的通信和容错等，从而实现海量数据的分布式并行处理。

Hadoop 基于软件实现了集群的伸缩，其集群规模可以小至一个节点，大至几千个节点；Hadoop 还实现了集群的水平扩展，可以通过简单地增加节点的方式，实现 Hadoop 集群存储和计算能力的提升，原有的节点依然可以使用；在大规模的 Hadoop 集群中，节点不可用是一种正常现象，Hadoop 基于软件解决了节点不可用所带来的一系列问题。因此 Hadoop 可以构建在廉价的商用机器之上，和传统的基于硬件提供性能和可用性的解决方案相比，Hadoop 更加经济可行。

本节将介绍 Hadoop 的组成及生态系统、Hadoop 3.x 的新特性、HDFS 的技术特性与系统架构、YARN 系统架构及运行机制、Ozone 系统架构及核心概念。

本节属于扩展阅读部分，请参考本书配套免费电子书《Linux 快速入门与实战——扩展阅读与实践教程》中的"扩展阅读 12：Hadoop 的原理及核心组件"部分。

7.2 HDFS 的使用与运维

本节介绍 HDFS 的使用和运维，包括构建基于容器的 HDFS 集群、HDFS 常用命令、HDFS 动态扩容、HDFSHA 实践和 HDFS 纠删码机制与使用。

7.2.1 构建基于容器的 HDFS 集群（实践 11）

构建 HDFS 有多种方案，传统的方案是基于虚拟机来构建 HDFS，Docker 容器技术出现后，基于 Docker 容器也可以很方便地构建 HDFS 且优势明显。本节将对比分析这两种构建方法的优缺点，并介绍采用 Docker 容器构建 HDFS 的具体步骤。

1. 基于虚拟机构建 HDFS

采用虚拟构建 HDFS 的实验环境如图 7-1 所示，自底向上分为 5 层，第一层为 Host 操作系统 Windows7 64bit；第二层是虚拟机软件 VMware WorkStation 9；第三层是虚拟机 VM01、VM02 等，用来模拟 HDFS 中的各个节点；第四层是 Guest 操作系统 CentOS 8，它们安装在各个虚拟机上；第五层 HDFS 的各个节点，如 NameNode 和 DataNode，它们部署在 Guest 操作系统之上。

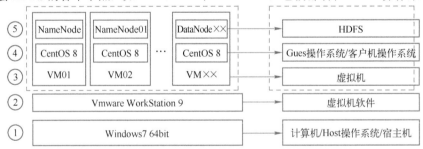

图 7-1 基于虚拟机的 HDFS 实验环境图

基于上述方法构建 HDFS，其优点是构建简单方便，缺点是开销大，具体说明如下。

● 构建和维护的开销大，每个节点都对应一个单独的虚拟机，即使采用复制的方法，也需要对该虚拟机进行配置，一旦更新，则需要逐个节点操作，工作量很大。

● 存储空间的开销大，每个节点虚拟机都需要一个镜像文件，从 Guest 操作系统、系统软件到应用，都要占用空间，其存储开销随着 HDFS 的规模线性增长。

● 运行的开销大，每个虚拟机都需要运行独立的 Guest 操作系统，这将占用相当的系统开销，其运行开销随 HDFS 的规模线性增长。

因此，在单机上使用虚拟机来构建 HDFS 实验环境，在 HDFS 节点数较少（3 个以下）的情况下还可以，但是如果 HDFS 节点较多（超过 5 个），则一般的计算机很难支撑其流畅运行。

2．基于 Docker 容器构建 HDFS

基于 Docker 容器技术来构建 HDFS 实验环境可以有效解决上述问题，如图 7-2 所示，具体思路说明如下。

- 构建一个 HDFS 基础镜像，基于该镜像运行多个容器，每个容器作为 HDFS 的一个节点，容器只运行 HDFS 的节点程序以及 sshd 服务器进程，没有其他开销，更没有虚拟机中 Guest 操作系统开销，因此容器的运行开销很小。
- 所有的容器可以共享一个基础镜像，因此，即使 HDFS 的规模有 1000 个节点，也只占用 1 个镜像文件的空间，因此容器的空间开销很小。
- 容器的启动、关闭等操作都可以通过命令来完成，可以把这些命令写入脚本，实现自动或半自动的操作，而且一旦有更新，只需要更新镜像，就可以同步到所有容器，非常简单和方便，因此容器的运维开销也大幅降低。

总之，利用 Docker 容器技术，只需要一个虚拟机，就可以在一台笔记本计算机上轻松构建 10 个节点以上的 HDFS 或 YARN 集群。

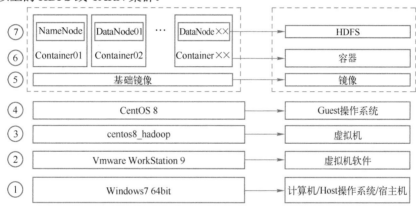

图 7-2　HDFS 部署图

本节属于实践内容，因为后续章节会用到本节所构建的 HDFS 集群，**所以本实践必须完成**。请参考本书配套免费电子书《Linux 快速入门与实战——扩展阅读与实践教程》中的"**实践 11：构建基于容器的 HDFS 集群**"部分。

7.2.2　HDFS 常用命令（实践 12）

HDFS 的常用命令包括文件系统操作命令、打印 HDFS 的版本、获取配置等。本节属于实践内容，因为后续章节会用到本节知识，**所以本实践必须完成**。请参考本书配套免费电子书《Linux 快速入门与实战——扩展阅读与实践教程》中的"**实践 12：HDFS 常用命令**"部分。

7.2.3　HDFS 动态扩容

HDFS 动态扩容是指在 HDFS 不停机的情况下，实现存储空间的扩展，有两种常用方法，分别是：加入节点实现动态扩容；在已有的节点上实现动态扩容。

1．加入节点实现动态扩容

为 HDFS 动态加入节点，实现 HDFS 的空间扩容，具体步骤说明如下。

（1）准备 HDFS 集群

1）启动一个 3 节点的 HDFS 集群，包括两个 DataNode，命令如下。

```
[user@node01 ~]$ ./hdfs.sh 3
```

2）查看 HDFS 状态，命令如下。

```
[user@nn01 hadoop-3.2.1]$ hdfs dfsadmin –report
```

如果能够看到两个 DataNode，如下所示，则说明 HDFS 正常启动。

```
Live datanodes (2):
```

3）当前 HDFS 容量为 33.97GB，如下所示。

```
Configured Capacity: 36477861888 (33.97 GB)
```

（2）加入新节点 dn3

1）运行容器 dn3，模拟新加入的节点，命令如下。

```
[user@node01 ~]$ docker run --network cluster_bridge --ip 192.168.2.5 -h dn3 --name dn3 -v /home/user/share/dn3:/home/user/dfs/ centos8_hadoop /usr/sbin/sshd -D &
```

2）在 dn3 上启动 DataNode，命令如下。

```
[user@dn3 hadoop-3.2.1]$ hdfs --daemon start datanode
```

3）查看 HDFS 状态，命令如下。

```
[user@nn01 ~]$ hdfs dfsadmin –report
```

4）如果看到新加入的 DataNode，则说明 dn3 加入成功。

```
Name: 192.168.2.5:9866 (dn3.cluster_bridge)
```

5）如果 HDFS 的容量由之前的 33.97GB 扩展到了 50.96GB，如下所示，则说明动态扩容成功。

```
Configured Capacity: 54716792832 (50.96 GB)
```

2. 在已有节点上实现动态扩容

在不增加 HDFS 节点的情况下，实现 HDFS 扩容，具体有两种方法：第一种方法是使用 LVM 实现某个 DataNode 节点的扩容，具体可以参考 3.3.4 节中的操作，该方法的好处是不需要修改 DataNode 的配置，但是，LVM 操作时必须十分小心谨慎，稍不注意可能会导致该 DataNode 无法启动；第二种方法则是将新增存储挂载到新的目录，然后配置 DataNode，将该目录作为 DataNode 新的存储目录，具体说明如下。

当前 HDFS 共有 3 个 DataNode，dn1、dn2 和新加入的 dn3，总的容量为 50.96GB，接下来为 dn3 增加新的存储目录，进一步扩展 HDFS 的容量，具体操作如下。

1）停止 dn3 上的 DataNode，命令如下。

```
[user@dn3 ~]$ hdfs --daemon stop datanode
```

2）修改 dn3 上的 hdfs-site.xml 配置文件，命令如下。

```
[user@dn3 ~]$ cd hadoop-3.2.1
[user@dn3 hadoop-3.2.1]$ vi etc/hadoop/hdfs-site.xml
```

修改内容如下，增加一个新的路径/home/user/dfs/newdisk 作为 dn3 的存储路径。

```
564 <property>
565   <name>dfs.datanode.data.dir</name>
566   <value>/home/user/dfs/datanode,/home/user/dfs/newdisk</value>
```

3）创建新增的存储路径，命令如下。

```
[user@dn3 hadoop-3.2.1]$ mkdir ~/dfs/newdisk
```

实际使用中，要将新增的存储（分区）格式化后挂载到/home/user/dfs/newdisk，这样才会实现真正的扩容。

4）启动 DataNode，命令如下。

```
[user@dn3 hadoop-3.2.1]$ hdfs --daemon start datanode
```

5）查看 HDFS 状态，命令如下。

```
[user@nn01 ~]$ hdfs dfsadmin -report
```

如果系统打印 HDFS 的容量扩展到了 67.95GB，如下所示，则说明扩容成功。

```
Configured Capacity: 72955723776 (67.95 GB)
```

7.2.4　HDFS HA 实践（实践 13）

1．HDFS HA 概述

HDFS 工作时只有一个 NameNode 处于 active 的状态，其余的 NameNode 处于 standby 状态，当 active 的 NameNode 不可用时，HDFS 的高可用（High Availability，HA）机制支持用手动或自动的方式，将其中的一个 standby NameNode 切换成 active NameNode 对外提供服务，从而确保 HDFS 对外服务的不中断。

HDFS HA 有两种实现方式，一种基于 NFS；一种是基于 QJM（Quorum Journal Manager）。由于 NFS 自身也是一个单点，而基于 QJM 的方式则没有单点，因此，本书基于 QJM 来实现 HDFS 的 HA。

2．基于 QJM 的 HDFS HA

基于 QJM 的 HDFS HA 架构如图 7-3 所示，其中 NameNode 可以设置多个，只有一个 NameNode 处于 active 状态，对外提供服务，其余的 NameNode 处于 standby 状态，用于同步 active NameNode 的信息，在这组 NameNode 中，只要有 1 个 NameNode 可用，即可对外正常服务。JournalNode 用于存储用户对 HDFS 的操作日志，该日志在 HDFS 中称为 edit log，JournalNode 至少需要 3 个，假设 JournalNode 的个数为 n，则 HDFS 可以容忍（n-1）/2 个 JournalNode 不可用，因此，为了增加 HDFS 实际可容忍的 JournalNode 个数，JournalNode 个数应设置为奇数。DataNode 和普通 HDFS 架构中的 DataNode 一样，用于存储文件的真实数据。

本书基于 QJM 和容器技术来实现在一台虚拟机上构建 HDFS HA 集群，具体内容属于实践内容，因为实际使用中经常会用到本节的 HDFS HA 技术，**所以本实践必须完成**。请参考本书配套免费电子书《Linux 快速入门与实战——扩展阅读与实践教程》中的"实践 13：HDFS HA 实践"部分。

7.2.5　HDFS 纠删码存储机制与使用

本节介绍 HDFS 纠删码（Erasure Coding，EC）的存储机制与使用。有关纠删码简介，可以参考 7.1 节中的说明。纠删码需要多个 DataNode，以 RS-6-3-1024k 编码策略为例，至少需要 9 个

（6+3=9）DataNode。为此，本节以 7.2.1 节中所编写的 hdfs.sh 为基础，基于 centos8_hadoop 镜像，构建 12 个节点的 HDFS 集群（包含 11 个 DataNode），具体步骤说明如下。

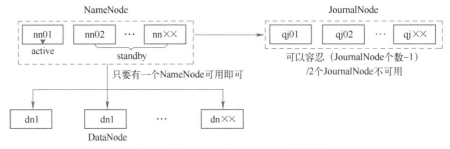

图 7-3　基于 QJM 的 HDFS HA 架构图

1．构建 HDFS 纠删码实验环境

（1）准备实验环境

1）停止和删除已运行的 Docker 容器，命令如下。

```
[user@node01 hadoop]$ docker stop $(docker ps -a -q)
[user@node01 hadoop]$ docker rm $(docker ps -a -q)
```

2）清除 share 目录下的内容，命令如下。

```
[user@node01 ~]$ rm share/nn01/* -rf
[user@node01 ~]$ rm share/dn1/* -rf
[user@node01 ~]$ rm share/dn2/* -rf
[user@node01 ~]$ rm share/dn3/* -rf
```

（2）编写 HDFS 启动脚本 hdfs-erc.sh

1）复制 hdfs.sh 为 hdfs-erc.sh。

```
[user@node01 hadoop]$ cp hdfs.sh hdfs-erc.sh
```

2）注释 hdfs-erc.sh 中启动 HDFS 的命令，如下所示。

```
77 #ssh $nn01_ip "cd ~/hadoop-3.2.1;./sbin/start-dfs.sh"
```

（3）启动 HDFS 集群

1）启动 HDFS 集群，命令如下。

```
[user@node01 hadoop]$ ./hdfs.sh 12
```

2）登录 nn01，格式化 HDFS，命令如下。

```
[user@node01 hadoop]$ ssh 192.168.2.2
[user@nn01 ~]$ hdfs namenode –format
```

3）进入 Hadoop 目录，启动 HDFS，命令如下。

```
[user@nn01 ~]$ cd hadoop-3.2.1
[user@nn01 hadoop-3.2.1]$ sbin/start-dfs.sh
```

接下来就在这个 HDFS 上进行纠删码的操作，具体说明如下。

2．纠删码基本操作

（1）查看 HDFS 的编码策略

查看 HDFS 编码策略的命令如下，其纠删码编码策略如图 7-4 所示。

```
[user@nn01 hadoop-3.2.1]$ hdfs ec -listPolicies
Erasure Coding Policies:
```

图 7-4　HDFS 纠删码策略列表图

图 7-4 表示当前 HDFS 支持 5 种编码策略，具体说明如下。

- RS-10-4-1024k 中 RS 表示编码（译码）算法，RS 是 Reed-Solomon 的缩写，RS 是一种典型的纠删码，当前 HDFS 除了支持 RS 编码外，还支持 XOR 编码，这是一种异或操作的纠删码；10 表示原始数据为 10 个 Cell（Unit）；4 表示冗余（校验）数据为 4 个 Cell，即 10 个 Cell 原始数据编码后，将生成 10 个 Cell 原始数据和 4 个 Cell 的冗余数据，分布存储在 14 个 DataNode 之上，任意 4 个 DataNode 不可用，依然恢复出该文件；CellSize 表示 Cell 的大小，即 1024*1024=1048576 字节，RS-3-2-1024k 和 RS-6-3-1024k 同理。
- RS-LEGACY-6-3-1024k 采用的纠删码算法是 RS-LEGACY，这是之前遗留的 RS 算法。
- XOR-2-1-1024k 采用 XOR（异或操作）作为纠删码算法，2 表示原始数据为 2 个 Cell；1 表示冗余数据为 1 个 Cell；CellSize 表示 Cell 的大小，即 1024*1024=1048576 字节。

（2）设置编码策略

HDFS 支持以目录为单位，设置纠删码的编码策略，步骤说明如下。

1）创建示例目录 6-3，命令如下。

```
[user@nn01 hadoop-3.2.1]$ hdfs dfs -mkdir /6-3
```

2）查询该目录的编码策略，命令如下。

```
[user@nn01 hadoop-3.2.1]$ hdfs ec -getPolicy -path /6-3
The erasure coding policy of /6-3 is unspecified
```

由上述命令的输出，可知目录 /6-3 默认是没有设置纠删码的编码策略的，也就是说，向该目录写入的文件，默认会采用副本存储。

3）设置 /6-3 的编码策略为 RS-6-3-1024k，命令如下。

```
[user@nn01 hadoop-3.2.1]$ hdfs ec -setPolicy -path /6-3 -policy RS-6-3-1024k
Set RS-6-3-1024k erasure coding policy on /6-3
```

除了 RS-6-3-1024k 可以直接设置，其他的策略，如 RS-3-2-1024k、RS-10-4-1024k、RS-LEGACY-6-3-1024k 和 XOR-2-1-1024k 需要新 enable 该策略后，才能设置，否则设置时会报错，以 RS-3-2-1024k 为例，操作如下。

```
[user@nn01 hadoop-3.2.1]$ hdfs dfs -mkdir /3-2
[user@nn01 hadoop-3.2.1]$ hdfs ec -enablePolicy -policy RS-3-2-1024k
[user@nn01 hadoop-3.2.1]$ hdfs ec -setPolicy -path /3-2 -policy RS-3-2-1024k
Set RS-3-2-1024k erasure coding policy on /3-2
```

（3）上传文件

将本地/etc/profile 上传到 HDFS 的/6-3 目录，命令如下。

```
[user@nn01 hadoop-3.2.1]$ hdfs dfs -cp file:///etc/profile /6-3/
2020-03-31 08:35:18,019 WARN erasurecode.ErasureCodeNative: ISA-L support is not available in your
platform…using builtin-java codec where applicable
```

在执行上述命令的过程中，HDFS 提示 HFDS 没有使用 ISA-L，ISA-L 是 Intel Intelligent Storage Acceleration Library 的缩写，翻译成中文是 Intel 智能存储加速库，它提供了很多优化过的底层函数给存储应用使用，其中就包括 RS 编码译码的加速优化。因此，如果在实际使用中使用 Intel 系列的 CPU，则可以参考 https://hadoop.apache.org/docs/stable/hadoop-project-dist/hadoop-hdfs/HDFSErasureCoding.html 和 https://github.com/01org/isa-l/来使用 ISA-L。

2. 纠删码存储机制

本节以 RS-6-3-1024k 为例，进一步说明纠删码的存储机制，并结合实践操作来加深对纠删码存储机制的理解，为后续更好地使用纠删码打下基础。

（1）纠删码存储机制说明

一个名字为 2G.dat（大小为 2155181466B）的文件，使用 RS-6-3-1024k 进行编码，其存储机制如图 7-5 所示。

图 7-5 中 2G.dat 文件的存储机制说明如下。

- HDFS 会从 2G.dat 的偏移量 0 开始，以 1024KB 的固定大小，划分 Cell 并编号，其中最后一个 Cell 可能不足 1024KB。然后按序以 6 个 Cell 为一组进行编码，得到 6 个 Cell 的原始数据和 3 个 Cell 的冗余（校验）数据，一共 9 个 Cell。
- 这 9 个 Cell 会分别存储到不同的 DataNode 上的 Block 文件中，下一组的 9 个 Cell 又会按序追加到这 9 个 Block 文件中，直到每个 Block 文件达到 128MB 为止，此时 HDFS 对 2G.dat 编码的数据量达到了 1MB*6*128=768MB（805306368B），即为一个 Block Group，对应 9 个 128MB 的 Block 文件，其中有 6 个 Block 文件存储原始数据，另外 3 个 Block 文件存储冗余（校验）数据，这 9 个 Block 文件分别存储在 9 个 DataNode 之上，任意 3 个 DataNode 不可用，都不会影响该 Block Group 数据的访问。
- 第一个 Block Group 编码结束后，HDFS 又会按照同样的原理，对第二个 Block Group 进行编码，同样生成 9 个 Block 文件。
- 根据 2G.dat 的大小，一共会有 3 个 Block Group，大小分别是 805306368B、805306368B 和 544568730B，HDFS 完成第三个 Block Group 编码后，将结束整个编码操作。

（2）纠删码存储机制实践

本节通过实践操作，来说明纠删码的存储机制，具体步骤说明如下。

1）查看之前上传的 profile 文件存储信息，命令如下。

```
[user@nn01 hadoop-3.2.1]$ hdfs fsck /6-3/profile -files -blocks -locations
FSCK started by user (auth:SIMPLE) from /192.168.2.2 for path /6-3/profile at Tue
Mar 31 08:44:39 UTC 2020
/6-3/profile 2155 bytes, erasure-coded: policy=RS-6-3-1024k, 1 block(s):  OK
BP-1284051065-192.168.2.2-1585615585003:blk_-9223372036854775792_1001 len=2155
Live_repl=4
    [blk_-9223372036854775792:DatanodeInfoWithStorage[192.168.2.10:9866,DS-030b857b-
12bb-4f32-a0a4-84ca51416380,DISK],
    blk_-9223372036854775786:DatanodeInfoWithStorage[192.168.2.6:9866,DS-fb1ab1d9-
a5df-453b-99d4-c2a0a9dcb4bc,DISK],
    blk_-9223372036854775785:DatanodeInfoWithStorage[192.168.2.13:9866,DS-02cd01e9-
4b41-4530-ac24-37f0683827c1,DISK],
    blk_-9223372036854775784:DatanodeInfoWithStorage[192.168.2.11:9866,DS-1278af5d-
8d4c-4efd-8a58-c1b66ab9fdfd,DISK]]
```

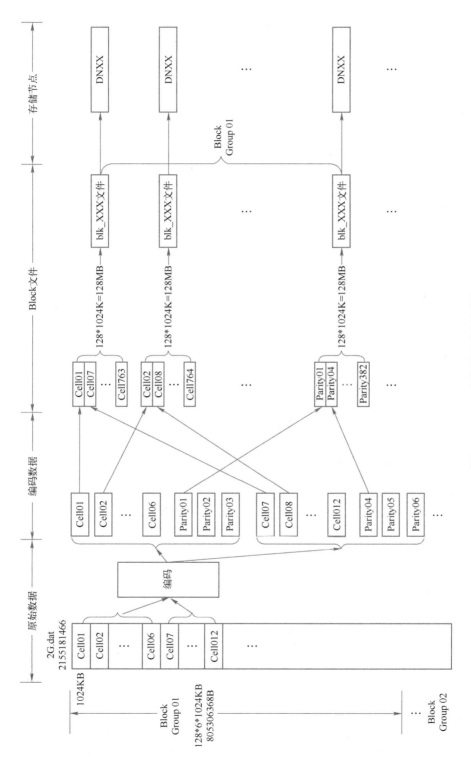

图 7-5　HDFS 纠删码存储机制图

上述 profile 文件存储信息中，1 block(s)表示该文件有 1 个 Block Group，这是因为 profile 的文件大小是 2155B，小于 Block Group 的大小（768MB）；以 blk_-9223372036854775 开头的文件共有 4 个，表示 4 个 Block 文件，这是因为 profile 的大小是 2155B，小于 1 个 Cell 的大小（1024KB），因此只有 1 个 Cell 参与编码，编码后生成 1 个原始数据 Cell 和 3 个冗余数据 Cell，一共 4 个 Cell，每个 Cell 对应一个 Block 文件，因此共有 4 个 Block 文件，它们分别存储在 192.168.2.10（dn8）、192.168.2.6（dn4）、192.168.2.13（dn11）和 192.168.2.11（dn9）这 4 个 DataNode 中。

2）以 dn8 为例，查看 Block 文件信息，如下所示，Block 文件名为 blk_-9223372036854775792，大小为 2155，正好对应 profile 文件的大小。

```
[user@node01 ~]$ ls share/dn8/current/BP-1284051065-192.168.2.2-1585615585003/
current/finalized/subdir0/subdir0/ -l
-rw-rw-r--. 1 user user 2155 Mar 31 04:35 blk_-9223372036854775792
```

3）上传 libhadoop.a 文件，命令如下。

```
[user@nn01 ~]$ hdfs dfs -cp file:///home/user/hadoop-3.2.1/lib/native/libhadoop.a
/6-3/
```

4）查看 libhadoop.a 大小，命令如下，该文件的大小为 1554882B，超过了 1024KB。

```
[user@nn01 ~]$ ls -l /home/user/hadoop-3.2.1/lib/native/
-rw-r--r--. 1 user user 1554882 Sep 10  2019 libhadoop.a
```

根据 RS-6-3-1024k 的原理，1024K < libhadoop.a（1554882）< 2048K。因此，libhadoop.a 划分为两个原始数据 Cell，再加上编码生成的 3 个冗余数据 Cell，一共会有 5 个 Cell，每个 Cell 会对应 1 个 Block 文件，每个 Block 文件会存储到 1 个 DataNode 上。

5）查看 HDFS 上 libhadoop.a 的 Block 信息，命令如下。

```
[user@nn01 ~]$ hdfs fsck /6-3/libhadoop.a -files -locations -blocks
```

上述命令执行结果如下，5 个 Cell 对应 5 个 Block 文件，分别存储在 dn1、dn2、dn6、dn8 和 dn9 上。

```
/6-3/libhadoop.a 1554882 bytes, erasure-coded: policy=RS-6-3-1024k, 1 block(s):  OK
  BP-1284051065-192.168.2.2-1585615585003:blk_-9223372036854775776_1002 len=1554882
Live_repl=5
 [blk_-9223372036854775776:DatanodeInfoWithStorage[192.168.2.4:9866,DS-3377d735-
b9fd-4785-a62e-c77536e2ef02,DISK],
  blk_-9223372036854775775:DatanodeInfoWithStorage[192.168.2.11:9866,DS-1278af5d-
8d4c-4efd-8a58-c1b66ab9fdfd,DISK],
  blk_-9223372036854775770:DatanodeInfoWithStorage[192.168.2.8:9866,DS-3b2457bb-
2897-402a-8508-50b0847d06ff,DISK],
  blk_-9223372036854775769:DatanodeInfoWithStorage[192.168.2.3:9866,DS-c842ae52-
b6f6-42f4-9137-3774da89ea8e,DISK],
  blk_-9223372036854775768:DatanodeInfoWithStorage[192.168.2.10:9866,DS-030b857b-
12bb-4f32-a0a4-84ca51416380,DISK]]
```

根据上述信息，可以得到 libhadoop.a 文件的数据分布，如图 7-6 所示。

6）生成更大的文件 2G.dat，该文件由多个 hadoop-3.2.1.tar.gz 合成而来，连续执行 6 次下面的命令。

```
[user@nn01 ~]$ cat hadoop-3.2.1.tar.gz >> 2G.dat
```

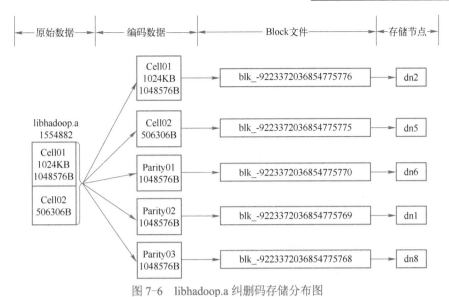

图 7-6　libhadoop.a 纠删码存储分布图

7）查看 2G.dat，如果其大小为 2155181466B，则说明 2G.dat 生成成功。

```
[user@nn01 ~]$ ls -l
-rw-rw-r--. 1 user user 2155181466 Mar 31 12:13 2G.dat
```

8）复制 2G.dat 到/6-3，命令如下。

```
[user@nn01 ~]$ hdfs dfs -cp file:///home/user/2G.dat /6-3/
```

9）查看 2G.dat 的存储信息，命令和执行结果如下。

```
[user@nn01 ~]$ hdfs fsck /6-3/2G.dat -files -blocks
/6-3/2G.dat 2155181466 bytes, erasure-coded: policy=RS-6-3-1024k, 3 block(s):  OK
 BP-1284051065-192.168.2.2-1585615585003:blk_-9223372036854775744_1004 len=805306368
Live_repl=9
 BP-1284051065-192.168.2.2-1585615585003:blk_-9223372036854775728_1005 len=805306368
Live_repl=9
 BP-1284051065-192.168.2.2-1585615585003:blk_-9223372036854775712_1006 len=544568730
Live_repl=9
```

上述命令执行结果说明如下。

3 block(s)表示 3 个 Block Group，编号 0 的 Block Group 中，len=805306368 表示该 Block Group 大小为 805306368B，即 768MB，Live_repl=9 表示有 9 个 Block 文件；编号 1 的 Block Group 同理；编号 2 的 Block Group 中，len=544568730 表示该 Block Group 大小为 544568730B，因为它是最后一个 Block Group，其大小 = 2155181466 - 805306368 - 805306368，Live_repl=9 表示有 9 个 Block 文件，只要该 Block Group 大小比 6MB 大，就都会有 9 个 Block 文件。

3. 纠删码数据恢复

本节介绍纠删码的数据恢复功能，前面上传的 libhadoop.a 文件，编码后对应 5 个 Block 文件，分别存储在 dn1、dn2、dn6、dn8 和 dn9 上，根据纠删码原理，任意 3 个 DataNode 不可用，都可以恢复文件，具体步骤说明如下。

（1）关闭 DataNode

关闭 dn2、dn9 和 dn6 上的 DataNode，模拟 DataNode 不可用，其中 dn2 和 dn9 上存储的是

libhadoop.a 的原始数据，dn6 存储的是冗余数据，具体关闭命令如下。

```
[user@dn2 ~]$ hdfs --daemon stop datanode
[user@dn6 ~]$ hdfs --daemon stop datanode
[user@dn9 ~]$ hdfs --daemon stop datanode
```

（2）复制文件

1）复制 HDFS /6-3/libhadoop.a 到本地目录，命令如下。

```
[user@nn01 ~]$ hdfs dfs -cp /6-3/libhadoop.a file:///tmp/
```

复制过程中，由于 dn2、dn9 和 dn6 不可用，HDFS 连接它们时会有报错，但不影响数据的复制。

2）安装比较工具 diff，命令如下。

```
[root@nn01 user]# yum -y install diffutils
```

3）使用 diff 比较下载后的 libhadoop.a 和原始的 libhadoop.a，命令如下。

```
[user@nn01 ~]$ diff ./hadoop-3.2.1/lib/native/libhadoop.a /tmp/libhadoop.a
```

上述命令执行没有任何输出，说明两个文件相同，HDFS 纠删码数据恢复成功。

再关闭一个 DataNode，如 dn1，则关闭的 DataNode（4）超过了 RS-6-3-1024k 中的 3 个，文件复制会失败。

4）等待一段时间后（10m），再次查看 libhadoop.a 的存储情况，如下所示，libhadoop.a 的 Block 文件存储在 dn5、dn10、dn7、dn1 和 dn8 上。其中原来关闭的 dn2、dn9 和 dn6 不再存在，新增了 dn5、dn10 和 dn7，说明 HDFS 会自动检查和恢复缺失的 Block 文件，并将其存储到其他可用的 DataNode 上。

```
[user@nn01 ~]$ hdfs fsck /6-3/libhadoop.a -files -blocks -locations | grep
192.168
   [blk_-9223372036854775776:DatanodeInfoWithStorage[192.168.2.7:9866,DS-94b736a1-
f76b-4e2f-8abb-72ed099f4d79,DISK],
   blk_-9223372036854775775:DatanodeInfoWithStorage[192.168.2.12:9866,DS-4defe09c-
c00b-4693-b83f-5c8a776375b2,DISK],
   blk_-9223372036854775770:DatanodeInfoWithStorage[192.168.2.9:9866,DS-1b83005e-
97a6-4245-a4b0-2601996e9fe1,DISK],
   blk_-9223372036854775769:DatanodeInfoWithStorage[192.168.2.3:9866,DS-c842ae52-
b6f6-42f4-9137-3774da89ea8e,DISK],
   blk_-9223372036854775768:DatanodeInfoWithStorage[192.168.2.10:9866,DS-030b857b-
12bb-4f32-a0a4-84ca51416380,DISK]]
```

7.3 YARN 构建与运维

本节介绍 YARN 构建与运维的具体示例，包括构建基于容器的 YARN 集群、在 YARN 上运行 MapReduce 程序以及 YARN 日志分类与查看。

7.3.1 构建基于容器的 YARN 集群（实践 14）

本节基于容器实现 YARN 的快速构建，其部署图如图 7-7 所示，自底向上分为 7 层，其中第 1~4 层前面已有类似说明，不再赘述，第 5 层是镜像层，其镜像名是 centos8_hadoop_yarn，由于 YARN 是 Hadoop 的内建模块，可以基于 7.2.1 中 Hadoop 基础镜像 centos8_hadoop 来构建，centos8_hadoop_yarn 是整个系统的公共镜像，不管最终的系统有多少个容器，它们都基于同一个公共镜像，因此存储空间始终是一个镜像文件的大小；第 6 层是容器层，如图 7-7 中的 nn01、dn1~dnXX；第 7 层是应用层，指部署在容器之上的应用，包括 HDFS、YARN，如图 7-7 所示，可以很清楚地看出来这些应用部署在哪个容器上。

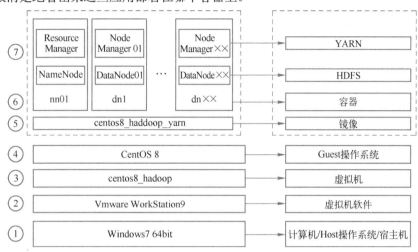

图 7-7　YARN 实验环境部署图

本节属于实践 14 的内容，因为后续章节会用到本节所构建的 YARN 集群，**所以本实践必须完成。请参考本书配套免费电子书《Linux 快速入门与实战——扩展阅读与实践教程》中的"实践 14：构建基于容器的 YARN 集群"部分。**

7.3.2　在 YARN 上运行 MapReduce 程序（实践 15）

MapReduce 程序是分布式程序，它需要提交到 YARN 上运行。本节以 Hadoop 自带的 wordcount 程序（单词计数）为例，介绍如何将其提交到 YARN 运行。本节属于实践内容，请参考本书配套免费电子书《Linux 快速入门与实战——扩展阅读与实践教程》中的**"实践 15：在 YARN 上运行 MapReduce 程序"**部分。

7.3.3　YARN 日志分类与查看

YARN 的日志分为两大类：YARN 架构自身相关日志，包括 ResourceManager 和 NodeManager 的日志；在 YARN 上运行的程序（Application）日志。

第一类日志的 ResourceManager 日志位于 ResourceManager 的$HADOOP_HOME 下的 logs 目录中，日志文件名是 hadoop-user-resourcemanager-nn01.log。

第一类日志的 NodeManager 日志位于每个 NodeManager 的$HADOOP_HOME 下的 logs 目录中，日志文件名是 hadoop-user-nodemanager-dn1.log。

第二类日志位于容器和 AM 的 $HADOOP_HOME 下的 logs/userlogs 目录下，每个 Application 都会根据其 ID 号创建一个目录，例如 application_1585731234237_0001，在此目录下，会保存 Application 在该节点上运行的 Container 日志，示例如下，可以看到 wordcount 这个 Application 有两个 Container，其中尾号为 1 的 Container 是 AM，其他的 Container 用来执行

Task，可能是 Map Task，也可能是 Reduce Task。每个 Container 日志目录下又有 3 个文件：stdout、stderr 和 syslog，其中 stdout 是 Task 执行过程中的输出，例如 printfln 就会输出到 stdout 中，stderr 会保存报错信息，syslog 则会保存系统日志输出。

```
[user@dn1 ~]$ ls hadoop-3.2.1/logs/userlogs/application_1585731234237_0001/
container_1585731234237_0001_01_000001  container_1585731234237_0001_01_000003
[user@dn3 ~]$ ls hadoop-3.2.1/logs/userlogs/application_1585731234237_0001/
container_1585731234237_0001_01_000002
```

Application 的 ID 在控制台上会打印，例如 impl.YarnClientImpl: Submitted application application_1585731234237_0001。

程序在 YARN 运行时，Task 的执行信息并不会在 Client 的控制台上显示，而是会输出到日志，因此，到每个 NodeManager 上去查看日志文件是常用的调试方法。

7.4　Ozone 使用与运维

本节介绍 Ozone 使用与运维的相关内容，包括构建基于容器的 Ozone 集群、Ozone 常用命令和 Ozone 运维实践。

7.4.1　构建基于容器的 Ozone 集群

本节介绍基于容器实现 Ozone 集群的快速构建，内容包括：Ozone 集群部署方案、构建 centos8_hadoop_ozone 镜像和启动 Ozone 集群。

1．Ozone 集群部署方案

本书构建的 Ozone 集群部署方案如图 7-8 所示，自底向上分为 7 层，其中第 1～4 层前面已有类似说明，不再赘述；第 5 层是镜像层，镜像名是 centos8_hadoop_ozone，由于 Ozone 通常和 HDFS 一起使用，因此基于 7.2.1 中 Hadoop 基础镜像 centos8_hadoop 来构建新镜像 centos8_hadoop_ozone，它是整个系统的公共镜像，不管最终的系统有多少个容器，它们都是基于同一个公共镜像，因此存储空间始终是一个镜像文件的大小；第 6 层是容器层，即图 7-8 中的 nn01、dn1～dnXX；第 7 层是应用层，指部署在容器之上的应用，包括 HDFS 和 Ozone，如图 7-8 所示，可以很清楚地看出来这些应用部署在哪个容器上。

2．构建 centos8_hadoop_ozone 镜像

本节基于 7.2.2 中 Hadoop 基础镜像 centos8_hadoop 来构建 centos8_hadoop_ozone 镜像，具体步骤说明如下。

（1）启动集群

1）复制脚本 hdfs.sh 为 ozone.sh，命令如下。

```
[user@node01 hadoop]$ cp hdfs.sh ozone.sh
```

2）编辑 ozone.sh，注释掉启动 HDFS 的命令，如下所示。

```
77 #ssh $nn01_ip "cd ~/hadoop-3.2.1;./sbin/start-dfs.sh"
```

3）启动节点数为 1 的集群，该节点的主机名为 nn01，命令如下。

```
[user@node01 hadoop]$  ./ozone.sh 1
```

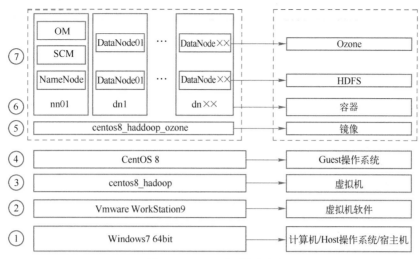

图 7-8　Ozone 集群部署图

（2）配置 Ozone

1）登录 nn01，命令如下。

```
[user@node01 hadoop]$ ssh 192.168.2.2
[user@nn01 ~]$
```

2）使用 wget 下载 Ozone Package，命令如下。

```
[user@nn01 ~]$
wget https://mirrors.tuna.tsinghua.edu.cn/apache/hadoop/ozone/ozone-1.0.0/hadoop-
ozone-1.0.0.tar.gz
```

3）解压，命令如下。

```
[user@nn01 ~]$ tar xf hadoop-ozone-1.0.0.tar.gz
```

4）进入 Ozone 目录，命令如下。

```
[user@nn01 ~]$ cd ozone-1.0.0/
[user@nn01 ozone-1.0.0]$
```

5）编辑 Ozone 的配置文件，命令如下。

```
[user@nn01 ozone-1.0.0]$ vi etc/hadoop/ozone-site.xml
```

6）在<configuration></configuration>之间，增加如下内容。

```
24     <property>
25         <name>ozone.enabled</name>
26         <value>true</value>
27     </property>
28
29     <property>
30         <name>ozone.metadata.dirs</name>
31         <value>/home/user/dfs/ozone/meta</value>
32     </property>
33
34     <property>
35         <name>ozone.scm.names</name>
```

```
36        <value>nn01</value>
37    </property>
38
39    <property>
40       <name>ozone.scm.datanode.id.dir</name>
41       <value>/home/user/dfs/ozone/meta/node</value>
42    </property>
43
44    <property>
45       <name>ozone.om.address</name>
46       <value>nn01</value>
47    </property>
```

7）将命令 ozone 的路径添加到环境变量 PATH 中，编辑/etc/profile，命令如下。

```
[root@nn01 user]# vi /etc/profile
```

在 profile 的末行处增加如下内容。

```
87 HADOOP_HOME=/home/user/hadoop-3.2.1
88 OZONE_HOME=/home/user/ozone-1.0.0
89 PATH=$PATH:$HADOOP_HOME/bin:$OZONE_HOME/bin
90 export PATH
```

8）复制 hadoop-env.sh、workers 和 core-site.xml 文件。

```
[user@nn01 ozone-1.0.0]$ cp ../hadoop-3.2.1/etc/hadoop/hadoop-env.sh etc/hadoop/
[user@nn01 ozone-1.0.0]$ cp ../hadoop-3.2.1/etc/hadoop/workers etc/hadoop/
[user@nn01 ozone-1.0.0]$ cp ../hadoop-3.2.1/etc/hadoop/core-site.xml etc/hadoop/
```

9）安装 tput，用于 ozone 打印帮助，它位于 ncurses Package 中，命令如下。

```
[root@nn01 user]# yum -y install ncurses-6.1-7.20180224.el8.x86_64
```

（3）保存镜像

将容器 nn01 保存为新镜像 centos8_hadoop_ozone，命令如下，其中 8ea501705a5a 为容器 nn01 的 ID。

```
[user@node01 hadoop]$ docker commit 8ea501705a5a centos8_hadoop_ozone
```

3．启动 Ozone 集群

（1）修改 ozone.sh 启动脚本

1）修改 ozone.sh 中的镜像名称，修改内容如下。

```
11 IMG=centos8_hadoop_ozone
```

2）增加新的端口映射，其中 9874 为 OM 的 Web UI 端口，9876 为 SCM 的 Web UI 端口，具体内容如下。

```
40 cmd="docker run  --network $bridge_name --ip $nn01_ip -h $node_name --name
$node_name -v /home/user/share/$node_name:/home/user/dfs/ -p 9870:9870 -p 9874:9874 -
p 9876:9876 $IMG /usr/sbin/sshd -D"
```

3）Ozone 启动 DataNode 需要读取 workers 文件，在 ozone.sh 中增加 workers 文件复制命令，将 workers 复制到 Ozone 的配置目录中，如下所示。

```
78 scp workers ${nn01_ip}:/home/user/ozone-1.0.0/etc/hadoop/
```

（2）启动集群

1）运行脚本 ozone.sh，启动 4 个节点的 Ozone，命令如下。

```
[user@node01 hadoop]$ ./ozone.sh 4
```

2）在 nn01 上初始化 SCM，命令如下，该初始化只需要做一次。

```
[user@nn01 ~]$ ozone scm --init
```

上述命令会创建~/dfs/ozone/meta/scm/目录，如下所示。

```
[user@nn01 ~]$ ls ~/dfs/ozone/meta/scm/
current
```

3）启动 SCM，命令如下。

```
[user@nn01 ~]$ ozone --daemon start scm
```

SCM 进程名为 StorageContainerManagerStarter，如下所示。

```
[user@nn01 ~]$ jps
142 StorageContainerManagerStarter
```

4）创建 Object Store，它需要在 SCM 启动的情况下进行，该操作也只需做一次。

```
[user@nn01 ~]$ ozone om --init
```

上述命令会创建/dfs/ozone/meta/om/current，如下所示。

```
[user@nn01 ~]$ ls ~/dfs/ozone/meta/om/current/
VERSION
```

5）在 Host 虚拟机 hadoop 上检查共享目录，必须要看到 om 和 scm，否则容器重启后，这些目录就不存在了。

```
[user@hadoop hadoop]$ ls ~/share/nn01/ozone/meta/
db.checkpoints  om  scm  scm.db
```

6）启动 Ozone，命令如下。

```
[user@nn01 ~]$ cd ozone-1.0.0/
[user@nn01 ozone-1.0.0]$ sbin/start-ozone.sh
```

（3）检查 Ozone 的启动情况

1）检查 nn01 的 Java 进程，命令如下，如果存在 OM 和 SCM 进程，如下所示，则说明启动成功。

```
[user@nn01 ~]$ jps
967 OzoneManagerStarter
142 StorageContainerManagerStarter
```

2）检查 dn1～dn3 的 Java 进程，命令如下，如果存在 HddsDatanodeService 进程，则说明 DataNode 启动成功。

```
[user@dn1 ~]$ jps
48 HddsDatanodeService
```

3）打印 DataNode 信息，命令如下。

```
[user@nn01 ~]$ ozone admin --scm=nn01 printTopology
State = HEALTHY
```

```
192.168.2.5(dn3.cluster_bridge)    /default-rack
192.168.2.3(dn1.cluster_bridge)    /default-rack
192.168.2.4(dn2.cluster_bridge)    /default-rack
```

4）检查 SCM 的 Web UI

在浏览器访问 SCM Web UI 页面，端口号为 9876，界面如图 7-9 所示，包括配置、文档以及常用工具等。

图 7-9　SCM Web UI 页面图

（5）检查 OM 的 Web UI

在浏览器访问 OM Web UI 页面，端口号为 9874，界面如图 7-10 所示，包括配置、文档以及常用工具等。

图 7-10　OM Web UI 页面图

在 Metrics 下拉菜单中，可以看到 OM 对 Volume、Bucket 和 Key 操作的统计情况，如图 7-11 所示。

图 7-11　OM 统计页面图

7.4.2　Ozone 常用命令

本节介绍 Ozone 常用命令的基本使用，包括 Volume 操作、Buckets 操作、Keys 操作和 HDFS 兼容操作，具体说明如下。

1．Volume 操作

（1）创建 Volume

在 Ozone 上创建名字为 v01 的 Volume，命令如下。

```
[user@nn01 ~]$ ozone sh volume create v01
```

创建 Volume 时需要注意以下几点。

1）可以使用-u XXX 来指定该 Volume 的 Owner 名称，如果不指定，则默认的 Owner 是当前执行 ozone 命令的用户名，如本例中的 user。

2）Volume 的名字为 ASCII 码字符串，长度为 3～63 字节。

3）可以使用-q XX 来指定该 Volume 的配额，所支持的单位包括 BYTES、MB、GB 和 TB，例如 -q 100MB，如果不指定，则默认的配额是 1EB，即 1024PB。

（2）查看 Volume

查看 Volume 的信息的命令如下。

```
[user@nn01 ~]$ ozone sh volume ls
```

上述命令只会列出 Owner 为当前用户名（user）的 Volume，如果一个 Volume 的 Owner 是其他用户，则不会列出，可以使用-u XXX 来列出指定用户的 Volume，示例如下，该命令将列出 Owner 为 mike 的 Volume。

```
[user@nn01 ~]$ ozone sh volume ls -u mike
```

（3）删除 Volume

删除 Volume v01 的命令如下。

```
[user@nn01 ~]$ ozone sh volume delete v01
Volume v01 is deleted
```

删除 Volume 之前，必须确保 v01 为空，v01 下的 Bucket 以及 Bucket 中的 Keys 只能一个个手工删除，Ozone 当前版本没有递归删除的选项，也不支持*通配符。

2．Buckets 操作

（1）创建 Bucket

在 Volume v01 下创建 Bucket aaa，命令如下，其中 v01/aaa 是 Bucket 的 URI，URI 的前缀可以是 o3://，也可以不用前缀，本例中就没有前缀，后续跟 Volume/Bucket，本例中 Volume 名字为 v01，Bucket 名字为 aaa。

```
[user@nn01 ~]$ ozone sh bucket create v01/aaa
```

创建 Bucket 需要注意以下几点。

1）Bucket 必须在 Volume 下创建，而且 Volume 必须提前创建好。

2）Bucket 的名字为 3～63 个字符的 ASCII 码字符串。

3）可以使用 ozone sh bucket create -h 来查看 Bucket 创建命令的帮助。

（2）查看 Bucket

查看刚创建的 Bucket aaa，命令如下，该命令将查看 Volume v01 下所有的 Bucket 信息。

```
[user@nn01 ~]$ ozone sh bucket ls v01
```

上述命令执行结果如下，其中 Volume 名为 v01，Bucket 名为 aaa。

```
{
  "metadata" : { },
  "volumeName" : "v01",
  "name" : "aaa",
...
```

（3）删除 Bucket

删除刚创建的 Bucket aaa，命令如下。在删除 Bucket aaa 之前，要确保 aaa 为空。

```
[user@nn01 ~]$ ozone sh bucket delete v01/aaa
```

3．Keys 操作

Ozone 的 Keys 相当于 HDFS 中的文件，对 Ozone 的 Keys 操作，就是对文件的操作，具体说明如下。

（1）上传文件

将本地文件 /etc/profile 上传到 v01/aaa 上，该文件在 Ozone 中 Key 的名字为 f1，命令如下。

```
[user@nn01 ~]$ ozone sh key put v01/aaa/f1 /etc/profile
```

上述命令参数及注意事项说明如下。

1）v01/aaa/f1 是 URI，其中 v01 是 Volume 名，aaa 是 Bucket 名，f1 是 Key 名。

2）在上传文件前，必须先创建好 Volume 和 Bucket。

3）可以使用 -r 来指定上传文件的副本数，具体设置为-r ONE 和-r THREE，如果不指定，默认是 3 个副本。

4）/etc/profile 是待上传文件的路径。

5）可以使用 ozone sh key put -h 来查看上传命令的帮助。

（2）下载文件

1）将文件 f1 下载到本地 /tmp 目录，下载后的文件名仍然是 f1，命令如下。

```
[user@nn01 ~]$ ozone sh key get /v01/aaa/f1 /tmp/
```

2）将文件 f1 下载到本地/tmp 目录，重命名为 myf1，命令如下。

```
[user@nn01 ~]$ ozone sh key get /v01/aaa/f1 /tmp/myf1
```

（3）查看文件信息

查看刚上传的文件信息，命令如下。

```
[user@nn01 ~]$ ozone sh key info /v01/aaa/f1
```

系统输出该文件的名字、大小、创建时间、副本个数和存储位置等信息，如下所示。

```
{
  "volumeName" : "v01",
  "bucketName" : "aaa",
  "name" : "f1",
  "dataSize" : 2250,
  "creationTime" : "2021-01-09T06:19:36.092Z",
  "modificationTime" : "2021-01-09T06:19:39.188Z",
...
```

（4）删除文件

删除文件 f1，命令如下。

```
[user@nn01 ~]$ ozone sh key delete v01/aaa/f1
```

4．HDFS 兼容操作

Ozone 支持 HDFS 的兼容操作，即使用 hdfs 命令来操作 Ozone 存储系统，其使用习惯和使用 HDFS 一样，具体步骤说明如下。

（1）修改配置

1）编辑 core-site.xml 文件，命令如下。

```
[user@nn01 hadoop-3.2.1]$ vi etc/hadoop/core-site.xml
```

在 core-site.xml 中增加以下配置，注意：fs.defaultFS 的 o3fs://aaa.v02 是默认文件系统的前缀，其中 v02 是 Volume 名，aaa 是 Bucket 名，v02 和 aaa 必须事先创建好，从 HDFS 的角度来看，HDFS 的 / 目录就对应 Ozone 的 /v02/aaa，后续 hdfs 命令的所有操作，都将在 Ozone 的 /v02/aaa 下进行。

```
<property>
  <name>fs.o3fs.impl</name>
  <value>org.apache.hadoop.fs.ozone.OzoneFileSystem</value>
</property>
<property>
  <name>fs.AbstractFileSystem.o3fs.impl</name>
  <value>org.apache.hadoop.fs.ozone.OzFs</value>
</property>
<property>
  <name>fs.defaultFS</name>
  <value>o3fs://aaa.v02</value>
</property>
```

2）编辑 hadoop-env.sh 文件，命令如下。

```
[user@nn01 hadoop-3.2.1]$ vi etc/hadoop/hadoop-env.sh
```

在第 129 行增加 HADOOP_CLASS 的设置，命令如下。

```
export  HADOOP_CLASSPATH=/home/user/ozone-1.0.0/share/ozone/lib/hadoop-ozone-
filesystem-hadoop3-1.0.0.jar:$HADOOP_CLASSPATH
```

（2）HDFS 兼容操作

1）创建 Volume v02，命令如下。

```
[user@nn01 ~]$ ozone sh volume create v02
```

2）创建 Bucket aaa，命令如下。

```
[user@nn01 ~]$ ozone sh bucket create v02/aaa
```

3）上传本地文件 /etc/profile 到 /v02/aaa，命令如下。

```
[user@nn01 ~]$ hdfs dfs -cp file:///etc/profile /
```

4）查看 HDFS 的 / 目录，命令如下。

```
[user@nn01 hadoop-3.2.1]$ hdfs dfs -ls /
Found 1 items
-rw-rw-rw-   3 user user       2250 2021-01-09 06:37 /profile
```

5）在 Ozone 中查看 profile 文件，命令如下。

```
[user@nn01 ~]$ ozone sh key info /v02/aaa/profile
```

上述命令将打印 Key profile 的信息，如下所示，profile 是 Key，它位于 /v02/aaa 下。

```
  "volumeName" : "v02",
  "bucketName" : "aaa",
  "name" : "profile",
  "dataSize" : 2549,
...
```

虽然 Ozone 兼容 HDFS 的操作，但是，它和真正的 HDFS 相比还是有区别的。例如在 HFDS 的 / 目录下可以创建多级目录，这些对应到 Ozone 中，都是 Key，并没有层级的概念，具体示例说明如下。

6）创建一个目录 d1，命令如下。

```
[user@nn01 ~]$ hdfs dfs -mkdir /d1
```

7）上传文件 /etc/profile 到 /d1 下，命令如下。

```
[user@nn01 ~]$ hdfs dfs -cp file:///etc/profile /d1/f1
```

8）查看 Ozone 中 /v02/aaa 下的 Key 情况，命令如下。

```
[user@nn01 ~]$ ozone sh key ls /v02/aaa/
```

上述命令执行后，可以看到 3 个 Key，d1/、d1/f1 和 profile，如下所示，这说明使用 hdfs 所创建的目录和文件在 Ozone 中都是 Key，并且这些 Key 之间没有层级关系。

```
{
  "volumeName" : "v02",
  "bucketName" : "aaa",
  "name" : "d1/",
  "dataSize" : 0,
}
{
  "volumeName" : "v02",
  "bucketName" : "aaa",
  "name" : "d1/f1",
}
{
  "volumeName" : "v02",
  "bucketName" : "aaa",
  "name" : "profile",
```

9）在 Ozone 中删除 Key d1/，命令如下。

```
[user@nn01 ~]$ ozone sh key delete /v02/aaa/d1/
```

上述命令执行后，在 Ozone 中查询不到 Key d1/，但可以查看到 d1/f1 和 profile，而使用 hdfs 命令，则依然可以看到目录 d1，如下所示，这说明虽然在 HDFS 下创建的是目录 d1，但对 Ozone 来说，它们都是 Key，Key 之间没有层级和隶属关系。

```
[user@nn01 ~]$ hdfs dfs -ls /
drwxrwxrwx   - user user          0 2020-04-07 01:49 /d1
-rw-rw-rw-   3 user user       2549 2020-04-07 01:30 /profile
```

7.4.3　Ozone 运维实践

本节介绍 Ozone 常用运维实践，包括多用户支持、Volume 操作和用户、SCM safemode 状态、指定副本数和日志路径等，具体说明如下。

1. 多用户支持

本书示例中，Ozone 放置在用户 user 的 home 目录下，默认情况下，其他的普通用户由于没有权限访问 Ozone 的文件无法使用 Ozone。下面以普通用户 mike 访问 Ozone 为例，说明如何使得 Ozone 支持多用户，步骤如下。

（1）创建普通用户 mike，并设置密码

```
[root@nn01 user]# useradd -m mike
```

使用下面的命令设置 mike 的密码。

```
[root@nn01 user]# passwd mike
```

（2）设置其他用户也可以访问 user 的 home 目录

```
[user@nn01 ~]$ chmod +x /home/user
```

（3）设置其他用户可以写入 ozone-shell.log
切换到 root 用户，执行下面的命令。

```
[root@nn01 ozone-1.0.0]# chmod 666 /home/user/ozone-1.0.0/logs/ozone-shell.log
```

（4）切换到其他普通用户
1）切换普通用户 mike，命令如下。

```
[user@nn01 ~]$ su - mike
```

2）输入前面所设置的密码，如下所示。

```
[mike@nn01 ~]$
```

3）在 mike 用户下运行 Ozone 命令，如下所示。

```
[mike@nn01 ~]$ ozone sh volume ls
```

如果上述 Ozone 命令能正常运行，则说明 Ozone 支持多用户操作设置成功。

2. Volume 操作和用户

默认情况下，创建 Volume 时，如果不指定用户，那么该 Volume 的 owner 是当前登录用户，如果使用-u 指定用户，那么该 Volume 的 owner 为指定的用户。而不管是否指定用户，该 Volume 的 admin 都是当前登录用户。

具体示例如下，该示例创建了 Volume v03，并使用-u mike 指定 v03 的 owner 为 mike，而 v03 的 admin 为当前登录用户 user。

```
[user@nn01 ozone-1.0.0]$ ozone sh volume create v03 -u mike
```

使用 ls 查看 Volume 时，会列出 owner 是当前登录用户的 Volume，其余的 Volume 不会列出。例如在 user 用户下，列出所有的 Volume，命令如下。

```
[user@nn01 ozone-1.0.0]$ ozone sh volume ls
```

由于当前登录的用户是 user，Ozone 只会列出 owner 为 user 的 Volume，而 v03 的 owner 是

mike，因此，上述命令不会有任何输出。切换到 mike 用户，再次列出 Volume，命令如下。

```
[mike@nn01 ~]$ ozone sh volume ls
```

系统打印刚创建的 v01，如下所示。

```
{
  "metadata" : { },
  "name" : "v01",
...
```

在其他普通用户（如 jim）下，无法直接列出 v03，但可以直接在 v03 下创建 Bucket，上传文件，甚至是 delete Volume。

切换到 jim 用户，然后在 v03 下创建 Bucket aaa，命令如下。

```
[jim@nn01 ~]$ ozone sh bucket create v03/aaa
```

删除刚创建的 Bucket aaa，命令如下。

```
[jim@nn01 ~]$ ozone sh bucket delete v03/aaa
```

甚至还可以删除 Volume v03，尽管 v01 的 owner 是 mike，不是 jim。

```
[jim@nn01 ~]$ ozone sh volume delete v01
```

3．SCM safemode 状态

在运维 Ozone 时，经常需要确定其是否处于 safemode 状态，具体命令如下，其中--scm nn01 指定 SCM 的主机名为 nn01。

```
[user@nn01 ~]$ ozone admin --scm nn01 safemode status
```

SCM 处在 saftemode 状态时，上传文件会报以下错误。

```
[user@nn01 ~]$ ozone sh key put v01/aaa/f1 /etc/profile
SCM_IN_SAFE_MODE SafeModePrecheck failed for allocateBlock
```

此时，可以手动执行命令，使其退出 safemode 状态，命令如下。

```
[user@nn01 ~]$ ozone scmcli --scm nn01 safemode exit
```

4．指定副本数

上传 Ozone 文件时，默认 3 个副本，如果 DataNode 不够，会报下面的错误。

```
INTERNAL_ERROR Allocated 0 blocks. Requested 1 blocks
```

此时可以通过指定 1 个副本，来实现文件的存储，命令如下。

```
[user@nn01 ~]$ ozone sh key put -r ONE /v02/aaa/d1/f2 /etc/profile
```

5．日志路径

Ozone 的 SCM、OM 和 DataNode 都有对应的日志文件，说明如下。

- SCM 的日志路径为 SCM 所在节点（nn01）的/home/user/ozone-1.0.0/logs/ozone-user-scm-nn01.log。
- OM 日志路径为 OM 所在节点（nn01）的/home/user/ozone-1.0.0/logs/ozone--user-om-nn01.log。
- DataNode 日志路径为 DataNode 所在节点（dn1～dnXX）的/home/user/ozone-1.0.0/logs/ozone-user-datanode-dn1.log。

第8章
Spark 集群构建、配置及运维

Spark 是一个 Linux 下统一的大规模数据处理分析引擎，它功能强大，可以处理非结构化数据、结构化数据、流数据和图数据等多种类型的数据，同时还有丰富的算法库，包括大数据处理常规算法、机器学习算法和 AI 算法等。

目前，Spark 已经替代 Hadoop 的 MapReduce 框架成为事实上的通用大数据处理平台，因此，对于 Linux 学习者来说，掌握 Spark 将成为一个必备技能和重要的加分项。

本章将针对 Spark 初学者，围绕 Spark 集群的构建、配置和运维，对标 Linux 大数据运维工程师岗位中 Spark 的要求，介绍 Spark 技术基础、构建基于容器的 Spark 集群、Spark 程序运行、Spark 常用配置和 Spark 常用运维技术与工具等内容，具体内容如下。

- Spark 是什么？
- Spark 核心组件有哪些？
- Spark 程序的运行时架构。
- Spark 程序的核心概念分别是什么；
- 快速构建基于容器的 Spark 集群。
- Spark on Standalone 配置及程序运行。
- Spark on YARN 配置及程序运行。
- Spark 的常用配置及方法。
- spark-shell 的基本使用方法。
- Spark Web UI 的使用。
- Spark History Server 的使用。

8.1 Spark 技术基础（扩展阅读 13）

本节介绍 Spark 技术基础，包括 Spark 定义及技术特点、Spark 技术栈和核心组件、Spark 程序运行时架构和 Spark 程序核心概念，这些内容将为后续 Spark 学习打下基础。

1. Spark 定义

Spark 官网给出的英文定义是 "Apache Spark™ is a unified analytics engine for large-scale data processing"，翻译成中文：Apache Spark™是一个统一的大规模数据处理分析引擎。

Spark 的 logo 如图 8-1 所示，Apache Spark™ 右上标 "TM" 表示商标符号，即 Apache Spark 是一个商标。

图 8-1　Spark Logo 图

Spark 的官方网站：http://spark.apache.org/，提供 Spark 各个版本的下载，Spark 新闻以及各种文档。

本书后续如不做特殊说明，默认都是采用 Spark 3.0.1 版本。

2. 认识 Spark

结合官方定义，可以从以下几个方面来认识 Spark。

- Spark 是一个编程框架，它不是 HDFS 或 YARN 那样独立运行的系统。需要按照 Spark 的编程模型调用 Spark 的 API 进行编程，才能编写出分布式运行的 Spark 程序。
- Spark 的核心是弹性分布式数据集（Resilient Distributed Datasets，RDD），RDD 表示一组**不可更改的、分区的和可并行操作的**数据集合。RDD 可以分布存储在多个节点上，并且提供了多种并行操作函数。在 Spark 编程时，调用 Spark API 将待处理的大数据转换成 RDD，然后调用 RDD 的并行操作函数，就可以实现大数据的并行分布式处理了。
- Spark 是一个统一的大数据分析引擎，它不仅支持常规类型数据（非结构化数据）的处理，还支持类似关系数据库中二维表数据（非结构化数据）的处理，还支持流数据和图数据的处理；它不仅提供 API 接口供程序调用，还提供了"读取-求值-输出"循环（Read-Eval-Print-Loop， REPL）交互工具来直接处理大数据，还支持使用 SQL 来操作大数据；它不仅提供了常用的大数据处理算法，还提供了丰富的机器学习算法和人工智能算法。因此，它是一个统一的大数据分析引擎。
- Spark 程序在集群上执行，要有专门的集群管理器，集群管理器用于集群资源的监控、管理和调度等，常用的集群管理器有 Yarn、Mesos 和 Kubernetes 等，Spark 自带的资源管理器是 Standalone，通常把 Spark Standalone 也称为 Spark 集群。

注意 Spark、Spark 程序和 Spark 集群的含义：Spark 指 Spark 框架自身；Spark 程序指基于 Spark API 接口和规则所编写的程序；Spark 集群则指由 Spark 的集群管理器（如 Standalone）所管理的用于执行 Spark 程序的集群。

本节其它内容请参考本书配套免费电子书《Linux 快速入门与实战——扩展阅读与实践教程》中的"**扩展阅读 13：Spark 技术基础**"。

8.2 构建基于容器的 Spark 集群

本节介绍基于容器的 Spark 集群的构建，由于使用了容器技术，该 Spark 集群无论规模多大，都只占用 1 份存储空间；由于容器运行时占用资源少，因此可以轻松在一个虚拟机上启动多个节点；此外由于容器便于管理，可以很方便地使用一个脚本来实现整个 Spark 集群的启动和管理。

8.2.1 Spark 集群规划和部署

基于容器的 Spark 集群部署图如图 8-2 所示，自底向上分为 7 层，其中第 1～4 层前面已有类似说明，不再赘述，第 5 层是镜像层，使用的镜像是 centos8_hadoop_spark，它是整个 Spark 集群的公共镜像，不管最终有多少个容器，它们都基于同一个公共镜像，因此存储空间始终是一个镜像文件的大小；第 6 层是容器层，如图 8-10 中的 nn01、dn1～dnXX；第 7 层是应用层，指部署在容器之上的应用，包括 HDFS、YARN 和 Spark Standalone，如图 8-2 所示，可以很清楚地看出来这些应用部署在哪个容器上。

8.2.2 构建 Spark 基础镜像

由于 Spark 集群中需要用到 HDFS 和 YARN，因此，Spark 基础镜像 centos8_hadoop_spark 可

以基于 7.3.1 节中所构建的 centos8_hadoop_yarn 来构建，本章所使用的虚拟机即为第 7 章所使用的虚拟机 centos8_hadoop，具体步骤说明如下。

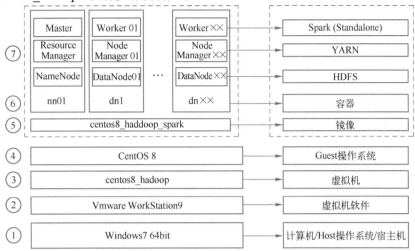

图 8-2　Spark 集群部署图

1. 启动 YARN 集群

1）复制脚本 yarn.sh 为 spark.sh，命令如下。

```
[user@node01 ~]$ mkdir spark
[user@node01 ~]$ cp hadoop/yarn.sh spark/spark.sh
```

2）运行 1 个节点的集群，容器名为 nn01，命令如下。

```
[user@node01 spark]$ ./spark.sh 1
```

3）登录容器 nn01，命令如下。

```
[user@node01 spark]$ ssh 192.168.2.2
[user@nn01 ~]$
```

2. 安装 Spark

1）在 nn01 上下载 Spark，命令如下。

```
[user@nn01 ~]$ wget https://archive.apache.org/dist/spark/spark-3.0.1/spark-3.0.1-bin-hadoop3.2.tgz
```

2）解压 Spark 压缩包，命令如下。

```
[user@nn01 ~]$ tar xf spark-3.0.1-bin-hadoop3.2.tgz
```

3）复制 spark-env.sh 配置文件。

```
[user@nn01 ~]$ cd spark-3.0.1-bin-hadoop3.2
[user@nn01 spark-3.0.1-bin-hadoop3.2]$ cp conf/spark-env.sh.template conf/spark-env.sh
```

4）编辑 spark-env.sh，命令如下。

```
[user@nn01 conf]$ vi spark-env.sh
```

在 spark-env.sh 的末行加上 HADOOP_CONF_DIR 的定义，如下所示，它定义了 Hadoop 配

置文件的路径，这样，Spark 程序就可以根据该路径去读取 Hadoop 的配置，例如读取 core-site.xml 中的默认文件系统前缀（fs.defaultFS）。

```
76 HADOOP_CONF_DIR=/home/user/hadoop-3.2.1/etc/hadoop/
```

5）在/etc/bashrc 的末尾加入下面的内容，使得 ls 时，根据不同的文件类型，显示不同的颜色。

```
alias ls='ls --color=tty'
```

6）在/etc/profile 末尾，将 Spark 命令路径加入 PATH，便于直接运行 Spark 命令，具体内容如下。

```
87 HADOOP_HOME=/home/user/hadoop-3.2.1
88 PATH=$PATH:$HADOOP_HOME/bin
89 SPARK_HOME=/home/user/spark-3.0.1-bin-hadoop3.2/
90 PATH=$PATH:$SPARK_HOME/bin
91 export PATH
```

3．保存镜像

将当前容器存储为新镜像，命令如下，其中 e3acbb68b338 是容器 nn01 的 ID。

```
[user@hadoop spark]$ docker commit e3acbb68b338 centos8_hadoop_spark
```

8.2.3 Spark 容器启动脚本的编辑与使用

本节修改 spark.sh，用它启动基于 centos8_hadoop_spark 镜像的 Spark 集群，具体步骤说明如下。

1．修改 spark.sh

（1）修改基础镜像名

在 spark.sh 中修改镜像名为 centos8_hadoop_spark，如下所示。

```
11 IMG=centos8_hadoop_spark
```

（2）增加端口映射

在 spark.sh 中增加容器运行时的端口映射，其中 9870 是 HDFS 的 Web UI 端口，8088 是 YARN 的 Web UI 端口，8080 是 Standalone 的 Web UI 端口，4040 是 Spark Application 的 Web UI 端口。

```
40 cmd="docker run  --network $bridge_name --ip $nn01_ip -h $node_name --name
$node_name -v /home/user/share/$node_name:/home/user/dfs/ -p 9870:9870 -p 8088:8088 -
p 8080:8080 -p 4040:4040 $IMG /usr/sbin/sshd -D"
```

（3）增加远程复制命令

在 spark.sh 中增加命令，将 workers 文件远程复制为 slaves 文件，用于启动 Spark 集群（Standalone）。

```
78 scp workers ${nn01_ip}:/home/user/spark-3.0.1-bin-hadoop3.2/conf/slaves
```

2．启动 Spark 集群

启动 4 个节点的 Spark 集群，命令如下。

```
[user@node01 ~]$ ./spark.sh 4
```

登录容器 nn01，启动 Spark Standalone 集群，命令如下。

```
[user@nn01 ~]$ cd spark-3.0.1-bin-hadoop3.2
[user@nn01 spark-3.0.1-bin-hadoop3.2]$ sbin/start-all.sh
```

3. 访问 Spark Standalone 的 Web UI

在浏览器访问虚拟机 hadoop 的 8080 端口，该访问通过端口映射转发到容器 nn01 的 8080 端口，即 Standalone 的 Web UI，如图 8-3 所示。

图 8-3　Spark standalone Web UI 页面图

4. 访问 HDFS 的 Web UI

启动 HDFS 集群，命令如下。

```
[user@nn01 hadoop-3.2.1]$ sbin/start-dfs.sh
```

同样的基于端口映射，可以直接查看 HDFS Web UI，如图 8-4 所示。

图 8-4　HDFS Web UI 页面图

5. 访问 YARN 的 Web UI

在 nn01 上启动 YARN 集群，命令如下。

```
[user@nn01 hadoop-3.2.1]$ sbin/start-yarn.sh
```

同样的基于端口映射，直接查看 YARN Web UI，如图 8-5 所示。

图 8-5　YARN Web UI 页面图

8.3　Spark 程序运行

Spark 程序有两种运行方式：本地运行方式和分布式运行方式，而分布式运行方式又有多种运行模式和部署模式，具体说明如表 8-1 所示。

表 8-1　Spark 运行分类表

序号	运行方式	运行模式	部署模式	说明
1	本地运行			Spark 程序在 Driver 端本地运行，不在其他节点运行。因此，它不需要启动任何集群管理器，此方式简单，经常用于调试和快速验证
2	分布式运行	Spark on YARN	client	Spark 程序会提交到集群管理器 YARN，分布到多个节点上运行，Client 和 Driver 在一个进程
3			cluster	Spark 程序会提交到集群管理器 YARN，分布到多个节点上运行，Client 和 Driver 不在一个进程
4		Spark on Standalone	client	Spark 程序会提交到集群管理器 Standalone，并分布到多个节点上运行，Client 和 Driver 在一个进程
5			cluster	Spark 程序会提交到集群管理器 Standalone，并分布到多个节点上运行，Client 和 Driver 不在一个进程

8.3.1　Spark 程序 Local 运行（实践 16）

本节介绍 Spark 程序的 Local 运行方式，其中 Spark 自带了一个名字 spark-examples_2.12-3.0.1.jar 的 jar 包，它是 Spark 自带示例的 jar 包，本节以该 jar 包中的 SparkPi 程序运行为例，介绍 Spark 程序的本地（Local）运行方式。

本节属于实践 16 的内容，请参考本书配套免费电子书《Linux 快速入门与实战——扩展阅读与实践教程》中的"实践 16：Spark 程序 Local 运行"部分。

8.3.2　提交 Spark 程序到 Standalone 运行（实践 17）

Standalone 是 Spark 自带的一个集群管理器，为主/从式架构，包括 Master 和 Worker 两种角色，Master 管理所有的 Worker，Worker 负责单个节点的管理。Spark 程序在 Standalone 上运行，好处是简单、方便，可以快速部署；缺点是不通用，只支持 Spark，不支持 MapReduce 等，此外功能没有专门的集群管理器（如 YARN 等）强大。

如前所述，Spark on Standalone 有两种部署模式：client 和 cluster，本节分别介绍这两种部署模式的使用示例，对每个示例，先介绍具体的操作，然后介绍其运行过程。本节属于实践 17 的内容，请参考本书配套免费电子书《Linux 快速入门与实战——扩展阅读与实践教程》中的"实践 17：提交 Spark 程序到 Standalone 运行"部分。

8.3.3　提交 Spark 程序到 YARN 运行（实践 18）

本节介绍 Spark 程序以 client 部署模式和 cluster 部署模式在 YARN 上的运行知识，包括具体的提交操作和运行过程。本节属于实践 18 的内容，请参考本书配套免费电子书《Linux 快速入门与实战——扩展阅读与实践教程》中的"实践 18：提交 Spark 程序到 YARN 运行"部分。

8.4　Spark 常用配置

Spark 的配置非常重要，这些配置决定了 Spark 程序能否正常运行，决定了 Spark 程序运行时的性能，决定了 Spark 程序所在集群的资源利用率等。由于 Spark 自身的复杂性，Spark 的配置项多且繁杂，设置方法又有多种且功能重叠，这就增加了初学者的学习难度。因此，本节针对初学者，对 Spark 的配置项进行分类，对各类配置方法和注意事项进行总结，列出实际应用中的常用配置项并说明，为初学者快速掌握 Spark 配置打下基础。

8.4.1　Spark 配置分类说明

Spark 配置可以分为三类，如表 8-2 所示。第一类是属性（Properties），用来配置 Spark 程序的参数，该参数是全局的；第二类是环境变量（Environment Variables），用于设置 Spark 程序所在节点的相关参数，如 Spark 程序的加载设置，Spark on YARN 和 Spark on Standalone 的节点设置等；第三类是日志，它是基于 log4j 的，用于 Spark 程序的日志采集和存储等配置。

表 8-2　Spark 配置分类表

配置分类	配置对象	配置方法
属性 Properties	SparkConf	方法一：在代码中直接调用 SparkConf 的函数，如.setAppName("XXX")，这种设置简单，但是只有很少的属性有对应接口
		方法二：在代码中调用 SparkConf 的 set 函数，key=value 形式，这是通用方法，可以设置所有的属性
	spark-submit	方法一：通过选项指定，例如--jars XXX
		方法二：通过--conf, key=value 形式，例如 spark.jars=XXX
	spark-defaults.conf	以 key value 形式直接写入，例如 spark.master　spark://master:7077
环境变量 Environment Variables	spark-env.sh	以 HADOOP_CONF_DIR=/home/user/hadoop-3.2.1/etc/hadoop/的形式写入，其中=左侧的 HADOOP_CONF_DIR 为环境变量名，全大写，以_作为分隔；=右侧为环境变量的值
日志配置 Logging	log4j.properties.	根据 log4j 的配置方法，对 spark-3.0.1-bin-hadoop3.2/conf/log4j.properties 进行配置

8.4.2　Spark 常用配置说明

Spark 的常用配置如表 8-3 所示，此处只是列出了运行 Spark 程序时经常所使用的一些配置，它们只占所有配置的很小一部分，访问 http://spark.apache.org/docs/3.0.0-preview2/configuration.html#spark-properties 获取所有配置的说明。

表 8-3　Spark 常用配置表

序号	配置项	说明
1	spark.jars	设置 Spark 程序所依赖的 jar 包，对于 Driver 和 Executor 都适用。 注意： Spark 会将 jar 包从 Client 端分发到各个节点，不需要各节点事先存储该 jar 包； 该配置项对应 spark-submit 中的--jars 选项； 需要写出 jar 包的名称，不支持通配符； 多个 jar 包路径使用逗号（,）隔开

序号	配置项	说明
2	spark.driver.extraClassPath	设置 Spark 程序在 Driver 端所依赖的 jar 包。 注意： 此 jar 包不会自动分发，需要在 Driver 端指定路径下事先存储该 jar 包； 该配置项对应 spark-submit 中的--driver-class-path 选项； 需要写出 jar 包的名称，不支持通配符； 多个 jar 包路径使用逗号（,）隔开
3	spark.executor.extraClassPath	设置 Spark 程序在 Executor 端所依赖的 jar 包。 注意： 此 jar 包不会自动分发，需要在 Executor 端指定路径下事先存储该 jar 包； 该配置项对应 spark-submit 中的--driver-class-path 选项； 需要写出 jar 包的名称，不支持通配符； 多个 jar 包路径使用逗号（,）隔开
4	spark.cores.max	设置 Spark 程序所使用的 CPU 核总数，它可以限制 Spark 程序所使用集群的规模。 注意： 仅对 Spark Standalone、Mesos 和 Kubernetes 有效； 该配置对应 spark-submit 中的--total-executor-cores 选项
5	spark.executor.cores	设置 Spark 程序中每个 Executor 所使用的 CPU 核总数，可以通过它来限制每个物理节点上 Executor 的并行个数。 如果不设置，则 YARN 模式下 spark.executor.cores=1；在 Standalone 以及 Mesos coarse-grained 模式下，spark.executor.cores=当前 Worker 所有可用的核，这就意味着每个 Worker 上只会启动一个 Executor
6	spark.task.cpus	设置 Spark 程序中每个 Task 所使用的 CPU 核总数，在 spark.executor.cores 确定的情况下，可以限制每个 Executor 内部 Task 的并行数
7	spark.executor.memory	设置 Spark 程序每个 Executor 所使用的内存，默认大小是 1G，支持 K、M、G 或 T 等多种单位，使用此属性可以限制每个节点上 Executor 的并行个数
8	spark.driver.cores	设置 Spark 程序 Driver 端进程所使用的 CPU 核数，该配置在 cluster 部署模式下生效
9	spark.driver.memory	设置 Spark 程序 Driver 端进程的内存大小，默认是 1G，支持 K、M、G 或 T 等多种单位
10	spark.driver.maxResultSize	设置 Spark 程序 Action 操作后得到的所有分区的串行化结果的大小，默认是 1G

8.4.3 Spark 配置基本使用方法

上述配置中，属性配置是难点，因为它的配置对象和配置方法最多，配置项也是最多的，而且由于每个 Spark 程序都会用到属性配置，因此使用频率也是最高的。为此，本节对属性配置的使用专门进行了总结。

1．Spark 属性配置的注意事项

（1）注意各个配置对象生效的顺序

如表 8-3 所示，同一个属性，可以通过 3 个配置对象来配置，任选其中一种都可以，但是不同的配置对象，其生效的时间也是不一样的，其配置生效的顺序是：默认值=>spark-default.conf=> spark-submit=>SparkConf，也就是说，最终的配置生效以 SparkConf（代码）为准，如果 SparkConf 没有配置，则以 spark-submit 的设置为准，如果 spark-submit 也没有配置，则以 spark-default.conf 的配置为准，以此类推。

（2）注意 spark-default.conf 和 spark-submit 配置的属性值

这些属性值可供程序启动时读取，而 SparkConf 配置的属性值，则是程序启动后才生效的。因此，如果需要在程序启动时就读取配置，则要在 spark-default.conf 或 spark-submit 中设置，例如属性 spark.driver.extraClassPath 用于设置 Driver 端的 classpath，这个配置需要在程序启动前读取，需要在 spark-defaults.conf 或 spark-submit 中设置，而不能在 SparkConf 中设置，因为 SparkConf 配置生效时，Driver 已经运行了，即使设置了，也没有用了。

2．Spark 属性配置的基本用法

综上所述，对 Spark 配置的基本用法总结如下。

（1）Spark 程序的个性化配置（需要经常修改的）

这些配置尽量通过 spark-submit 的选项来配置，其理由是：灵活，直接在 spark-submit 参数修改，非常方便；通用，所有属性配置都可以通过该方法完成。

（2）Spark 程序的公共配置（指多个 Spark 程序公共的配置）

尽量通过 spark-defaults.conf 来完成，这样做的好处是减少工作量且不容易出错，不需要在每次运行 Spark 程序时通过 spark-submit 来配置。

（3）Spark 程序的专有配置，或者不希望外部修改的配置

这些配置尽量在代码中通过 SparkConf 来设置，这样可以将配置固定下来，spark-defaults.conf 和 spark-submit 都不能修改该配置，不易出错。

（4）Spark 组件和节点的相关配置

这些配置，如 Spark History Server 的配置，可以根据需要在 spark-defaults.conf 或 spark-env.sh 中进行设置。

8.4.4　Spark 配置示例

本节介绍 Spark 属性配置、环境变量配置和日志配置的方法示例，具体说明如下。

1．属性配置示例

以 Application Name 的设置为例，说明属性配置的各种方法。Application Name 对应 Spark 属性为 spark.app.name，如表 8-3 所示，可以通过 SparkConf、spark-submit 和 spark-defaults.conf 这三种配置对象分别对其设置，分别举例如下。

（1）使用 SparkConf

1）方法一：直接使用 SparkConf 的函数 setAppName 来设置 Application Name，代码如下。

```
val conf = new SparkConf().setAppName("HelloSpark")
```

2）方法二：调用 SparkConf 的接口 set 函数，来设置 Application Name。示例代码如下，其中 set 函数中有两个参数，都为 String 类型，第一个参数是属性名称，对应本例的 spark.app.name，第二个参数是属性值，对应本例的 HelloSpark。

```
val conf = new SparkConf()
conf.set("spark.app.name", "HelloSpark")
```

如上所示，对于方法一，Spark 只提供了有限的函数来设置属性，还有很大一部分属性并没有专用函数；对于方法二，只要确定了属性名称，就可以通过该方法来设置其属性值，因此它是一种通用的方法。

（2）使用 spark-submit

1）方法一：使用 spark-submit 的特定选项来指定属性值，例如通过--name 来指定 Application Name，示例如下，--name 后面跟的就是 Application Name，对应本例的 HelloSpark；另外--master 也是特定选项，用来指定 spark.master 的属性值。

```
spark-submit --name HelloSpark --master spark://nn01:7077 --class examples.idea.
spark.HelloSpark spark_examples.jar
```

2）方法二：使用--conf 后面跟 Key=Value 的形式来设置属性值，其中 Key 是属性名称，Value 是属性值，示例如下。

```
spark-submit --conf spark.app.name=HelloSpark --master=spark://nn01:7077 --class
examples.idea.spark.HelloSpark spark_examples.jar
```

如上所示，对于方法一，Spark 只提供了有限的特定选项来设置属性，还有很大一部分属性并没有对应的特定选项；对于方法二，只要确定了属性名称，就可以通过该方法来设置其属性值，因此它是一种通用的方法。

（3）使用 spark-defaults.conf

1）在提交 Spark 程序的节点上编辑 spark-defaults.conf，命令如下。

```
[user@nn01 ~]$ vi /home/user/spark-3.0.1-bin-hadoop3.2/conf/spark-defaults.conf
```

spark-defaults.conf 由/home/user/spark-3.0.1-bin-hadoop3.2/conf/spark-defaults.conf.template 复制而来。

2）在 spark-defaults.conf 的末尾加上如下内容，其中 spark.app.name 是属性名称，HelloSpark 是属性值，它们中间使用空格或〈Tab〉键隔开。

```
spark.app.name  HelloSpark
```

如果在 SparkConf 和 spark-submit 中没有设置 Application Name 的话，则该 Spark 程序运行时，会使用 spark-defaults.conf 所设置的 spark.app.name 值。该方法的好处是，只要是在该节点上提交的 Spark 程序，都会读取 spark-defaults.conf 中的设置，不需要针对每个程序的每次运行来单独设置。

2. 环境变量配置示例

Spark 程序运行时，会使用 spark-env.sh 文件中所设置的环境变量。例如可以在 spark-env.sh 中设置环境变量 HADOOP_CONF_DIR，Spark 程序会根据该环境变量的值，去读取 Hadoop 相关文件中的配置，具体操作如下。

1）编辑 spark-env.sh，命令如下。

```
[user@nn01 ~]$ vi /home/user/spark-3.0.1-bin-hadoop3.2/conf/spark-env.sh
```

spark-env.sh 最初由/home/user/spark-3.0.1-bin-hadoop3.2/conf/spark-env.sh.template 复制而来。

2）在 spark-env.sh 文件末尾增加以下内容，其中 HADOOP_CONF_DIR 是环境变量名称，全大写，以下画线（_）做分隔；/home/user/hadoop-3.2.1/etc/hadoop/是环境变量值。Spark 程序运行时会到 HADOOP_CONF_DIR 所设置的路径下读取配置文件，获取配置项，例如获取 HDFS 的默认文件系统前缀等。

```
HADOOP_CONF_DIR=/home/user/hadoop-3.2.1/etc/hadoop/
```

此外，Spark 组件相关的环境变量也可以在 spark-env.sh 中设置，例如设置 Spark History Server，就可以在 spark-env.sh 中增加如下设置。

```
SPARK_HISTORY_OPTS="-Dspark.history.ui.port=9999 -Dspark.history.fs.logDirectory=
hdfs://nn01:9001/spark_log"
```

3. 日志配置示例

Spark 使用 Log4j[46]来记录日志，Log4j 是 Apache 开源项目，可以使用 Log4j 实现日志的精细控制，包括日志采集的级别、日志的输出格式和日志的输出对象等，所有这些都可以通过配置文件 log4j.properties 来实现，具体操作如下。

编辑 log4j.properties 文件，该文件来源于同一目录下的 log4j.properties.template，命令如下。

```
[user@nn01 ~]$ vi /home/user/spark-3.0.1-bin-hadoop3.2/conf/log4j.properties
```

log4j.properties 文件中包含了 Spark Log4j 的默认配置项，如下所示，log4j.rootCategory 是 Log4j 属性配置项名称，INFO, console 是属性值，其中 INFO 表示日志记录级别，console 表示日志输出的对象。

```
log4j.rootCategory=INFO, console
...
```

访问 https://logging.apache.org/log4j/2.x/获取 Log4j 的更多信息。

8.5　Spark 常用运维技术与工具

本节介绍 Spark 常用运维技术与工具，包括 Spark Standalone 日志、spark-shell 的使用、Spark 程序运行监控，以及 Spark History Server 的配置和使用。

8.5.1　Spark Standalone 日志

Spark 程序在 Standalone 上运行时，其日志在排查问题时非常重要，Standalone 的日志分为两类：框架日志和应用日志，具体说明如下。

1. 框架日志

框架日志指 Master 和 Worker 的日志，Master 日志位于 Master 的/home/user/spark-3.0.1-bin-hadoop3.2/logs 目录下，文件名为 spark-user-org.apache.spark.deploy.master.Master-1-nn01.out，Worker 位于每个 Worker 节点的 Spark 目录下的 logs 目录下，文件名为 spark-user-org.apache.spark.deploy.worker.Worker-1-dn1.out。

2. 应用日志

应用日志指每个 Spark 程序的运行日志，一个 Spark 程序可能会启动多个 Executor，每个 Executor 都会生成日志文件，该日志文件位于 Executor 所在节点的/home/user/spark-3.0.1-bin-hadoop3.2/work 目录下，如下所示。

```
[user@dn1 spark-3.0.1-bin-hadoop3.2]$ ls work/
app-20200409072225-0000  app-20200409095231-0001  app-20200409095437-0002
app-20200409095603-0003  app-20200409110251-0004
```

以 app-20200409095231-0001 为例，app-20200409095231-0001 是 Application ID，可以访问 Standalone 的 Web UI 来获取这些 Application ID，如图 8-6 所示。

▼ Completed Applications (5)			
Application ID	Name	Cores	Memory per Executor
app-20200409110251-0004	DFS Read Write Test	6	1024.0 MiB
app-20200409095603-0003	DFS Read Write Test	4	1024.0 MiB
app-20200409095437-0002	DFS Read Write Test	4	1024.0 MiB
app-20200409095231-0001	DFS Read Write Test	4	1024.0 MiB
app-20200409072225-0000	DFS Read Write Test	6	1024.0 MiB

图 8-6　Spark Application ID 页面

列出 app-20200409095231-0001 的内容，命令如下。

```
[user@dn1 spark-3.0.1-bin-hadoop3.2]$ ls work/app-20200409095231-0001/1/
```

显示内容如下，可见每个 Executor 的日志（stderr 和 stdout）在该目录下。

```
spark-examples_2.12-3.0.1.jarr  stderr  stdout
```

应用日志是分散在各个 Worker 节点上的，Executor 在哪个 Worker 节点上运行，日志就在此 Worker 节点上。

如果使用 cluster 部署模式，那么在 Client 的/home/user/spark-3.0.1-bin-hadoop3.2/work 目录下，还会有对应的 Driver 日志。

8.5.2　spark-shell 的使用（实践 19）

spark-shell 可以通过交互的方式来执行 Spark 代码，在 spark-shell 上使用 Scala 语言直接调用 Spark 接口，按下〈Enter〉键后，就可以立即执行代码，完成数据处理任务。spark-shell 方式和编写 Spark 程序方式相比，无须编写初始化代码，也无须编译、打包和提交，大大简化了数据处理编程的工作量，提升了工作效率，而且可以即时反馈结果，便于快速试错。因此 spark-shell 非常重要，它是 Spark 中使用最为频繁的工具之一，在 Spark 运维领域同样如此，本节将介绍 spark-shell 的常用方法，具体内容包括确定运行方式和运行模式、设置日志级别、执行代码、查看 spark-shell 帮助、spark-shell 快捷键、spark-shell 输入多行代码、复制和粘贴代码、保存代码、Web UI 查看和退出 spark-shell。

本节属于实践 19 内容，请参考本书配套免费电子书《Linux 快速入门与实战——扩展阅读与实践教程》中的"实践 19：spark-shell 使用"部分。

8.5.3　Spark 程序运行监控

Spark 程序运行时，会创建 SparkContext 对象，一个 SparkContext 对象对应一个 Spark Application。同时，每个 SparkContext 对象对应一个 Web UI 页面，用来显示该 Spark Application 运行时的相关信息，包括如下内容。

- Spark Jobs 信息。
- Spark Jobs 的 Stage 和 Task 信息。
- Spark 环境信息，包括运行时信息、Spark 属性和系统属性等。
- 运行的 Executor 信息。

上述信息是调试和评估 Spark 程序的重要依据，因此 Web UI 非常重要。下面介绍 Web UI 的基本使用，说明如下。

1. 运行 spark-shell

```
[user@nn01 ~]$ spark-shell --master spark://nn01:7077
```

访问 Spark Web UI 前，要先运行 Spark 程序，因为只有在创建了 SparkContext 对象后，才会启动对应的 Web UI。spark-shell 是一个特殊的 Spark 程序，它会创建一个 SparkContext，并将对象引用赋值给 sc。

2．访问 spark-shell 对应的 Web UI

在浏览器中输入 http://192.168.0.226:4040，其中 192.168.0.226 是 Driver 节点的 IP 地址，4040 是 Web UI 的监听端口，Web UI 的起始端口是 4040，如果同时有多个 Spark Application 运行，则 Web UI 的端口从 4040、4041 依次编号。

Web UI 显示界面如图 8-7 所示，有 5 个显示项，分别是 Jobs、Stages、Storage、Enviroment 和 Executors。默认显示的是 Jobs 页面，由于目前还没有 Spark Job 运行，因此，显示是空白的。

图 8-7　Spark Web UI 界面图

3．运行一个 Spark Job

每个 Spark Application 都会有若干 Spark Jobs，在 spark-shell 中输入下面的代码，该代码将一个数组转换成 RDD，并且对 RDD 的每个元素加 1，最后将结果拉取到 Driver 端。

```scala
scala> sc.makeRDD(Array(1,2,3,3,5)).map(x=>x+1).collect
```

上述代码中，collect 是一个 Action，它将触发一个 Spark Job 运行。

4．在 Web UI 中查看 Spark Jobs 信息

单击图 8-7 中 Jobs 菜单，可以看到刚完成的 Spark Jobs 信息，如图 8-8 所示，新增了一项 Completed Jobs(1)，下面列出刚完成的 Spark Jobs 信息，包括：Job Id 表示 Jobs 的编号；Description 用来描述触发 Jobs 的 Action；Submitted 表示 Spark Jobs 的提交时刻；Duration 表示 Spark Jobs 的执行所花费的时间；Stages：Succeeded/Total 表示该 Jobs 中已经成功的 Stages 数和总的 Stages 数等。

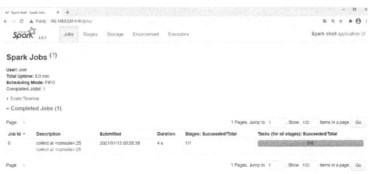

图 8-8　Spark 已完成 Job 的界面图

Jobs 页面中，除了显示已完成的 Jobs 信息，还会显示正在运行的 Jobs 和运行失败的 Jobs 信息。

5．在 Web UI 中查看 Spark Job 的 DAG 图

单击图 8-8 中的 collect at <console>:25 链接，可以看到该 Spark Job 的详细信息，包括该 Spark Job 的 DAG 图，如图 8-9 所示，该 DAG 包含一个 Stage：Stage0。

图 8-9　Spark Job DAG 图

6．在 Web UI 中查看 Spark Job 的 Stages 信息

一个 Spark Job 由若干 Stages 组成，单击 Web UI 主页上的 Stages 菜单，可以看到 Spark Job 的所有 Stages，包括正在运行的 Stages（Active Stages）、已经完成的 Stages（Completed Stages）和失败的 Stages（Failed Stages），如图 8-10 所示。

图 8-10　Spark Stages 信息图

单击每个 Stage 的 Description 中的链接，可以查看该 Stage 的详细信息，包括该 Stage 对应的 Task 信息，以及 Task 所在的 Executor 信息等。

7．在 Web UI 中查看 Storage 信息

Storage 选项用来查看 Spark Job 中缓存的 RDD 信息，具体操作步骤如下。

1）在 spark-shell 中执行下面的代码，缓存 numRDD。

```
scala> val numRDD = sc.makeRDD(Array(1,2,3,3,5)).map(x=>x+1).cache
```

```
scala> numRDD.collect
```

2）单击图 8-10 中的 Storage 菜单，可以看到 numRDD 的缓存情况，如图 8-11 所示。其中 ID 表示缓存的 RDD 的编号；RDD Name 表示缓存的 RDD 的名字，它是以 RDD 类型命名的，如 MapPartitionRDD；Storage Level 表示 RDD 的缓存级别，本例中 RDD 缓存在内存中，并且只有 1 个副本；Cached Partitions 表示缓存的 RDD Partitions 个数，本例中该 RDD 缓存的 Partitions 有 6 个；Fraction Cached 表示缓存率，本例中的缓存率为 100%，全部都缓存起来了。

图 8-11　Spark Storage 信息图

将反复使用的 RDD 缓存起来，可以减少 RDD 的重复计算次数，降低计算开销。但是 RDD 缓存需要占用内存或磁盘资源，因此，需谨慎使用。Web UI 中的 Storage 信息可以帮助了解 Spark 程序运行过程中，RDD 缓存情况和资源占用情况，单击 RDD Name 列中的链接，还可以查看更加详细的信息。这些信息对于 Spark 程序性能调优和程序调试非常重要。

8．在 Web UI 中查看 Enviroment 信息

单击图 8-11 中的 Enviroment 菜单，可以查看 Spark 环境信息，如图 8-12 所示，具体说明如下。

- Runtime Information：运行时信息，包括 Java 的版本，Java 的 Home 目录，Scala 版本等。
- Spark Properties：Spark 属性，包括 Spark Application 的 ID、名字以及相关配置等。
- Hadoop Properties：Hadoop 属性，Hadoop 相关的配置。
- System Properties：系统属性，主要是 JVM 相关的设置。
- ClassPath Entries：Class 路径信息。

图 8-12　Spark Environment 信息图

9．在 Web UI 中查看 Executors 信息

单击图 8-12 中的 Executors 菜单，可以查看此次 Spark Application 的 Executors 信息，如

图 8-13 所示，可以查看每个 Executor 所在节点的 IP 地址、Executor 当前状态、Executor 的资源占用情况（内存、磁盘和 CPU 核），以及每个 Executor 的执行情况，如已经完成的 Tasks 数、失败的 Tasks 数等。这些统计数据，对了解执行此次 Spark Application 的物理集群情况，对 Spark 程序的调优和错误定位有非常重要的作用。

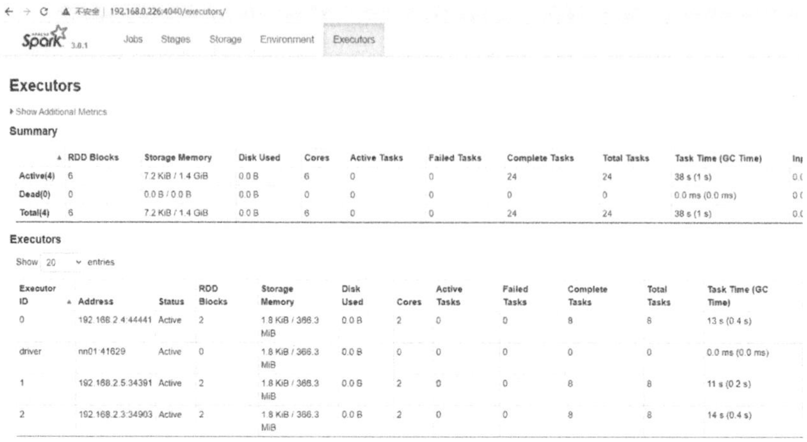

图 8-13　Spark Executors 信息图

8.5.4　配置和使用 Spark History Server

如上所述，Web UI 可以获取 Spark Application 的运行情况，但是一旦 Spark Application 结束，对应的 Web UI 就不能访问了。为此，Spark 提供了 History Server，来持久化存储 Spark Application 的运行信息，这样，即使 Spark Application 运行结束，也可以访问 Spark History Server 的 Web 页面来获取该 Spark Application 的运行信息。本节介绍如何配置和使用 Spark History Server，具体说明如下。

1．客户端配置

（1）编辑客户端配置文件

1）客户端是提交 Spark 程序的一端，它是日志的生产者，负责写入日志。复制客户端配置文件，命令如下。

```
[user@nn01 spark-3.0.1-bin-hadoop3.2]$
cp conf/spark-defaults.conf.template conf/spark-defaults.conf
```

2）编辑 spark-defaults.conf，命令如下。

```
[user@nn01 spark-3.0.1-bin-hadoop3.2]$ vi conf/spark-defaults.conf
```

3）在 spark-defaults.conf 中增加如下内容，其中第 23 行用来开启 eventLog 的记录，第 24 行配置 eventLog 的存储路径为 hdfs://nn01:9001/spark_log，这是一个 HDFS 路径，Spark Application 将向该目录写入日志。

```
23 spark.eventLog.enabled          true
24 spark.eventLog.dir             hdfs://nn01:9001/spark_log
```

（2）创建目录

创建 eventLog 存储目录 spark_log，命令如下。

```
[user@nn01 hadoop-3.2.1]$ hdfs dfs -mkdir /spark_log
```

运行 hdfs 命令时，要确保 HDFS 已经运行。

（3）运行 spark-shell

运行 spark-shell，命令如下。

```
[user@nn01 ~]$ spark-shell --master spark://nn01:7077
```

在 HDFS 的/spark_log 目录下，可以看到日志文件 app-20210113010730-0002.inprogress 的扩展名 inprogress 表示该 Spark Application 正在运行，一旦结束，该文件的扩展名就会消失，此外文件名 app-20210113010730-0002 正好对应该 Spark Application 的 ID。

```
[user@nn01 ~]$ hdfs dfs -ls /spark_log/
-rw-rw----   3 user supergroup 58 2021-01-13 01:07  /spark_log/app-20210113010730-
0002.inprogress
```

由上可知，如果只是记录日志，只需要进行客户端配置即可，不需要服务端。

2．服务端配置

服务端提供历史日志的访问服务，它会解析客户端所存储的日志文件，并展现在 Web 页面上，具体操作步骤说明如下。

（1）编辑 spark-env.sh

1）打开 spark-env.sh，命令如下。

```
[user@nn01 spark-3.0.1-bin-hadoop3.2]$ vi conf/spark-env.sh
```

2）在 spark-env.sh 的末行添加如下配置，其中 spark.history.ui.port=9999 设置 Spark History Server 的 Web 访问端口；spark.history.fs.logDirectory 设置日志的访问路径，Spark History Server 将到该路径下读取日志。

```
76 SPARK_HISTORY_OPTS="-Dspark.history.ui.port=9999 -Dspark.history.fs.logDirectory=
hdfs://nn01:9001/spark_log"
```

（2）启动服务端（Spark History Server）

1）启动命令如下。

```
[user@nn01 spark-3.0.1-bin-hadoop3.2]$ sbin/stop-history-server.sh
[user@nn01 spark-3.0.1-bin-hadoop3.2]$ sbin/start-history-server.sh
```

2）查看 Java 进程，如果系统输出 HistoryServer，则说明 History Server 启动成功。

```
[user@nn01 ~]$ jps
1130 HistoryServer
```

3）查看监听端口，如果有 9999 端口，则说明服务端配置和启动成功。

```
[user@nn01 ~]$ ss -an | grep 99
tcp    LISTEN    0    1    0.0.0.0:9999    0.0.0.0:*
```

3．保存镜像

完成上述配置后，一定要记得将当前容器保存到镜像 centos_hadoop_spark 中，命令如下，其中 48a628aebac3 是当前容器的 ID。

```
[user@node01 spark]$ docker commit 48a628aebac3 centos8_hadoop_spark
```

4. 增加端口映射

为了使得外部节点访问容器的 9999 端口，修改容器脚本 spark.sh，命令如下。

```
[user@node01 spark]$ vi spark.sh
```

修改 cmd 的内容如下，增加-p 9999:9999，如下所示。

```
cmd="docker run    --network $bridge_name --ip $nn01_ip -h $node_name --name
$node_name -v /home/user/share/$node_name:/home/user/dfs/ -p 9870:9870 -p 8088:8088 -
p 8080:8080 -p 4040:4040 -p 9999:9999 $IMG /usr/sbin/sshd -D"
```

5. 启动 Spark History Server

1）运行脚本 spark.sh，启动 4 个节点，命令如下。

```
[user@node01 spark]$ vi spark.sh
```

2）登录容器 nn01，命令如下。

```
[user@node01 spark]$ ssh 192.168.2.2
```

3）在 nn01 上先启动 HDFS，命令如下。

```
[user@nn01 hadoop-3.2.1]$ sbin/start-dfs.sh
```

4）启动 History Server，命令如下。

```
[user@nn01 spark-3.0.1-bin-hadoop3.2]$ sbin/start-history-server.sh
```

5）如果 Spark History Server 启动出现问题，可以查看它的部署日志，命令如下。

```
[user@nn01 spark-3.0.1-bin-hadoop3.2]$
vi logs/spark-user-org.apache.spark.deploy.history.HistoryServer-1-nn01.out
```

6. 访问 History Server 的 Web 页面

Spark History Server 正常启动后，在浏览器中输入 192.168.0.226:9999 来访问它的 Web 页面，如图 8-14 所示，这样就可以访问已经完成的 Spark Application 的日志信息了。

图 8-14　Spark History Server Web 界面图

更多详细信息参考官方文档 http://spark.apache.org/docs/3.0.1/monitoring.html#spark-history-server-configuration-options。

第 9 章
使用 Zabbix 进行系统监控

Zabbix 是一个 Linux 下的企业级开源监控软件，它功能强大，可以对各种类型的 IT 基础设施、服务、应用和资源进行监控，同时又性能出众，可以监控上万个对象，获取百万数量级的监控数据。

Zabbix 从出现至今已 22 年，已成为 Linux 下系统监控的主流平台。对于 Linux 学习者，特别是有志从事 Linux 运维工作的学习者而言，掌握 Zabbix 已成为一个必备技能。

系统监控是一个复杂工程，从硬件、平台、系统到应用，涉及多个层次的监控对象和复杂的监控处理流程。因此，Zabbix 自身也是非常复杂的，涉及诸多概念、配置、使用方法和外部交互。本章将介绍 Zabbix 的基础、Zabbix 快速部署与使用、Zabbix 监控实践以及一个综合实战：使用 Zabbix 监控 HDFS 分布式文件系统，帮助读者快速入门 Zabbix，积累使用经验，其主要知识点和技能如下所示。

- Zabbix 的核心概念。
- Zabbix 系统架构。
- Zabbix 使用流程和监控流程。
- 基于 Docker 容器的 Zabbix 快速构建。
- Zabbix 快速使用。
- Zabbix 监控服务器。
- Zabbix 监控日志。
- Zabbix 监控数据库。
- Zabbix 监控 Web 服务器。
- Zabbix 自定义监控。
- Zabbix 监控 Windows。
- Zabbix 监控 Docker。
- Zabbix 监控 HDFS 分布式文件系统。

9.1 Zabbix 基础

本节将介绍 Zabbix 的基础知识，包括 Zabbix 核心概念、Zabbix 系统架构、Zabbix 使用和监控流程等内容。

9.1.1 Zabbix 核心概念

Zabbix 是一个非常庞大和复杂的系统，涉及非常多的概念，而这些概念之间又存在着依赖的关系，要理解某个概念，往往需要掌握多个前置概念，这就给初学者造成了很大的困难。为此，本书抽取 Zabbix 中最核心的概念，按照依赖最少的原则，合理规划概念引入的顺序，帮助读者快速理解和掌握 Zabbix 中的核心概念，为后续深入掌握 Zabbix 的使用打下基础。

1. Host

Zabbix 所监控的系统，无论规模大小都可以将其抽象成一个分布式系统，该系统由多个（也可以是 1 个）节点组成，节点间通过网络进行通信，Zabbix 把这些节点统称为 Host，因此每个 Host 都有自己的 IP 地址或 DNS 域名来标识身份。在设计 Zabbix 监控方案时，首先就要根据监控对象的拓扑图来确定 Host，再来确定每个 Host 上的具体监控项（Item）。因此，Host 是 Zabbix 中当之无愧的最核心概念。

2．Host group

Host group 是一组 Host 的集合，它可以方便 Host 的管理和用户权限的划分。一个 Host group 可以包含多个 Host，而一个 Host 又可以分属不同的 Host group。在 Zabbix 使用中，Host group 是被动的，可以在 Host 中选择和删除其所属的 Host group，但不能反过来在 Host group 中增加或删除 Host。

3．User

User 表示 Zabbix 中的用户，登录 Zabbix 时，就要输入 User 的用户名和密码。Zabbix 有 3 种类型的用户，分别是 Super admin、Admin 和 User，说明如下。

（1）Super admin

Super admin 用户具有最大权限，它可以修改所有类型用户的信息，也可以删除其他类型用户，还可以删除自己所创建的 Super admin 用户；它能够查询所有的 Host 信息，还可以创建 Host group。Zabbix 默认的 Super admin 名字为 Admin，密码为 zabbix。

（2）Admin

Admin 用户没有用户操作权限，它不能够创建 Host group，它可以为其所属的 Host group 创建 Host，并能查询这些 Host 的信息。

（3）User

User 用户没有用户操作权限，它不能够创建 Host group，也不能创建 Host，只能查询它所属的 Host group 中的 Host 信息。

Zabbix 5.2.3 在这 3 种用户类型的基础上，又增加了一层 User roles，Zabbix 支持在一种用户类型（Super admin、Admin 或 User）的基础上通过减少权限来创建出一种新的 User role。创建用户时，每个用户在设置 Permission 时要选择一种 User role，而不是直接选择这 3 种用户类型，这样 User role 机制使得用户权限设置更加灵活。

4．User group

为了便于 User 的管理，特别是 User 权限的划分，Zabbix 中引入了 User group 的概念。User group 表示一组 User 的集合，在创建 User 时，要指定 User 所属的 User group，可以在 User 中修改其所属的 User group，也可以在 User group 中修改其所包含的 User。

创建 User group 时，必须指定该 User group 所关联的 Host group，并赋予相应的权限（read、write 或 read-write 等），根据权限的传递原则，该 User group 中的 User 将对这些 Host group 拥有相同的权限。

User、User group、Host group 和 Host 的关系如图 9-1 所示，其中 User 的权限通过 User group 来设置，User group 则和多个 Host group 相关联，并设置对这些 Host group 的权限关系（read 或 read-write），Host group 则和 Host 建立关联。User 不直接和 Host 建立关联，而是通过 User group 和 Host group 来建立关联，这样既可以复用已有配置，避免对每个 User 进行重复的 Host 设置，同时逻辑清晰，便于 User 和 Host 的管理。

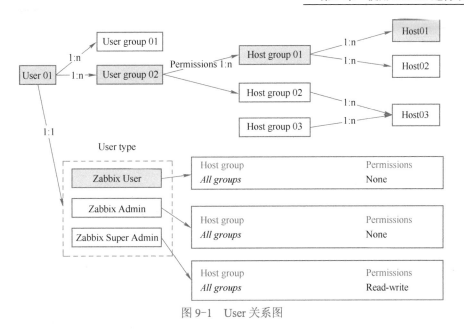

图 9-1　User 关系图

5．Application

Application 表示 Zabbix 所监控的一个 Host 内部应用，例如 HDFS 中的 NameNode。Application 由多个 Item 组成，每个 Item 表示一个具体的监控项，即一个具体的数据采集项，例如 CPU 利用率和 CPU 个数等，都是一个监控项。Application 只是一个名字，并无其他配置，因此主要的工作是对 Application 中的各个 Item 进行配置。Application 和 Item 都不可以在多个 Host 之间直接复用，但可以采用复制（Copy）的方法，将 Item 复制到其他 Host。

Item 可以位于 Application 下，也可以位于 Host 下，删除 Application 时，其下的 Item 并不会一同删除。

6．Template

对于每个 Host 的监控而言，既有公共的部分，例如 CPU、内存和硬盘的监控等，又有个性化的监控，例如 HDFS 中 NameNode 的监控。为了更好地复用和管理这些公共的监控配置，Zabbix 将其抽取成 Template，进行专门的配置和管理。有了 Template 之后，对于公共的监控项，Host 可以直接链接到对应的 Template，而不需要在每个 Host 上重复相同的配置，对于个性化的监控项，则可以新建 Application，然后在 Application 下新建 Item 来实现；此外 Template 也可以选择其所属的 Host group，用于权限管理，对于 Zabbix admin 用户而言，它只能使用分配给它的 Host group 中的 Template，不能使用所有的 Template。

7．Problem

Problem 是监控过程中的所出现问题的抽象，例如 Host 的 CPU 利用率连续 5min 大于 90%、硬盘空间利用率大于 99%、内存占用率超过 90%等，它们都可以抽象成一个 Problem，根据问题的严重程度，Problem 分为 5 个安全等级，分别是 Not classified、Information、Warning、Average、High 和 Disaster。

8．Trigger

Trigger 是 Problem 触发器，Trigger 至少要做 3 个设置，首先设置获取哪个 Host 上的哪个

Item 的哪项数据；接下来设置 Problem 的安全等级；最后设置 Problem 的触发条件，这是一个条件表达式，例如 agent:get_temp_cpu.last()}>10，该表达式将判断 Host 上 Key 为 get_temp_cpu 所对应的数据是否大于 10，如果是，则产生对应安全等级的 Problem。Zabbix 会根据其他的配置（Action），对该 Problem 做出相应的处理，例如发送邮件等。

综上所述，Host、Template、Application、Item 和 Trigger 的关系如图 9-2 所示。

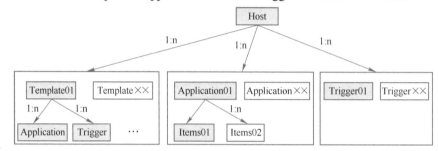

图 9-2　Host、Template、Application、Item 和 Trigger 关系图

9．Action

Action 用来设置 Zabbix 操作及其触发操作的条件，例如"安全等级为 Warning 时发送 Email 告警邮件"是一个典型的 Action，其中"发送 Email 告警邮件"是 Zabbix 操作，"安全等级为 Warning"是触发操作的条件。具体来说，Zabbix 的操作又可以分为三大类：发送消息（Send message）、远程命令（Remote command）和通知所有（Notify all involved），例如"发送 Email"就属于发送消息（Send message）这一类。Zabbix 触发操作的条件也有很多，不仅包括 Trigger 相关的条件，还包括 Application、Host 和 Host group 等触发条件。

9.1.2　Zabbix 系统架构

Zabbix 的系统架构如图 9-3 所示，这是一个主从式的分布式系统架构，包括 Zabbix server、Host 和 Proxy 这三类角色。

图 9-3 所示的 Zabbix 系统架构图说明如下。

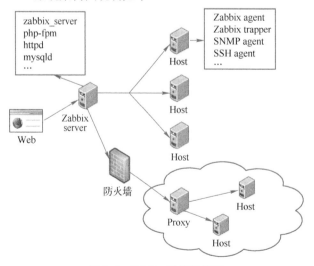

图 9-3　Zabbix 系统架构图

1．Zabbix server

Zabbix server 是系统管理节点，它负责所有监控数据的收集和展示，负责所有监控对象的配置和管理。在 Zabbix server 中运行 zabbix_server 进程，它是 Zabbix server 服务器进程，同时还运行 php-fpm 和 httpd 进程，这是 Web 相关的进程；此外还有数据库服务器，典型的如 mysqld，这是 MySQL 数据库服务器进程。

2．Host

Host 是 Zabbix 监控网络中的一个节点，Zabbix server 可以采用多种方式来获取 Host 的数据，例如 Zabbix agent、Zabbix trapper、SNMP agent 和 SSH agent 等。

以 Zabbix agent 为例，它对应 zabbix_agentd 进程，该进程运行在 Host 之中，用于采集 Host 的监控数据，zabbix_agentd 既可以主动向 zabbix_server 发送数据，也可以被动接受 zabbix_server 的轮询而提供数据。

3．Proxy

Proxy 是 Zabbix 监控网络中内网和外网的一个中转节点，它可以采集内网中的 Host 监控数据，将其统一发送给外网中的 Zabbix server。Proxy 使得内网设备的监控变得可能，并在一定程度上分担了 Zabbix server 的压力。

9.1.3　Zabbix 使用和监控流程

Zabbix 使用的通用流程如图 9-4 中的圆形数标所示，通常来说，首先要为被监控的系统创建 Host group，对应步骤①；然后创建相应的 User group，并设置权限（选择该 User group 可操作的 Host group，并设置读写操作权限），对应步骤②；接下来创建用户，并设置该用户所属的 User group，对应步骤③；接下来以新建的用户登录，创建 Host，包括创建 Application、创建/链接 Tempalte、创建 Trigger 等操作，对应步骤④；Host 创建好后，还要创建 Action，对应步骤⑤。上述操作完成后，Zabbix 就开始正常工作了。

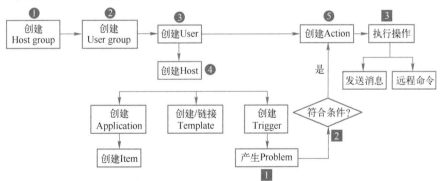

图 9-4　Zabbix 使用流程和监控流程图

Zabbix 工作后的监控流程如图 9-4 中的矩形数标所示，当 Zabbix server 采集到监控数据后，Trigger 会判断监控数据是否满足条件，如果是，则会产生 Problem，如图 9-4 中①所示；Action 则会判断此 Problem 是否符合条件，如图 9-4 中②所示；如果符合条件，Zabbix 会执行 Action 中对应的操作，发送消息或者远程执行命令，如图 9-4 中③所示。

9.2 Zabbix 快速部署与使用

Zabbix 的安装部署有多种方式（https://www.zabbix.com/download_agents），包括 Package 方式、Zabbix Cloud 镜像方式、Zabbix Container 镜像方式、虚拟机镜像方式和源码编译方式。这些部署方式各有特点，其中 Zabbix Cloud 镜像、Zabbix Container 镜像和虚拟机镜像这三种方式最为快捷和方便；源码方式最复杂和灵活；而 Package 安装方式则是兼顾了灵活性、实用性和便捷性，而且也便于学习者了解 Zabbix 的构建原理。因此，本书采用 Package 方式来快速部署 Zabbix，当掌握了该部署方式后，对 Zabbix 的构建原理就会有深入理解，再切换到其他部署方式会非常方便。

9.2.1 Zabbix 系统规划

为了利用容器的特性，本书将基于 Docker 容器构建 Zabbix，在 Docker 容器中安装 Zabbix Package，以此构建 Zabbix server 镜像。基于容器的 Zabbix 系统部署图如图 9-5 所示，自底向上分为 7 层，其中第 1～4 层前面已有类似说明，不再赘述；第 5 层是镜像层，将在 centos8_ssh 镜像的基础上构建 centos8_zabbix_server 镜像；第 6 层为容器层，运行名字为 zabbox_server 的容器；第 7 层是应用层，指该容器中所运行的 Zabbix server 相关的应用，包括 zabbix_server、zabbix_agentd、httpd、php-fpm 和 mysqld。

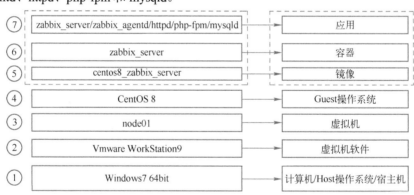

图 9-5 Zabbix 系统部署图

9.2.2 构建 centos8_zabbix_server 镜像（实践 20）

本节将构建 Zabbix 的基础镜像 centos8_zabbix_server，包括准备虚拟机、运行基础容器、安装 Zabbix Package、安装 MySQL、配置 Zabbix 数据库、配置 Zabbix server 和 PHP、配置 Zabbix agent、设置自启动、保存镜像、运行容器和 Zabbix 构建的调试方法等步骤。

本节属于实践内容，因为后续章节会用到本节所构建的 centos8_zabbix_server 镜像，**所以本实践必须完成**。请参考本书配套免费电子书《Linux 快速入门与实战——扩展阅读与实践教程》中的**"实践 20：构建 centos8_zabbix_server 镜像"**部分。

9.2.3 Zabbix server Web 配置

本节将在 Web 中对 Zabbix server 进行配置，具体步骤说明如下。

1. 访问 Zabbix server 的 Web 页面

在浏览器中输入 Zabbix server 网址（192.168.0.3/zabbix），通过 Web 界面对 Zabbix 进行设

置，如图 9-6 所示。

图 9-6　Zabbix Web 页面图

2．Zabbix server 配置

1）单击图 9-6 中的 Next step 按钮，进入 Zabbix 安装先决条件的检查页面，如图 9-7 所示。

图 9-7　Zabbix 安装先决条件检查页面图

2）如果所有的先决条件都是 OK，则单击图 9-8 中的 Next step 按钮，配置数据库连接，这里要连接的数据库就是前面创建的数据库 zabbix，密码是 password。

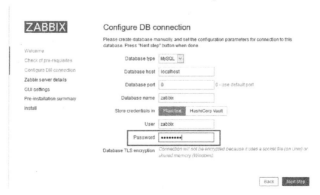

图 9-8　Zabbix 数据库配置页面图

3）单击 Next step 按钮后，Zabbix 会报错如图 9-9 所示。

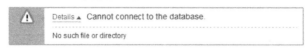

图 9-9　Zabbix 数据库报错界面图

4）上述报错的原因是 PHP 找不到数据库的 Socket 文件，从而无法建立连接，编辑 PHP 的配置文件，命令如下。

```
[root@zabbix_server user]# vi /etc/php.ini
```

在 php.ini 中修改如下内容。

```
 983 pdo_mysql.default_socket=/home/user/share/mysql/mysql.sock
1119 mysqli.default_socket = /home/user/share/mysql/mysql.sock
```

5）重启 PHP 服务，命令如下。

```
[root@zabbix_server user]# systemctl restart php-fpm
```

6）给 user 目录加上 x 权限，使得 PHP 能够访问 mysql.sock 文件，命令如下。

```
[root@zabbix_server user]# chmod +x /home/user/
```

7）再次单击图 9-10 中的 Next step 按钮，就会出现图 9-10 所示界面，在 Name 文本框中输入 Zabbix server 的名称 MyZabbix。

图 9-10　Zabbix server 配置界面图

Zabbix agent 的监听端口是 10050，Zabbix server 的监听端口是 10051。

8）单击 Next step 按钮会出现 GUI settings 页面，如图 9-11 所示。

图 9-11　GUI settings 配置界面图

276

9）单击 Next step 按钮会出现安装配置信息预览界面，如图 9-12 所示。

图 9-12　Zabbix 安装配置信息预览界面图

10）单击 Finish 按钮完成安装，如图 9-13 所示。

图 9-13　Zabbix 安装结束界面图

3．保存镜像

1）将当前容器的内容保存到镜像中，命令如下，注意使用当前容器的 ID 来替换 e6fece6f5eae。

```
[user@node01 zabbix]$ docker commit e6fece6f5eae centos8_zabbix_server
```

2）执行脚本 zabbix.sh，重新运行容器，命令如下。

```
[user@base ~]$ ./zabbix.sh
```

9.2.4　Zabbix 快速使用

本节将创建 Zabbix server 所在的节点 Host 并监控其 CPU，以此为例介绍 Zabbix 的快速使用，具体步骤说明如下。

1．登录 Zabbix

在浏览器中访问 Zabbix，将出现 Zabbix 的登录界面，如图 9-14 所示。

Zabbix 有一个默认的超级用户（Super User），其用户名为 Admin，密码 zabbix，在登录界面中输入上述信息，单击 Sign in 按钮，将出现 Zabbix 的 Web 工作页面，如图 9-15 所示。

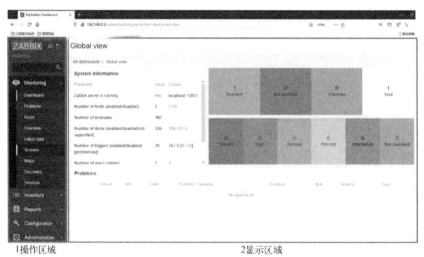

图 9-14　Zabbix 登录界面图

图 9-15　Zabbix 工作页面图

如图 9-15 所示，Zabbix 工作页面分为操作区域和显示区域，具体说明如下。

- 操作区域有多个下拉菜单，每个下拉菜单表示一大类操作，例如 Monitoring 菜单是各种监控数据查询操作的集合，Inventory 菜单则是设备固定资产的查询操作的集合等。
- 显示区域则是各类操作的显示界面，当单击操作区域的菜单项时，就会在该区域显示对应的界面，如果不单击，默认显示的是 Monitoring→Dashboard 菜单项界面，Dashboard（仪表盘）用来显示 Zabbix 的各类数据，例如 Zabbix 的系统信息、Host 的可用性情况、Zabbix 监控到的各类 Problem 信息，以及 Problem 的安全等级分类统计信息等。Dashboard 非常灵活，既可以创建多个 Dashboard，又可以在每个 Dashboard 中选择需要的显示组件，还能决定这些显示组件在 Dashboard 的位置。

2．创建 Host

Host 是 Zabbix 中最核心的概念和元素，因此，首先创建一个 Host，该 Host 表示 zabbix_server 这个节点，具体操作如下。

（1）进入 Host 创建页面

1）在操作区域单击 Configuration→Hosts 选项，如图 9-16 所示。

2）在出现的页面中单击 Create host 按钮，创建 Host，如图 9-17 所示。

图 9-16　Host 操作菜单项图　　　　　　　　　　图 9-17　Host 创建按钮图

（2）Host 设置

1）在 Host 配置界面中设置 Host name 为 My Zabbix server，选择 Groups（Host group）为 Zabbix servers，并单击 Add 按钮增加 Agent 类型 Interface，如图 9-18 所示。

图 9-18　Host 配置界面图

2）在 Host 配置界面中单击 Add 按钮，将出现新建的 Host 项，如图 9-19 所示，

图 9-19　新建的 Host 项图

（3）复制 CPU Items 监控项

1）复制已有的 CPU Items 到 My Zabbix server 中，可以实现该 Host 的 CPU 监控，单击 Templates 选项，如图 9-20 所示。

2）在 Template 界面的 Name 文本框中输入 CPU，单击 Apply 按钮，查询 CPU 相关的 Template，如图 9-21 所示。

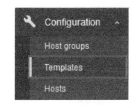

图 9-20　Template 菜单项图

图 9-21　Template 查询界面图

3）Template 的查询结果如图 9-22 所示，所需的 Item 位于 Linux CPU by Zabbix agent 中。

4）单击图 9-22 中的 Linux CPU by Zabbix agent 链接，将出现该 Template 的配置界面，如图 9-23 所示。

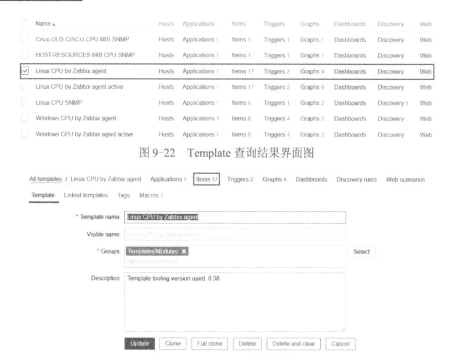

图 9-22　Template 查询结果界面图

图 9-23　Template 配置界面图

5）单击图 9-23 中的 Items 按钮，将出现图 9-24 所示 Items 界面，在该界面中勾选 CPU 相关的 Items，如图 9-24 所示。

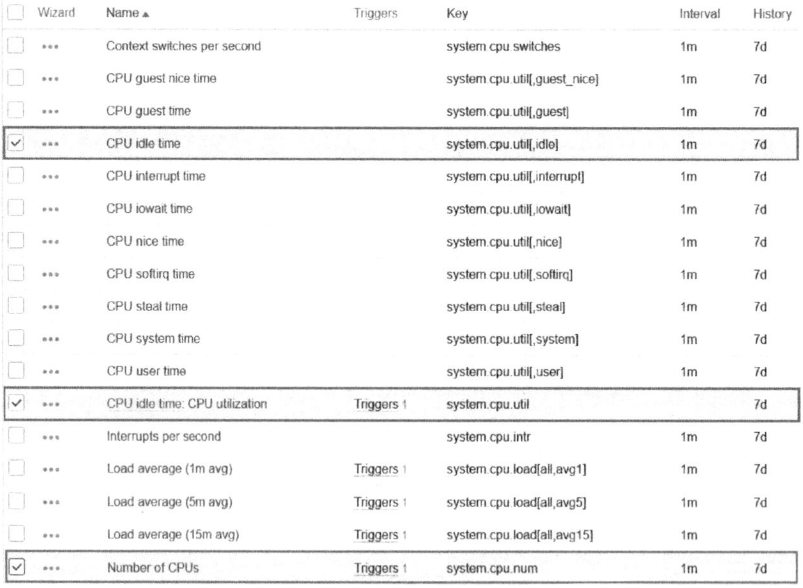

图 9-24　Items 信息界面图

6）单击 Items 界面中的 Copy 按钮，如图 9-25 所示。

图 9-25　Items 操作界面图

7）在 Items Copy 界面中选择 Copy 的对象类型为 Host，选择 Copy 的对象为 My Zabbix server，然后单击 Copy 按钮，如图 9-26 所示。

图 9-26　Items Copy 界面图

8）在 My Zabbix server 的 Items 界面中可以看到新复制的 3 个 CPU Item，如图 9-27 所示。

	Wizard	Name ▲	Triggers	Key	Interval	History	Trends	Type
☐	•••	CPU idle time		system.cpu.util[,idle]	1m	7d	365d	Zabbix agent
☐	•••	CPU idle time: CPU utilization		system.cpu.util		7d	365d	Dependent item
☐	•••	Number of CPUs		system.cpu.num	1m	7d	365d	Zabbix agent

图 9-27　My Zabbix server 的 Items 界面图

9）在 Monitor→Host 界面中可以看到新增的 Host，如图 9-28 所示，可以看到 ZBX 变成绿色，说明该 Host 是可用的。

Name ▲	Interface	Availability	Tags	Problems	Status	Latest data	Problems
My Zabbix server	127.0.0.1: 10050	ZBX SNMP JMX IPMI			Enabled	Latest data	Problems

图 9-28　Host 信息项图

3．监控数据

（1）查看 Latest data

单击图 9-28 中的 Latest data 链接，搜索 My Zabbix server 对应的 Items，如图 9-29 所示。

图 9-29　Items 搜索界面图

搜索结果如图 9-30 所示，可以看到各个 CPU 监控项的最新数据。

	Host	Name ▲		Last check	Last value	Change	
▼ ☐	My Zabbix server	- other - (3 items)					
☐		CPU idle time 📊		2021-01-15 08:55:53	96.8991 %		Graph
☐		CPU utilization 📊		2021-01-15 08:55:53	3.1009 %		Graph
☐		Number of CPUs		2021-01-15 08:55:52	2		Graph

图 9-30　My Zabbix server Latest data 界面图

（2）查看图形化数据

单击每一项后面的 Graph 链接，可以看到该项数据的图形化界面，如图 9-31 所示。

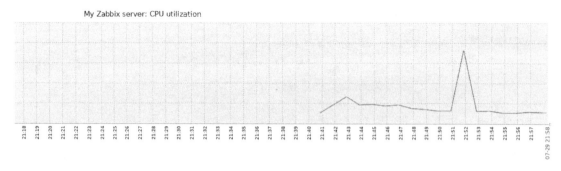

图 9-31　Items 数据图形化界面图

9.3　Zabbix 监控实践

本节将介绍 Zabbix 的常用监控实践示例，包括监控服务器、监控日志、监控数据库和监控 Web 服务器，具体说明如下。

9.3.1　监控服务器

Zabbix 中提供了监控服务器的通用模板（Template），可以分别实现 Linux 或 Windows 服务器的监控。本书以监控 Linux 服务器为例进行讲解。

1．关联 Template

进入 My Zabbix server 的 Host 配置界面，单击 Templates 标签，如图 9-32 所示，将出现该 Host 对应的 Template 关联界面，找到 Linux 服务器监控的通用 Template，并且链接到该 Template，从而实现该 Host 同该 Template 的关联。

图 9-32　Host 的 Template 关联界面图

单击图 9-32 中的 Select 按钮，将出现图 9-33 所示的 Templates 选择界面，在该界面中单击 Select，选择名字为 Templates/Operating systems 的 Host group，选择后将显示该 Host group 中的 Template，如图 10-33 所示，选择名字为"Linux by Zabbix agent"的 Template，这就是 Linux 服务器监控的通用 Template。

单击图 9-33 下方的 Select 按钮（注意不是 Host group 旁边的 Select 按钮）后，刚才选择的 Template 将出现在 Template 关联界面的 Link new templates 右侧的输入框中，如图 9-34 所示，此处一定要记得单击 Update 按钮，才会使得 Host "My Zabbix server"真正同"Linux by Zabbix agent"建立关联。

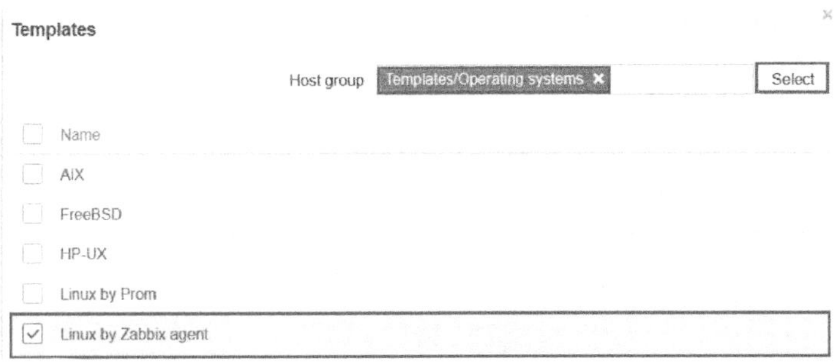

Templates

Host group [Templates/Operating systems ✖] [Select]

☐ Name
☐ AIX
☐ FreeBSD
☐ HP-UX
☐ Linux by Prom
☑ Linux by Zabbix agent

图 9-33　Host 的 Template 选择界面图

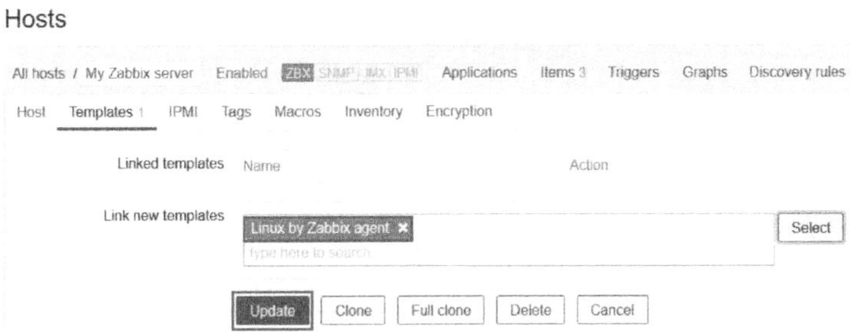

Hosts

All hosts / My Zabbix server   Enabled [ZBX] SNMP JMX IPMI   Applications   Items 3   Triggers   Graphs   Discovery rules

Host   Templates 1   IPMI   Tags   Macros   Inventory   Encryption

Linked templates   Name   Action

Link new templates   [Linux by Zabbix agent ✖]   [Select]
                      [type here to search]

[Update] [Clone] [Full clone] [Delete] [Cancel]

图 9-34　Host 的 Template 关联界面图

单击 Update 按钮后，将显示更新后的"My Zabbix server"Host 信息，如图 9-35 所示，Templates 列将显示刚刚关联的"Linux by Zabbix agent"信息，其中小括号内显示的是"Linux by Zabbix agent"所链接到的其他 Template。

图 9-35　My Zabbix server Host 信息界面图

如果要解除 Host 同 Template 的关联，可以单击图 9-36 中的 Unlink 或 Unlink and clear 按钮，其中 Unlink 仅仅解除关联，但 Host 同原 Template 中的 Application（Item、Trigger 和 Graph）等的关联并不解除，而 Unlink and clear 则不仅解除 Host 同 Template 的关联，也一并解除 Host 同 Template 所包含的 Application（Item、Trigger 和 Graph）等的关联。

图 9-36　Host 的 Template 关联界面图

图 9-37 是 My Zabbix server 的 Latest data 界面，可以看到 Linux by Zabbix agent 所监控到的 Linux 服务器的最新数据，包括 CPU 监控信息、硬盘信息（如空间利用率和读写数量等）、特定文件（如/etc/hostname、/etc/hosts 和/etc/resolv.conf 等）监控信息、特定目录（如/home/user/share）的监控信

息、通用监控信息（如登录的用户数、进程数、系统启动时间和主机名等），以及网卡状态信息等。

图 9-37　Host 的 Latest data 界面图

2．模拟 Problem

Linux by Zabbix agent 有多个 Trigger 来生成 Problem，其中有一个 Trigger 是 CPU 利用率超过 90%持续 5min 以上，就会生成一个安全等级为 Warning 的 Problem。本节将编写脚本 cpu.sh 来使得 CPU 利用率超过 90%，操作步骤如下。

（1）创建脚本

1）在 zabbix_server 容器中打开 cpu.sh，命令如下。

```
[user@zabbix_server share]$ vi cpu.sh
```

2）在脚本 cpu.sh 中增加如下内容。

```
1 #!/bin/bash
2
3 declare i=0
4 while [ 1 ];
5 do
6         i+=1
7 done
```

3）给 cpu.sh 加上可执行权限，命令如下。

```
[user@zabbix_server share]$ chmod +x cpu.sh
```

（2）运行脚本

运行脚本的命令如下。

```
[user@zabbix_server share]$ ./cpu.sh
```

如果只是执行 1 个 cpu.sh，CPU 的利用率可能还达不到 90%，可以在 zabbix_server 上开启多个终端，在每个终端执行 cup.sh，这样就可以使得 CPU 的利用率超过 90%了。

（3）观察监控数据

一段时间后，CPU 利用率的 Latest data 的 Graph 如图 9-38 所示，可以看到 CPU 的利用率超过了图中的水平虚线，即超过了 90%。

图 9-38　CPU 利用率图形界面图

此时，Monitor→Dashboard 会显示对应的 Problem，如图 9-39 所示。

Time ▼		Severity	Recovery time	Status	Info	Host	Problem	Duration
09:28:53		Warning		PROBLEM		My Zabbix server	High CPU utilization (over 90% for 5m)	10s

图 9-39　Dashboard Problem 界面图

9.3.2　监控日志

本节介绍 Zabbix 对日志文件监控的示例，该示例会配置 Zabbix 监控 /var/log/secure 日志文件中的用户登录行为数据，当用户登录失败时，生成安全等级为 Warning 的 Problem，给出警告，待用户登录成功后，则撤销之前的 Problem，具体操作步骤说明如下。

1. 安装 rsyslog

由于 /var/log/secure 是由 rsyslog 产生的，因此要先安装 rsyslog，具体说明如下。

（1）安装 rsyslog

1）使用 yum 安装 rsyslog，命令如下。

```
[root@zabbix_server /]# yum -y install rsyslog
```

2）启动 rsyslog 服务，命令如下。

```
[root@zabbix_server /]# systemctl start rsyslog
```

（2）检查日志文件

1）服务启动后，将在 /var/log 目录下生成 secure 文件，如下所示。

```
[root@zabbix_server /]# cat /var/log/secure
Jan 15 00:21:24 zabbix_server sshd[64]: Server listening on 0.0.0.0 port 22.
Jan 15 00:21:24 zabbix_server sshd[64]: Server listening on :: port 22.
```

2）登录容器，动态输出 secure 文件的内容，命令如下。

```
[root@zabbix_server /]# tail -f /var/log/secure
Jan 15 00:21:24 zabbix_server sshd[64]: Server listening on 0.0.0.0 port 22.
```

（3）登录操作

1）使用 Putty 登录容器 zabbix_server，如下所示。

```
[user@zabbix_server ~]$
```

登录成功后，secure 将会输出如下内容，其中关键词是 Accepted。

```
 Jan  15  01:50:51  zabbix_server  sshd[3276]:  Accepted  password  for  user  from
192.168.0.125 port 53148 ssh2
```

2）使用 su 切换到 root，输入错误的密码，模拟登录失败，则会输出如下内容，关键词是 failure。

```
an  15  01:52:16  zabbix_server  su[3338]:  pam_unix(su-1:auth):  authentication
failure; logname=user uid=1000
euid=0 tty=pts/2 ruser=user rhost=  user=root
```

总之，用户登录 Linux 成功，就会在 secure 中记录 Accepted，反之则记录 Failed 或 failure。

2．配置 Zabbix item

本例在之前创建的 Host My Zabbix server 中增加 Application Log，如图 9-40 所示。

图 9-40　Application 界面图

在 Log 下新建名字为 Login log 的 Item，具体配置如图 9-41 所示：配置 Item 的名字（Name）为 Login log；配置 Type 为 Zabbix agent（active），Zabbix agent 会将捕获的监控数据主动发送给 Zabbix server，这是一种主动的方式，它可以提升监控数据的实时性，与之相对的是 Zabbix agent 类型，这是一种被动的方式，它通过 Zabbix server 向 Zabbix agent 轮询来获取数据；配置获取数据的 Key，填入 log[/var/log/secure,(failure|Accepted)]，其中 log 表示这是日志数据的 Key，/var/log/secure 是日志文件路径，“,(failure|Accepted)”是过滤条件，只获取包含 failure 或 Accepted 的日志数据；配置数据类型为 Log；配置更新间隔为 5s；配置该 Item 所属的 Application 为 Log。

3．配置 Zabbix agent

Zabbix agent（active）类型下，要编辑 zabbix_agentd.conf，将 Hostname 配置成 Host 的名字 My Zabbix server，注意：是 Zabbix 中 Host 的名字，不是 Linux 的主机名。具体命令如下。

图 9-41　Items 配置界面图

如果 Hostname 和 Host 名字不一致的话，Zabbix agent 在采集数据时会报错：Accessible only as active check。

```
[root@zabbix_server /]# vi /etc/zabbix/zabbix_agentd.conf
```

修改内容如下。

```
170 Hostname=My Zabbix server
```

重启 Zabbix agent，命令如下。

```
[root@zabbix_server /]# systemctl restart zabbix-agent
```

4．模拟数据

运行 Putty.exe 登录 zabbix_server（192.168.0.3），如果登录成功，则可以在 Zabbix 的 Latest data 中看到捕获的登录信息，如图 9-42 所示。

图 9-42　Log login 最新捕获数据界面图

单击 History 链接，可以看到捕获数据的详细信息，如图 9-43 所示。

Timestamp	Local time	Value
2021-01-15 10:08:41		Jan 15 02:08:38 zabbix_server sshd[3979]: Accepted password for user from 192.168.0.125 port 53459 ssh2

图 9-43　捕获数据详细信息界面图

5．配置 Trigger

Trigger 可以为不同的捕获数据产生相应的 Problem，本例将为捕获到的 failure 数据产生一个安全等级为 Warning 的 Problem，以提示监控管理人员"有人在尝试登录系统"，具体步骤说明如下。

在 Host My Zabbix server 中新建 Trigger，配置如图 9-44 所示：配置 Trigger 的 Name 为 Login failed；配置 Problem 安全等级为 Warning；配置产生 Problem 的条件表达式：{My Zabbix server:log[/var/log/secure,(failure|Accepted)].str(failure)}=1，My Zabbix server:log[/var/log/secure,(failure|Accepted)]连起来表示 Host My Zabbix server 上/var/log/secure 文件中包含 failure 或 Accepted 的日志记录，str(failure)是一个函数，它会判断日志记录中是否包含 failure，如果是则返回 1，产生安全等级为 Warning 的 Problem，否则返回 0，此时 Zabbix 认为之前的 Problem 已经解决（Resolved），从而消除之前产生的 Warning Problem，后续会有实例说明。

图 9-44　Trigger 配置界面图

6．模拟登录失败

（1）模拟用户登录

在 zabbix_server 的终端上运行如下命令，模拟用户登录。

```
[user@zabbix_server ~]$ su
Password:
```

（2）模拟登录失败

不输入任何密码，直接按〈Enter〉键，模拟登录失败。

```
[user@zabbix_server ~]$ su
Password:
su: Authentication failure
```

（3）查看登录失败记录

此时 /var/log/secure 日志会增加一条记录，如下所示。

```
Jan 15 02:18:45 zabbix_server su[4421]: pam_unix(su:auth): authentication failure;
logname=user uid=1000 euid=0 tty=pts/2 ruser=user rhost=  user=root
```

Zabbix agent 会捕获该记录，将其发送到 Zabbix server，该记录就是 My Zabbix server Host 的 Login log Item 所捕获的数据。在 Zabbix 的 Latest data 中可以看到该数据，如图 9-45 所示，其中包含了关键词 failure。

Timestamp	Local time	Value
2021-01-15 10:18:46		Jan 15 02:18:45 zabbix_server su[4421]: pam_unix(su:auth): authentication failure; logname=user uid=1000 euid=0 tty=pts/2 ruser=user rhost= user=root

图 9-45　failure 日志记录图

（4）查看登录失败所触发的 Problem

由于该记录中包含 failure，Trigger Login failed 的表达式结果为 true，从而触发产生安全级别为 Warning 的 Problem，在 Zabbix 的 Monitor→Dashboard 页面可以看到该 Problem，如图 9-46 所示。

Problems

Time ▼	Info	Host	Problem • Severity	Duration	Ack
10:18:46		My Zabbix server	Login failed	1m 46s	No

图 9-46　Problem 信息界面图（登录失败）

（5）模拟登录成功，消除 Problem

新启动一个终端，使用 ssh 正常登录 zabbix_server，此时，/var/log/secure 日志会增加一条记录，如下所示。

```
Aug  1 11:13:09 zabbix_server sshd[6722]: Accepted password for user from
192.168.0.125 port 63397 ssh2
```

Zabbix agent 会捕获该记录，将其发送到 Zabbix server，该记录就是 My Zabbix server Host 的 Login log Item 所捕获的数据。在 Zabbix 的 Latest data 中可以看到该数据，如图 9-47 所示，其中包含了关键词 Accepted。

Timestamp	Local time	Value
2021-01-15 10:21:51		Jan 15 02:21:49 zabbix_server sshd[4541]: Accepted password for user from 192.168.0.125 port 53781 ssh2

图 9-47　Accepted 日志记录图

由于该记录中并未包含 failure，Trigger Login failed 的表达式结果为 false，因此不会触发 Problem，而且 Zabbix 会据此认为不符合表达式条件，就是 Problem 已经解决，从而消除在 Monitor→Dashboard 页面中之前的 Problem，如图 9-48 所示。

Problems

Time ▾	Info	Host	Problem • Severity	Duration	Ack	Actions	Tags

No data found.

图 9-48　Problem 信息界面图（登录成功）

7. 保存镜像

将当前容器存储到镜像 centos8_zabbix_server，命令如下。

```
[user@node01 zabbix]$ docker commit d3a961a17ddd centos8_zabbix_server
```

9.3.3　监控数据库

本节介绍 Zabbix 监控数据库的示例，该示例将使用 Zabbix 自带的 Template 来监控 zabbix_server 上所安装的 Mariadb 数据库，具体步骤说明如下。

1. 数据库连接设置

1）复制 userparameter_mysql.conf，该文件定义了 Mariadb 数据库监控的 Key 和 Value，命令如下。

```
[root@zabbix_server /]# cp /usr/share/doc/zabbix-agent/userparameter_mysql.conf
/etc/zabbix/zabbix_agentd.d/
```

2）编辑.my.cnf 文件，该文件将用于 Zabbix agent 连接 Mariadb 数据库。

```
[root@zabbix_server user]# vi /etc/zabbix/.my.cnf
```

在.my.cnf 中增加如下内容。

```
[client]
user=zabbix
password=password
```

3）重启 zabbix-agent 服务

```
[root@zabbix_server user]# systemctl restart zabbix-agent
```

2. 链接 MySQL Template

1）在"My Zabbix server" Host 配置界面的 Templates 链接界面中，单击 Select 按钮，选择"Templates/Databases" Host group 下的"MySQL by Zabbix agent"，如图 9-49 所示，然后单击 Select 按钮。

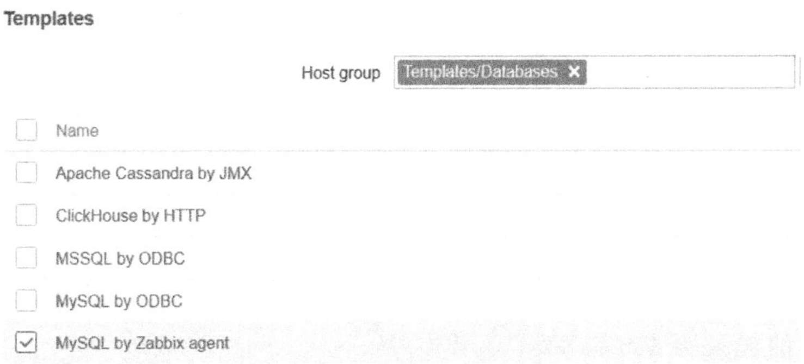

Templates

Host group　Templates/Databases ✕

- ☐ Name
- ☐ Apache Cassandra by JMX
- ☐ ClickHouse by HTTP
- ☐ MSSQL by ODBC
- ☐ MySQL by ODBC
- ☑ MySQL by Zabbix agent

图 9-49　Problem 信息界面图

2）单击 Update 按钮，将该 Template 加入到"My Zabbix server"，实现 Template "MySQL by Zabbix agent"到"My Zabbix server"的链接，如图 9-50 所示。

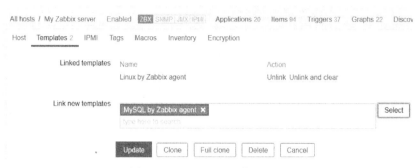

图 9-50　Templates 链接界面图

3）单击 Update 按钮后，将出现更新后的 Host 信息项，如图 9-51 所示，可以看到"My Zabbix server"新添加的 Template "MySQL by Zabbix agent"。

☐	Name ▲	Applications	Items	Triggers	Graphs	Discovery	Web	Interface	Proxy	Templates
☐	My Zabbix server	Applications 21	Items 135	Triggers 48	Graphs 28	Discovery 5	Web	127.0.0.1:10050		Linux by Zabbix agent (Linux block devices by Zabbix agent, Linux CPU by Zabbix agent, Linux filesystems by Zabbix agent, Linux generic by Zabbix agent, Linux memory by Zabbix agent, Linux network interfaces by Zabbix agent, Zabbix agent), MySQL by Zabbix agent

图 9-51　更新后的 Host 信息项图

4）一段时间后，在 Monitoring→Latest data 界面中，将出现 Zabbix 所采集到的 Mariadb 监控数据，如图 9-52 所示。

▼ ☐ Host	Name ▲	Last check	Last value
▼ My Zabbix server	**MySQL** (37 Items)		
☐	MySQL: Aborted clients per second	2021-01-15 10:41:52	0
☐	MySQL: Aborted connections per second	2021-01-15 10:41:52	0
☐	MySQL: Buffer pool efficiency	2021-01-15 10:41:50	0.02752 %
☐	MySQL: Buffer pool utilization	2021-01-15 10:41:51	23.1445 %
☐	MySQL: Bytes received	2021-01-15 10:41:52	1.55 KBps
☐	MySQL: Bytes sent	2021-01-15 10:41:52	8.12 KBps

图 9-52　Mariadb 最新监控数据图

3．保存镜像

将当前容器存储到镜像 centos8_zabbix_server，其中 d3a961a17ddd 为当前容器的 ID，命令如下。

```
[user@node01 zabbix]$ docker commit d3a961a17ddd centos8_zabbix_server
```

9.3.4　监控 Web 服务器

本节介绍 Zabbix 监控 Web 服务器的示例。该示例将使用 Zabbix 自带的 Template 来监控 zabbix_server 上的 Apache Web 服务器，具体步骤如下。

1）在"My Zabbix server" Host 配置界面的 Templates 链接界面中，单击 Select 按钮，选择

"Templates/Applications" Host group 下的 "Apache by HTTP"，如图 9-53 所示。

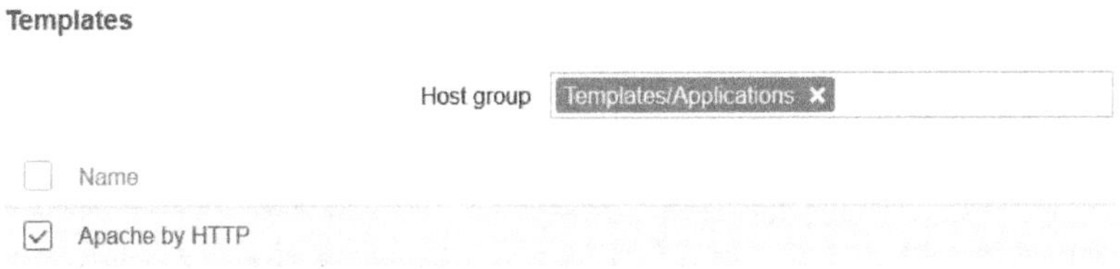

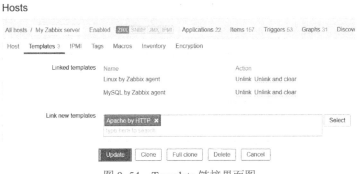

图 9-53　Mariadb 最新监控数据图

2）单击图 9-53 下面的 Select 按钮，将会出现 "My Zabbix server" 的 Templates 界面，如图 9-54 所示，单击 Update 按钮，将该 Template 加入到 "My Zabbix server"，实现 "Apache by HTTP" 到 "My Zabbix server" 的链接。

图 9-54　Template 链接界面图

3）单击 Update 按钮后，将出现更新后的 Host 信息项，如图 9-55 所示，可以看到 "My Zabbix server" 新添加的 Template "Apache by HTTP"。

图 9-55　更新后的 Host 信息项图

4）一段时间后，在 Monitoring→Latest data 界面中，在 Application 文本框中输入 Apache，搜索将出现 Zabbix 所采集到的 Apache Web 服务器监控数据，如图 9-56 所示。

图 9-56　Apache Web 服务器最新监控数据图

5）将当前容器存储到镜像 centos8_zabbix_server，其中 d3a961a17ddd 为当前容器的 ID，命令如下。

```
[user@node01 zabbix]$ docker commit d3a961a17ddd centos8_zabbix_server
```

9.4 综合实战：使用 Zabbix 监控 HDFS 分布式文件系统

本节将完成一个基于 Zabbix 的 HDFS 监控系统（后续将简称 HDFS 监控系统）的综合实战，该实战涉及监控方案设计、用户管理、权限划分、Windows 监控、Docker 监控、HDFS 系统监控、HDFS 节点监控、基于 Proxy 的内网设备监控等多种 Zabbix 实用技术的综合应用。

9.4.1 设计 HDFS 监控系统方案

本节将设计 HDFS 监控系统的方案（后续简称监控方案），包括 HDFS 监控系统架构、主机规划、权限规划和实施流程，具体说明如下。

1. HDFS 监控系统架构

HDFS 监控系统的架构是和 HDFS 自身架构以及部署情况紧密相关的。如图 9-57 所示，HDFS 自身的系统架构和部署自底向上分为 7 层，分别是物理主机层、虚拟机引擎、虚拟机及镜像、Docker 引擎、Docker 镜像、容器、Zabbix 及应用。

对应的 HDFS 监控系统的架构则如图 9-57 所示，其中灰色矩形表示 zabbix-server，它是管理节点；彩色矩形包括 zabbix-agent 和 zabbix-agent2 这两种组件，它们负责采集本节点的监控数据，数字编号 1～5 是每条监控数据采集路径的编号；浅灰色矩形是 zabbix-proxy 组件，在本例中它用来接收 node01 监控数据，这是因为本例中 Docker 网络采用 MACVLAN，容器无法直接同本机 Host 通信，例如容器 zabbix_server 无法同虚拟机 node01 直接通信，自然就无法获取 node01 的监控数据，因此，容器 zabbix_server 先同 zabbix_proxy 通信，然后通过 zabbix_proxy 来获取 node01 的监控数据。

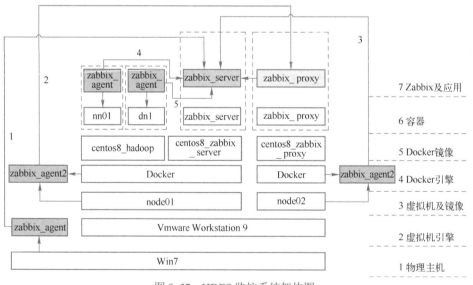

图 9-57 HDFS 监控系统架构图

2. 主机规划

依据图 9-57 所示的 HDFS 监控系统架构图，HDFS 监控系统中的主机名称，Zabbix Host 和

IP 地址的规划如表 9-1 所示。

表 9-1　HDFS 监控系统主机规划表

编号	主机名	Zabbix Host	IP 地址	说明
1	Windows 主机	Host Windows	192.168.0.125	物理主机，操作系统是 Win7/Win10
2	node01	Node01	192.168.0.226	虚拟机 node01，源自 9.3.4 节中所使用的虚拟机
3	zabbix_server	My Zabbix server	192.168.0.3	Docker 容器，位于 node01 上
4	nn01	NameNode01	192.168.0.4	Docker 容器，位于 node01，HDFS 的 NameNode
5	dn1	DataNode01	192.168.0.5	Docker 容器，位于 node01，HDFS 的 DataNode
6	node02	Node02	192.168.0.228	虚拟机 node02，源自第 5 章所构建的 node01
7	zabbix_proxy	Hadoop Proxy01	192.168.0.20	Docker 容器，位于 centos8_vm01 上，Zabbix 的 Proxy

3．权限规划

实际使用中，物理集群通常会运行多个平台和业务系统，而这些平台和系统的管理者又往往不同。因此，从权限管理的角度考虑，要为 HDFS 监控系统创建专属的 Host group、User group 和 User，如表 9-2 所示，表 9-1 中的 Zabbix Host 都将属于表 9-2 中的 Host group——Hadoop cluster。这样 HDFS 监控系统的相关事务就可以由新建的 User（HadoopAdmin）专人负责，而不需要都交给 Zabbix 的 Super User 一人来负责，有利于分工；同时 Zabbix 的其他用户没有访问 HDFS 监控系统 Host group 的权限，确保了安全性。

表 9-2　Host group、User group 和 User 规划

Host group	User group	User	说明
Hadoop cluster	HadoopAdmins	HadoopAdmin	User Type 为 Zabbix Admin，它可以创建 Host

4．实施流程

上述监控方案的实施流程说明如下。

以 Admin（Super User）登录 Zabbix，引入 Hadoop 监控的 Template，因为该 Template 要创建 Host group，必须在 Super User 完成。

1）创建 Host group（Hadoop cluster）。

创建 User group（HadoopAdmins），将其关联到 Hadoop cluster 以及其他必需的 Host group，并设置合适的访问权限。

创建 User（HadoopAdmin），并将其加入到 HadoopAdmins 中。

2）以 HadoopAdmin 登录，实现 Host Windows 的监控，后续的 Zabbix 操作，都在 HadoopAdmin 用户下进行。

3）在虚拟机 node02 上构建 Zabbix Proxy，并接入 zabbix-server。

4）在虚拟机 node01 上构建 zabbix-agent2，监控 node01 及其 Docker 容器，通过 zabbix-proxy 接入 zabbix-server。

5）在虚拟机 node02 上构建 zabbix-agent2，监控 node02 及其 Docker 容器，并接入 zabbix-server。

6）基于 HDFS 节点的镜像 centos8_hadoop 构建 zabbix-agent，并接入 zabbix-server，监控 HDFS。

9.4.2　导入 Hadoop 监控 Template

由于 Zabbix 没有自带监控 Hadoop 的 Template，因此需要从外部导入（Import），具体步骤

说明如下。

1. 下载 Template

在 Windows 主机上访问 https://github.com/Staroon/ zabbix-hadoop-template，单击 Code 按钮，然后单击 Download ZIP 链接，下载该 Template 对应的压缩包，如图 9-58 所示。

将压缩包保存在 D:\zabbix，并解压，Hadoop 相关的 Template 和脚本都位于图 9-59 所示的文件夹中。

图 9-58　Hadoop 监控 Template 下载界面图

图 9-59　Hadoop 监控的 Template 文件夹信息图

2. 导入 Template

由于该 Template 导入时会创建 Host group，只有 Super User 才能创建 Host group，因此该 Template 的导入要在 Super User 下进行。以 Super User 登录 Zabbix，默认用户名是 Admin，密码是 zabbix，进入 Configuration→Templates，单击 Import 按钮导入刚下载的 "Template Cluster Hadoop.xml"，如图 9-60 所示。

单击 Import 按钮后，如果导入成功，则显示如图 9-61 所示。

图 9-60　Template 导入界面图　　　　　图 9-61　导入状态界面

3. 查看 Template

进入 Configuration→Template，看到新导入的 Template—— "Template Cluster Hadoop"，如图 9-62 所示。

该 Template 在导入的同时，还创建了 Host group——Hadoop 集群，如图 9-63 所示。

图 9-62　新导入的 Template Cluster Hadoop 界面图

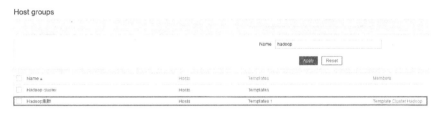

图 9-63　Host group 信息界面图

9.4.3　创建 Host group、User group 和 User

本节依据表 9-2 为 HDFS 监控系统创建 Host group、User group 和 User，具体步骤如下。

1. 创建 Host group

以 Super User 登录 Zabbix，默认用户名是 Admin，密码是 zabbix，如图 9-64 所示。

进入 Configuration→Host groups，单击 Create host group 按钮，进入 Host groups 创建页面，创建新的 Host group，名字为 Hadoop cluster，如图 9-65 所示。

图 9-64　Zabbix Super User 登录界面图　　　图 9-65　Zabbix Super User 登录界面图

单击图 9-65 中的 Add 按钮后，如果添加成功，则会显示 Group added，并显示新增的 Hadoop cluster 列表项，显示如图 9-66 所示，此时 Hadoop cluster 下的 Hosts 和 Templates 都为空，后续将在 HadoopAdmin 用户下添加。

2. 创建 User group

进入 Administration→User groups，单击 Create user group 进入 User groups 创建页面，创建新的 User group，名字为 Hadoop Admins，如图 9-67 所示。

单击 Permissions 标签，在 Permissions 选项卡中设置 Hadoop Admins 的权限，如图 9-68 所示。

单击 9-68 的 Select 按钮选择 Host group 后，要记得选择对应的权限：Read-write、Read、Deny，然后一定要单击 Add 按钮，才会执行操作。如果要删除某项 Host group，如 Linux servers，可以重新选择该 Linux servers，然后选择 None，再单击 Add 按钮。

图 9-66　Host groups 信息界面图　　　　　图 9-67　Host groups 信息界面图

图 9-68　User groups Permissions 选项卡界面图

3.　创建 User

进入 Administration→Users，单击 Create user 创建新用户，如图 9-69 所示，用户名为 HadoopAdmin，所属的 User group 为 Hadoop Admins，密码为 123456。

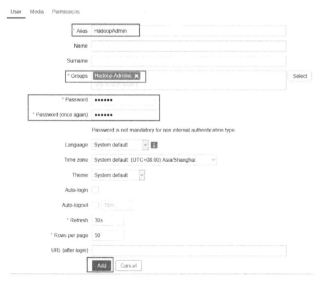

图 9-69　新建用户界面图

单击 Permissions 标签,在 Permissions 选项卡中选择 Role 为 Admin role,Admin role 用户可以创建 Host,可以 Import Template(但不能创建 Host groups),并且继承了所属 Host group——Hadoop Admins 的 Permissions(能对 Hadoop Admins 中的 Template 进行操作),如图 9-70 所示。

图 9-70　Permissions 选项卡图

单击 ,退出当前登录,并以 HadoopAdmin 重新登录,如图 9-71 所示。登录后可以看到 HadoopAdmin 的 Configuration 操作菜单,如图 9-72 所示。

图 9-71　Permissions 选项卡图　　　　图 9-72　Configuration 操作菜单图

9.4.4　监控 Windows

本节实现图 9-57 中 Windows 主机的监控,首先在 Windows 主机上安装 Zabbix agent 用于监控数据的采集,具体步骤说明如下。

1. 安装 Zabbix agent

1)访问 https://www.zabbix.com/download_agents,选择 Zabbix Release 为 5.2.3,获取 Zabbix agent 的下载链接,如图 9-73 所示,单击 DOWNLOAD 按钮,下载 Zabbix agent 的安装文件。

图 9-73　Zabbix agent 下载界面图

2）下载好的 Zabbix agent 安装文件如图 9-74 所示。

图 9-74　Zabbix agent 安装文件信息图

3）双击 Zabbix agent 安装文件，安装界面如图 9-75 所示。

4）勾选 I accept the terms in Licence Agreemet，然后单击 Next 按钮，如图 9-76 所示。

图 9-75　Zabbix agent 安装向导界面图

图 9-76　Zabbix agent 许可证信息界面图

5）填写 Host name 为 Host Windows，输入 Zabbix sever 的 IP 地址为 192.168.0.3，如图 9-77 所示。

6）选择默认安装的 Zabbix agent 组件和安装路径，如图 9-78 所示。

图 9-77　Zabbix agent 信息配置界面图

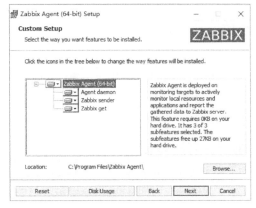

图 9-78　Zabbix agent 安装配置界面图

7）单击 Install 开始安装，如图 9-79 所示。

安装结束后，在 C:\Program Files\Zabbix Agent 下会有对应的安装文件，如图 9-80 所示。

2. 创建 Host Windows

以 HadoopAdmin 身份登录，进入 Configuration→Host，然后单击 Create host 来创建 Host，新 Host 的名字为 Host Windows，所属的 Host group 为 Hadoop cluster，Agent 的 IP 地址为 192.168.0.125（Windows 主机的 IP），如图 9-81 所示。

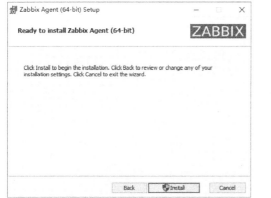

图 9-79　Zabbix agent 安装界面图　　　　　图 9-80　Zabbix agent 安装路径及文件信息图

图 9-81　Host Windows 创建界面图

在 Templates 选项卡中链接到 Templates/Operating systems（Host group）的 Windows by Zabbix agent，如图 9-82 所示。

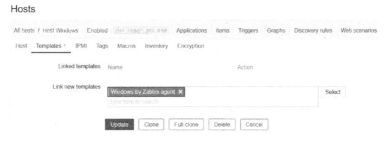

图 9-82　Host Windows 的 Template 配置界面图

因为 HadoopAdmin 属于 Hadoop Admins（User group），而 Hadoop Admins 在 Permssions 中选择了 Templates/Operating systems（Host group），因此 HadoopAdmin 自然可以使用 Templates/Operating systems 下的 Templates。

3．关闭 Windows 防火墙

关闭 Windows 上的防火墙，以 Win10 系统为例，确保使用中的网络的防火墙是关闭的，如

图 9-83 所示。

图 9-83　Win10 防火墙状态界面图

4. 启动 Zabbix Agent 服务

在 Windows 的服务管理器中找到 Zabbix Agent 服务并启动，如图 9-84 所示，该服务是自动启动的，后续 Windows 主机重启后，服务就会自动启动。

图 9-84　Win10 服务管理界面图

在 Zabbix Web 页面的 Monitoring→Host 界面中查看 Host Windows 的状态，如图 9-85 所示，如果 ZBX 显示绿色，则说明连接正常。

图 9-85　Host Windows 状态界面图

5. 监控 Windows 数据

单击图 9-86 中 Host Windows 的 Graphs 链接，可以看到当前采集到的 Windows 各类数据的图形界面，例如图 9-87 所示的就是 Host Windows 的 CPU 利用率。

图 9-86　Host Windows 信息界面图

图 9-87　Host Windows CPU 利用率界面图

单击 Monitoring→Latest data 查看 Host Windows 采集的各项数据，在 Latest data 页面中，可以灵活选择 Host、时间和数据项等，并且将选择好的数据放置到一张图中显示，便于统计和对比。

9.4.5　构建 Zabbix agent 镜像（实践 21）

本例中 HDFS 的每个节点都是基于 centos8_hadoop 镜像启动的，为了实现 HDFS 各个节点自身的监控，本节将在 centos8_hadoop 镜像的基础上增加 Agent，构建支持 Zabbix 监控的 HDFS 节点基础镜像 centos8_hadoop_agent。

本节属于实践内容，因为后续章节会用到本节所构建的 centos8_hadoop_agent 镜像，**所以本实践必须完成**。请参考本书配套免费电子书《Linux **快速入门与实战——扩展阅读与实践教程**》中的"**实践 21：构建 Zabbix agent 镜像**"部分。

9.4.6　构建 Proxy 镜像（实践 22）

根据图 9-57 中的 HDFS 监控系统架构，需要采集虚拟机 node01 的信息，但因为容器 zabbix_server 采用的是 MACVLAN 网络，它无法同虚拟机 node01 直接通信。因此在另一个虚拟机 node02 中构建 Proxy 镜像并运行 zabbix_proxy 容器，这样 zabbix-server 进程将通过 zabbix_proxy 容器中的 zabbix-proxy 进程来采集虚拟机 node01 的信息，本节将介绍具体的操作步骤。

本节属于实践内容，因为后续章节会用到本节所构建的 centos8_proxy 镜像，**所以本实践必须完成**。请参考本书配套免费电子书《Linux **快速入门与实战——扩展阅读与实践教程**》中的"**实践 22：构建 Proxy 镜像**"部分。

9.4.7　监控 Docker

本节实现 node01 虚拟机上 Docker 的监控，因为 zabbix-agent 监控 Docker 需要用到 zabbix_module_docker.so，而 zabbix_module_docker.so 是和特定的 Zabbix 版本关联的，对于 Zabbix 5.x 版本来说，需要源码编译 zabbix_module_docker.so，非常麻烦。因此本节使用 zabbix-agent2，它不存在这个问题，可以很方便地实现 Docker 的监控。

zabbix-agent2 是使用 go 语言重写的 zabbix-agent，它是 Zabbix 5.0 版本所新推出的 Agent，和老的 zabbix-agent 相比，它的效率更高、使用更加灵活、功能更加强大。在使用上，zabbix-agent2 基本兼容 zabbix-agent，因此，可以无缝迁移到 zabbix-agent2，但要注意的是：同一个主机上，zabbix-agent 和 zabbix-agent2 只能运行其中一个，不能两者同时运行。

1. 安装 Zabbix 安装源

在 node01 上安装 Zabbix 的安装源，命令如下。

```
[root@node01 zabbix]#
rpm -Uvh https://repo.zabbix.com/zabbix/5.2/rhel/8/x86_64/zabbix-release-5.2-1.
el8.noarch.rpm
```

2. 安装 zabbix-agent2

查看可以安装的 zabbix-agent2 版本，命令如下。

```
[root@node01 zabbix]# yum list--showduplicates | grep zabbix-agent2
```

列出的内容如下。

```
zabbix-agent2.x86_64          5.2.3-1.el8                          zabbix
```

安装 zabbix-agent2，命令如下。

```
[root@node01 zabbix]# yum -y install zabbix-agent2-5.2.3-1.el8
```

如果安装时报错，即 Error: Error downloading packages: Cannot download zabbix-agent2-5.2.3-1.el8.x86_64.rpm: All mirrors were tried，则可以用 wget 下载 zabbix-agent2-5.2.3-1.el8.x86_64.rpm，命令如下。

[root@node01 zabbix]# cd /var/cache/dnf/zabbix-b7349cbb4866b08d/packages

[root@node01 zabbix]#

wget -c http://repo.zabbix.com/zabbix/5.2/rhel/8/x86_64/zabbix-agent2-5.2.3-1.el8.x86_64.rpm

再次运行 zabbix-agent2 安装命令，如下所示。

[root@node01 zabbix]# yum -y install zabbix-agent2

zabbix-agent2 是用 go 语言编写的，因此，它的运行需要安装 golang，命令如下。

```
[root@node01 zabbix]# yum -y install golang
```

3. 配置 zabbix-agent2

（1）创建目录

创建/za 目录，命令如下。

```
[root@node01 zabbix]# mkdir /za
```

（2）配置 zabbix-agent2

修改 zabbix-agent2 的配置文件，命令如下。

```
[root@node01 zabbix]# vi /etc/zabbix/zabbix_agent2.conf
```

修改内容如下。

```
13 PidFile=/za/zabbix_agentd.pid
80 Server=127.0.0.1,192.168.0.20/24
120 注释 #ServerActive=127.0.0.1
131 Hostname=Node01（这个相当重要，每个 Agent 都要配置的）
```

如果 Hostname 不配置，Proxy 会报错，如下所示。

cannot send list of active checks to "192.168.0.226": host [Zabbix server] not found。

（3）设置自启动

1）设置 zabbix-agent2 自启动，命令如下。

```
[root@node01 zabbix]# systemctl enable zabbix-agent2
```

2）编辑自启动文件，命令如下。

```
[root@node01 zabbix]# vi /etc/systemd/system/multi-user.target.wants/zabbix-agent2.
service
```

3）修改 zabbix-agent2.service 内容如下。

```
11 PIDFile=/za/zabbix_agent2.pid
16 #User=zabbix
17 #Group=zabbix
```

4）重新加载配置，命令如下。

```
[root@node01 zabbix]# systemctl daemon-reload
```

（4）启动服务

1）启动 zabbix-agent2 服务，命令如下。

```
[root@node01 zabbix]# systemctl start zabbix-agent2
```

2）查看 zabbix-agent2 服务状态，命令如下。

```
[root@base packages]# systemctl status zabbix-agent2
```

如果系统打印 running，则说明 zabbix-agent2 服务状态正常。

```
zabbix-agent2.service - Zabbix Agent 2
Loaded: loaded (/usr/lib/systemd/system/zabbix-agent2.service; enabled; vendor
preset: disabled)
Active: active (running) since Mon 2021-01-18 00:38:40 EST; 18s ago
```

4．创建 Host

以 HadoopAdmin 登录 Zabbix，进入 Configuration→Hosts，单击 Create host 来创建 Host，名字为 Node01，Host group 为 Hadoop cluster，Agent 的 IP 地址为 192.168.0.226，即虚拟机 node01 的 IP 地址，选择 "Hadoop Proxy01" 进行监控，如图 9-88 所示。

图 9-88　Host 创建界面图

为 Node01 关联 Template，其中 Template Docker 属于 Templates/Applications（Host group），如图 9-89 所示。

图 9-89　Template 选项卡图

进入 Monitoring→Host，如果 Availability 的 ZBX 变成绿色，如图 9-90 所示，则说明 zabbix-agent2→zabbix-proxy→zabbix-server 是连通的。

Node01　　　　　　　　　192.168.0.226: 10050　　　　　　　

图 9-90　Host 状态界面图

5．查看监控数据

进入 Monitoring→Latest data，查询 Host Node01 的最新数据，其中有关 Docker 的监控数据如图 9-91 所示，例如虚拟机 node01 当前运行有 3 个容器等。

		last	min	avg	max
Number of CPUs	[avg]	2	2	2	2
Load average (15m avg)	[avg]	0.13	0.1	0.115	0.13
Load average (5m avg)	[avg]	0.25	0.18	0.215	0.25
Load average (1m avg)	[avg]	0.44	0.08	0.26	0.44
Docker: Pids limit enabled	[avg]	1	1	1	1
Docker: OomKill disabled	[avg]	1	1	1	1
Docker: Nfd	[avg]	44	44	44	44
Docker: NEvents listener	[avg]	0	0	0	0
Docker: NCPU	[avg]	2	2	2	2
Docker: Memory total	[avg]	2.76 GB	2.76 GB	2.76 GB	2.76 GB
Docker: Memory limit enabled	[avg]	1	1	1	1
Docker: Live restore enabled	[avg]	0	0	0	0
Docker: Layers size	[avg]	4.02 GB	4.02 GB	4.02 GB	4.02 GB
Docker: Kernel memory TCP enabled	[avg]	1	1	1	1
Docker: Kernel memory enabled	[avg]	1	1	1	1
Docker: IPv4 Forwarding enabled	[avg]	1	1	1	1
Docker: Images total	[avg]	59	59	59	59
Docker: Images size	[avg]	18.62 GB	18.62 GB	18.62 GB	18.62 GB
Docker: Images available	[avg]	25	25	25	25
Docker: Goroutines	[avg]	74	74	74	74
Docker: Debug enabled	[avg]	0	0	0	0
Docker: CPU Shares enabled	[avg]	1	1	1	1
Docker: CPU Set enabled	[avg]	1	1	1	1
Docker: CPU CFS Quota enabled	[avg]	1	1	1	1
Docker: CPU CFS Period enabled	[avg]	1	1	1	1
Docker: Containers total	[avg]	3	3	3	3
Docker: Containers stopped	[avg]	0	0	0	0
Docker: Containers size	[avg]	34.04 MB	34.01 MB	34.03 MB	34.04 MB
Docker: Containers running	[avg]	3	3	3	3
Docker: Containers paused	[avg]	0	0	0	0
CPU utilization	[avg]	5.7644 %	2.3411 %	4.0528 %	5.7644 %
CPU user time	[avg]	2.9106 %	1.3085 %	2.1095 %	2.9106 %
CPU system time	[avg]	1.8369 %	1.4541 %	1.6455 %	1.8369 %
CPU steal time	[avg]	0 %	0 %	0 %	0 %
CPU softirq time	[avg]	0.3188 %	0.3188 %	0.339 %	0.3592 %
CPU nice time	[avg]	0 %	0 %	0 %	0 %
CPU iowait time	[avg]	0.04194 %	0.04194 %	0.07127 %	0.1006 %
CPU interrupt time	[avg]	0.4363 %	0.3764 %	0.4063 %	0.4363 %
CPU idle time	[avg]	94.2356 %	94.2356 %	95.9472 %	97.6589 %
CPU guest time	[avg]	0 %	0 %	0 %	0 %
CPU guest nice time	[avg]	0 %	0 %	0 %	0 %

图 9-91　Node01 最新监控数据界面图

6．实现虚拟机 node02 上的 Docker 监控

由于 node02 可以直接同 zabbix_server 通信，因此不需要 Proxy 转发，直接由 zabbix-server 向 node02 的 zabbix-agent2 采集数据即可。

9.4.8　监控 HDFS

本节基于 9.4.2 节中所导入的 Hadoop 监控 Template 来实现 HDFS 自身的监控，具体步骤说明如下。

对于 HDFS 自身监控而言，只需要在 zabbix_server 上配置，采集监控数据的脚本也位于 zabbix_server 上。

1. 启动 HDFS

进入容器 nn01，命令如下，其中 d3d19288d2cc 是 nn01 的 ID。

```
[user@node01 zabbix]$ docker exec -it b6ca2ebfb74c /bin/bash
[root@nn01 /]#
```

切换到 user 用户，启动 HDFS，命令如下。

```
[root@nn01 /]# su - user
[user@nn01 ~]$ cd hadoop-3.2.1
[user@nn01 hadoop-3.2.1]$ sbin/start-dfs.sh
```

启动后，查看 HDFS，命令如下。

```
[user@nn01 hadoop-3.2.1]$ hdfs dfsadmin –report
```

如果系统打印 1 个 DataNode，如下所示，则说明 HDFS 正常启动。

```
Live datanodes (1):
```

2. 创建 Host

以 HadoopAdmin 登录，进入 Configuration→Hosts，单击 create host 创建 Host HDFS，所属 Host group 为 Hadoop cluster，如图 9-92 所示。

图 9-92　Host 创建界面图

在 Templates 选项卡将 HDFS 同 Template Cluster Hadoop 关联起来，如图 9-93 所示。

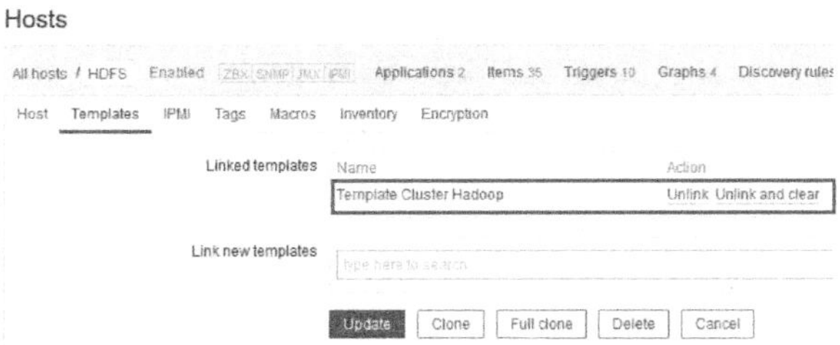

图 9-93　Template 关联界面图

在 Macros 选项卡中，修改 Template "Cluster Hadoop" 的宏定义，单击 Inherited and host macros，然后修改 HADDOP_NAME_NODE_HOST 的值为 nn01，修改 HADOOP_NAMENODE_METRICS_PORT 为 9870，修改 ZABBIX_NAME 的值为 HDFS，具体如图 9-94 所示。

图 9-94　Template Macros 修改界面图

3．获取脚本

Zabbix 需要运行脚本来获取 HDFS 的数据，这个脚本位于 Hadoop 监控 Template 压缩包之中，先在 zabbix_server 中使用 wget 下载该脚本，具体步骤说明如下。

（1）安装 wget

```
[root@zabbix_server zabbix]# yum -y install wget
```

（2）下载脚本

```
[user@zabbix_server ~]$ mkdir zabbix
[user@zabbix_server zabbix]$ wget https://github.com/Staroon/zabbix-hadoop-template/
archive/master.zip
```

（3）解压

1）安装解压软件，命令如下。

```
[root@zabbix_server zabbix]# yum -y install unzip
```

2）解压，命令如下。

```
[user@zabbix_server zabbix]$ unzip master.zip
```

3）解压后的目录如下。

```
[user@zabbix_server zabbix]$ ls
master.zip  zabbix-hadoop-template-master
```

（4）复制脚本

1）创建 Zabbix 脚本运行目录，命令如下。

```
[root@zabbix_server zabbix]# mkdir -p /usr/lib/zabbix/externalscripts/
```

/etc/zabbix/zabbix_server.conf 中配置了 Zabbix 运行脚本的路径，如下所示。
ExternalScripts=/usr/lib/zabbix/externalscripts

2）复制脚本 cluster-hadoop-plugin.sh，命令如下。

```
[root@zabbix_server zabbix]#
```

```
cp zabbix-hadoop-template-master/hadoop-template/cluster-hadoop-plugin.sh /usr/
lib/zabbix/externalscripts/
```

3）复制脚本 zabbix-hadoop.py，命令如下。

```
[root@zabbix_server zabbix]#
cp zabbix-hadoop-template-master/hadoop-template/zabbix-hadoop.py /usr/lib/zabbix/
externalscripts/
```

4）给这两个脚本加上可执行权限，命令如下。

```
[root@zabbix_server /]# chmod +x /usr/lib/zabbix/externalscripts/cluster-hadoop-
plugin.sh
[root@zabbix_server /]# chmod +x /usr/lib/zabbix/externalscripts/zabbix-hadoop.py
```

（5）运行脚本

1）安装 python2（注意：不能用 python3），命令如下，它将用于执行 zabbix-hadoop.py。

```
[root@zabbix_server /]# yum -y install python2
```

2）创建 python 符号链接，命令如下。

```
[root@zabbix_server zabbix]# ln -sv /usr/bin/python2 /usr/bin/python
```

3）注释掉 zabbix-hadoop.py 中的 104 行。

```
#namenode_dict['files_and_directorys'] = nninfo_json['beans'][0]['TotalFiles']
```

4）安装 zabbix-sender（cluster-hadoop-plugin.sh 会用到）。

```
[root@zabbix_server zabbix]# yum -y install zabbix-sender
```

5）重启 zabbix-server。

```
[root@zabbix_server /]# systemctl restart zabbix-server
```

4．支持中文显示

HDFS 监控数据的中文显示默认是乱码，这是因为 zabbix_server 缺乏中文字库，下面为 zabbix_server 增加中文字库并进行配置，具体步骤如下。

（1）下载字体库

1）进入字体库目录。

```
[root@zabbix_server zabbix]# cd /usr/share/zabbix/assets/fonts/
```

2）下载字体库，命令如下。

```
[root@zabbix_server fonts]# wget https://www.xxshell.com/download/sh/zabbix/ttf/
msyh.ttf
```

（2）字体库配置

1）打开 PHP 配置文件，命令如下。

```
[root@zabbix_server fonts]# vi /usr/share/zabbix/include/defines.inc.php
```

2）修改 defines.inc.php 中的如下内容。

```
define('ZBX_GRAPH_FONT_NAME',          'graphfont'); // font file name
define('ZBX_FONT_NAME', 'graphfont');
```

替换为如下内容。

```
define('ZBX_GRAPH_FONT_NAME',            'msyh'); // font file name
define('ZBX_FONT_NAME', 'msyh');
```

5. 查看监控数据

进入 Monitoring→Latest data，查看 Host HDFS 的数据，并使用图形方式显示，如果能够看到图 9-95 所示界面，则说明 HDFS 自身的监控是正常的。

		last	min	avg	max
□ 非堆内存使用量	[avg]	51.096 M	50.0872 M	50.6675 M	51.096 M
□ 非DFS使用的容量	[avg]	7.47 GB	7.47 GB	7.48 GB	7.48 GB
▥ 集群总配置容量	[avg]	16.99 GB	16.99 GB	16.99 GB	16.99 GB
▥ 最大堆内存大小	[avg]	628 M	628 M	628 M	628 M
▥ 提交的非堆内存大小	[avg]	52.25 M	51.25 M	51.8646 M	52.25 M
▥ 提交的堆内存大小	[avg]	211.5 M	211.5 M	211.5 M	211.5 M
▥ 总内存使用量	[avg]	145.3333 M	141.5889 M	143.1658 M	145.3333 M
▣ 处于Live状态的DadaNode节点数	[avg]	1	1	1	1
▣ 处于Decommissioning状态的节点数	[avg]	0	0	0	0
▣ 处于Dead状态的DataNode节点数	[avg]	0	0	0	0
▥ 堆内存使用量	[avg]	94.2373 M	91.5017 M	92.4982 M	94.2373 M
▣ 单节点最小的可用容量百分比	[avg]	55.9862 %	55.9862 %	55.9862 %	55.9862 %
▣ 单节点最小可用容量	[avg]	9.51 GB	9.51 GB	9.51 GB	9.51 GB
▣ 单节点最大的可用容量百分比	[avg]	55.9862 %	55.9862 %	55.9862 %	55.9862 %
□ 单节点最大可用容量	[avg]	9.51 GB	9.51 GB	9.51 GB	9.51 GB
▣ 副本不足的Block个数	[avg]	39	39	39	39
▣ DFS已使用的容量占总配置容量的百分比	[avg]	0.01 %	0.01 %	0.01 %	0.01 %
▣ DFS已使用的容量	[avg]	1.98 MB	1.98 MB	1.98 MB	1.98 MB
▣ DFS可用的剩余容量占总配置容量的百分比	[avg]	55.99 %	55.97 %	55.98 %	55.99 %
▣ DFS可用的剩余容量	[avg]	9.51 GB	9.51 GB	9.51 GB	9.51 GB

图 9-95　HDFS 自身监控数据界面图

至此已经完成了整个 HDFS 分布式系统的监控，包括 HDFS 自身的监控、HDFS 各个节点（NameNode01 和 DataNode01）的监控、虚拟机 node01 以及 Docker 的监控、Host Windows 的监控，如图 9-96 所示。

Name ▲	Interface	Availability	Tags	Problems
DataNode01	192.168.0.5: 10050	ZBX SNMP JMX IPMI		1
HDFS	127.0.0.1: 10050	ZBX SNMP JMX IPMI		1
Host Windows	192.168.0.125: 10050	ZBX SNMP JMX IPMI		4
NameNode01	192.168.0.4: 10050	ZBX SNMP JMX IPMI		
Node01	192.168.0.226: 10050	ZBX SNMP JMX IPMI		

图 9-96　Host 信息列表图

6. 保存镜像

将容器 zabbix_server 存储到镜像，命令如下，b8a6247bca20 是容器 zabbix_server 的 ID。

```
[user@node01 zabbix]$ docker commit b8a6247bca20 centos8_zabbix_server
```

参 考 文 献

[1] 汤小丹，梁红兵，哲凤屏，等. 计算机操作系统[M]. 4 版. 西安：电子科技大学出版社，2014.

[2] 文艾，王磊. 高可用性的 HDFS-Hadoop 分布式文件系统深度实践 [M]. 北京：清华大学出版社，2012.

[3] Android，在争议中逃离 Linux 内核的 GPL 约束 [EB/OL]. [2012-05-28]. shallon http://www.ifanr.com/92261.

[4] 可移植操作系统接口 [EB/OL]. [2019-09-14]. https://baike.baidu.com/item/POSIX/3792413?fr=aladdin.

[5] 编写一个可以用 GRUB 来引导的简单 x86 内核 [EB/OL]. [2018-01-21]. http://m.elecfans.com/article/619877.html.

[6] Kubernetes 授权概述 [EB/OL]. [2020-03-08]. http://docs.kubernetes.org.cn/80.html.

[7] 深入分析 Kubernetes Scheduler 的 NominatedPods [EB/OL]. [2018-05-26]. xidianwangtao https://blog.csdn.net/weixin_33924770/article/details/92574450.

[8] 什么是流数据？ [EB/OL]. [2018-12-30]. https://amazonaws-china.com/cn/streaming-data/.